PHYSIOLOGIE

MÉDICALE

ET

PHILOSOPHIQUE.

Imprimerie de BELON , au Mans.

TRAITÉ

DE

PHYSIOLOGIE

MÉDICALE ET PHILOSOPHIQUE.

PAR

ALM. **LEPELLETIER**, DE LA SARTHE.

EXPERIENTIA. VERITAS.

QUATRE VOLUMES IN-8, AVEC 11 PLANCHES ET DES TABLEAUX SYNOPTIQUES.

TOME QUATRIÈME.

PARIS,

GERMER BAILLIÈRE, LIB. RUE DE L'ÉCOLE DE MÉDECINE, N° 13 B

—

AU MANS, BELON, IMP.-LIB., PLACE ST-NICOLAS, N° 2.

1833.

TABLE DES MATIÈRES

CONTENUES DANS CE QUATRIÈME VOLUME.

FONCTIONS DE RELATION.

FONCTIONS GÉNITALES.

TROISIÈME PARTIE.

COMPLÉMENT DE LA PHYSIOLOGIE.

PHYSIOLOGIE

MÉDICALE

ET

PHILOSOPHIQUE.

ORDRE TROISIÈME.

FONCTIONS D'EXPRESSION.

Nous rangeons, dans cette catégorie, toutes les actions physiologiques dont l'objet essentiel est d'effectuer extérieurement les manifestations mentales de l'être intelligent et sensible. Directement liées aux phénomènes d'impression et de combinaison intellectuelle, ces actions en deviennent le complément indispensable dans l'ordre naturel des relations que l'homme doit entretenir avec l'univers.

Quelle serait en effet la déplorable condition d'un sujet éprouvant le charme du plaisir ou l'angoisse de la douleur sans aucune faculté d'approprier ses rapports aux modifications des agens qui viennent les provoquer !

Il suffit d'avoir été poursuivi, dans un songe, par un animal furieux, avec impossibilité de fuir ses atteintes ; ou placé vers les bords d'un précipice inévitable, pour comprendre une partie de la cruelle situation dans laquelle se trouverait un homme aussi vicieusement constitué.

Des influences qui nous entourent, naissent, avons-nous dit, l'*indifférence*, le *plaisir* ou la *douleur* avec toutes leurs variétés. Par un enchaînement nécessaire entre la cause et l'effet, nous négligeons les premières, nous recherchons les secondes, et nous fuyons les troisièmes.

C'est au moyen des actions d'expression que les résultats dont nous parlons sont obtenus. Formant en quelque sorte un miroir dans lequel viennent se réfléchir toutes les situations de l'âme, tous les élans du génie, toutes les déterminations volontaires, ces mêmes actions offrent une valeur positive dans les estimations du caractère et de l'intelligence, comme nous le prouverons en consacrant un chapitre à l'examen important de la *physiognomonie raisonnée*.

Parmi les phénomènes que nous étudions, les uns sont naturellement sous l'empire de la volonté, les autres s'en trouvent complétement affranchis ; d'où naît une différence fondamentale dans leur vérité de signification. Les premiers manifestent beaucoup moins des sensations éprouvées par le sujet, que les impressions qu'il veut feindre ; les seconds montrent à découvert la situation et les secrets de son âme.

C'est au moyen des fonctions d'expression que nous poursuivons le bonheur ou ses chimères, que nous fuyons l'infortune ou ses illusions, traitant avec la plus froide indifférence tout ce qui ne rentre pas dans l'une ou l'autre de ces conditions opposées. Sans le développement et la variété de ces fonctions, l'homme vivrait dans le cercle étroit du moi, constamment isolé dans la nature comme le minéral au milieu de la création ; avec des moyens aussi précieux, il entretient les irradiations étendues et multipliées dont lui-même devient le foyer central, et, par ces intermédiaires, identifie pour ainsi dire son existence à celle des élémens, des êtres qui gravitent, respirent et pensent autour de lui. Repoussant, attirant les uns, il fait passer dans le cœur des autres les sentimens et les désirs dont le sien est agité ; leur communique ses volontés, ses craintes, ses espérances, ses peines, ses plaisirs etc. Des modifications morales aussi diversifiées ont leur langage propre également compris par celui qui le parle, et par celui qui l'écoute. Là se trouve le complément de nos rapports dans leurs dispositions les plus élevées, là se manifeste positivement l'invariable nécessité des phénomènes d'expression.

L'ensemble de ces phénomènes se réduit, en dernière analyse, au résultat commun du mouvement. Nous devons dès-lors, pour donner à leur histoire, la précision qu'elle exige, étudier ce résultat d'une manière générale, y rattacher toutes les manifestations physiologiques, et nous élever par degrés aux belles considérations de la mécanique animale envisagée dans ses principes, ses moyens et ses applications.

MOUVEMENT.

Le mouvement, κίνησις, des Grecs, *motus*, des Latins, n'est point, comme l'ont prétendu quelques auteurs, un être subtil, analogue à la lumière, au calorique, au magnétisme, à l'électricité ; peut-être même les physiciens ne sont-ils pas éloignés de prouver que les prétendus corps impondérables n'offrent absolument rien autre chose que des vibrations de la matière, des modifications spéciales du mouvement universel. Toutefois ce dernier nous présente *un simple changement de situation et de rapports soit entre les différentes parties d'un objet, soit entre cet objet et ceux qui l'environnent.* Il se réduit en conséquence au *déplacement* total ou moléculaire dont le résultat essentiel est d'augmenter, de diminuer l'intervalle qui sépare les divisions d'un même corps, celui-ci de tous ceux dont il est entouré.

La faculté que présentent les objets de changer de lieu, peut offrir deux caractères différens ; ces objets se meuvent : par une *action propre*, ils jouissent alors de la *motilité*; par l'influence d'une *impulsion étrangère*, ils possèdent la *mobilité*. Un animal réunit ces deux conditions ; une pierre offre exclusivement la seconde.

Les causes du mouvement, très-diversifiées, sont réunies sous le titre commun de *puissances motrices*. Dans l'économie générale viennent se manifester celles que nous avons désignées par le nom de *forces physiques*, telles que la *cohésion, l'affinité, les attractions céleste, centripète, magnétique, électrique* etc. ; pour l'économie vivante, celles que nous avons étudiées sous la dénomination de *forces vitales*, et notamment la *contractilité.*

Dans tout corps soumis au mouvement, il faut considérer deux choses fondamentales : 1° La *résistance*, 2° la *puissance.* L'une représente l'obstacle à surmonter, l'autre la force à déployer pour obtenir le déplacement du corps. On a mal à propos regardé la première comme passive, sous le titre d'*inertie*; la résistance est toujours au contraire, dans les mouvemens, une puissance vaincue par une autre. Ainsi l'action même de soulever un poids nous montre l'attraction centripète obéissant à la force musculaire ; un homme entraîné par le corps grave qui roule sur l'inclinaison d'un plan solide, nous offre la force musculaire cédant à l'attraction centripète ; il est évident, par cet exemple, que les termes *puissance* et *résistance* n'indiquent rien autre chose que des conditions relatives, la première pouvant devenir la seconde et *vice versâ*.

Si la puissance est égale à la résistance, il s'établit dans le corps une disposition que l'on nomme *équilibre*, et dont l'étude prend le nom de *statique*. Disposition qu'il ne faut pas confondre avec le *repos absolu*, puisqu'il suffirait d'enlever la résistance ou la puissance pour déterminer le mouvement, comme on le voit, par exemple, dans le poids soulevé au moyen d'un ressort ; supprimez le poids, le ressort monte par son élasticité ; détruisez le ressort, le poids tombe en obéissant à la gravitation.

Lorsque la puissance devient supérieure à la résistance, il se manifeste dans le corps un autre état que l'on appelle *mouvement*, et dont la science est nommée *dynamique*.

Ce mouvement peut s'effectuer par l'action d'une seule puissance, il est *rectiligne* ; par le concours de plusieurs, il devient *curviligne*. Suivant le nombre, la direction, les développemens etc. des forces qui le déterminent, il est *simple*, *composé*, *uniforme*, *irrégulier*, *retardé*, *accéléré* etc. Sous le rapport de l'objet qui se déplace et de ceux qui l'environnent, il est *propre*, *commun*, *relatif*.

Pour bien apprécier la quantité du mouvement que présente un corps, il faudrait multiplier le *nombre des molécules* par la *rapidité* communiquée ; mais le premier terme étant absolument ignoré, l'on est obligé d'y substituer la *masse* de ce même corps, et d'arriver à la solution en multipliant cette *masse* par la *vitesse*.

Le mouvement, envisagé dans l'économie vivante, se réduit, en dernière analyse, au *raccourcissement d'une fibre motrice.* Chez le plus grand nombre des animaux, les moyens auxiliaires viennent s'unir à la puissance fondamentale pour favoriser, agrandir et diversifier ses résultats.

Ainsi, dans notre machine admirable, qui sans doute a fourni plus d'un modèle pour toutes les applications dynamiques, nous trouvons la synovie, le poli des articulations adoucissant les frottemens ; les os longs, disposés en leviers, développant la sphère des mouvemens généraux et partiels etc. ; enfin toutes les ressources de la mécanique la plus parfaite et la mieux raisonnée.

Pour bien comprendre les phénomènes d'expression, nous devons examiner, dans ses caractères fondamentaux, l'appareil à l'exercice duquel chacun d'eux vient naturellement se rattacher.

APPAREIL MOTEUR.

Envisagé d'une manière générale et sous le point de vue que nous indiquons, l'appareil moteur volontaire offre des organes appartenant à deux ordres bien différens : les premiers *actifs*, essentiels à la fonction ; les seconds *passifs*, ne faisant qu'obéir à l'impulsion qui leur est communiquée.

1° ORGANES MOTEURS ACTIFS.

Nous comprenons, sous ce titre, l'ensemble des muscles recevant spécialement leurs nerfs de l'appareil encéphalique, et se trouvant dès-lors soumis à l'empire de la volonté. Les autres soustraits à l'influence de cette faculté mentale ne font point partie des appareils d'expression ; comment en effet des agens affranchis d'une telle puissance auraient-ils pu concourir à l'accomplissement des phénomènes déterminés par elle ?

Un seul organe échappe aux lois que nous établissons, mais cette exception paraît naître exprès pour confirmer la règle générale. Ainsi le cœur, en modifiant la coloration du visage depuis cette pâleur mortelle de l'effroi jusqu'à l'éclatant vermillon de la pudeur, sert à manifester plusieurs sentimens profonds et quelques impulsions instinctives. Mais n'est-il pas évident que cette expression particulière n'a rien de commun avec les autres, et qu'en dehors du libre arbitre, souvent elle trahit les secrets de notre âme, loin d'en signifier les seules dispositions que nous avons l'intention d'avouer.

LE MUSCLE VOLONTAIRE,—μυών, des Grecs, *musculus*, des Latins, est un organe rouge, d'une consistance moyenne, formé par la réunion de plusieurs tissus élémentaires au nombre desquels nous devons spécialement noter :

1° La *fibre contractile* d'un blanc jaunâtre lorsqu'elle se trouve amenée, par le lavage, à sa coloration naturelle, débarassée du sang et surtout de l'hematosine qui, chez un assez grand nombre d'animaux, communique à la chair musculaire une teinte empruntée. Sa nature et ses dispositions exercent depuis long-tems la patience des expérimentateurs. Muys la croit formée de trois fibrilles coniques ; Leuwenhoëck pense que chaque fibre est un petit muscle, il prétend avoir compté dans celle du poisson jusqu'à 3180 filamens ; Hooke évalue ces derniers au volume d'un centième de cheveu ; Autenrieth, au cinquième des globules du sang ; Sprengel au contraire à sept fois le diamètre de ces globules, ce qui donne à peu près un quarantième de ligne. Santorini la croit formée d'une série de vésicules ; Héister, Willis, Hamberger disent qu'elles communiquent, et reçoivent chacune l'extrémité d'une artère et d'un nerf ; Ruisch, Borelli prétendent que ces globules élémentaires sont rhomboïdaux, sphériques etc. Bernouilli, Cowper l'envisagent comme un tube spongieux ; Quesney, Mascagni, Vieussens, comme un assemblage de vaisseaux et de nerfs enveloppés d'une membrane médullaire ; M. de Blainville assure qu'elle est celluleuse et reçoit le dépôt des élémens du sang ; d'autres la représentent sous la forme d'un tube creux qui se raccourcit par la réplétion au moyen de cette humeur et du fluide nerveux ; Berthier admet la disposition fibrillaire contournée en spirale ; Prochaska démontre qu'elles sont parallèles, droites à l'état normal et pendant le repos ; flexueuses lorsqu'elles se trouvent raccourcies par la répulsion, l'exercice ou la coction.

Ces opinions contradictoires nous démontrent assez le vague et l'incertitude qui régnaient encore naguère sur la structure et les conditions essentielles de la fibre motrice. Les travaux de Béclard, de MM. Ev. Home, Bauer, Edwards, Prévost, Dumas, Carliste, Barzoletti etc., sont venus répandre un jour plus favorable sur les dispositions anatomiques et physiologiques de cette fibre ; toutefois nous en admettons les résultats avec la circonspection que nous imposeront toujours les investigations du microscope.

D'après ces habiles expérimentateurs, la fibre élémentaire ou *primaire* est blanche, identique pour tous les animaux, dans tous les âges ; composée d'une série de globules égaux, ces *chapelets* s'unissent par du tissu celluleux très-délié pour constituer les fibres *secondaires ;* celles-ci, rassemblées en faisceaux plus volumineux, prennent le titre de fibres *tertiaires.* Pendant l'état de repos, la fibre *primaire* est droite et parallèle à celles du même groupe ; dans la contraction elle décrit une ligne en zigzag, formant des angles à distances égales, précisément dans les points où viennent se rendre les nerfs, et le plus ordinairement au nombre de huit sur une longueur de 172, 5 millimètres, après l'avoir soumise au grossissement de 45 volumes. Ces angles ne paraissent pas se fermer au-dessous de 5o degrés, même dans les actions les plus énergiques, pour les muscles volontaires ; ils peuvent devenir plus aigus pour ceux des intestins qui les présentent comme l'utérus, la vessie, le cœur et tous les organes affranchis des influences du libre arbitre, mais se rattachant du reste aux mêmes lois dans leurs mouvemens particuliers.

2° Les *nerfs*, très-nombreux dans cette partie de l'appareil moteur, s'y terminent par des fibres parallèles entre elles, et perpendiculaires à la fibre musculeuse. Nous verrons la théorie que MM. Prévost et Dumas établissent consécutivement à ces dispositions respectives, et d'après les deux lois découvertes par M. Ampère.

3° Les *vaisseaux sanguins*, abondamment ramifiés dans le muscle, s'y trouvent sous un volume assez considérable ; circonstance indiquant ici le besoin d'une excitation fortement effectuée par le sang rouge ; aussi voyons-nous les artères suivre, pendant long-tems, les gaînes celluleuses avant de pénétrer le tissu même de l'organe.

4° Les *vaisseaux lymphatiques* sont également apparens surtout dans les intervalles des faisceaux et des fibres *tertiaires* ; on voit même des ganglions dans plusieurs points.

5° La *matière grasse*, découverte par Vauquelin, environnant les fibres parallèles des nerfs, et s'opposant, d'après MM. Prévost et Dumas, à la confusion des courans électriques établis par ces fibres.

6° Le *système cellulaire* très-fin, très-délicat, unissant les *fibrilles* pour en constituer des *fibres*, celles-ci pour former des *faisceaux*, enfin ces derniers pour compléter *le muscle*.

Ces organes, d'après leur forme et leurs usages particuliers, peuvent être distingués en trois ordres : 1° *Longs.* —Destinés surtout à mouvoir les leviers de la machine animale, à produire des déplacemens plus remarquables par leur étendue que par la force des puissances qui les effectuent. 2° *Courts.* — Placés dans touts les points où ces mouvemens doivent unir la vitesse à l'énergie. 3° *Larges.* — Servant non seulement comme appareils moteurs de la peau, des os, mais encore se trouvant employés à former les tégumens supplémentaires des grandes cavités splanchniques, en augmentant les abris des viscères qu'elles renferment, en donnant à leurs parois la motilité nécessaire aux fonctions qui leur sont départies.

Le tissu musculaire se trouvant répandu avec profusion dans la majorité des animaux, Bichat ne craint pas d'avancer que la nature ne l'aurait pas accordé surabondamment aux différents sujets de cette catégorie, s'ils n'étaient pas destinés à se fournir les uns pour les autres des élémens nutritifs, ce même tissu présentant la substance alimentaire la plus essentiellement réparatrice. Il est assez difficile d'accorder beaucoup de valeur à cette considération secondaire qui d'ailleurs nous semble porter sur un principe erroné. L'exposition des phénomènes du mouvement dans l'économie vivante, la direction des puissances, les déchets nombreux, la force, la variété, la précision, la vitesse exigées etc. nous feront sentir que cette prodigalité musculeuse n'est qu'apparente, et que le physiologiste auquel nous devons d'aussi beaux développemens sur cette matière n'aurait pas dû s'en laisser imposer avec autant de facilité par une illusion.

2° ORGANES MOTEURS PASSIFS.

Leur ensemble comprend : 1° *les os*, 2° *les cartilages*, 3° *les fibro-cartilages*, 4° *le périoste* et *le péricondre*, 5° *les tendons*, 6° *les aponévroses*, 7° *les ligamens*, 8° *les membranes synoviales*.

1° *Les os*, — οστεα des Grecs, *ossa*, des Latins, nous offrent des organes blancs, très-durs, en partie calcaires, dont la réunion, sous le titre de squelette, forme la base de l'édifice animal, autour de laquelle sont disposées les puissances motrices et les principaux appareils de l'économie vivante.

Le tissu osseux, beaucoup plus résistant que les autres, est formé par deux élémens hétérogènes et cependant combinés : l'un *organique*, fibro-celluleux, l'autre *inorganique* et spécialement composé de phosphate de chaux, signalé par Schéele. On isole facilement le premier au moyen d'un acide, le second par la calcination. Les proportions de ces deux élémens, variables dans les différens âges de la vie, communiquent aux os des caractères modifiés pour chacune de ces époques. Ainsi, *dans la première enfance*, prédominance de l'élément organique, densité moindre, flexibilité plus prononcée ; *dans l'âge adulte*, équilibre entre ces deux principes, caractères les mieux appropriés aux fonctions du système osseux ; *dans la vieillesse*, prédominance de l'élément inorganique, densité, fragilité des os qui semblent alors destinés à marquer le passage des corps organisés aux corps bruts.

Les auteurs ne sont pas d'accord sur la disposition du tissu osseux et sur la manière dont ses élémens se trouvent unis. Malpighi regarde ce tissu comme formé de lames et de fibres, offrant un suc intermédiaire, le comparant à l'éponge imprégnée de cire. Lasône prétend que ces fibres et ces lames sont unies par des filets obliques ; Gagliardi, par des chevilles osseuses d'apparences variables ; Scarpa soutient que le tissu des os, même les plus compactes, est celluleux et réticulé. Il suffit en effet d'enlever le phosphate calcaire par un acide minéral affaibli, de soumettre le canevas organique au lavage, à la macération, pour voir qu'il n'est autre chose qu'une substance cellulo-fibreuse, prenant la forme aréolaire dans presque toutes les divisions du système. M. de Blainville pense que le phosphate de chaux est à l'état de cristallisation dans ces aréoles, « que ces cristaux polyé-« driques sont très distincts au microscope, dans la sub-« stance cartilagineuse, base essentielle de l'os »; mais il ajoute un peu plus loin :« Ce fait prouve que la combinaison « intime qui existe entre la matière inorganique et la « matière organisée, est telle que cette dernière, em-« pêche la première de cristalliser, tandis que celle-ci « s'oppose à ce que celle-là se putréfie. Ainsi, il y a « réaction des deux substances l'une sur l'autre, ce qui « ne peut avoir lieu que dans le cas de combinaison très-« profonde. »

Sans parler des explications qui nous semblent un peu physico-chimiques, ces faits ne sont-ils pas contradictoires, et l'auteur ne confond-il point les incrustations morbifiques applicables à sa première catégorie, avec les ossifications anormales qui rentrent dans la seconde. Béclard pense que « l'ossification ne dépend pas de la « déposition de la substance terreuse dans un tissu orga-« nique, mais de la formation simultanée d'un tissu, « contenant tout à la fois et la substance animale et la « substance terreuse. » Nous trouvons cette opinion plus physiologique, et mieux appropriée aux observations que nous avons recueillies sur la texture et les dispositions du système osseux.

L'analyse de ce tissu, faite par Vauquelin, a donné sur 100 parties : gélatine, 50 ;—phosphate de chaux, 37 ; — de magnésie, 1, 3 ; — carbonate de chaux, 10 ; — sulfate de magnésie, silice, manganèse, oxyde de fer, 1, 7. Par M. Berzélius sur les os humains : sur 100, gélatine, 32, 17 ;—vaisseaux sanguins, 1, 13 ;—phosphate de chaux, 51, 04 ;—carbonate de chaux 11, 30 ; — fluate de chaux, 2, 0 ; — phosphate de magnésie, 1, 16 ;—soude, hydrochlorate de soude, 1, 20. Morichini prétend que le fluate de chaux et le sulfate calcaire se trouvent seulement dans les os fossiles.

Sous le rapport de leur configuration et de leurs usages, les os peuvent être distingués, comme les muscles, en trois ordres principaux : 1° *Longs*. — Offrant l'une de leurs dimensions bien supérieure aux deux autres ; ordinairement cylindriques, employés comme leviers dans la machine vivante ; occupant tous les points où doivent s'effectuer des mouvemens très-étendus, comme on le voit aux membres plus particulièrement. Renflés et spongieux à leurs extrémités, ils sont moins volumineux et plus denses vers leur partie moyenne que l'on nomme *corps*. La plupart se trouvent creusés d'un canal intérieur et central qui loge cette production graisseuse appelée moelle. 2° *Courts*.—Présentant leurs trois dimensions à peu près égales, de forme plus ou moins exactement cuboïde ; servant à multiplier les déplacemens, et se rencontrant dans toutes les divisions du squelette où la nature a du résoudre le problème d'associer une solidité positive à la plus grande mobilité. Ils sont tous spongieux et sans canal médullaire. 3° *Larges*. — Dont l'une des dimensions est bien inférieure aux deux autres ; le plus souvent aplatis, concourant à l'établissement des réceptacles organiques, fournissant des insertions musculaires très-étendues ; formés par deux lames compactes, renfermant dans leur intervalle un tissu celluleux nommé *diploë.*

Quelle que soit leur aspect, les os nous laissent voir des *éminences, des cavités* diversifiées en raison de leurs usages.

Les *éminences,* — lorsqu'elles sont encore à l'état cartilagineux, se nomment *épiphyses;* on les désigne par le terme *d'apophyses* lorsqu'elles ont acquis les complémens de l'ossification.

Les épiphyses, comme on le voit chez les jeunes sujets, occupent surtout les extrémités des os longs, alors que les points solides qui doivent les constituer ne sont pas encore unis à celui de la partie moyenne.

Les apophyses très-nombreuses, très-variées ont, d'après leurs formes, reçu les noms de *tubercules, de protubérances, de tubérosités, de poulies, de lignes, de crêtes, d'épines* etc. D'après leurs usages ; ceux *d'éminences d'articulation, d'insertion, d'impression, de réflexion.*

Les *cavités,* — également très-multipliées et très-différentes par leurs dispositions et les usages qui leur sont assignés, ont été nommées, sous le premier rapport, *fosses, fossettes, coulisses, gouttières, méats, rainures, fentes, échancrures, trous, sinus, canaux, cellules* etc.; sous le second, *cavités d'articulation, d'insertion, d'impression, de glissement, de réception, de transmission et de nutrition.*

2° *Les cartilages,*—χόνδροι, des Grecs, *cartilagines,* des Latins, sont d'un blanc nacré, semi-diaphanes, élastiques, d'une consistance moyenne à celle des parties molles et des os. Placés dans tous les points du squelette où la souplesse doit s'unir à la force, où les effets de cette élasticité peuvent s'allier avantageusement à l'action musculaire, comme on l'observe surtout aux parois thoraciques. Toutes les surfaces articulaires mobiles sont enveloppées d'une couche plus ou moins épaisse, de ce tissu qui réunit ici trois avantages essentiels à la mécanique animale. 1° *Le poli*, rendant les glissemens plus faciles ; 2° *la souplesse* communiquée aux mouvemens ; 3° *la protection* accordée par ce même tissu contre les frottemens et le choc des articulations.

3° *Les fibro-cartilages*, — dont cette qualification indique assez la texture composée ; d'un blanc jaunâtre, présentent pour caractères propres, la ténacité, la souplesse et l'élasticité. Formés par des lames superposées, ils servent particulièrement, dans les articulations, à garantir les os, qui se rencontrent perpendiculairement, des percussions violentes qu'ils sont parfois obligés de supporter, comme on le voit surtout pour le corps des vertèbres, pour les membres etc. Ces tissus offrent encore des usages plus spéciaux dans certains appareils où la nature les emploie toujours en vertu de leur élasticité ; par exemple, au pavillon de l'oreille, au nez, à l'épiglotte, au larynx etc.

4° *Les tendons* — sont des productions fibreuses, le plus souvent disposées en cordons arrondis, quelquefois en bandelettes aplaties, servant, dans tous les cas, à fixer les organes actifs aux organes passifs, la fibre musculaire ne s'implantant jamais directement sur les os.

5° *Le périoste et le péricondre*, — seconde production fibreuse, membraniforme, recouvrant la plus grande partie des os et des cartilages, recevant les insertions des tendons et des ligamens avec lesquels cette enveloppe s'identifie si positivement, qu'il paraît assez naturel de la considérer comme le centre du système dont elle présente une modification. Les canaux des os longs se trou-

vent intérieurement tapissés par une expansion celluleuse, prenant le titre de membrane médullaire, et qui,
faisant les fonctions de périoste interne, diffère cependant assez du périoste externe par sa nature et les qualités
de ses produits.

6° *Les aponévroses*, — troisième production fibreuse,
offrant des expansions en forme de membranes souvent
très-étendues, très-résistantes, servant à fortifier les parois des cavités splanchniques, et surtout à maintenir les
muscles dans leurs situations respectives, en agissant à
la manière des ceintures.

7° *Les ligamens*, — quatrième production fibreuse,
employée, par bandes fortes, à peine extensibles, d'une
largeur et d'une épaisseur variables, à lier tous les os pour
constituer le squelette, à maintenir solidement tous les
rapports articulaires.

8° *Les membranes synoviales*, — que nous avons décrites
en faisant l'histoire des sécrétions, offrant des sacs sans
ouverture ; se déployant, pour toutes les articulations
mobiles, sur les différentes surfaces cartilagineuses, avec
le titre de *synoviales articulaires* ; dans les coulisses de
glissement, derrière les tendons plats, avec celui de
gaînes, de bourses synoviales ; sécrétant une humeur
grasse, visqueuse lubrifiant, sous le nom de *synovie*,
toutes les pièces contiguës de la mécanique animale, de
manière à favoriser leurs divers mouvemens ; absolument comme les huiles que nous employons pour adoucir
les frottemens et développer le jeu de nos machines
physiques.

La réunion des os par les ligamens constitue cet assemblage que nous désignons sous le terme générique *d'articulation*. La diversité de leurs caractères particuliers,
leur continuel emploi dans les mouvemens nous obligent
à les classer avec méthode afin d'établir, sur des lois positives, les résultats de leur concours.

ARTICULATIONS.

L'articulation, ἄρθρον, des Grecs, *articulus*, des Latins, est la réunion de deux ou d'un plus grand nombre d'os, servant, pour la plupart, aux divers mouvemens de la machine animale; quelques-unes établissant la situation invariable et respective de certaines parties de l'organisme; circonstance qui fait naître la distinction des articles en deux classes principales : 1º Immobiles, *synarthroses*; 2º mobiles, *diarthroses*. Quelques auteurs ont admis des articulations mixtes, *amphiarthroses*. Cette manière de voir nous paraît une complication sans utilité. Chacune de ces classes présente ensuite plusieurs divisions. Dans tous les cas, on voit les os *longs* s'unir par leurs extrémités ; les os *courts*, par une ou plusieurs de leurs faces; les os *larges*, par leurs bords.

1º SYNARTHROSES.—Les articulations immobiles sont toutes celles qui ne doivent naturellement offrir aucun déplacement dans la position respective des os qui les composent. Elles se manifestent sous trois formes essentielles : 1º Par *juxta-position*, comme on le voit entre les os de la base du crâne ; 2º par *engrenures*, comme on l'observe pour ceux de la voûte ; ce mode offre deux divisions : *suture*, lorsqu'il s'effectue par des dentelures alternatives ; *schindylèse*, alors qu'il s'opère au moyen de la réception d'une crête dans une rainure ; 3º par *implantation* à laquelle on donne le nom *de gomphose*, telle est la manière dont les dents se trouvent reçues par les alvéoles.

Toutes ces articulations sont plus ou moins fortement assujetties par des ligamens serrés et, pour le plus grand nombre, au moyen d'une espèce de gélatine, véritable colle animale déposée entre les surfaces articulaires, capable d'ossification, et pouvant ainsi, dans un âge plus ou moins avancé, réunir, par unec ontinuité, dès-lors anormale, plusieurs pièces du squelette naturellement isolées et contiguës par cet intermédiaire ; comme on le voit dans la soudure intime du sphénoïde avec l'occipital, des pariétaux avec les temporaux etc.

2° DIARTHROSES. — Les articulations mobiles sont distinguées en deux ordres : 1° Par *continuité*, 2° par *contiguité*.

1° *Articulations mobiles par continuité.* — Ces articulations encore appelées *mixtes* par certains auteurs, offrent constamment entre leurs surfaces des fibro-cartilages adhérens à ces dernières, les identifiant en quelque sorte, comme on le voit pour les corps vertébraux. Ces articulations sont peu mobiles, et les déplacemens qu'elles exécutent s'effectuent beaucoup moins par le frottement des surfaces articulaires que par l'affaissement alternatif des différens points du fibro-cartilage.

2° *Articulations mobiles par contiguité.*—Dans cette catégorie viennent se ranger toutes celles dont les surfaces libres, cartilagineuses, revêtues par des synoviales, peuvent exercer des glissemens respectifs plus ou moins étendus et toujours favorisés par la présence de la synovie. Ces articulations sont d'autant plus mobiles que les ligamens s'y trouvent moins forts, moins serrés, moins nombreux, et plus souvent remplacés, dans leurs fonctions spéciales, par les muscles eux-mêmes ; comme on le voit à l'articulation scopulo-humérale dont les déplacemens sont très-diversifiés et très-faciles.

D'après le nombre et la variété des mouvemens, on peut distinguer ces articulations en deux espèces : mouvemens, 1° *déterminés*, 2° *indéterminés*.

Articulations à mouvemens déterminés.—Dans cette

catégorie, nous trouvons la mobilité réduite à des conditions simples, et qu'il est facile de préciser par la seule inspection des parties. Ces articulations sont encore nommées *ginglymoïdales*, *en charnière* ; elles se meuvent en deux sens opposés, prenant les titres de ginglymes : 1° *latéral*, toutes les fois que deux os situés parallèlement roulent, chacun sur son axe, comme on le voit pour le radius et le cubitus dans la pronation et la supination de l'avant-bras ; 2° *angulaire*, lorsque ces deux os forment un angle dont les différens degrés d'ouverture sont relatifs à ceux de la flexion ou de l'extension, comme on l'observe dans l'articulation du cubitus et de l'humérus pendant les mouvemens de l'avant-bras sur le bras.

Articulations à mouvemens indéterminés. — Cette espèce nous offre la mobilité dans son plus grand développement ; toutefois encore avec une gradation relative aux dispositions articulaires. Ainsi : 1° *Surfaces planes* ; glissemens en avant, en arrière, latéralement ; telles sont les symphises tarsiennes, carpiennes etc. 2° *Condyle reçu dans une fosse, arthrodie* ; les mouvemens précédens, flexion, extension, adduction, abduction ; leur succession régulière désignée par le terme de *circumduction* ; nous en trouvons un exemple dans l'articulation temporo-maxillaire etc. 3° *Tête arrondie supportée par un col, engagée dans une cavité, énarthrose*, articulation *vague, orbiculaire* ; tous les mouvemens indiqués et la rotation exécutée sur l'axe même de l'os ; telles sont les jointures scapulo-humérale, ilio-fémorale etc.

En général, on peut ajouter que les déplacemens articulaires ou *luxations*, sont d'autant plus fréquens et plus faciles que leurs mouvemens sont plus libres, plus étendus et plus multipliés. C'est ainsi que l'articulation scapulo-humérale offre seule autant d'exemples de ces solutions de contiguité, que toutes les autres symphises réunies.

Si nous considérons actuellement l'ensemble des organes moteurs dans la série des êtres organisés vivans, nous trouvons plusieurs considérations importantes à noter.

Chez les végétaux.—On ne rencontre aucun appareil comparable à celui que nous venons d'étudier. Les mouvemens s'y trouvent bornés à ceux de circulation, de turgescence, d'accroissement, d'action moléculaire interstitielle que M. Dutrochet rapporte aux phénomènes d'endosmose et d'exosmose. La *sensitive* a besoin du contact d'un corps étranger pour effectuer ses réactions; *l'hédysarum gyrans* ne présente qu'un effort de développement, ses mouvemens cessent lorsqu'il est opéré; les étamines de *l'épine vinette*, le stygmate du *martinia* etc. n'offrent également aucune motilité spéciale et musculaire.

Chez les animaux—En conséquence des lois primordiales qui, constamment unissent les fonctions d'impression et d'expression, nous trouvons les appareils moteurs étendus et diversifiés en raison du nombre et de la perfection des sens. 1° *Pour les mollusques*, on ne rencontre point de squelette osseux; la tête manque dans tout un genre auquel on donne, pour cette raison, le titre d'*acéphale*. Un grand nombre de ces animaux, au lieu de membres destinés à la locomotion, offrent, pour le ramper, des poils, des plis et des ventouses contractiles. 2° *Dans les crustacés*, le squelette, extérieurement situé, prend la forme d'écailles, de coquilles, de test; les muscles sont renfermés dans ces étuis solides; lorsqu'il existe des membres, on en rencontre au moins six; les insectes peuvent en offrir un bien plus grand nombre.

5°· *Chez les vertébrés*, on observe toujours un squelette intérieur, une colonne rachidienne, une tête, un tronc, souvent des membres qui, ne s'élevant jamais au-delà de quatre, sont remplacés par des nageoires pour les poissons, et manquent chez les serpens.

Comme tous les autres, l'appareil du mouvement se trouve constitué de la manière la plus avantageuse aux relations naturelles, aux besoins essentiels de l'animal. Ainsi le *reptile*, qui trouve dans les excavations de la terre un abri contre les attaques de ses ennemis, offre les organes du ramper dans tous leurs perfectionnemens.; le *poisson*, devant se déplacer constamment au milieu des eaux, présente ceux du nager avec tous les avantages dont ils sont capables ; l'*oiseau*, dans la nécessité de maintenir son équilibre et d'avancer avec les faibles appuis de l'atmosphère, ceux du vol ; enfin l'*homme*, destiné seul à la station bipède, à la progression verticale, est également seul en possession des organes et des modifications spéciales relatives à ce genre de locomotion. Les animaux amphibies offrent la réunion des appareils du nager et de la marche, pour les quadrupèdes ; du nager et du vol, pour les oiseaux. Ces dispositions sont même remarquables dans les différentes parties d'un animal en raison du besoin qu'il en éprouve. Ainsi, chez les oiseaux à l'état sauvage, le vol étant beaucoup plus nécessaire que la marche, nous trouvons les ailes plus fortes et plus développées que les cuisses. Il suffit, pour s'en convaincre, de comparer, sous ce rapport, l'oie sauvage à l'oie de basse cour, le pluvier au canard de maison etc. On peut appliquer les mêmes principes à tous les autres animaux, et l'on sentira constamment l'influence des nécessités vitales, des habitudes et du genre de vie sur les modifications essentielles des appareils moteurs,

Tel est l'ensemble des organes du mouvement; les uns *actifs*, jouissant de la *motilité*; les autres *passifs*, n'ayant que la *mobilité* en partage. C'est au moyen de ces admirables instrumens que les animaux et l'homme présentent la faculté précieuse de varier leurs positions, les rapports qu'ils entretiennent; d'attaquer un ennemi nuisible; de repousser avantageusement ses agressions; d'exprimer aux êtres qui les environnent l'amour ou la haine, la tristesse ou la joie etc. dont ils sont eux-mêmes affectés; d'agrandir incessamment la sphère des relations qu'ils entretiennent avec les différentes parties du monde extérieur. Étudions actuellement, sous le titre de *mécanique animale*, tous les mouvemens qu'exercent incessamment les animaux en général, et l'homme en particulier.

MÉCANIQUE ANIMALE.

Nous désignons par ce terme l'ensemble de tous les mouvemens que l'homme et les animaux peuvent exécuter avec des modifications relatives à leurs conditions organiques. Pour donner à l'histoire de ces phénomènes importans la précision et la clarté qu'elle exige, nous la diviserons tout naturellement en quatre parties comprenant l'examen successif : 1° *des puissances ;* 2° *des résistances ;* 3° *des leviers* avec les théories positives de leurs applications ; et, sous forme complémentaire, 4° *les conditions du mouvement.*

1° PUISSANCES DANS LA MÉCANIQUE ANIMALE.

Dans l'économie générale, avons-nous dit, les mouvemens sont effectués par un grand nombre d'influences, telles sont plus spécialement : l'attraction, la répulsion générales, magnétiques, électriques, chimiques, centripètes; l'élasticité, la dilatabilité, la condensabilité etc. ; dans l'économie vivante ces causes n'offrent alors que des effets secondaires et d'autant moins importans que cette économie jouit d'une vitalité plus développée. La *contraction musculaire* que nous avons réduite au raccourcissement d'une fibre, devient le mobile essentiel chez les animaux, et doit spécialement fixer notre attention.

CONTRACTION MUSCULAIRE.

Les physiologistes ont reconnu, depuis long-tems, la réalité d'un moteur propre à tous les êtres compris dans cette catégorie. Leurs opinions, identiques relativement au fond, ne le sont pas toujours sous le rapport de la forme.

Borelli, Perrault, Stahl, Platner, Darwin, Poterfield admirent l'âme comme agent essentiel des mouvemens vitaux. Les contractions effectuées, sous l'influence d'un excitant quelconque, par un muscle entièrement séparé de l'animal, démontrent l'erreur d'une pareille supposition.

Glisson reconnut une force inhérente aux corps organisés. Scarpa, Hildebrandt, Gautier la firent dépendre des phénomènes innervateurs et nutritifs.

Gorter, distinguant le principe moteur de l'élasticité, le plaça dans tous les tissus avec la faculté de réagir sur les excitations extérieures.

Haller, Zimmermann, Fontana etc., sous le titre d'*irritabilité*, identifièrent beaucoup trop cette force avec les actions *élastique* et *rétractile*.

Dehaen , Lorry, Cullen, Bianchi, Whyt confondant cette irritabilité avec la force nerveuse admirent ses manifestations dans les membranes, les vaisseaux , le tissu cellulaire etc.

Prochaska , Monro, Legallois trouvèrent la force contractile dans l'influence de l'agent nerveux sur les muscles.

Barthèz, Hufeland, Blumenbach, Sprengel etc. attribuèrent les mouvemens à la force vitale sans chercher à spécialiser ses modifications.

Metzger, Bichat et la plupart des physiologistes modernes renferment cette propriété dans la fibre musculaire sous le titre de *contractilité*.

Brown la désigna par le terme d'*incitabilité*; plaçant, d'une manière trop exclusive, les manifestations du mouvement et de la vie, dans l'influence des agens extérieurs sur l'organisme qu'il réduisit à des conditions en quelque sorte machinales.

M. Dutrochet rattache la motilité, surtout dans ses résultats moléculaires, aux lois générales de l'*endosmose* et de l'*exosmose*. D'autres à l'action d'un principe *électro-moteur* etc.

M. Tiédemann rapporte immédiatement la faculté contractile « à l'état particulier de la matière organique » communiqué aux germes de tous les végétaux et ani- » maux par *l'activité plastique* des organismes géné- » rateurs. »

En résumant toutes ces opinions, il est aisé de voir que les unes, en opposition avec les caractères essentiels de la vitalité, n'ont plus besoin de réfutation ; et que les autres, ou trop exclusives, ou trop indéterminées, sont peu satisfaisantes pour expliquer les phénomènes du mouvement physiologique.

Si, négligeant d'approfondir les causes premières dans

l'investigation desquelles on ne trouve bien souvent qu'hypothèse et conjecture, nous suivons attentivement l'exposition des faits, des résultats appréciables pour les sens, nous dirons, en nous bornant à la fibre musculeuse douée de la contractilité visible, qu'elle se raccourcit en conséquence d'un influx nerveux déterminé par l'excitation extérieure, l'impulsion instinctive ou la volonté. De même que les impressions communes ont été provoquées par tous les stimulans, de même les mouvemens généraux, qui leur correspondent, s'effectuent sans modificateur exclusif et particulier.

Au contraire, si nous poursuivons le premier anneau de la chaîne dans l'ordre des actions motiles, nous rencontrerons peut-être quelques aperçus ingénieux au milieu des explications les plus illusoires et bien souvent les plus obscures ; mais il nous paraît impossible d'espérer cette vérité fondamentale sur laquelle on doit asseoir toutes les théories de la science.

Dirons-nous, avec plusieurs physiciens, que la contraction des muscles dépend de la rencontre des électricités opposées ? Avec Galien, Descartes, Hoffmann, qu'elle est produite en conséquence de la réplétion des fibres musculaires par les esprits, par l'éther nerveux, d'après Newton ; avec Girtanner, que cette cause première « est la combinaison de l'hydrogène, de l'azote et » du carbone de la fibre motrice avec l'oxygène du sang « artériel ? » Expliquerons-nous ensuite, par cette formule chimique, l'animalisation des fibres charnues d'autant plus avancée que leurs mouvemens ont été plus fréquens et plus soutenus ; alors que ce résultat appartient à la nutrition qui devient plus active en raison de l'exercice de la faculté motrice ? Ne voyons-nous pas, dans ces hypothèses, des suppositions gratuites, indiquant plutôt un résultat de la contraction que la nature d'une cause essentiellement attachée à son développement?

‘ MM. Prévost et Dumas ont publié, sur cet objet, une théorie qui nous semble mieux établie, sans toutefois nous inspirer la confiance d'une vérité suffisamment démontrée.

Pour mieux faire comprendre leur explication, nous représentons dans la planche VIII, figure première, la fibre des muscles telle que la conçoivent ces deux auteurs.

A. Fibre musculeuse primaire et globuleuse.

B. Fibre musculeuse secondaire.

C. Fibre musculeuse tertiaire en repos et droite.

D. Rameau nerveux destiné à cette fibre.

E, F, G, H. Filets nerveux droits, perpendiculaires aux nœuds du mouvement, parallèles entre eux.

I. Fibre musculeuse tertiaire en action et flexueuse

J. Rameau nerveux destiné à cette fibre.

K, L, M, N filets nerveux attirés les uns vers les autres, rendant la fibre musculaire flexueuse.

Il est actuellement facile d'exposer la théorie de MM. Prévost et Dumas en procédant avec méthode et précision.

D'après la loi physique découverte par M. Ampère, deux courans électriques suivant : 1° la même direction, *s'attirent* ; 2° une direction opposée, *se repoussent*.

En conséquence de ce principe, lorsqu'un mouvement de l'électricité, du galvanisme ou du fluide nerveux, dont les effets sont alors identiques, s'opère des troncs nerveux aux muscles, en suivant, dans la même direction, les filets parallèles des premiers, ceux-ci droits avant l'impulsion du courant indiqué, s'attirent, se courbent, entraînant la fibre musculaire par le sommet des angles de flexion auxquels ils répondent constamment ; cette fibre, alors disposée en zigzag, se trouve notablement raccourcie ; de 23 à 27 centièmes, d'après les

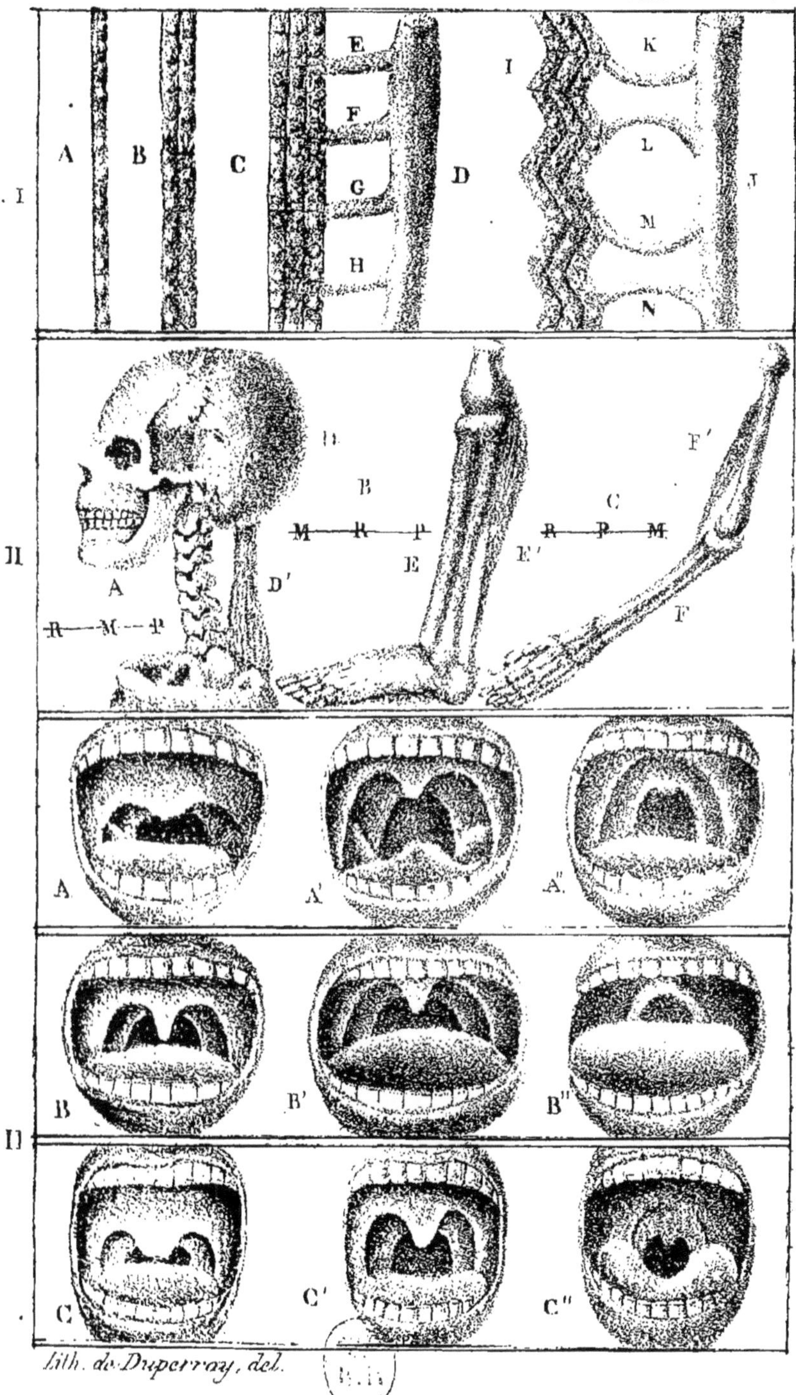
I
A
B
C
E
F
G
H
D
I
K
L
M
N
J
II
A
D'
R M P
B
M R P
E
C
E'
R P M
F'
F
A
A'
A"
B
B'
B"
C
C'
C"
II

calculs de MM. Prévost et Dumas, quelquefois même d'un tiers dans les fortes contractions dont nous venons d'expliquer le mécanisme suivant la théorie de ces habiles expérimentateurs. Un petit bourrelet, formé par compression dans les angles rentrans de la fibre musculeuse, devient peut-être la cause principale qui limite ainsi le raccourcissement. Toutefois ce dernier est complétement expliqué par la formation de ces angles alternatifs qui s'effectuent constamment dans les mêmes points.

Si l'on coupe, suivant sa largeur, un muscle actuellement distendu, le retour des deux moitiés s'opère vers l'état normal sans aucune inflexion de la fibre motrice ; résultat qui ne permet pas de confondre le phénomène de la *contraction* proprement dite avec ceux de la *rétraction* et de *l'élasticité*.

Il est aisé de voir, d'après la théorie de MM. Prévost et Dumas, que les nerfs jouent le principal rôle, supportent le plus grand effort dans l'exercice du raccourcissement dont nous cherchons la cause. Une telle obligation pour leurs filets capillaires n'est pas la moindre difficulté qui vient s'offrir dans cette ingénieuse explication. Ces physiologistes l'ont bien senti puisqu'ils accordent beaucoup plus de résistance aux fibres nerveuses que les anatomistes ne leur en donnent communément.

Quelle que soit la cause des contractions, un problème se présente naturellement à résoudre : le volume du muscle change-t-il pendant l'action de cet organe ? Les expérimentateurs ont décidé la question d'une manière diamétralement opposée.

Borelli, plusieurs autres physiologistes prétendirent que le muscle augmentait de volume pendant la contraction. Swamerdam, Glisson admirent l'opinion contraire, ayant fait plonger l'avant bras d'un sujet vigoureux dans un vase rempli d'eau, la surface du liquide baissa dans l'action, et s'éleva pendant le repos. M. Carliste répéta l'expérience, faisant pénétrer un tube gradué jusqu'au fond du réservoir. Il vit monter le niveau du fluide pendant la contraction, et descendre pendant le repos. MM. Blanc et Barzoletti s'apercevant que cette expérience était illusoire puisque l'on ne pouvait apprécier les modifications éprouvées par le tissu cellulaire et la peau, reprirent les mêmes essais avec l'attention d'opérer sur des masses charnues, dégagées de leurs enveloppes, au moyen d'appareils très-sensibles ; et, dans aucun cas, ils n'observèrent le plus petit changement sur le niveau du liquide pendant les alternatives d'action et de repos.

Il paraît aujourd'hui bien démontré que le muscle éprouve les changemens suivans pendant sa contraction : 1° *Raccourcissement* ; c'est le plus essentiel puisque l'on voit s'y rapporter, en dernière analyse, tous les mouvemens depuis les plus simples jusqu'aux plus compliqués. Des physiologistes avaient admis un allongement actif; c'est une erreur ; il s'agit seulement ici du retour de l'organe à son état normal. 2° *Augmentation de la grosseur* ; 3° *durcissement notable* ; 4° *expression du sang veineux* ; 5° *ténacité plus considérable* ; ainsi, d'après les expériences de Bichat, en suspendant les mêmes poids à deux muscles semblables, l'un mort, l'autre vivant, le premier se rompt dans sa partie charnue, le second dans sa portion tendineuse. 6° *Elasticité plus marquée de la fibre* qui, d'après l'observation de Bernouilli, peut vibrer de manière à produire des sons ; faculté sur laquelle nous reviendrons en traitant de la voix.

MM. Prévost et Dumas, dans leur excellent mémoire « sur les phénomènes qui accompagnent la contraction « de la fibre musculaire », ont établi ces conclusions sur les différens points que nous venons d'examiner :

« 1° Les fibres musculaires sont parallèles et rectili-
« gnes dans l'état de repos ; elles se fléchissent en zig-
« zag au moment de la contraction, et présentent alors
« des ondulations très-régulières.

« 2° Le muscle ne change pas de volume lorsqu'il se
« contracte, et ce résultat se trouve d'accord avec l'opi-
« nion des derniers expérimentateurs qui se sont occu-
« pés de ce sujet.

« 3° Dans les muscles de la locomotion, le raccourcis-
« sement calculé d'après les angles de la fibre est égal à
« 0, 23 ; d'après la mesure directe, il serait de 0.27,
« quantités sensiblement égales dans des essais de ce
« genre.

« 4° Un muscle peut être allongé par le tiraillement
« de ses points d'attache, dans le rapport de 2, 3, sans
« perdre sa faculté contractile. Il est probable qu'on
« pourrait aller au-delà, surtout dans les organes ab-
« dominaux.

« 5° L'aspect satiné des nerfs qui simule si bien une
« spirale, n'est dû qu'à un plissement du névrilème.
« Les nerfs sont formés de fibres droites, continues, en
« nombre très-considérable.

« 6° Ces fibres se distribuent dans le muscle de ma-
« nière à couper les faisceaux musculaires à angle droit.
« Elles se dirigent parallèlement entre elles, passent au
« sommet des angles alternatifs de flexion, et détermi-
« nent probablement le phénomène de la contraction
« musculaire en se rapprochant les unes des autres.

« 7° Le muscle est donc un véritable *galvanomètre*
« à branches mobiles, susceptibles d'accuser non-seule-
« ment les effets électro-moteurs découverts au moyen
« de l'appareil de M. Schweigger, et tels que l'action d'un
« métal chaud sur un métal froid, celle d'un alcali sur
« un acide etc. ; mais encore capable d'apprécier des
« quantités d'électricité trop faibles pour affecter celui-ci.

« 8º Toutes les fois qu'un courant galvanique traverse
« le muscle, cet organe entre en contraction. Ce fait est
« bien connu des physiologistes, mais il n'en est pas de
« même de la proposition suivante que nos expériences
« tendent à établir. Lorsqu'un nerf est comprimé, brulé
« ou plongé dans un acide concentré, il y a développe-
« ment d'électricité et contraction dans le muscle auquel
« il va se distribuer.

« 9º Nous avons rendu probable qu'il y a deux cou-
« rans dans le nerf, l'un ascendant, l'autre descendant ;
« et s'il était permis d'anticiper sur les résultats de
« l'expérience, nous serions disposés à penser qu'ils se
« rendent dans la partie antérieure et postérieure de la
« moelle épinière, au moyen des racines correspon-
« dantes. »

Quelle que soit l'erreur ou la vérité des ces opinions,
la nature essentielle de la contraction musculaire, celle-
ci peut s'opérer sous l'influence de plusieurs agens :
1º *Les excitations étrangères à la volonté.*—Dans cette
circonstance, les mouvemens sont déterminés par différentes causes, manifestés avec des caractères et des résultats variés. *Sous l'influence d'une action électrique.*
—Ils s'effectuent par secousses, avec une grande vitesse,
mais sans force proportionnée ; la contractilité paraît
s'épuiser instantanément, et nécessiter une réparation
suffisante pour supporter les frais d'un nouveau déplacement. *Par une excitation mécanique du centre ou des
cordons nerveux.*—Ces mouvemens sont brusques, rapides
et sans énergie. *Par une irritation morbifique de la
moelle épinière.*— Comme on le voit dans les spasmes ,
les convulsions, le tétanos ; ils sont alors violens et quelquefois soutenus avec une telle force que les parties prennent une roideur extrême, et qu'il serait plus facile de
les briser que d'en opérer la flexion. En *conséquence*

des passions,—ils offrent des modifications multipliées ; saccadés, faibles, irréguliers dans la crainte, constituant alors cette variété motrice que l'on nomme *tremblement* ; dans la colère et dans les accès de fureur maniaque, ils développent une vigueur que l'on pourrait à peine concevoir, si l'on n'avait apprécié toute la résistance nécessaire pour maîtriser un homme entraîné par ces bouillans transports. 2° *Les excitations effectuées par la volonté.*—Dans cette autre disposition, les mouvemens partent du cerveau, n'offrent pas toute l'énergie dont les muscles sont doués, mais peuvent être soutenus long-tems, et variés de la manière la plus admirable. Conséquences des impressions que nous avons reçues, ils deviennent l'expression raisonnée de nos intellectualisations et de nos sentimens. La volonté devant être considérée comme le ministre de ces déterminations, sachant à son gré, dans l'état normal, exciter ou suspendre l'action des puissances contractiles, c'est alors seulement que nous sommes véritablement responsables des effets que leurs mouvemens peuvent entraîner.

La contraction volontaire, celle qui doit plus spécialement fixer notre attention relativement aux phénomènes dont elle constitue la base fondamentale, exige quatre principales conditions anatomiques et physiologiques pour s'effectuer dans toute sa perfection :

1° *L'existence et l'intégrité du centre nerveux encéphalique.* — C'est ainsi que l'inflammation de la moelle épinière, entraîne des spasmes, des convulsions ; sa destruction particlle, une paralysie dans les muscles dont elle fournit l'appareil innervateur. Que les maladies graves du cerveau compromettent la volonté des mouvemens, enfin que celles du cervelet pervertissent plus ou moins leur équilibration.

2° *État normal des nerfs rachidiens.* — Nous voyons

en effet la section, la compression, de ces nerfs, produire la paralysie des muscles ; l'irritation, la phlegmasie des premiers, occasionner les spasmes et les convulsions des seconds. L'influence innervatrice ne remontant jamais, dans les nerfs moteurs, des rameaux vers les branches.

3° *Disposition physiologique du muscle.*—Ainsi l'in-flammation, comme on le voit dans *le rhumatisme aigu*, rend les mouvemens si douloureux qu'ils deviennent impossibles. L'atonie, la paralysie etc. peuvent encore affecter cet organe avec affaiblissement ou destruction de la faculté motile.

4° *Régularité de la circulation à sang rouge.* — Les expériences de Cygna, de Fowler ont démontré que la ligature de toutes les artères qui se ramifient dans un muscle produit, après deux minutes, la paralysie de ce dernier, et d'une manière plus complète que la même opération pratiquée sur les nerfs. La présence du sang noir y détermine la stupeur et l'engourdissement.

Par une conséquence pathologique du plus haut inté-rêt, toutes les fois qu'il existe, dans l'appareil moteur actif, des altérations plus ou moins graves telles que spasmes, convulsions, paralysies etc. On doit en cher-cher le principe dans l'un ou l'autre de ces trois organes: *le muscle*, *les nerfs*, *l'encéphale*, au lieu de s'habituer, comme on le fait trop souvent, à rapporter exclusive-ment ces lésions, soit *à l'encéphale*, soit *aux nerfs*, soit *au muscle*, les mêmes effets pouvant appartenir à ces dif-férentes altérations, et le traitement devant offrir des modifications essentielles suivant la partie spéciale-ment lésée.

D'après ces principes incontestables, il nous paraît suffisamment démontré que la contraction normale, diri-gée par la volonté, nécessite le concours de l'encéphale, des nerfs, du muscle, du centre circulatoire à sang rouge; que le principe du mouvement est transmis de la moelle rachidienne à la fibre motrice par l'intermédiaire des cordons nerveux antérieurs, comme les branches postérieures font parvenir, des muscles etc. au cerveau, les premiers élémens des sensations générales.

Sous le rapport de l'action musculaire, nous devons apprécier trois conditions fondamentales : 1° *La force*, 2° *la vitesse*, 3° *l'étendue*, conditions qui semblent d'abord assez rapprochées, bien qu'elles offrent le plus ordinairement un état d'opposition complète.

FORCE MUSCULAIRE.

Nous désignons sous ce titre, la proportion de l'effort qu'un muscle est susceptible d'effectuer. Cet effort est naturellement estimé d'après la somme des résistances vaincues. On parvient à le préciser d'une manière assez rigoureuse au moyen d'un instrument nommé *dynamomètre*. Cette force tient à plusieurs causes différentes, et dont la réunion constitue celle des *hercules*.

1° *Développement des masses contractiles*. — Cette condition fondamentale n'est pas seulement particulière au volume du muscle, elle comprend plus spécialement encore le nombre, la densité, la bonne organisation des fibres motrices. On voit en effet des sujets dont ces masses paraissent, au premier aspect, largement constituées, et qui doivent la majeure partie d'une semblable disposition à la mollesse, à la succulence de la fibre; à l'abondance du tissu cellulaire graisseux dont elle se trouve alors environnée; tandis que l'on rencontre des individus, plus grêles en apparence, dont les saillies musculaires n'ayant plus rien de fictif, sont dès-lors susceptibles de contractions beaucoup plus énergiques. Pour éviter l'erreur de cette estimation provisoire, il faut toucher ces muscles non point dans l'état de repos, mais pendant leur contraction. S'ils paraissent alors très-durs, très-rénitens, si leurs formes sont carrément exprimées, leurs faisceaux et leurs tendons volumineux et bien détachés, on peut d'avance prévoir toute la vigueur dont ils sont naturellement doués.

2° *Énergie encéphalique.*—Elle exerce une influence très-positive sur la force musculaire. Ainsi, nous observons quelquefois des sujets dont les formes grêles n'expliqueraient jamais la puissance de réaction, si l'intensité cérébrale ne devait pas en quelque sorte remplacer, chez eux, le défaut et la ténuité des fibres motrices. D'un autre côté nous rencontrons des hommes robustes au physique, n'offrant cependant aucune vigueur, par cela seul qu'ils sont dépourvus du ressort moral, et que leur volonté passive est en quelque sorte embarrassée par le poids d'une machine dont elle est incapable de provoquer les mouvemens.

Chez les hercules eux-mêmes, l'énergie cérébrale ne présentant pas, dans le calme, une proportion relative à celle des masses musculaires, on voit alors, dans leurs poses, dans leurs déplacemens, une lenteur, une paresse notables. Quelque circonstance majeure vient-elle exciter chez eux les emportemens de la colère, en donnant à l'activité morale tout son développement, dominés par un pouvoir qu'ils semblaient ignorer, on les voit entrer en action par degrés, briser les obstacles qui leur sont opposés. Malheur à qui voudrait braver ces puissances devenues indomptables, en prouvant d'une manière positive que la force animale est moins peut-être dans les muscles, que dans l'encéphale dont ils reçoivent leur principe d'action. Il est dès-lors facile de concevoir que nous estimons presque toujours cette force des hommes, ainsi constitués, au-delà de sa valeur intrinsèque ; tandis que nous établissons une proportion inverse pour ceux dont les muscles peu volumineux sont commandés par un encéphale très-énergique.

Ces vérités ont été bien appréciées par les poètes, les artistes et les historiens de l'antiquité, lorsqu'ils nous montrent, avant le combat, leurs gladiateurs marchant dans l'arène avec insouciance et lenteur ; s'animant ensuite progressivement ; devenant aussi violens, aussi terribles, pendant l'action, qu'ils avaient semblé pesans, impassibles dans les instans du repos.

Un riche développement, une forte organisation des masses musculaires, une grande énergie de l'encéphale, telles sont les deux conditions essentielles pour établir cette vigueur extraordinaire des hercules. Avec l'une ou l'autre de ces conditions, on peut offrir des résultats assez notables, mais toujours alors plus ou moins éloignés des effets du type extra-normal que nous indiquons, et d'ailleurs présentant des caractères particuliers à chacune de ces modifications spéciales.

Ainsi, lorsque cette force est relative au développement anatomique des muscles, on voit l'intensité des contractions, se monter avec lenteur, mais, une fois établie dans sa mesure naturelle, s'y maintenir en effectuant des mouvemens plus remarquables par leur continuité, par leur durée, qu'en raison de la vivacité, de l'énergie propres à leur exécution.

Lors au contraire que cette force réside complétement dans l'impulsion encéphalique, elle acquiert instantanément toute son élévation, et produit un effet d'autant plus puissant qu'il surprend par sa rapidité. Mais bientôt succède un épuisement en mesure de la réaction, cette force étant plutôt morale que physique, et les fibres musculaires, en raison de leur petit nombre, se trouvant incapables de soutenir long-tems un pareil effort.

Dans le premier cas, la force est réelle, sa base est positive et solide, un exercice approprié la développe avec avantage ; dans le second, elle est en quelque sorte factice, ne présente aucun fondement organique, s'affaiblit et s'épuise par ses manifestations.

En conséquence de ces lois physiologiques, l'homme dont la force physique est prédominante commence et termine avec lenteur, mais sans fatigue et sans épuisement, les plus pénibles travaux ; tandis que le sujet exclusivement doué de la force morale entreprend ces travaux avec une sorte d'impatience et de précipitation qui ne lui permettent jamais de les achever, ses muscles succombant à des inpulsions encéphaliques sans proportion avec leurs caractères substantiels.

C'est donc évidemment dans le concours de ces deux influences, dans les rapports harmoniques de l'énergie cérébrale qui commande l'action, de la puissance musculaire qui l'exécute, que se trouve naturellement la force motrice non-seulement pour l'agression, mais encore pour la résistance.

Chez certains sujets, on l'observe dans une division de l'appareil moteur, soit originellement, soit en conséquence d'exercices partiels, comme nous en trouvons les preuves pour un assez grand nombre d'artisans mécaniciens; tandis que les sauvages dont le genre de vie présente beaucoup plus d'uniformité, nous en fournissent à peine quelques exemples. Lorsque cette énergie musculaire est générale et très-développée, les sujets qui la présentent reçoivent le titre *d'hercules*.

M. Peron examinant la force comparative des différentes peuplades, au moyen du dynamomètre de Régnier, a consigné les résultats suivans: A la terre de Diémen, premier degré de civilisation, — 60. A la Nouvelle-Hollande, civilisation plus avancée, — 62. Chez les Malais, — 64. En France, en Angleterre 68. — Sans parler des travaux un peu merveilleux de Samson et d'Hercule, sans même rapporter les prouesses de Milon de Crotone et des autres athlètes célébrés par l'antiquité, nous trouvons, plus près de nous, des faits qui démontrent suffisamment à quel degré surprenant peut s'élever la force musculaire dans notre espèce.

On vit à Naples, en 1555, un espagnol nommé Pierre, d'une vigueur extraordinaire. Il croisait librement ses bras, malgré les efforts de dix hommes tirant, en sens contraire, sur des cordes fixées à ses poignets.

Louis de Boufflers, surnommé *le Robuste*, et qui vivait en 1534, debout, les deux pieds rapprochés, ne rencontra pas un sujet capable d'effectuer son déplacement. Il portait un bœuf, l'entraînait à volonté par la queue, rompait un fer à cheval avec ses mains.

Le major Barsabas, existant au seizième siècle, écrasait les membres des plus grands animaux, en les serrant entre ses doigts ; ayant soulevé l'enclume d'un maréchal avec beaucoup d'adresse, il put la tenir long-tems cachée sous son manteau. Certain garçon le provoquant : « Volontiers, dit le major ; touchez-là, Monsieur ; » et lui brisant les os, le mit dans l'impossibilité de combattre.

VITESSE MUSCULAIRE.

Nous désignons sous ce titre la rapidité des contractions successives de la fibre motrice. On la détermine en précisant le nombre de ces contractions dans un tems donné.

Cette condition du mouvement se trouve presque toujours en opposition directe avec celle de la force naturelle; aussi, chez l'homme et chez les animaux, les sujets d'une taille colossale, offrant des masses charnues très-développées, ne sont-ils jamais les meilleurs coureurs, ni même ceux que l'on distingue par la vivacité de leurs mouvemens partiels.

Nous connaissons les dispositions appropriées à la force musculaire, celles de la vitesse n'ont aucun rapport avec elles. Des muscles grêles, mais bien organisés, offrant un isolement convenable dans leurs faisceaux et leurs tendons ; un centre innervateur énergique ; des déterminations promptes; une grande précision dans les impulsions de la volonté forment les principaux élémens de la faculté que nous étudions.

Pour effectuer des mouvemens très-vites, il ne faut jamais déployer une grande force de contraction, mais seulement une activité si mathématiquement calculée dans ses résultats qu'aucune fausse direction, aucun intervalle inutile n'en viennent embarrasser les applications.

Dans ces conditions de précision et de vitesse, rentre naturellement celle que l'on nomme *dextérité*. Delà cet adage vulgaire plein d'exactitude «*plus on se hâte, moins* « *on avance.* » En effet, s'abandonner à la précipitation est positivement jeter le trouble dans les déterminations, et, consécutivement, dans les mouvemens soumis à la volonté. Le tems se passe alors en hésitations, en déplacemens sans ordre , sans but et sans action définitive.

Il suffit d'avoir une seule fois observé, dans l'arène, plusieurs concurrens se disputant le prix de la course, pour connaître, dès le premier instant, celui qui doit remporter la victoire. Voyez l'un s'élancer avec une sorte d'impatience et d'impétuosité convulsives, déchaînant simultanément toutes ses puissances motrices ; bientôt ses forces épuisées par des manifestations abusives, trahiront l'ardeur qui le consume, il n'atteindra pas même le terme de la carrière. Considérez cet autre qui s'engage avec aisance, avec grâce, en conservant un calme réfléchi, qui semble ménager ses mouvemens en maintenant dans l'immobilité les parties dont le concours, inutile pour la progression, ne ferait qu'entraver sa rapidité par une dépense inconsidérée de la force musculaire. Si d'abord il semble rester en arrière, bientôt il regagnera des avantages que ses compétiteurs ne seront plus en mesure de lui disputer ; calculant ses forces d'après le tems et l'espace, il touchera le but avec la confiance d'un triomphe assuré.

Les dispositions de la fibre contractile, offrent des aptitudes à la vitesse, mais l'habitude et l'exercice développent cette faculté d'une manière plus étonnante encore. La vérité d'un principe aussi physiologique, déjà palpable dans les mouvemens généraux, comme on le voit chez les coureurs, les funambules etc., devient plus évidente encore pour les mouvemens partiels ; pourrions-nous expliquer, sans la connaissance de ce puissant modificateur, la vélocité des agitations de la main chez ces jongleurs indiens ; cette incompréhensible rapidité des doigts chez nos virtuoses, pour le forté, le violon etc. ?

ÉTENDUE DES MOUVEMENS MUSCULAIRES.

Cette expression nous indique la mesure du raccourcissement que peut éprouver la fibre motrice dans sa plus forte contraction. D'après Keil, Bernouilli, MM. Prévost et Dumas etc., ce raccourcissement est à peu près le tiers de la mesure naturelle. On conçoit dès-lors que les deux conditions fondamentales de cette faculté, se trouvent, 1º dans la longueur de cette fibre ; 2º dans son intensité contractile. Il est dès-lors évident que les mouvemens de la mécanique animale, auraient toujours été bornés, même en exagérant l'étendue normale des muscles, si la nature, prévoyant cet inconvénient grave, ne l'eût prévenu par l'addition des leviers dont nous allons bientôt examiner les importantes applications. Aussi voyons-nous les mollusques réduits à quelques déplacemens ondulatoires, en mesure des sentimens et des rapports qui leur sont propres, mais dont l'insuffisance eût été positive relativement aux besoins de l'homme et des animaux supérieurs.

L'étendue motrice, comme la vitesse, est ordinairement en raison inverse de la force. On conçoit en effet qu'il est impossible d'allonger un muscle sans affaiblir son énergie ; nous prouverons que, dans un levier, l'augmentation du bras de la résistance diminue les effets de la puissance d'après une proportion calculable.

C'est en conséquence de ces lois que l'on trouve ordinairement les hercules et les sujets très-agiles dans les proportions moyennes de la taille commune. Il suffit pour s'en convaincre de comparer, *absolument* dans la même espèce, et *relativement* dans les espèces différentes, sous ce double rapport, les animaux très-grands, à ceux d'une stature beaucoup moins élevée. Dans les opérations militaires, le corps d'élite n'est pas toujours celui qui se fait le plus remarquer par l'activité des marches et par ses avantages à supporter les fatigues de la guerre.

2° RÉSISTANCE DANS LA MÉCANIQUE ANIMALE.

Nous désignons, par le terme générique de *résistance*, l'ensemble des obstacles opposés à l'action de la puissance motrice. Dans la mécanique animale, ces obstacles sont nombreux, et doivent être positivement appréciés. Pour éviter la confusion, nous les rangerons en deux catégories :

1°RÉSISTANCE PROPREMENT DITE.—Elle se trouve dans les obstacles extérieurs que doit surmonter la machine vivante par ses applications, et peut être alternativement représentée par la gravitation, l'élasticité etc. d'un corps, par l'action musculaire d'un autre sujet etc. Vaincre ces obstacles présente l'objet essentiel des mouvemens que nous étudions. Dans certaines circonstances, quelques-unes de nos parties seulement devenant actives, les autres conservant un état passif, il s'établit entre les premières et les secondes un antagonisme de la puissance et de la résistance, indépendamment des circonstances extérieures, comme on le voit dans un grand nombre de déplacemens partiels, et plus positivement encore dans les phénomènes variés de la locomotion générale.

2° RÉSISTANCES ACCESSOIRES.—On les nomme encore *déchets*. Les auteurs en ont admis un grand nombre, mais nous croyons pouvoir les réduire à six principales : 1° *Double action musculaire* ; 2° *direction oblique de la puissance* ; 3° *nécessité d'un point fixe* ; 4° *désavantage du bras de levier* ; 5° *antagonisme des muscles* ; 6° *frottemens* ; chacune de ces résistances doit être isolément appréciée.

1° *Double action musculaire.* — Un muscle offre toujours deux insertions opposées, l'une sur la partie qui représente le *point fixe*, l'autre sur celle qui devient le *point mobile*, d'où résulte naturellement des tractions inutiles sur le premier point, et par conséquent un déchet égal à la moitié de la force employée.

2° *Direction oblique de la puissance.* — Lorsque la direction de l'effort se trouve *perpendiculaire* au levier, la puissance agit avec tout son avantage ; plus cette action se rapproche du *parallélisme*, plus cet avantage diminue. Borelli voulant consacrer cette loi par une formule, dit que la *force employée par la puissance est à la force efficace, à celle qui lutte contre la résistance proprement dite, comme la longueur de la corde oblique est à sa hauteur.* Sans accorder une trop grande importance à l'expression mathématique de ce résultat, nous pensons que dans toutes les tractions obliques le mouvement est décomposé, la force partagée entre les actions *parallèle* et *perpendiculaire* simultanément effectuées sur la longueur du levier. Si la *première* direction existe seule, tout l'effort musculaire se borne à presser les surfaces de l'articulation correspondante sans produire aucun autre mouvement ; si la *seconde* est exclusive, cet effort détermine le déplacement en arc sans aucune pression articulaire ; dans toutes les combinaisons de ces deux modes, il existe nécessairement complication des produits indiqués avec prédominance relative de celui dont la cause acquiert plus de valeur ; de telle sorte que l'obliquité des fibres sur leurs tendons, et de ces derniers sur les os devient l'occasion d'un déchet considérable et diversement effectué dans ces deux cas. Ainsi, par l'obliquité de la fibre charnue sur le tendon, la perte motrice est opérée dans la direction *perpendiculaire* ; par l'obliquité du tendon sur l'os, cette perte arrive dans la direction *parallèle*. Ce dernier inconvénient est faiblement compensé par le renflement que présente l'extrémité des os longs, par les os sésamoïdes, les rotules etc.

3° *Nécessité d'un point fixe.* — Tous les mouvemens de la machine vivante, en les réduisant même à la contraction d'une fibre, exigent l'établissement de deux points opposés, l'un *fixe*, l'autre *mobile*. Dans aucune circonstance, le premier n'est assez positivement constitué par la seule disposition des parties ; il a besoin que des efforts musculaires, souvent très-multipliés, viennent lui donner toute la résistance nécessaire ; dès-lors, si l'on faisait entrer, dans l'action réelle de la puissance, l'ensemble de ces modifications préparatoires, on commettrait une erreur grave, il faut au contraire le placer au nombre des déchets.

4° *Désavantage du bras de levier.* — Dans la mécanique animale, surtout pour notre espèce, la force est presque toujours sacrifiée à l'étendue, à la vitesse des mouvemens par l'insertion de la puissance très-près du centre mobile ; d'où résulte nécessairement un grand désavantage pour le bras de levier propre à celle-ci, comparativement à celui de la résistance, et dès-lors un déchet considérable dans les résultats des agens employés pour la surmonter. On peut formuler cette proportion en disant que *la puissance est à la résistance comme leurs éloignemens respectifs de l'hypomochlion.*

5° *Antagonisme des muscles.* — Toutes les fois que nous exécutons un mouvement, surtout avec énergie, dans l'intention d'effectuer un grand résultat, les muscles antagonistes se maintiennent dans un état de contraction suffisante pour donner à l'articulation employée la solidité nécessaire au développement de cette action. Dès-lors une partie de l'effort exercé par la puissance, et mise en usage pour vaincre cet antagonisme, rentre naturellement encore dans les déchets.

6° *Frottemens.*—Dans toutes les machines physiques, les frottemens absorbent une assez grande proportion de la force motrice, aussi les plus ingénieuses précautions sont-elles constamment utilisées pour diminuer, autant que possible, la gravité de cet inconvénient. Dans la machine vivante nous trouvons les mêmes désavantages et les mêmes soins pour en affaiblir incessamment les résultats. Il suffit d'examiner les dispositions de l'appareil moteur pour sentir la vérité de ces principes. Ainsi, nous observons des frottemens entre les fibres, les faisceaux, les muscles ; entre les tendons et leurs gaînes ; entre les surfaces des articulations. Le tissu cellulaire élastique, les cartilages d'incrustation, la synovie etc. diminuent sans doute beaucoup ces frottemens organiques, mais ils n'en détruisent pas complétement la résistance qui rentre encore, avec ses modifications, dans la somme déjà si considérable des déchets que nous venons d'énumérer, et dont l'ensemble doit être vaincu par la puissance avant qu'elle soit en mesure d'effectuer aucune action sur la résistance proprement dite.

Si l'on pouvait calculer exactement l'effort que doit faire le deltoïde, par exemple, pour soutenir, à bras tendu, seulement un poids de huit à dix livres, on concevrait difficilement la force considérable qu'il devient nécessaire d'employer pour obtenir un aussi faible résultat, en raison des pertes multipliées dont nous venons de signaler toutes les causes principales. Borelli, dans ses estimations que nous sommes loin de regarder comme infaillibles, prétend que les muscles déploient un effort égal à 1990 livres pour soulever à l'extrémité des doigts un poids de neuf livres seulement. En supposant même cette conclusion exagérée, nous pensons que les déchets de la force musculaire sont énormes, et deviendraient un caractère d'imperfection dans la machine vivante, s'il n'eût pas été nécessaire de sacrifier cette condition à la vitesse, à la précision, à l'étendue, à l'adresse des mouvemens, qualités beaucoup mieux appropriées au besoin de ses phénomènes réactionnels.

3° LEVIERS DANS LA MÉCANIQUE ANIMALE.

Le levier est la machine la plus simple que puisse employer la dynamique pour favoriser et développer l'action d'une puissance. Il est représenté par une ligne ordinairement droite, quelquefois anguleuse ou courbe; delà trois formes principales que l'on exprime par les termes de leviers : 1° *rectiligne*, 2° *anguleux*, 3° *curviligne*.

Dans un levier, quelle que soit sa forme, on trouve constamment trois points qu'il faut déterminer avec la plus grande précision. Ainsi, points : 1° *Mobile*, — autour duquel s'effectue le mouvement du levier. 2° *Puissant*, — donnant insertion à la force motrice. 3° *Résistant*, —auquel s'applique précisément l'obstacle à surmonter.

D'après les positions respectives de ces points, on reconnaît, en mécanique, trois espèces de leviers, savoir : *du premier*, *du second et du troisième genres*. On peut substituer à ces termes insignifians, des expressions puisées dans la situation même des points indiqués, en prenant pour dénominateur, celui qui se trouve entre les deux autres. Ainsi : 1° *Premier genre*, point mobile entre la puissance et la résistance ; *inter-mobile*. 2° *Second genre* ; résistance entre la puissance et le point mobile, *inter-résistant*. 3° *Troisième genre* ; puissance entre le point mobile et la résistance, *inter-puissant*. Si nous faisons actuellement des applications de ces leviers aux objets les plus généralement connus, les *ciseaux* nous offriront le premier ; les *bras de pompe*, le second ; les *étaux*, le troisième. Pour fixer davantage l'attention, nous renvoyons à la planche VIII, Fig. 2, où nous offrons des exemples tirés de la machine animale.

> Fig. 2. A. Levier inter-mobile, premier genre.
> B. Levier inter-résistant, second genre.
> C. Levier inter-puissant, troisième genre.
> D. Tête, D' muscles postérieurs du col. Levier inter-mobile.
> E. Pied, jambe, E' muscles jumeaux et solaire, levier inter-résistant.
> F. Bras, avant-bras. F' muscle biceps etc. Levier inter-puissant.

Relativement à ces leviers, les dispositions de la *force*, de la *vitesse*, de *l'extension* des *mouvemens* se trouvent, comme pour les muscles, ordinairement en proportions inverses. On peut, toutes choses égales, réduire aux trois principes généraux suivans les considérations qui se rattachent plus ou moins directement à ces divers états.

1° Plus la *puissance* est éloignée de la *résistance*, rapprochée du *point mobile*, moins le mouvement présente de *force*, plus il offre de *vitesse* et d'*étendue*.

2° Plus la *puissance* est rapprochée de la *résistance*, éloignée du *point mobile*, plus le mouvement offre de *force*, moins il présente de *vitesse* et d'*étendue*.

3° Plus la direction de la *puissance* est perpendiculaire à celle du *levier*, plus la *force* du mouvement est considérable ; plus la *première* est oblique sur la *seconde* en s'éloignant de la perpendiculaire, moins cette *force* est développée.

Il est actuellement facile de concevoir pourquoi, dans l'économie animale en général, dans celle de l'homme

en particulier, où la mécanique est disposée moins pour
la force que pour l'agilité, le levier inter-puissant,
d'ailleurs plus compatible avec l'élégance des formes, se
trouve beaucoup plus souvent employé que les deux
autres ; tandis que l'inter-mobile compte à peine quelques
applications.

4° CONDITIONS DU MOUVEMENT DANS LA MÉCANIQUE ANIMALE.

L'intégrité *de l'encéphale* qui commande le mouvement,
des muscles qui l'exécutent, *des os* qui le favorisent,
nous offrent les conditions motrices propres à la mécanique animale. Outre ces conditions, elle en présente
encore d'autres qui lui deviennent communes avec toutes
les machines physiques. Nous les réduirons à trois principales : 1° *Résistance des appuis* ; 2° *prédominance de
la puissance* ; 3° *action d'une puissance antagoniste.*
Examinons chacun de ces points.

1° *Résistance des appuis.* — Pour effectuer ces mouvemens, une machine doit trouver dans le sol, dans
les corps voisins ou dans les milieux ambians un point
d'appui suffisant à la répulsion de ses efforts qui, sans
une pareille dispotition, s'épuiseraient à déplacer les
objets en contact, et n'effectueraient aucune locomotion
de cette machine.

Si la résistance du milieu doit être assez considérable
pour assurer le jeu des parties qui servent de point fixe,
elle offrirait beaucoup d'inconvéniens en présentant, à
la progression des autres, une opposion insurmontable.

Élevé dans l'atmosphère, l'animal est obligé de répéter incessamment les plus grands efforts pour s'affermir
sur une base aussi fugitive ; il a besoin d'une organisa-

tion appropriée à ce genre de milieu, comme on le voit chez les oiseaux, où la légèreté spécifique du sujet, l'étendue considérable des ailes déployées par un appareil musculaire très-énergique, lui donnent, sous ce rapport, une faculté motrice que les autres classes ne présentent jamais avec la même perfection.

Immergé dans une grande masse d'eau, l'animal y trouve en même tems un point d'appui moins difficile, une résistance plus positive lorsqu'il veut avancer. Dès-lors ce nouveau milieu réclame une organisation spéciale, pour s'y mouvoir avec liberté, comme on l'observe chez les poissons. D'après les conditions indiquées, cette organisation n'est pas aussi nécessaire que celle des espèces aériennes ; en effet le plus grand nombre des animaux, l'homme lui-même jouissent de la faculté de nager avec plus ou moins de facilité ; le vol au contraire est exclusivement départi aux oiseaux, à quelques insectes également constitués pour ce genre de locomotion.

Entièremeut enveloppé dans un sol compacte, l'animal ne peut effectuer aucun mouvement ; il trouve, d'une part, des appuis fixes pour ses organes solides, mais, de l'autre, il rencontre un obstacle invincible pour ses parties mobiles.

Enfin établi sur le sol qui résiste beaucoup, se déplaçant dans l'air qui cède à peu près sans effort, la machine vivante exécute ses mouvemens avec aisance dans cette nouvelle condition la plus souvent présentée par les animaux, la plus généralement appropriée à leurs nombreuses modifications normales.

2° *Prédominance de la puissance.*—Pour que le mouvement s'effectue, la puissance, après avoir fourni tous les déchets, doit surmonter complétement la résistance ; en se bornant à la contrebalancer, elle établirait seulement *l'équilibre* avec toutes les conséquences de l'immobilité. Quelle que soit la nature de la puissance et de la résistance, la même loi se trouve établie sans aucune exception. Tels sont les résultats que présente l'effort d'un sujet faible poussant un corps pesant ; d'un athlète voulant déplacer un athlète aussi robuste que lui. Les dispositions contraires nous offrant la puissance plus ou moins supérieure à la résistance, présentent le mouvement, toutes choses égales, avec un développement en proportion de cette même supériorité.

3° *Action d'une puissance antagoniste.*—Nous accordons, en mécanique, la dénomination *d'antagonisme* au balancement de deux puissances opposées, prenant alternativement une prépondérance relative, de manière à perpétuer le mouvement. En effet, une seule puissance ne peut effectuer qu'un seul déplacement ; lorsqu'il est produit, tout rentre dans l'immobilité, nulle autre force ne venant rompre l'établissement de cette inertie. Dans les mouvemens de l'avant-bras sur le bras, par exemple, si les fléchisseurs existaient exclusivement, la flexion déterminée, le membre conserverait invariablement cette position ; en lui rendant ses extenseurs, les premiers n'effectuant aucune résistance, le mouvement contraire se manifeste, et par l'établissement de cet antagonisme l'avant-bras peut se trouver incessamment agité sous l'influence des mouvemens alternatifs de flexion et d'extension.

Pour quelques animaux, cette opposition nécessaire est constituée par l'élasticité ; c'est ainsi que chez les *Bivalves* les deux écailles mobiles s'écartent par l'action d'un muscle, et sont ensuite rapprochées, pour effectuer l'occlusion du réceptacle, par le raccourcissement élastique des ligamens appropriés à l'union de ces deux pièces mobiles.

Chez l'homme, et pour le plus grand nombre des animaux, cet antagonisme est toujours offert par les muscles opposés, que l'on peut en quelque sorte, pour la plupart des articulations, ranger en deux catégories : 1° *les fléchisseurs*, 2° *les extenseurs*.

Il semble d'abord que la nature a du balancer la force, les avantages des uns et des autres dans un équilibre parfait. En examinant ces dispositions avec plus de soin, l'on s'aperçoit bientôt que les fléchisseurs ont été plus favorablement dotés. Nous ne chercherons pas, avec Borelli, dans la longueur plus considérable des fibres, une démonstration positive de ce fait ; le principe serait presque partout en défaut, et les conséquences deviendraient essentiellement erronées. Trois dispositions fondamentales nous expliquent ce même fait. Ainsi, *pour les fléchisseurs* : 1° masse charnue plus considérable ; 2° insertion ordinairement plus loin du centre mobile ; 3° direction plus perpendiculaire au levier, à mesure que le mouvement s'effectue ; *pour les extenseurs*, dispositions précisément contraires.

Loin de voir dans cette inégale répartition de la force musculaire un vice de la machine animale, nous y trouvons au contraire une preuve de l'intelligence naturelle chargée de sa première formation. Ainsi la nécessité de saisir les corps extérieurs, de rapprocher le plus grand nombre d'entre eux vers le sujet dont ils doivent satisfaire les besoins et la curiosité rend l'action des fléchisseurs essentielle, réduisant bien souvent celle des extenseurs au maintien de l'antagonisme indispensable à la succession de ces divers mouvemens.

Toutefois, dans l'exercice habituel des uns et des autres, cette inégalité de puissance devient insensible en raison des impulsions encéphaliques plus fortes que nous dirigeons sur les seconds. Par une conséquence naturelle, après des efforts locomoteurs prolongés, nous voyons les extenseurs éprouver une lassitude plus profonde et plus immédiatement ressentie. En raison des mêmes principes, le défaut d'énergie morale, une usure anticipée sous l'influence de la débauche, de la masturbation, les progrès de la vieillesse etc., ne permettant plus à cet équilibre normal de s'établir convenablement par l'action des extenseurs, le tronc, les membres n'offrent plus cette rectitude primitive, dans la station et dans la progression, la colonne vertébrale est courbée, les articulations à demi fléchies ; caractères qui deviennent ainsi les symptômes positifs de *l'apathie*, de *l'épuisement* et de *la caducité*. Pendant le sommeil parfait, l'action encéphalique ne régularisant plus cette prédominance des fléchisseurs, ils entraînent toutes les articulations dans la position fléchie. Cette remarque n'avait point échappé à la sagacité d'Hippocrate, puisqu'il fait observer qu'une forte extension des membres, pendant le repos, est un signe fâcheux ; elle indique en effet l'état de spasme et de roideur morbifique de ces muscles qui les fait résister à la supériorité naturelle de leurs antagonistes.

Après avoir établi ces considérations sur les mouvemens locomoteurs, envisagés d'une manière générale, nous devons, pour en compléter l'histoire, examiner : 1° *L'appétit qui provoque leur exercice* ; 2° *l'influence de l'habitude sur leurs modifications* ; 3° *les sympathies qu'ils entretiennent* ; 4° *les altérations qu'ils peuvent offrir.*

1° APPÉTIT DES MOUVEMENS DANS LA MÉCANIQUE ANIMALE.

Pour bien apprécier le sentiment qui nous fait éprouver la nécessité de l'exercice musculaire, il ne faut pas voir l'homme et les animaux en liberté, pouvant exécuter à leur gré tous les phénomènes de relation. En effet, dans ces dispositions, l'immobilité n'est jamais assez complète, assez prolongée pour éveiller cet appétit d'une manière très-notable ; c'est après une privation soutenue des mouvemens volontaires qu'il faut les étudier sous ce dernier rapport. On observe alors une impatience très-pénible dans les appareils musculaire et nerveux ; toutes les puissances motrices, partageant cette anxiété, rappellent un ressort prêt à se briser par tension excessive ; une surabondance vitale cherche à s'épancher dans toutes les actions extérieures. Si la liberté du mouvement se trouve immédiatement rendue, le sujet bondit, s'élance avec impétuosité ; ses contractions musculaires sont des spasmes, des convulsions violentes jusqu'au rétablissement d'un équilibre convenable entre cet excès de la faculté motrice et la mesure naturelle de sa réparation. Il suffit, pour se convaincre de la vérité de ces principes, d'examiner le chien agile et le coursier fougueux mis en liberté dans la campagne, après quelques jours de captivité.

Au contraire, si la privation du mouvement est prolongée, les fonctions nutritives s'approprient l'activité des facultés motrices, la réparation devient surabondante et la pléthore générale se manifeste. Souvent encore, le moral se pervertit, avec langueur, ennui, dégoût de la vie ; toutes les fonctions s'altèrent profondément et l'économie se détruit par l'anxiété de ses désirs non satisfaits. Telles sont la nature de cet appétit, l'importance des exercices qu'il provoque, les conséquences fâcheuses du défaut absolu de mouvement pour toute la constitution.

2° INFLUENCE DE L'HABITUDE SUR LES MOUVEMENS DE LA MÉCANIQUE ANIMALE.

Au milieu des phénomènes de l'économie vivante, les mouvemens volontaires sont assurément ceux qui reçoivent, de cette influence, les modifications les plus profondes, les plus essentielles et les plus diversifiées. Si l'on peut dire que l'habitude est une seconde nature, qu'elle fait l'homme civilisé presque tout entier, c'est particulièrement à ces phénomènes qu'il faut appliquer une telle assertion.

Par l'exercice régulier, ces mouvemens et tous les résultats qui viennent directement s'y rattacher acquièrent de la force, de l'extension, mais surtout de la vitesse, de la précision et de l'adresse.

En employant habituellement tous ses muscles, un sujet, frêle en apparence, dépasse constamment la mesure d'énergie qui lui semblait originellement dévolue; se trouvant alors capable d'effectuer, sous ce rapport, des résultats que l'on ne soupçonnerait pas d'après l'examen de sa constitut ion.

Lorsque cet exercice est partiel, il donne aux muscles, qui s'y trouvent soumis, une puissance contrastant bien souvent avec la faiblesse des autres. Ce que nous disons de la force, peut également s'appliquer aux autres conditions du mouvement.

Il suffit, pour acquérir la preuve incontestable des principes que nous établissons, de comparer, chez un maître d'escrime, le bras droit au bras gauche; pour un danseur, les membres pelviens aux membres thoraciques; la main d'un prestidigitateur à celle d'un forgeron etc.

Au nombre des faits les plus curieux dans ce genre, et comme preuve définitive de ces vérités, nous citerons le suivant. Joseph Fahaye, originaire de Spa, livré à la curiosité parisienne en 1779 ; né sans bras, s'habitua tellement à l'usage de ses pieds qu'il pouvait exécuter **toutes** les actions d'un sujet ordinaire. Il bêchait au jardin ; chargeait, tirait un pistolet ; jouait au tonton, au bilboquet ; buvait, mangeait, prenait du tabac ; se servait du curedent ; taillait sa plume ; écrivait bien ; enfilait un aiguille ; nouait un fil par l'extrémité etc.

Si l'on réfléchit un instant aux effets quelquefois merveilleux de la gymnastique, pour développer chez l'homme toutes les perfections dont la mécanique animale est susceptible, on pourra dès-lors apprécier les influences positives de l'habitude sur les mouvemens de l'économie vivante, envisagés d'une manière générale. Vérités qui se reproduiront sous un nouveau jour lorsque nous étudierons ces derniers dans leurs applications particulières.

3° SYMPATHIES DES MOUVEMENS DE LA MÉCANIQUE ANIMALE.

Les mouvemens volontaires sont liés par la sympathie à toutes les autres fonctions de l'économie vivante et spécialement à l'innervation, à la circulation, à la respiration, à la digestion. Il n'existe pas un individu qui n'ait observé combien est variable l'énergie, la précision, l'activité de nos organes moteurs ; combien nous sommes *journaliers* dans les jeux d'adresse et dans les divers exercices gymnastiques. Si nous cherchons maintenant la cause physiologique de ces modifications, nous la trouvons dans les sympathies de ces organes avec les appareils des fonctions indiquées.

Quelle agilité, quelle tendance au mouvement, quelle aptitude pour en supporter la fatigue, avec quelle précision nous le développons dans ses plus minutieux détails, comme on le voit pour la course, l'escrime, la lutte, la danse, les jeux de la balle, du billard, l'exécution musicale sur le piano, la basse, le violon etc., alors que l'innervation est parfaite, la tête saine, la respiration libre, la circulation régulière et la digestion facile.

Au contraire, combien n'observons-nous pas de lassitude musculaire, de paresse, d'apathie, de maladresse, d'inhabileté dans les mouvemens les plus simples, dèslors que la tête se trouve embarassée, la digestion pénible, la respiration incomplète, la circulation difficile et l'innervation compromise. Tous ces faits sont tellement évidens et vulgaires, qu'il suffit de les indiquer pour faire sentir la force des liens naturellement établis entre les actions d'expression, les fonctions nutritives et vitales; pour démontrer à quel point les mouvemens, excités par la volonté, se trouvent en même tems sous la dépendance rigoureuse des phénomènes étrangers à l'empire de ce puissant modificateur.

Des considérations d'un aussi grand intérêt ne doivent pas être perdues pour l'hygiène et la pathologie, puisqu'elles nous donnent la possibilité de choisir les instans favorables à l'exercice musculaire en nous montrant les conditions les mieux appropriées à son développement ; et qu'elles nous offrent, d'un autre côté, dans les anomalies des actions d'expression, plusieurs symptômes propres à nous éclairer sur le diagnostic des lésions vitales et nutritives. Ainsi le sentiment de courbature générale dans les muscles volontaires, les spasmes, les convulsions, dont ils peuvent être affectés, nous indiquent non-seulement des phlegmasies encéphalo-rachidiennes, mais encore fréquemment la gastrite, l'entérite, la pneumonie, la cardite etc. consécutivement à des sympathies un peu trop négligées dans leur histoire et qu'il nous paraît essentiel de signaler aux bons observateurs.

4° ALTÉRATIONS DES MOUVEMENS DANS LA MÉCANIQUE ANIMALE.

Elles sont assez fréquentes, peuvent offrir les cinq modifications principales, en portant plus spécialement sur l'encéphale, les nerfs, les muscles, sur les os et leurs annexes.

1° *Augmentation.*—Elle ne doit pas être considérée comme une maladie particulière, mais comme le résultat et le symptôme d'une autre altération. C'est ainsi qu'on la voit ordinairement indiquer les inflammations du cerveau, de la moelle rachidienne, des nerfs et de leurs enveloppes ; tels sont en effet presque toujours les spasmes, les convulsions, le tétanos etc. Dans le plus grand nombre de ces augmentations contractiles, on voit les mouvemens soustraits à l'empire de la volonté ; les emportemens et les fureurs maniaques nous en fournissent une preuve nouvelle.

2° *Diminution.*—Elle peut également devenir la conséquence des lésions encéphaliques, nerveuses, musculaires, synoviales etc. ; nous l'observons souvent dans les ramollissemens cérébraux et rachidiens, les contusions, les commotions, les apoplexies incomplètes, les rhumatismes, les hydarthroses, la sécheresse articulaire etc.

3° *Perversion.* — Elle coïncide bien souvent avec l'augmentation, *et vice versâ*, comme on le voit dans la plupart des convulsions ; mais elle peut également se manifester sans cette augmentation , et même avec une diminution plus ou moins notable ; nous en trouvons la preuve dans l'épilepsie , les soubresauts des tendons , l'hystérie etc.

4° *Suspension.* — Elle est irrévocable ou seulement temporaire. Dans le premier cas , elle prend le nom de paralysie ; dans le second , elle présente une simple impotence momentanée. L'une et l'autre peuvent avoir leur principe dans l'encéphale , les nerfs , les muscles , les organes passifs du mouvement.

Dans l'encéphale, après les apoplexies, les contusions, les commotions du crâne , du rachis ; par l'influence des lipothymies diverses.

Dans les nerfs, en conséquence des sections, des ligatures , des compressions auxquelles ils peuvent être soumis.

Dans les muscles , par le fait même de leur division, de leur atrophie, de leur contusion etc.

Dans les organes passifs , après les fractures des os longs plus particulièrement ; après la rupture des ligamens , des tendons ; par la sécheresse des articulations, l'adhérence des synoviales, et surtout la soudure des os qui reçoit la dénomination d'*ankylose.*

D'après ces considérations sommaires , il est évident que pour établir d'une manière positive le diagnostic de toutes les altérations motrices, nous devons toujours préciser, entre ces quatre foyers principaux , celui qui présente plus spécialement le siége essentiel de la maladie, afin d'appliquer, par un traitement raisonné, les moyens appropriés à tel ou tel genre de lésion. C'est un principe directement relatif à l'histoire des spasmes , des convulsions, des paralysies, du tétanos que l'on attaque bien fréquemment sans en avoir suffisamment approfondi la cause , le siége et la nature essentielle.

Tels sont les mouvemens généraux considérés dans la mécanique animale. Étudions actuellement leurs applications physiologiques aux phénomènes d'expression dont nous réduisons les modifications diversifiées à deux types fondamentaux : 1° *Station*, 2° *locomotion*, Chacun de ces types va nous offrir des notions du plus grand intérêt.

ARTICLE PREMIER.

STATION.

La station, στάσις, des Grecs, *statio* des Latins, de *stare*, *sto*, s'arrêter, se tenir de bout, peut-être définie d'une manière générale : *Position fixe que l'on donne à la machine vivante, soit pour la disposer au mouvement, soit pour accorder à ses parties actives le repos nécessaire à la réparation de leurs forces plus ou moins épuisées.*

C'est à ce double titre que nous renfermons la station, comme première condition préparatoire, dans l'examen des phénomènes relatifs à la mécanique animale. Nous aurons dès-lors à la considérer : 1° *Sous le point de vue du repos*, 2° *sous celui de la disposition au mouvement.* Mais avant d'entreprendre l'histoire de ces attitudes particulières, nous devons établir les lois générales qui leur sont communes, relativement : 1° *Au centre de gravité*, 2° *à la base de sustentation*, 3° *aux conditions de la station*, dont les rapports variables doivent être exactement précisés.

1° CENTRE DE GRAVITÉ. — Nous désignons par ce terme, *une ligne imaginaire, perpendiculairement conduite par le centre d'un corps en station ;* de telle sorte que les parties de ce même corps sont rassemblées, et comme pressées autour de cet axe commun. Toutes choses égales, nous trouvons la ligne de gravitation d'autant plus difficile à maintenir en équilibre parfait, qu'elle présente une longueur plus considérable, les plus faibles mouvemens de la base, déterminant, vers le sommet, des déplacemens dont l'étendue se trouve constamment en proportion de cette longueur, et ces déplacemens ne pouvant dépasser la mesure de leur circonscription normale sans occasionner la ruine du corps. C'est ainsi qu'une colonne, avec douze pouces d'élévation, offre, dans les mêmes circonstances, moitié plus d'aplomb qu'une colonne de deux pieds.

2° BASE DE SUSTENTATION.—Nous accordons ce titre *à l'espace dont le centre de gravitation ne peut franchir les limites, sans entraîner le corps dans une chute inévitable.* Plus cette base est étendue, toutes choses égales, plus la station offre de solidité. Dès-lors, en supposant deux colonnes identiques et d'élévation semblable, portant sur un socle, pour l'une, de deux pieds, pour l'autre, de quatre, le renversement de la seconde sera moitié plus difficile que celui de la première.

3° CONDITIONS DE LA STATION.—Elles peuvent toutes se rattacher à ce principe fondamental et commun : *La station exige le maintien de l'équilibre entre toutes les parties du corps.* Ou bien encore, d'après une formule géométrique, *il faut que la verticale, abaissée du sommet de la ligne de gravitation, tombe dans l'espace que la base de sustentation sert à mesurer.* En effet si cette ligne perpendiculaire dépasse notablement ces limites, la chute paraît inévitable ; au contraire, si cette même ligne n'est pas susceptible d'être portée jusqu'à ce point, la ruine du corps est impossible ; c'est précisement ce que l'on observe pour toutes les colonnes dont le socle présente plus de largueur que le fût n'offre d'élévation.

A cette loi générale et féconde en résultats, viennent se rallier toutes les considérations particulières à la station envisagée dans les spécialités qui vont actuellement nous occuper.

I. STATION SUR LE POINT DE VUE DU REPOS.

Ce premier genre de station comprend les attitudes : 1° *Couchée*, 2° *assise*, 3° *à genoux*, dans lesquelles nous allons voir diminuer progressivement les conditions du repos, de la première à la troisième, qui nous amènera par degrés à la station *bipède*, celle-ci définitivement à la *locomotion*.

1° ATTITUDE COUCHÉE. — Nous la désignons encore par le terme générique *d'incubation*. Elle est représentée par les situations différentes que peut offrir l'homme reposant horizontalement sur un plan fixe, indépendamment du secours de ses membres. Cette attitude est celle du calme le plus parfait, elle n'exige aucune action musculaire ; c'est elle aussi que nous choisissons pendant le sommeil.

Lorsque le plan sousjacent présente une inclinaison de la tête vers les pieds, cette position n'est plus aussi complétement passive ; nous voyons, en conséquence, dans les maladies caractérisées par une grande prostration des forces, le sujet glisser constamment vers la partie la plus déclive ; symptôme dès-lors grave, et présageant les plus fâcheuses terminaisons. Cette incubation offre trois principales variétés : 1° *Dorsale*, 2° *abdominale*, 3° *latérale*. Ces variétés ne présentent pas les mêmes avantages, les mêmes inconvéniens et les mêmes conditions de repos.

1° *Incubation dorsale.* — On la nomme encore *supination* ; c'est la plus complétement passive, celle qui peut se concilier avec l'inaction de tous les muscles ; le tronc pose alors par sa plus large face ; aucun des organes de l'économie ne se trouve gêné dans ses fonctions. Aussi la rencontrons-nous chez les sujets épuisés par une longue maladie, plus spécialement encore dans les profondes altérations de la force motrice ; aussi devient-elle un symptôme fâcheux dans les adynamies, et pouvons-nous concevoir les premières espérances lorsque nous voyons le sujet reprendre naturellement *l'incubation latérale* annonçant un retour vers l'énergie musculaire, et l'un des plus sûrs garans de la convalescence. L'intérêt d'un fait aussi constant n'a point échappé à l'attention des bons observateurs.

2° *Incubation abdominale.* —Encore désignée par le terme de *pronation*, cette attitude n'est point l'état de repos complet. D'un autre côté, la pression qu'elle détermine sur les viscères abdominaux et thoraciques, la gêne qu'elle occasionne dans les principales fonctions de l'économie, rendent cette même attitude plus laborieuse que naturelle. Dès-lors on la voit seulement dans certaines maladies, telles que les coliques nerveuses, l'hystérie etc. ; souvent elle devient alors un phénomène pathologique plus ou moins fâcheux.

3° *Incubation latérale.*—C'est ordinairement celle que nous prenons dans l'état de santé parfaite ; elle exige un certain effort musculaire pour se maintenir, le tronc posant alors par sa face la plus étroite et la plus convexe. La grande majorité des sujets l'emploie sur le côté droit ; elle paraît plus fatigante et moins naturelle sur le côté gauche, le foie se trouvant alors sans appui fixe, comprimant l'estomac, le duodénum, les intestins, pouvant dès-lors troubler la digestion, occasionner des rêves pénibles et même *l'incube*. Si quelques personnes la sup-portent sans inconvénient, il faut l'attribuer aux influences d'une habitude prise depuis long-tems.

2° ATTITUDE ASSISE. —— Nous accordons ce titre à la station dans laquelle tout le poids du corps porte sur les tubérosités de l'ischion. Bien que cette position exige une influence musculaire assez forte, assez compliquée, cependant elle présente encore un état de repos ; aussi dans nos mœurs, dans nos usages de civilisation est-elle à peu près la seule que nous prenions pour délasser les membres de la station bipède ou d'une course prolongée.

Cette attitude peut offrir des différences notables sui-vant que nous sommes assis dans un siége à dos renversé, sur un tabouret, sur le sol horizontalement disposé, les deux jambes étant portées en avant. *Dans le premier cas,* le repos est à peu près parfait et permet un sommeil paisible. En effet, nous trouvons la base de sustentation augmentée en devant par toute la longueur des fémurs ; l'inclinaison du dossier soutient avantageusement le tronc en arrière ; dans nos siéges modernes cette partie beau-coup trop verticale, oblige les muscles extenseurs de l'épine à des contractions permanentes pour maintenir l'équilibre d'où résulte bientôt un sentiment de lassitude vers la région lombo-dorsale. *Dans le second cas,* il est difficile de supporter long-tems cette position assise, la fatigue musculaire devenant encore beaucoup plus posi-tive. *Enfin dans la troisième,* la chute paraît impossible en devant, la base de sustentation s'y trouvant agrandie par les membres pelviens dans leur étendue ; mais en arrière, cette chute serait imminente, si nous n'avions l'at-tention de porter le tronc antérieurement, le maintenant ainsi dans l'équilibre par l'antagonisme des muscles extenseurs et fléchisseurs. Aussi, de toutes les attitudes assises, la modification que nous examinons, devient-elle

en même tems la plus incommode et la plus pénible ;
à moins qu'un appui postérieurement incliné, dans toute
la longueur du corps, ne lui donne la possibilité de céder,
sans inconvénient, à la tendance de sa gravitation. Il en
résulte alors un état de repos à peu près complet, comme
on l'observe dans cette incubation au lit, à laquelle on
donne le nom de position dans *son séant.*

On peut encore citer au nombre des modifications de
la station assise, l'attitude *accroupie* très-usitée chez
les sauvages qui n'ont point encore inventé les siéges ;
celle dans laquelle se croisent les jambes, comme on
l'observe surtout chez les turcs. Sans trouver avec Spigel,
dans ces usages, une preuve d'existence intellectuelle ,
nous ajouterons que des positions semblables , assez
pénibles, marquent précisément un défaut de civilisation.

3° ATTITUDE A GENOUX. Ce genre de station toujours
douloureux par les compressions des rotules, et d'ailleurs
difficile à soutenir, la base de sustentation étant diminuée antérieurement, offre moins une condition de repos
qu'une attitude suppliante ou consacrée spécialement
aux expiations de la pénitence et de la prière. Dirigées
postérieurement, les jambes agrandissent la base de
sustentation dans ce dernier sens, et la chute y devient
à peu près impossible ; mais, en avant, la ligne de gravitation serait incessamment sur le point de franchir cette
base en y faisant tomber le corps , si les muscles extenseurs de l'épine , contractés avec force, ne prévenaient
cet accident. Le renversement habituel du tronc en arrière , produit la dilatation des parois abdominales ,
expose aux déplacemens herniaires par les efforts des
organes sur les ouvertures de cette cavité , c'est ainsi
que l'on peut expliquer, en partie, la fréquence de ces
lésions dans les communautés religieuses. Pour éviter
les inconvéniens notables de cette position , surtout chez

les sujets qui s'y trouvent placés fréquemment par état ou par ferveur, on a très-avantageusement imaginé les *prie-dieu* qui, fournissant antérieurement un appui, rendent cette attitude beaucoup plus supportable.

Chez certaines peuplades on s'appuie sur les talons en combinant ainsi les deux genres de station que nous venons d'étudier. Cette position mixte, plus soutenable que l'attitude à genoux, est moins avantageuse que la station assise.

La situation composée sur un genou et sur un pied, moins suppliante, également difficile à soutenir, présente un équilibre aisément compromis latéralement.

De toutes ces variétés de la station, aucune, dans les circonstances habituelles, n'est préparatoire du mouvement. Si nous les prenons pour certaines actions, c'est dans quelques circonstances exceptionnelles, et ces actions deviennent par cela même toujours pénibles et bornées.

II. STATION SOUS LE POINT DE VUE DU MOUVEMENT.

Dans cette catégorie viennent se placer: 1° comme fondamentale et naturelle pour notre espèce, *l'attitude bipède ou verticale*; 2° comme accessoires ou comme anomalies plus ou moins difficiles à supporter, les stations: *Monopode*, *quadrupède*, *palmipède*, *céphalopode*. Nous devons en apprécier exactement toutes les conditions.

1° STATION ESSENTIELLE OU BIPÈDE.

Dans cette noble attitude , apanage exclusif de l'homme, nous voyons le sujet représentant une colonne perpendiculaire au sol dont les pieds forment le socle ; et la tête , le couronnement.

Quelques philosophes et notamment Barthèz, dans leur folle manie de vouloir toujours abaisser l'homme au niveau des plus vils animaux , ont prétendu qu'il était naturellement quadrupède , et devenait bipède seulement par les bienfaits de l'éducation et de l'habitude.

Cette opinion fautive n'étant pas encore détruite, nous devons la ruiner entièrement en prenant pour épigraphe ces beaux vers du poète latin :

> *Os homini sublime dedit , cœlum que tueri*
> *Jussit , et erectos ad sidera tollere vultus.*

La station bipède ou verticale est naturelle et particulière à notre espèce. Les preuves les plus positives de cette assertion se trouvent dans la structure de l'homme relativement : 1° *Au squelette ; 2° aux muscles ; 3° à la position des sens ; 4° aux habitudes ordinaires du sujet.* Examinons chacune de ces dispositions en particulier.

1° *Relativement au squelette.*—Le grand poids de la tête exige sa position horizontale, sur les vertèbres, dans un équilibre à peu près complet ; la ténuité du ligament cervical postérieur, la faiblesse des muscles extenseurs étant incapables de la maintenir dans une autre situation , comme on peut s'en convaincre par l'extrême lassitude que présentent ces muscles après quelques instans d'une attitude quadrupède. Aussi, chez les animaux destinés à ce genre de station, la nature a-t-elle pris des précautions essentielles pour soutenir ainsi la tête sans aucun effort musculaire pénible. Une protubérance occipitale volumineuse, allongée, donnant insertion au ligament cervical très-fort, détruisent l'inconvénient que nous venons de signaler. Ajoutons que les muscles postérieurs du col sont très-gros et très-énergiques ; nous en trouvons la preuve chez le bœuf, le cheval etc.

La colonne vertébrale de forme conoïde, à base inférieure, présentant, chez l'homme seulement, trois courbures alternatives d'avant en arrière, pourvue de muscles extenseurs vigoureux et multipliés, n'offre point le prolongement caudal qui, chez les animaux, semble destiné à recouvrir l'anus. La poitrine est aplatie d'avant en arrière.

Les membres thoraciques et pelviens, sans aucun rapport de longueur et de force, ne sont pas, même isolément considérés, en mesure de supporter la station quadrupède.

Les premiers, beaucoup moins longs, formés par des os grêles, présentant des articulations mieux établies pour la mobilité que pour la solidité, n'offrent point alors des colonnes superposées, et qui seules pourraient soutenir un grand effort ; la tête de l'humérus arc-boute contre la capsule fibreuse ; les ligamens antérieurs du poignet, les doigts naturellement déliés sont impropres aux grands efforts, et cependant, avec tous ces désavantages, les membres thoraciques, d'ailleurs trop écartés par les clavicules, auraient à supporter l'extrémité de l'individu la plus pesante et la plus volumineuse.

Les seconds, obligés au raccourcissement pour se mettre en équilibre avec les premiers, reposant sur le sol au moyen des orteils, partie du pied la moins solide, offrent également des colonnes très-obliques, et dès-lors incapables de servir convenablement dans la station quadrupède.

Pour l'attitude bipède, au contraire, le pied touche la base de sustentation par toute son étendue, reçoit perpendiculairement la jambe, la cuisse et la série des vertèbres ; l'effort est transmis entièrement suivant l'axe des colonnes osseuses ; les ligamens n'ont dès-lors à soutenir d'autre effort que celui qui devient indispensable au maintien des rapports articulaires. Les membres thoraciques, entièrement libres, peuvent s'acquitter avec facilité des mouvemens très-variés qui leur sont naturellement départis.

2° *Relativement aux muscles.* — Ceux qui forment le renflement postérieur de la jambe, sous le nom de *mollet*, ne se rencontrent chez aucun autre animal ; ceux de la partie antérieure de la cuisse offrent également, chez lui seul, un aussi grand développement ; les uns et les autres, à peu près inutiles dans la station quadrupède, sont au contraire indispensables à l'attitude bipède, pour maintenir les membres pelviens dans la rectitude nécessaire à cette position.

Les muscles des membres thoraciques, aussi faibles que nombreux, indiquent assez que ces membres, étrangers aux grands efforts de la station, sont exclusivement destinés à la délicatesse, à la perfection, à la multiplicité des mouvemens partiels.

Enfin les nombreux extenseurs placés dans les gouttières vertébrales, et disposés avec avantage pour le redressement de l'épine servent de complément aux preuves anatomiques dont nous venons de faire l'énumération.

3° *Relativement à la position des sens.* — Chez les animaux, les organes des sens représentent comme autant de sentinelles qui veillent à la conservation de l'organisme, et se trouvent dès-lors placés dans les points les plus favorables à cette mission ; caractères d'autant plus positifs que le sujet est destiné à des rapports plus étendus. Pendant la station quadrupède, aucun de ces appareils explorateurs n'offrirait une situation favorable à son exercice, et l'homme, avec des sens parfaits, deviendrait l'individu le plus impropre aux phénomènes de relation ; ainsi le nez, dirigé vers les odeurs par sa face dorsale, ne leur présenterait plus directement ses ouvertures; les yeux, attachés au sol, n'embrasseraient qu'un horizon de quelques pieds etc. ; les cheveux épars couvriraient toute la face en ajoutant encore à ces nombreux inconvéniens.

Dans la station bipède, au contraire, tous les sens reprennent leur supériorité naturelle ; embrassant la vaste circonscription de la terre et des mers, la profondeur incalculable des cieux, leur sphère d'action n'a d'autres limites que celle de l'immensité !

4° Relativement aux habitudes ordinaires du sujet.— Si nous examinons l'homme chez les peuples civilisés, au milieu des hordes les plus sauvages, nous le voyons toujours prendre et conserver la station bipède pour les exercices qui réclament beaucoup de force ou d'agilité, dans l'agression comme dans la défense, dans la poursuite comme dans la retraite.

Nous le demanderons actuellement, est-ce par l'habitude et l'éducation que dans les contrées hyperboréennes les Samoïèdes, les Camchadales et les Esquimaux ; dans les régions voisines de l'équateur, les Namaquois, les Ouzouanas, les Gonaquois apprennent à changer la station quadrupède pour l'attitude verticale ? S'il en est ainsi, comment quelques-unes de ces peuplades, étrangères à tous les perfectionnemens de la civilisation, n'ont-elles pas conservé dans leurs *kraals* ces premières dispositions originelles? Disons-le plutôt, comment des hommes raisonnables ont-ils pu, dans leurs aberrations philosophiques, admettre des principes aussi complétement erronés, à la réfutation desquels nous eussions à peine accordé notre attention, si leur examen n'eût offert l'avantage de faire mieux apprécier encore les perfectionnemens de la machine humaine, et sa destination exclusive à la station bipède.

Nous ne voyons en effet aucun autre animal naturellement doué de cette noble attitude. Si quelques espèces d'un ordre supérieur semblent, au premier aspect, disputer à l'homme cette prérogative que lui seul peut revendiquer, le plus simple examen suffit pour dissiper d'aussi vaines illusions. En effet, répugnant aux lois de l'organisation, même dans les animaux supérieurs, la station verticale, toujours imparfaite chez ces derniers, présente constamment un résultat plus ou moins forcé de l'imitation et de l'habitude.

Ainsi, le chien et plusieurs autres animaux parviennent à conserver leur équilibre dans la station bipède ; mais cette attitude incomplétement verticale est chancelante, exige beaucoup d'effort, et ne peut être conservée ; le sujet s'en affranchit comme d'un état pénible, aussitôt que l'on cesse de le contraindre à la présenter.

Le singe paraît d'abord faire exception à cette loi générale, prenant spontanément la situation bipède, marchant à l'instar de l'homme, employant, comme lui, ses membres thoraciques à l'accomplissement régulier d'un grand nombre de mouvémens partiels ; mais qu'un ennemi vienne le poursuivre, oubliant aussitôt ce qu'il tient de l'habitude et de l'imitation pour utiliser, dans ces instans périlleux, les moyens plus avantageux qu'il a reçus de la nature, on le voit à l'instant reprendre la station quadrupède, et s'échapper dans cette position avec une vitesse qu'il n'offrirait jamais dans la première dont son organisation ne comporte point les perfectionnemens ; vérité qui s'applique aux *mandrils*, aux *alouates*, aux *magots*, aux *sapajous* et même aux *orangs-outangs*.

Chez les oiseaux où la station bipède est naturelle, inhérente à la constitution, jamais elle ne paraît verticale ; on voit au contraire toujours le tronc plus ou moins horizontalement établi sur les membres pelviens.

En condamnant l'homme à l'attitude quadrupède, il deviendrait le plus défectueusement organisé, le plus malheureux des animaux ; en le rendant à la station verticale, son apanage exclusif, on trouve en lui non-seulement le chef-d'œuvre de la nature, mais encore le roi des êtres qui la composent. La chaîne zoologique déjà brisée, relativement au moral, entre son espèce et toutes les autres, présente encore, sous le rapport de l'attitude sublime, essentielle à son organisation particulière, un intervalle que toutes ces dispositions imparfaites ne viendront jamais combler. Examinons actuellement par quelle harmonie d'action cette attitude peut-être prise et conservée chez l'homme.

MÉCANISME DE LA STATION BIPÈDE OU VERTICALE.

Envisagée par quelques auteurs comme une situation passive, comme un état de repos, la station bipède exige au contraire une action musculeuse permanente, et dès-lors très-pénible, aussi, produit-elle plus promptement le sentiment de fatigue et de lassitude, que la marche facile et modérée. Pour bien comprendre le mécanisme assez compliqué de cette attitude, examinons successivement : 1° *La position du sujet* ; 2° *sa base de susten-tation* ; 3° *les causes de la chute* ; 4° *les puissances qui maintiennent l'équilibre.*

1° *Position du sujet.* — Pendant la station bipède, l'homme, considéré dans sa totalité, représente une colonne verticale traversée par la ligne de gravitation dont les déplacemens sont d'autant plus étendus que cette colonne offre plus de longueur ; première circonstance qui, toutes choses égales, rend la chute moins facile chez les hommes d'une petite taille.

Dans cette attitude, la tête repose à peu près en équilibre sur la colonne vertébrale, cependant avec un peu de prépondérance en avant. Disposition qui déjà produit, dans ce sens, l'inclinaison de la ligne de gravité.

Les colonnes osseuses, partout superposées, offrent des inflexions favorables à l'agrandissement de la base de sustentation dans ce même sens, et d'ailleurs tous les avantages que l'on peut désirer dans leurs dispositions et leurs formes. Ainsi, d'après le théorème d'Euler : à diamètre égal, pour deux colonnes identiques, la plus courte est la plus forte ; les os n'offrent jamais beaucoup de longueur surtout dans les points destinés à supporter un grand effort ; ils sont multiples, articulés. D'après celui de Galilée : à poids égal, une colonne creuse est plus forte qu'une colonne pleine ; tous les os longs sont canaliculés.

2° *Base de sustentation.* — Dans l'attitude bipède, cette base est étendue surtout antérieurement, sens vers lequel il était en effet indispensable de la prolonger, toutes les impulsions communiquées à la ligne de gravité s'effectuant surtout dans cette même direction. Nous trouvons les causes principales d'une disposition aussi favorable : 1° Dans les courbures alternatives de la colonne vertébrale, d'avant en arrière, et dont les tangentes forment deux parallèles bornant un espace beaucoup plus étendu que celui par lequel se trouve mesurée l'épaisseur de cette colonne. 2° L'articulation du rachis avec la partie postérieure du bassin, les fémurs s'y fixant en devant ; d'où résulte un agrandissement égal à l'intervalle qui sépare le sacrum des cavités cotyloïdes. 3° La courbure antérieure du fémur. 4° La longueur du pied, depuis l'articulation tibio-tarsienne jusqu'à l'extrémité des orteils.

En arrière, la saillie du talon est presque le seul moyen ménagé par la nature ; aussi le centre de gravitation n'est-il jamais entrainé vers ce point dans l'état normal.

Transversalement, la base de sustentation est établie par la longueur du col fémoral, et par les dimensions pelviennes les plus considérables ; elle peut ensuite offrir tous les intermédiaires, entre l'espace mesuré par les deux pieds réunis, et celui qui résulte de leur plus grand écartement. Aussi, lorsque nous craignons une chute latérale, nous tenons les jambes éloignées ; c'est la position que prennent les marins pour soutenir avantageusement le roulis du vaisseau, position qu'ils conservent même à terre, et qui les fait aisément distinguer.

La base de sustentation peut éprouver des modifications relatives aux besoins actuels de l'organisme, sans toutefois augmenter ou diminuer d'une manière absolue ; perdant ordinairement, dans un sens, tout ce qu'elle a gagné, dans un autre, *et vice versâ.*

Avons-nous à supporter un effort en devant, la chute y devient-elle imminente, nous étendons l'un des membres pelviens dans cette direction, l'autre s'appuyant en arrière. C'est la position du gladiateur et celle des sujets disposés à soutenir un choc violent.

Nous pourrions appliquer ce principe à toutes les

autres directions, en démontrant que nous varions celles de la base de sustentation suivant la nécessité d'opposer une résistance ou d'imprimer à la ligne de gravité un mouvement plus ou moins étendu, sans dépasser les bornes qui lui sont imposées.

3° *Causes de la chute.* — Toutes les impulsions communiquées au sujet, toutes celles qu'il peut s'imprimer à lui-même par le développement de sa motilité, sont autant d'influences capables d'entraîner le centre de gravitation au-delà des limites où la chute vient naturellement s'effectuer.

Outre ces agens communs à toutes les directions du mouvement, il en existe qui sont particuliers à l'inclinaison antérieure, et qui tendent constamment à porter la ligne de gravité dans ce dernier sens : 1° La prépondérance de la tête en devant ; comme on peut s'en convaincre sur un sujet qui s'endort pendant la station assise, et chez lequel on voit alors cette partie, dépourvue de l'action des extenseurs, abandonnée aux lois de la gravitation, tombant incessamment vers la poitrine. 2° La situation des viscères les plus pesans et les plus volumineux qui se trouvent comme suspendus à la face antérieure de la colonne vertébrale ; tels sont : le cœur, les poumons, le foie, le pancréas, les reins, les organes génitaux, la masse intestinale etc. ; d'où résulte nécessairement la propension habituelle du tronc à toujours se porter antérieurement. 3° La position naturelle des sens, des membres thoraciques, et consécutivement la direction que prennent, en devant, toutes nos impulsions, le plus grand nombre de nos mouvemens et de nos exercices.

A ces causes, nous devons ajouter le poids de la machine qui tend à fléchir les articulations, en faisant perdre au grand levier de la station bipède sa rectitude normale.

4° Puissances qui maintiennent l'équilibre.—Pour obtenir cet effet relativement à la tête, à la colonne rachidienne, aux membres pelviens, il est indispensable que des puissances actives établissent partout le contre-poids qui ne se rencontre nulle part dans les organes passifs. Ces agens indispensables sont representés par les muscles extenseurs : 1° *De la tête*, qui font opposition à la prépondérance antérieure ; 2° *des vertèbres*, qui contrebalancent la force de gravitation pour les viscères thoraciques, abdominaux ; 3° *du bassin, de la cuisse, de la jambe et du pied*, qui maintiennent les articulations des membres pelviens dans un état de fixité nécessaire à la permanence de leur situation verticale, et doivent lutter incessamment contre le poids des parties supérieures qui fléchirait ces articulations.

Il est essentiel de faire observer que, dans la station, le point fixe de chacun des muscles employés est toujours inférieur, et le point mobile, supérieur ; tandis que nous trouverons, dans la locomotion, des dispositions absolument inverses.

D'après les lois que nous venons d'exposer, dans la station bipède, la colonne vertébrale se trouve entre deux efforts, l'un antérieur *passif* qui tend continuellement à l'incurver en produisant une chute en devant ; l'autre postérieur *actif* qui la maintient dans l'état d'extension en prévenant cet accident fâcheux ; les articulations des membres pelviens sont également entre deux influences du même ordre, *la gravitation* qui, dans tous les instans, pourrait les fléchir ; *la contraction* qui les maintient dans une extension permanente.

Si l'on veut bien comprendre la théorie de cet équilibre dans la colonne rachidienne, il faut amener le phénomène à sa plus simple expression, ne considérant alors qu'une seule vertèbre dont les dispositions expliqueront celles de toutes les autres.

Dans l'attitude verticale, chaque vertèbre, isolément envisagée, devient un levier *intermobile*, ou *du premier genre*, dont le centre du mouvement est placé dans l'articulation de cette vertèbre avec celle qui la suit ; la résistance antérieure passive, représentée au corps de l'os par les viscères thoraciques, abdominaux ; la puissance active, à l'apophyse épineuse par les muscles extenseurs qui viennent s'y fixer.

Si nous considérons actuellement que les viscères abdominaux et pectoraux font éprouver, à la vertèbre correspondante, un mouvement de bascule en déprimant son corps sous l'influence de la pesanteur dont les efforts sont continuels, et n'exigent aucune réparation, tandis que les muscles antagonistes impriment à cet os un mouvement de bascule en sens inverse, au moyen de leur puissance contractile sujette à l'épuisement, nécessitant une rénovation suffisante ; que la même loi s'applique aux muscles extenseurs des membres pelviens, déjà les plus faibles et les moins favorablement disposés, nous trouverons dans la station bipède, non point une condition de repos, mais au contraire un état pénible et difficile à prolonger sans lassitude extrême. On supporte une marche ordinaire, sans fatigue notable, pendant plusieurs heures ; on ne soutiendrait pas, avec le même avantage, une attitude verticale dans l'immobilité ; nous en possédons la raison physiologique : pour le premier cas, il existe action alternative des extenseurs et des fléchisseurs, dès-lors possibilité d'un repos entre chacune de ces actions ; pour le second, l'effort des extenseurs, étant permanent, occasionne bientôt un épuisement complet. Aussi la correction du *piquet*, dans les régimens de cavalerie, sagement envisagée comme un raffinement d'inhumanité, se trouve-t-elle aujourd'hui rayée du nombre des punitions militaires.

On conçoit aisément, d'après ces considérations, que les difficultés de l'attitude bipède sont, toutes choses égales, en raison de l'augmentation des viscères pectoraux, abdominaux, et de la diminution d'énergie des muscles ; tandis que cette attitude paraît d'autant plus droite et mieux affermie que la force musculaire est plus grande, et le poids des organes moins considérable. Il suffit, pour s'en convaincre, de comparer, sous ce rapport, l'homme affecté d'obésité, d'apathie physique et morale, au sujet qui joint un esprit vif, une volonté ferme, une taille élancée, aux plus beaux développemens de l'appareil moteur.

Nous voyons toutefois les individus chargés d'un abdomen volumineux, lorsqu'ils offrent en même tems des muscles très-forts, ne se bornant pas à la station droite, mais renversant notablement le rachis en arrière pour équilibrer suffisamment l'impulsion antérieure.

Il est actuellement facile de comprendre, d'après cet antagonisme obligé des muscles extenseurs, comment toutes les causes d'affaiblissement constitutionnel, portant plus spécialement leur action sur le système locomoteur, entraînent, pendant l'attitude bipède, cette incurvation antérieure de l'épine, cette flexion des membres pelviens, comme on le voit chez les convalescens, chez les hommes décrépits, chez les jeunes sujets que l'intempérance, la débauche et la masturbation ont conduits à tous les inconvéniens d'une vieillesse anticipée.

La station bipède est naturellement si pénible, même pour les animaux qui la prennent ordinairement, avec les modifications signalées, que nous rencontrons, chez eux, plusieurs dispositions anatomiques destinées à la rendre passive. Pour les échassiers, par exemple, le tibia présente une cheville assez longue implantée dans le fémur ; chez un grand nombre d'oiseaux, les tendons fléchisseurs des griffes, se trouvent dirigés de telle sorte que le poids du corps les fait agir, et donne aux pattes, sans aucune contraction active, la faculté de saisir une branche, et de s'endormir, dans la station bipède, au milieu de l'arbre qu'ils ont choisi pour abri.

Telles sont les considérations relatives à l'attitude verticale, étudiée plus spécialement dans notre espèce. Incapables de la soutenir dans la première enfance, nous en acquérons la faculté par degrés, circonstance qui nous conduit à l'examen de cette belle question : *Quelles sont les causes qui rendent l'homme impropre à la station bipède et verticale, pendant les premières années de sa vie?* La solution d'un problème aussi curieux nous offrira des faits du plus haut intérêt, servant de complément aux principes que nous venons d'établir sur cette partie essentielle de la mécanique animale.

L'enfant qui vient de naître, absolument incapable de prendre et de conserver aucune autre position, que *le décubitus horizontal*, se place, vers la fin de sa première année, dans la station *quadrupède*, s'érige un peu plus tard, par degrés, dans l'attitude *bipède* et *verticale*. Ces faits sont positifs ; mais leur fausse interprétation a sans doute occasionné l'erreur des philosophes qui n'ont pas craint d'attribuer à l'éducation, à l'habitude une conséquence naturelle du développement et du perfectionnement de l'organisme.

Pendant long-tems encore le jeune sujet présente beaucoup d'incertitude et de vacillation dans son équilibre perpendiculaire. Nous rapportons à quatre dispositions les causes principales d'un phénomène aussi constant : 1° *Imperfection des organes passifs du mouvement* ; 2° *volume et poids des viscères antérieurs* ; 3° *faiblesse des organes actifs* ; 4° *conditions morales de l'enfant.* Chacune de ces dispositions exerce une influence particulière dans la production de cet effet général et commun.

1° *Imperfection des organes passifs du mouvement.*— A cette époque, la colonne vertébrale ne présente qu'une seule courbure à concavité antérieure, portant dès-lors, dans cette direction, le centre de gravité qui s'y trouve déjà si fortement entraîné. Les os qui la constituent sont encore entièrement cartilagineux ; leurs corps arrondis ne se touchant que dans un point, en rendent la superposition vacillante ; représentées par de simples tubercules, encore à l'état d'épiphyses, leurs épines sont incapables d'offrir aux muscles extenseurs des bras de levier assez longs, assez résistans.

Le bassin présente un développement relatif peu considérable, une situation très-oblique ; double circonstance qui, d'une part, diminue la base de sustentation en devant, et, de l'autre, y projette naturellement les viscères abdominaux que la capacité pelvienne est alors incapable de renfermer. Les cavités cotyloïdes encore peu profondes n'offrent au fémur que des appuis incertains ; les symphyses, cartilagineuses dans cette partie du tronc, n'ont point la fixité nécessaire à la station bipède.

Le fémur décrit une ligne droite, son col est très-court, très-oblique ; la première condition diminue la base en devant ; la seconde, latéralement.

La rotule cartilagineuse, à peine indiquée, n'agit que très-imparfaitement comme point fixe, et comme poulie de renvoi des muscles extenseurs.

Le calcanéum très-court présente les mêmes inconvéniens. Le pied très-petit, mou, sans ossification dans toutes ses parties, n'offre point un appui suffisant.

Toutes les extrémités des os longs, toutes les tubérosités sont encore épiphyses ; les ligamens articulaires, mucilagineux et sans consistance , d'où résulte, pour le squelette , un ensemble aussi désavantageux à la résistance passive de chacune des pièces dont il est constitué, qu'à l'insertion des puissances chargées de le maintenir dans la situation verticale.

2° *Volume et poids des viscères antérieurs.*— La tête pesante et grosse chez l'enfant, relativement au reste du sujet entraîne avec force le centre de gravitation en devant où cette prépondérance est plus spéciale encore. Le thymus, le foie, les capsules rénales , tous les viscères abdominaux incomplétement renfermés dans le bassin , offrent des agens positifs tendant incessamment au même résultat.

3° *Faiblesse des organes actifs.* — Pour lutter avantageusement contre un aussi grand nombre d'obstacles à l'attitude bipède, il faudrait des muscles vigoureux et très-développés ; ceux de l'enfant sont à peine rudimentaires ; leurs tendons, leurs aponévroses lâches, sans cohésion ne se trouveraient pas d'ailleurs susceptibles de concourir à des efforts assez énergiques pour vaincre ces résistances.

4° *Conditions morales de l'enfant.* — L'inexpérience et la timidité forment les traits essentiels du caractère à cette époque de la vie ; ces conditions mentales deviennent encore un obstacle puissant à l'attitude verticale. En effet, par l'inexpérience, il est placé dans l'impossibilité de savoir user même des faibles moyens que la nature met à sa disposition, pour maintenir le centre de gravité dans un équilibre parfait ; souvent, au contraire, il précipite sa chute en le portant vers le point, où déjà se trouve dépassée la base de sustentation. Par sa timidité le jeune sujet perdant le peu de confiance qu'il pourrait avoir dans ses propres forces, abandonne son action musculaire à toutes les irrégularités de l'innervation

instinctive ; contracte les faisceaux qu'il devrait condamner à l'immobilité; laisse dans l'inaction ceux qu'il
faudrait employer, joignant cette nouvelle cause d'incapacité, pour la station bipède, à toutes celles que nous
avons déjà signalées.

Si l'on pouvait révoquer en doute l'influence morale
dont nous parlons, il suffirait, pour se convaincre entièrement, d'étudier un instant les résultats qu'elle produit même chez l'adulte sous ce dernier rapport. Ainsi le
convalescent, condamné depuis plusieurs mois à l'incubation, se trouve dans la nécessité d'acquérir de nouveau, par une véritable habitude, la faculté de conserver
son équilibre vertical. Un sujet craintif, inexpérimenté
qui se tient debout au niveau du sol, appuyé sur une
base de six pouces, ne conserverait pas son aplomb à
cinquante pieds d'élévation, sur une base double ; chez
lui comme chez l'enfant, la frayeur détruisant l'harmonie
des contractions musculaires, entraînerait une chute inévitable. Les premiers essais des funambules et les résultats étonnans qu'ils offrent, après une longue éducation,
démontrent jusqu'à l'évidence toute la réalité des influences que nous venons d'examiner.

Ainsi, des conditions physiques défavorables et directement liées, un défaut d'organisation complémentaire,
une prédominance marquée des résistances passives sur
les puissances destinées à les contrebalancer, une mauvaise direction des agens musculaires, en raison de
l'inexpérience et de la timidité naturelles au premier âge,
telles sont les causes essentielles qui rendent l'attitude
bipède et verticale impossible chez le sujet qui vient de
naître, et long-tems encore incertaine et vacillante
chez l'enfant. Il est aisé de concevoir que ces imperfections doivent se propager en mesure des obstacles
indiqués. C'est ainsi que les individus, gros et forts en

apparence, conservent plus difficilement la station verticale, et marchent plus tard, avec moins d'aplomb que
ceux dont les formes grêles et délicates semblent, aux
yeux du vulgaire, peu favorablement disposées pour les
manifestations fonctionnelles de la mécanique animale.

2° STATIONS ACCESSOIRES.

Plus ou moins anomales, ces différentes positions ne
sont pas naturelles à l'homme ; si quelquefois il en essaie
l'exécution, c'est bien plutôt pour donner des preuves de
force ou d'adresse, que pour les utiliser dans ses rapports
avec les objets extérieurs. Nous devons en conséquence
nous borner à les indiquer avec leurs caractères essentiels
pour compléter l'histoire de la station envisagée dans
toutes les modifications qu'elle peut offrir.

1° STATION MONOPODE. — Environnée des difficultés
de la station bipède, elle en présente qui lui sont propres.
Ainsi la base de sustentation est réduite aux dimensions
d'un seul pied ; le centre de gravité, par un mouvement
d'inclinaison latérale, porté sur le membre en position
dont les extenseurs ont à soutenir tout le poids du corps.
On conçoit dès-lors que cette position est en même tems
pénible, sans résistance et sans aplomb. Elle est surtout
offerte par les acrobates, les danseurs, et momentanément soutenue dans leurs différens exercices.

2° STATION QUADRUPÈDE. — Etabli sur une base plus
étendue, ce genre d'attitude est cependant encore très-
gênant, en raison de la longueur disproportionnée des
membres thoraciques et pelviens, tout le poids du sujet
se trouvant porté sur les premiers dont la disposition
est peu favorable à cet emploi ; nous cherchons à diminuer
ces inconvéniens en fléchissant les seconds. Les enfans,

offrant ce défaut d'harmonie d'une manière moins positive, supportent mieux la station quadrupède ; c'est encore l'une des causes d'erreur qui la faisait envisager comme naturelle chez eux. L'extension forcée des ligamens antérieurs du poignet ; l'application des membres abdominaux sur l'extrémité des orteils ; la contraction violente et soutenue des muscles extenseurs de la tête etc. rendent cette position contraire à la nature, à l'organisation de l'homme. La chute assez difficile en arrière et même de côté, paraît beaucoup plus imminente en devant.

3° STATION PALMIPÈDE. — L'attitude sur les mains, prise par certains bateleurs dans les exercices plus ou moins extraordinaires dont ils occupent nos loisirs, est la plus difficile à supporter. Le défaut de base antérieure obligeant à rejeter les jambes en arrière, la distension du ligament palmaire des poignets supportant le poids du corps , l'obliquité des colonnes osseuses présentées par les membres thoraciques , l'effort exercé par la tête humérale sur la capsule fibreuse deviennent autant d'obstacles puissans à cette attitude contre nature.

La station sur une seule main doublant ces inconvéniens et ces difficultés, nous paraît la plus propre à démontrer l'impuissance de l'art et de l'habitude luttant contre les dispositions naturelles.

4° STATION CÉPHALOPODE. — Ce genre de station, essentiellement anormal, devient impossible sur un plan dur et parfaitement droit, la tête, en raison de la sphéricité qu'elle offre, ne portant alors que par un seul point ; mais elle est praticable sur une base concave appropriée à la convexité du crâne. Tous les muscles céphalo-thoraciques sont mis à contribution pour le maintien de l'équilibre. Déjà très-pénible par elle-même, cette attitude le devient encore davantage par la difficulté qu'elle présente au retour du sang veineux ; aussi voyons-nous, chez les sujets qui s'y trouvent soumis, la face prendre une teinte livide, et l'apoplexie, par engorgement des sinus, menacer directement ceux qui voudraient la conserver trop long-tems.

Telle est la station envisagée dans toutes ses variétés, relativement à la mécanique animale ; si nous l'étudions actuéllement comme phénomène d'expression, nous la réduirons à l'attitude verticale, seule naturelle à l'homme dans ses rapports essentiels avec les objets dont il est environné.

STATION BIPÈDE ENVISAGÉE COMME ACTION D'EXPRESSION.

L'attitude verticale, immobile, sans locomotion, sans gestes, paraît, au premier aspect, une situation muette, incapable de signifier aucune des actions de combinaison. Il suffit d'observer l'homme avec un peu plus d'attention pour sentir qu'elle présente aû contraire un langage physiognomonique très-expressif, souvent même difficile à remplacer.

Les positions obliques du corps marquent ordinairement le désir. Lorsqu'il tend au rapprochement, l'inclinaison s'opère en avant par des flexions successives ; lorsqu'il porte à l'éloignement, elle se fait en arrière au moyen d'une série d'extensions graduées.

La station bipède offre des modifications relatives : 1° *Au sexe* ; 2° *à l'âge* ; 3° *au tempérament* ; 4° *au caractère* ; 5° *à l'intelligence.* Un homme de génie se tient debout autrement qu'un sot, et l'attitude particulière de l'individu bilieux n'est pas celle du sujet lymphatique. Faisons quelques applications de ces lois générales sur lesquelles nous reviendrons en étudiant les rapports naturels des actions d'impression et d'expression.

1° *Relativement au sexe.* — Il est impossible de confondre l'homme et la femme d'après les caractères suivans : *Ponr l'homme,* — attitude noble, fière, impérieuse, fermeté dans la pose, rectitude invariable du tronc, position fixe de la tête, extension des membres pelviens formant deux courbes légères et rapprochées par leur concavité, largeur des épaules, étroitesse comparative du bassin ; *pour la femme,* — position timide, remplie de mollesse et d'agrément, inflexion légère des articulations, souplesse, ondulations gracieuses du torse, pose enfantine de la tête, dimensions considérables du bassin proportionnellement à celles des épaules, rapprochement des genoux, faible déjétement des jambes en dehors.

2° *Relativement à l'âge.* — *Dans l'enfance,* la station bipède est indécise et vacillante. *Chez l'adulte,* elle devient plus résistante et plus ferme en s'établissant dans un équilibre parfait. *Chez le vieillard,* toutes les colonnes osseuses, formant, par leur ensemble et leur superposition, le grand levier vertical representé par l'organisme, sont inclinées obliquement à l'horizon, présentant une série de flexions alternatives, destinées à maintenir la ligne de gravité dans l'intervalle circonscrit par la base de sustentation ; c'est ainsi que l'incurvation de la colonne vertébrale est compensée par la flexion des cuisses ; celle des cuisses, par celle des jambes etc. Partout on voit l'affaiblissement de la puissance musculaire et l'augmentation des résistances passives. Nos grands peintres, nos bons acteurs dramatiques saisissent profondément toutes ces nuances méconnues du vulgaire, et le jeune homme dans la force de l'âge, par une imitation spécieuse, arrive bien souvent à nous offrir toutes les illusions de la caducité. L'on peut actuellement expliquer pourquoi l'adolescence est capable d'imiter la vieillesse, tandis que la

vieillesse n'est jamais en mesure de représenter l'ado-
lenscence.

3° *Relativement au tempérament.*—L'observateur le
moins exercé reconnaît aisément la constitution physique
par la seule inspection de l'attitude verticale. Ainsi nous
la trouvons élégante et gracieuse pour le *sanguin* ; pesante et massive chez *l'athlétique* ; ferme, carrée chez le
bilieux ; molle, sans énergie pour le *lymphatique* ; roide
et guindée chez le *nerveux* ; maniérée, bizarre, sans
aplomb chez le *mélancolique*.

4° *Relativement au caractère.* — Le sujet *noble* et
modeste offre un maintien sans affectation, mais remarquable en même tems par sa réserve et sa dignité. Le
suffisant est prétentieux dans son attitude ; il porte la
tête haute, s'érige avec effort sur toutes ses articulations,
croyant rehausser son mérite en mesure de l'élévation
qu'il communique à sa taille. Le *courageux* reste ferme
dans ses poses, mais sans manière et sans prétention.
L'*audacieux* est facilement apprécié par sa roideur,
par ses dispositions menaçantes. Le *timide* semble re-
plié sur lui-même, craignant d'occuper trop d'espace,
et resserrant toutes ses parties autour de la ligne de
gravitation, cherche, sous un appareil d'humilité,
l'abri que ne lui fourait point son irrésolution morale.
L'*indifférent* est mou dans sa tenue comme dans ses
mouvemens ; on voit qu'il tend à l'inertie. L'*homme actif*, au contraire, paraît s'exercer même dans l'immobilité ; pour lui, de la station au mouvement, l'intervalle
est à peine sensible. Le *sujet franc* se présente constamment en face, la tête fixe et droite. L'*hypocrite* se
montre le front baissé, toujours dans une situation
oblique.

5° *Relativement à l'intelligence.* — La *sottise*, lors
surtout qu'elle se rencontre avec la *vanité*, sa compagne

ordinaire , est exprimée par le défaut d'ensemble et d'équilibre dans la station ; c'est un caractère commun aux idiots ; par le renversement de la tête en arrière , comme si le poids du crâne était insuffisant pour contrebalancer l'action des muscles extenseurs. Les situations sont fausses comme l'esprit, et le sujet paraît plutôt occupé du soin de rechercher le centre de gravité que de l'entretenir dans les conditions nécessaires. Le *génie*, lors toutefois qu'il est appuyé sur la *raison* et le *jugement*, se manifeste par une attitude pleine de grandeur sans ostentation, de dignité sans pédanterie, de supériorité sans jactance ; toutes les positions sont aussi remarquables par leur naturel que par leur noblesse ; la tête, sans tomber pesamment sur la poitrine, fait sentir le travail dont ses extenseurs ont besoin pour la maintenir en équilibre.

Nous pourrions ainsi parcourir toutes les facultés intellectuelles et leurs principales altérations en démontrant que chacune d'elles présente une attitude particulière, mais les applications que nous venons de faire offrent des exemples suffisans à toutes celles que l'on voudrait ultérieurement effectuer.

Après avoir considéré les dispositions *statiques* de l'économie vivante, nous devons actuellement étudier, sous le titre de locomotion, toutes les modifications *dynamiques* dont elle est susceptibe.

ARTICLE DEUXIÈME.

LOCOMOTION DANS LA MÉCANIQUE ANIMALE.

La locomotion, προχώρησις, des Grecs, *locomotio*, des latins, de *loco movere*, changer de lieu, doit être définie : *Fonction par laquelle un être vivant, en con-séquence de sa motilité, prend, soit en partie, soit en totalité, la place d'un ou plusieurs autres corps en mo-difiant diversement ses rapports.*

Les déplacemens effectués par l'animal qui se meut, portant le plus ordinairement sur le *milieu* dont il est enveloppé, nous expliquons facilement pourquoi, toutes choses égales relativement aux autres circonstances, la locomotion s'effectue plus librement dans le vide que dans l'air, dans celui-ci que dans l'eau, dans cette der-nière que dans le mercure etc.

Si l'on veut bien apprécier les obstacles à surmonter pendant l'exécution de ce phénomène important et varié, l'on devra calculer non-seulement les résistances des corps isolément placés dans le trajet à parcourir, mais encore celles des milieux ambians.

Les mouvemens organiques peuvent être généraux ou partiels.Pour le premier cas, ils comprennent l'économie dans son ensemble, diversifient ses rapports communs avec les objets extérieurs ; pour le second, ils sont exclusivement relatifs aux différentes parties de cet ensem-ble dont ils changent les situations respectives. Nous les étudierons sous les titres de locomotion : 1° *Générale*, 2° *partielle*, en développant tous les caractères de leurs principales modifications.

I. LOCOMOTION GÉNÉRALE.

Étrangère aux végétaux, la locomotion générale bien établie, surtout chez l'homme et chez les animaux su-périeurs, a pour objet essentiel de transporter l'être intelligent et sensible à des distances plus ou moins considérables, au milieu d'objets nouveaux , inconnus , en variant à son gré des rapports dont la monotonie, sans diversion , eût occasionné le dégoût et l'ennui. La considérant sous un aussi vaste point de vue, nous réduirons à six les modes principaux qu'elle peut offrir; 1° *Marche* ; 2° *saut* ; 3° *course* ; 4° *ramper* ; 5° *vol* ; 6° *nager*. Chacun de ces modes va nous présenter des caractères importans à bien préciser.

1° MARCHE.

La marche, βάδισμα, des Grecs, *gressus*, des Latins, indique le *mode locomoteur au moyen duquel notre centre de gravitation s'avance ordinairement, sans commotion violente, par la succession d'un enchaînement de phénomènes auxquels on donne le nom de pas.* Commune à l'homme, à plusieurs classes d'animaux, elle peut s'exercer dans la station verticale, nous en trouvons la preuve chez le premier ; dans la position horizontale, comme on le voit pour les seconds et notamment chez les quadrupèdes.

La marche verticale étant seule naturelle à l'homme , objet spécial de notre étude , pouvant d'ailleurs servir de prototype aux autres modifications , nous en présenterons les développemens exclusifs.

Ce premier mode essentiel de progression nous offre le déplacement total du sujet par une succession de mouvemens partiels des membres pelviens, mouvemens qui se groupent d'une manière déterminée pour constituer un *pas.* Celui-ci devient l'élément fondamental de cette locomotion, formé lui-même par la combinaison des phénomènes indiqués. Dès-lors , pour donner toute la précision nécessaire à l'exposition d'un mécanisme aussi complexe, nous devons analyser l'enchaînement des actions simples qui servent à le constituer.

Théorie du pas.—Le sujet placé dans la station bipède, les deux membres pelviens soutiennent également le centre de gravité ; supposons que le pied droit se meuve d'abord, la colonne vertébrale s'incline à gauche pour transporter la ligne d'équilibration sur le membre correspondant, et laisser au premier toute liberté d'agir ; la cuisse est alors fléchie sur le bassin, la jambe, sur la cuisse, et le pied, sur la jambe, il en résulte raccourcissement, détachement du sol, premier mouvement antérieur ; une seconde impulsion, dans le même sens, est effectuée par les extenseurs de la jambe et du pied, celui-ci touche le sol et s'applique des orteils au calcanéum, pour la marche académique. Par un mouvement de flexion et d'inclinaison à droite, le centre de gravitation est transmis au membre de ce côté ; le gauche aide ce mouvement par un effort de pulsion, et maintenant en liberté d'agir, abandonne le sol du calcanéum vers les orteils, se raccourcit par la contraction de ses fléchisseurs, passe au-devant du membre opposé, s'allonge par l'action de ses extenseurs, s'applique au sol des orteils vers le calcanéum, le centre de gravité s'incline à gauche ; il a parcouru l'intervalle qui sépare actuellement les deux pieds d'arrière en avant. L'ensemble de tous les mouvemens indispensables à l'accomplissement régulier de ce premier phénomène locomoteur, constitue précisément ce que nous appelons un *pas*. Le mécanisme décrit pour le pied droit va s'opérer pour le pied gauche en produisant un second pas, et l'enchaînement de ces actes successifs établira ce mode progressif désigné sous le titre de *marche*.

D'après ce mécanisme, il est évident que l'on peut réduire la locomotion dont il s'agit au déplacement d'une ligne transversale, représentée par le bassin, entre deux parallèles dont tous les points sont marqués par l'application des pieds au plan sur lequel s'effectue le mouvement. Chacun des membres pelviens, attaché à l'extrémité de cette ligne, se portant à son tour en avant, l'entraîne dans cette direction par des progrès alternatifs décrivant une série de zigzags entre les deux parallèles indiquées. De-là cette importance de la vision pour diriger les actions de chaque membre, et les balancer dans un équilibre parfait lorsqu'il s'agit d'opérer la marche sans déviation, et l'impossibilité de maintenir précisément une direction déterminée sans le concours de cet important régulateur. En effet, pour que la ligne transversale du bassin tienne constamment sa perpendiculaire, il faut que les arcs successivement tracés par chacune de ses extrémités soient parfaitement égaux ; c'est exprimer en d'autres termes que les mouvemens alternativement imprimés aux membres pelviens doivent être exactement semblables ; or il est impossible, sans la vue, de régler ces phénomènes avec la précision mathématique exigée. La plus simple expérience démontre ce fait d'une manière incontestable. Placé devant un but à cinquante pas, fermez les yeux et cherchez à marcher droit pour l'atteindre, vous n'y parviendrez jamais. Vous inclinerez presque toujours à gauche, le membre droit offrant ordinairement une prédominance d'action ; chez les sujets soumis à la même épreuve, avec deux jambes inégales en force, en longueur, c'est vers la plus courte et la plus faible que s'effectue la déviation ; phénomènes qu'il est bien facile de comprendre d'après la théorie simple que nous venons d'exposer.

Guidés par la vision, nous rectifions ces erreurs en faisant agir les membres pelviens de manière à produire des résultats égaux sur chacune des extrémités de la ligne transversale. Si nous voulons suivre les sinuosités d'un sentier, nous tournons à gauche en donnant plus d'étendue aux mouvemens de la jambe droite ; et de ce côté, en augmentant ceux de la jambe gauche.

Dans la marche, les membres thoraciques, libres sur les parties latérales du tronc, se portent naturellement en sens inverse des membres pelviens ; ainsi le bras droit, en arrière, pendant que la jambe du même côté se dirige en devant, le bras gauche, en devant, lorsque la jambe correspondante se trouve en arrière *et vice versâ*, en maintenant l'équilibre à l'instar de deux balanciers.

Lorsque la ligne transversale présente une étendue proportionnelle trop considérable par l'excessive largeur du bassin ou par la longueur exagérée du col fémoral, on voit la progression difficile, embarrassée, les extrémités de cette ligne ayant à parcourir des arcs de cercle beaucoup plus considérables. C'est pour cette raison que, chez la femme, dont la capacité pelvienne offre naturellement une semblable disposition, la marche et surtout la course présentent beaucoup moins de vitesse et de facilité que chez l'homme, et que, dans ces locomotions, les mouvemens des hanches deviennent plus apparens.

Si les pieds sont très-aplatis, si la voûte que forment ordinairement les os du tarse n'est pas suffisante à la protection des vaisseaux et nerfs plantaires, l'innervation et la circulation s'y trouvent diminuées ou même suspendues; il en résulte un engourdissement, une lassitude qui ne permettent pas de continuer la marche. Aussi trouvons-nous ce vice de conformation dans le nombre des exemptions au service militaire.

Pendant l'accomplissement de ces phénomènes locomoteurs, le tronc exécute plusieurs mouvemens qu'il est nécessaire de préciser : 1° Le plus essentiel de tous est celui que présentent les hanches par les impulsions alternatives des extrémités de la ligne transversale antérieurement ; c'est en effet le plus inhérent à la progression du sujet. 2° Ce mouvement en exige deux accessoires servant à porter le centre de gravité sur l'un et l'autre membre successivement, et qui s'effectuent par des inclinaisons et des élévations latérales opposées. 3° Le tronc présente également une série d'élévations occasionnées par l'impulsion du membre postérieur dans l'instant où, se débarassant du poids de l'organisme, il en charge le membre antérieur. 4° Un mouvement de rotation, en sens inverse de celui du bassin, est imprimé au thorax, apparent, surtout vers les épaules, dans le balancement des bras. 5° Des mouvemens latéraux du tronc se font en contradiction avec les inclinaisons pelviennes.

Deux conditions essentielles dominent toutes les autres dans ce mode naturel de progression : 1° *Avancer*, 2° *maintenir le centre de gravité*. Ces deux conditions sont ordinairement opposées. Ainsi, toutes choses égales, plus la marche est rapide, plus la chute se trouve imminente ; moins la locomotion est précipitée, moins la ligne de gravité cherche à franchir la base de sustentation ; *et vice versâ*. C'est particulièrement dans le transport de cette ligne, dú membre postérieur sur l'antérieur, que les accidens sont le plus à craindre, lors surtout qu'il s'opère avec précipitation avant que ce dernier soit convenablement affermi ; c'est dans cette circonstance qu'une dépression du sol, trompant le pied qui recherche un appui, devient l'occasion de la secousse violente si souvent capable de compromettre entièrement l'équilibre. Nous comprenons maintenant pourquoi les sujets qui marchent sans précaution et sans aplomb sont fréquemment entraînés vers la terre sous l'influence du plus faible achoppement.

Tels sont les phénomènes de la marche exécutée sur un plan horizontal. Étudions les modifications qu'elle éprouve naturellement sur un plan incliné, soit ascendant, soit descendant.

Sur un plan ascendant. — Aux actions musculaires, indiquées dans la progression horizontale, servant de prototype aux deux autres, il faut ajouter les efforts indispensables pour soulever, à chaque pas, toute la pesanteur du sujet, et maintenir en devant le centre de gravité que l'inclinaison du sol entraînerait en arrière. La colonne vertébrale se courbe antérieurement ; le membre postérieur, en contractant ses extenseurs, fait passer le poids de l'organisme sur le membre opposé ; celui-ci l'élève à son tour en redressant ses articulations, surtout au moyen des muscles jumeaux et solaires, pour le pied ; droit antérieur, triceps fémoral, pour la jambe ; fessiers, demi-tendineux, biceps, demi-membraneux, pour la cuisse. Il est dès-lors facile de comprendre pourquoi nous éprouvons ordinairement, après la marche prolongée sur ce plan ascendant, une lassitude quelquefois douloureuse dans les muscles que nous venons d'énumérer. Cette locomotion prend surtout un caractère bien positif lorsque nous sommes obligés de monter les degrés d'un escalier ; toutes choses égales, elle est d'autant plus pénible que la ligne oblique du sol à parcourir se rapproche davantage de la perpendiculaire.

Sur un plan descendant. — L'attraction centripète concourt plus ou moins puissamment à l'avancement du centre de gravité ; si l'obliquité devient très-considérable, il peut même arriver un terme où l'action musculaire se trouve complétement remplacée dans cet effet par la pesanteur. En conséquence de ces dispositions, la ligne de l'équilibre, déjà naturellement entraînée par les viscères antérieurs, se trouve, en raison des conditions du sol, tellement compromise que la chute en devant paraît incessamment imminente. Pour la prévenir, les muscles postérieurs du col, du tronc maintiennent, les premiers, la tête, les seconds, le rachis dans un état d'extension permanente, et d'autant plus forte que le plan sur lequel s'effectue la marche est lui-même plus incliné ; aussi toutes les fois que cet exercice est prolongé pendant quelque tems le sentiment de lassitude affecte particulièrement les muscles indiqués.

De ces modifications, naissent, pour la marche, les résultats suivans : 1° *Sur un plan descendant*, elle est plus dangereuse, et moins facile à soutenir qu'on ne l'imagine d'abord, en raison de la permanence des contractions obligées pour les muscles extenseurs de la tête et du tronc ; 2° *sur un plan ascendant*, elle devient plus pénible, exige plus d'effort dans les extenseurs des membres, se trouve la plus promptement suivie d'une lassitude profonde, en même tems, la moins sujette aux accidens ; 3° *sur un plan horizontal*, intermédiaire aux deux précédentes, relativement aux chutes qui peuvent l'accompagner, employant avec plus d'harmonie les puissances du mouvement, elle paraît plus naturelle, et peut être supportée plus long-tems sans une aussi grande fatigue.

2°. S A U T.

——

Le saut, πήδημα des Grecs, *saltus*, des Latins, physiologiquement envisagé, nous représente *l'impulsion que l'homme et les animaux communiquent plus ou moins énergiquement à leur machine en la détachant complétement du sol.*

Borelli compare les membres pelviens, dans leur action pour effectuer ce déplacement, au ressort que l'on abandonne à sa répulsion élastique après l'avoir courbé sur un plan solide.

Dumas, Barthèz, et plus récemment encore M. le professeur Pelletan voulant infirmer la valeur de cette comparaison vraie, mais peut-être un peu vague dans ses applications à la mécanique animale, ont proposé des théories différentes. Dumas est-il plus positif en admettant « un mouvement de rotation opposé dans les arti- « culations des membres pelviens. » Barthèz en nous disant que « l'action des extenseurs des articulations des « jambes, étant toujours réciproque, fait deux efforts « égaux en sens opposé, dont l'un élève le centre de « gravité, et l'autre le pousse, et fixe de plus en plus les « extrémités inférieures contre le sol. » La théorie de M. Pelletan nous paraît bien raisonnée, mais les formules et les termes qui servent à l'exprimer deviennent inintelligibles pour ceux qui n'ont pas des connaissances profondes en mécanique et même en géométrie.

En réduisant le phénomène qui nous occupe à sa plus simple expression, nous y trouvons : *le redressement instantané d'une ligne présentant plusieurs inflexions alternatives, rencontrant, par l'une de ses extrémités, un point résistant sur le sol, et s'échappant de l'autre dans l'air où le même obstacle n'existe pas.* Appliquons ce principe naturel, facile à comprendre, au saut physiologiquement envisagé.

Lorsque nous voulons effectuer ce phénomène complexe, nous fléchissons d'abord toutes les articulations superposées du grand levier de la station. Ainsi, le pied sur la jambe, la jambe sur la cuisse, la cuisse sur le bassin, le bassin sur la colonne vertébrale, cette colonne sur elle même, la tête sur le rachis. La ligne verticale mesurant la longueur du sujet présente une succession d'angles opposés, correspondans aux articulations indiquées, et se trouve alors dans un état d'incurvation et de raccourcissement plus ou moins considérables. Les différentes pièces de l'appareil étant ainsi disposées, nous redressons instantanément cette ligne en contractant, d'une manière violente et subite, les muscles extenseurs de toutes les parties que nous venons d'énumérer. ; les deux extrémités de cette même ligne sont alors poussées avec énergie, l'une, representée par les pieds, vers le sol qui résiste, l'autre, par la tête, sur l'air qui cède aisément ; l'impulsion du mouvement se trouve dès-lors effectuée du premier point vers le second, le corps tout entier s'échappe dans cette direction, abandonne le plan de sustentation, en s'élevant à des distances variables, suivant plusieurs circonstances que nous devons préciser.

1° *La force*, mais surtout *la vitesse* de contraction musculaire. C'est ainsi que le redressement des colonnes indiquées peut s'effectuer avec une puissance d'hercule sans occasionner le saut, dès-qu'il s'opère avec gradation et lenteur ; alors qu'une action faible, mais développée dans un tems indivisible, entraîne ce résultat au milieu des autres conditions qu'il doit présenter.

2° *Les dispositions du sol*. On pense généralement que l'élasticité du plan devient la plus avantageusé modification qu'il puisse offrir dans cette circonstance ; établi d'une manière absolue, ce principe est essentiellement erroné. Ainsi, dans le saut unique, l'effort des pieds pressant le sol très-élastique, lui transmet un mouvement perdu pour l'élévation du corps, celui-ci ne touchant déjà plus cette base lorsque sa réaction s'effectue. Dans le saut répété, le mécanisme change entièrement, c'est alors que cette modification devient avantageuse. En effet retombant sur ce plan de sustentation, le corps déprime ce dernier, se relève ensuite de concert, augmentant sa force de projection par toute l'énergie réactionnelle de

ce même plan ; aussi voyons-nous le danseur, le funambule saisir l'instant précis où le parquet, la corde tendue
reviennent sous le pied qui les a pressés, pour développer l'effort de leur motilité particulière. Un sol mou-
vant et sans fixité présente les plus grands obstacles
à la production du phénomène que nous étudions , en
raison de la force employée, sans aucun retour, à déplacer plus ou moins profondément ses diverses parties.
Un plan très-dur, très-résistant réunit les conditions les
plus favorables à l'exécution du saut unique, puisqu'il
se trouve affranchi des inconvéniens que nous venons
de signaler.

3° *La gravité comparative* des parties supérieure et
inférieure du levier de la station. Des poids ajoutés à
celui de la tête, des épaules accroissent notablement la
hauteur de projection, en supposant aux puissances
musculaires assez d'influence pour déplacer le corps avec
une vitesse égale à celle qu'elles auraient imprimée avant
cette addition. Au contraire , si les mêmes poids sont
appliqués aux pieds, ils diminueront cette élévation du
saut dans la même proportion. *Pour le premier cas*, en
effet, la gravité se trouvant augmentée vers l'extrémité
de la colonne qui tend à s'élever, il en résulte une manifestation nécessairement plus considérable de l'énergie
contractile pour surmonter la résistance, et celle-ci
vaincue, naturellement une plus grande proportion de
mouvement communiqué. C'est précisément ce que nous
observons, par exemple, pour deux balles identiques
par la forme et le volume, dont l'une est en liége, l'autre en plomb, et qui se trouvent lancées par une force
bien supérieure à leur opposition, avec des vitesses
pareilles ; la balle de plomb s'élévera toujours beaucoup
plus que celle de liége. *Pour le second cas*, au contraire,
cette gravité, présentant son accroissement vers l'extré-

mité de la colonne qui tend à s'abaisser, diminuera positivement la force de l'impulsion supérieure, en supposant la base de sustentation sans aucune influence. En conséquence de ces faits plutôt qu'en raison des explications de la théorie que nous venons d'exposer, les anciens chargeaient leur tête, leurs mains ou leurs épaules des poids qu'ils nommaient *halters* pour augmenter les résultats du saut. Nous pourrions ajouter à ces conditions celle de l'air atmosphérique offrant plus ou moins de résistance, d'après ses modifications actuelles, mais une circonstance de cette nature n'offre pas assez de valeur pour trouver place à côté de celles qui viennent de fixer notre attention.

Si nous considérons actuellement la somme des efforts manifestés par les muscles extensenrs du pied, soutenus par ce dernier dans son articulation tibio-tarsienne lors d'un saut très-élevé, résultat que plusieurs physiologistes ont porté jusqu'à 1200 livres, sans doute en y comprenant le poids du corps multiplié par la vitesse de sa chute, nous sentirons la nécessité des précautions prises par la nature pour assurer, d'une part, le développement de la puissance ; de l'autre, la solidité de la résistance. Ainsi le pied nous offre un levier inter-résistant dont le bras d'action est allongé par le talon ; et la puissance, dans une direction perpendiculaire. Nombreux et cuboïdes, les os du tarse décomposent le mouvement en rendant ses effets beaucoup moins dangereux pour cette partie. Nonobstant d'aussi bonnes dispositions, il survient encore assez fréquemment des fractures du calcanéum ; des ruptures dans les extenseurs, le tendon d'Achille et les ligamens ; des luxations de l'astragale etc.

Il existe certaines espèces animales qui semblent spécialement organisées pour le saut. Toutes se font remarquer par une prédominance de longueur et de force des

APPAREIL AUDITIF.

Pl. 4.

Lith. de Duperray, del.

membres pelviens sur les membres thoraciques ; de telle sorte que, même dans la marche, le sujet s'avance par des impulsions successives, et la soutient difficilement sur un plan descendant. Lorsque l'animal veut sauter, il s'appuie sur ses membres postérieurs comme sur deux arcs vigoureux dont la détente le pousse avec énergie, lui faisant franchir des élévations de huit à dix pieds, par la seule force des jarrets ; alors que l'homme parvient au plus à quatre ou cinq en le supposant mu par ses puissances naturelles. Au nombre des animaux sauteurs les plus connus, on trouve, parmi les quadrupèdes, l'élan, le cerf etc. ; parmi les insectes, qui présentent cette faculté d'une manière bien plus étonnante encore, la puce, la cigale etc.

Envisagé sous le rapport de sa direction, le saut nous offre deux modifications principales ; il peut être : 1° *Vertical* ; 2° *parabolique* ; chacune de ces variétés offre des caractères particuliers.

1° SAUT VERTICAL. — Nous désignons par ce terme l'impulsion dans laquelle nous parcourons, soit en montant soit en descendant, une seule et même ligne perpendiculaire à l'horizon. L'élévation continue tant que la force de projection l'emporte sur la force de gravitation ; elle est remplacée par la chute aussitôt que la seconde prédomine sur la première. L'élévation, d'abord dans toute sa rapidité, se ralentit d'autant plus que le corps s'élève davantage, la chute, primitivement très-lente, acquiert sa plus grande vitesse en arrivant au sol. Il résulte de ces dispositions que le mouvement, dans un saut déterminé, se trouve d'autant plus actif, soit en montant, soit en descendant, que le sujet est plus voisin du plan de sustentation ; et d'autant moins précipité, pour ces deux conditions, que ce même sujet s'en éloigne davantage ; il arrive un instant, entre l'ascension et la chute, où le corps devient immobile et comme suspendu par la neutralisation et l'équilibre parfait des forces de gravitation et d'impulsion.

Cette variété du saut exige beaucoup d'énergie musculaire ; c'est elle qui peut nous faire le mieux apprécier la vitesse et la force des contractions.

2° SAUT PARABOLIQUE. — Nous indiquons, sous ce titre, l'impulsion dans laquelle nous suivons une ligne parabolique analogue à celle de la bombe lancée par l'obusier, et d'après les mêmes lois. Pendant ce mouvement le corps se trouve entre deux forces opposées : la *projection* qui tend à lui faire parcourir la diagonale de bas en haut ; la *gravitation* qui cherche à le porter dans la verticale de haut en bas. Dans la première partie du trajet, la projection l'emporte sur la gravitation ; le corps parcourt la moitié ascendante de la parabole ; dans la seconde, la gravitation prédomine sur la projection ; le corps décrit la moitié inférieure de cette même courbe. Dans tout ce trajet, le corps obéit aux deux forces indiquées en proportion de leur prépondérance respective. Au départ, la projection agit avec empire ; au milieu du saut, l'équilibre s'établit entre les deux puissances ; au terme de la chute, la gravitation l'emporte complétement ; toute fois, l'impulsion n'étant pas entièrement épuisée, le sujet est forcé de courir quelques pas afin d'éviter un entraînement plus ou moins dangereux du centre mobile.

Le saut parabolique est ordinairement aidé par une action préparatoire favorisant beaucoup son développement avec indication de la ligne à parcourir. Lorsque nous devons franchir un espace très-étendu, placés à distance, nous disposons les muscles extenseurs et la projection du centre de gravité par une course rapide ; c'est à cette impulsion accessoire que l'on donne le nom d'*élan*.

Dans cette variété le pied supporte le poids du corps multiplié par sa vitesse, la chute paraît imminente en devant si la ligne de gravitation n'est pas retenue convenablement en arrière.

3o COURSE.

La course, δρόμος, des Grecs, *cursus*, des Latins, est *un mode progressif essentiellement composé de la marche et du saut parabolique.* Dans cette locomotion, les extenseurs des membres pelviens impriment au sujet l'enchaînement des impulsions qui lui font parcourir une série de petites paraboles. Il est nécessaire que ces phénomènes soient rapides, qu'ils communiquent le moins de mouvement possible au sol, pour le concentrer sur le corps à déplacer, aussi les pieds ne s'appliquent-ils au plan de sustentation que par leur extrémité digitale. Cette circonstance, jointe à la projection antérieure du centre de gravité, rend les chutes plus faciles et plus fréquentes pendant la course que dans la marche. Pour éviter ces accidens, et ne pas effectuer une dépense inutile de la motilité par des contractions superflues, les coureurs habiles tiennent la tête droit, et la colonne rachidienne dans une direction presque verticale. Cette précaution est spécialement utile sur un plan descendant où les chutes sont imminentes par toutes les causes réunies ; sur un plan ascendant, les accidens sont beaucoup moins à craindre, mais la course devient plus pénible.

Dans ce genre de progression, il faut distinguer deux modifications trop souvent confondues, lorsqu'il s'agit d'en établir comparativement la faculté chez plusieurs individus : 1° *La durée*, 2° *la vitesse*, dont le développement se trouve quelquefois en raison inverse.

1º *Durée.*—Pour soutenir cet exercice pendant long-tems, condition essentielle qui distingue surtout les coureurs de profession, il est indispensable de présenter une grande liberté respiratoire, une circulation facile, dispositions plus nécessaires peut-être, qu'un grand développement de l'appareil musculaire dans les membres pelviens. En effet, pendant une course rapide et surtout prolongée, les mouvemens du cœur se précipitent, le sang est abondamment poussé vers les poumons, et si leur ampliation ne les met pas en mesure d'en laisser passer une quantité relative à celle qu'ils reçoivent, il s'établit un engorgement, une congestion, une sorte d'apoplexie pulmonaire. C'est ainsi que l'on a vu périr subitement des coursiers et même des hommes en disputant le prix dans l'hippodrome. Aussi, toutes les fois que l'on veut soutenir ce mode progressif, en évitant les inconvéniens graves que nous signalons, il faut, avant tout, ménager sa respiration. D'après les conditions organiques de cette locomotion il est aisé de sentir qu'elle dispose également à l'hypertrophie, plus spécialement encore à l'anévrisme.

2º *Vitesse.*——Elle est surtout garantie par la célérité bien plutôt que par la force des contractions musculaires, par la souplesse des articulations, la légèreté du corps etc. La *vitesse* et la *durée*, ne sont pas inséparables, il arrive même le plus ordinairement qu'elles se montrent incompatibles ; tel sujet qui soutiendra la course pendant vingt lieues, sans un repos notable, ne fournira pas rapidement une carrière de cent toises, *et vice versâ.*

Si nous cherchons approximativement quelles peut-être la vitesse comparative de l'homme et de plusieurs animaux, les résultats suivans nous conduiront assez positivement à la solution du problême.

Maurice Rummel, natif de Westorf, dans la Hesse,

a fait en juillet 1825, le trajet de Hanau à Francfort et retour, huit lieues, en deux heures quinze minutes. Des cavaliers bien montés n'ont pu le suivre jusqu'au but. En 1826, il a parcouru deux fois la distance comprise entre les ponts de Neuilly et de St-Cloud, 6000 toises en trente-quatre minutes ; sa vitesse étant de 176 toises 1|2 par minute.

Entre beaucoup d'autres coureurs, nous citerons plus spécialement encore celui d'Alexandre, nommé Philonide, le plus remarquable de l'antiquité. Cet homme extraordinaire faisait, en neuf heures, la route de Syracuse à Elis, 45 lieues de 2500 toises, par conséquent un peu plus de 208 toises 1|2 par minute.

Dans les courses du Champ de Mars à Paris, la vitesse des meilleurs chevaux est à peu près de 385 toises par minute.

A celles de New-Market, les coursiers Anglais offrent une vitesse moyenne de 413 toises, dans le même tems.

Dans celles de Rome, les chevaux barbares parcouraient 432 toises par minute.

Enfin Childres, le plus vite des chevaux Anglais, franchissait un intervalle de 498 toises, pendant la même durée.

On peut conclure de ces faits que la vitesse de l'homme, à perfection égale, est un peu au-dessous de la moitié de celle du cheval ; ainsi le premier fait une lieue en 12 ou 14 minutes ; le second, en 5 ou 6.

4° REPTATION.

La reptation, ἑρπυσμὸς, des Grecs, *reptatio* des Latins, *est un mode progressif étranger à l'homme, s'effectuant à la surface du sol, indépendamment d'aucun membre et par les seuls appuis que le tronc de l'animal peut y rencontrer.* Naturel dans la plupart des reptiles et chez quelques insectes, ce genre de locomotion, dont notre espèce ne présenterait que des imitations imparfaites, même en la supposant privée de ses appendices thoraciques et pelviens, s'opère, chez les animaux, par deux moyens essentiels : par les incurvations du tronc, par l'action de certaines ventouses.

Par les incurvations du tronc, — comme nous le voyons dans la classe nombreuse des *ophidiens* etc. On peut le réduire, en dernière analyse, au redressement des lignes courbes, successivement formées par la colonne rachidienne. L'animal se raccourcit en fléchissant toutes ses articulations vertébrales, présentant ainsi des courbures alternatives de la tête à la queue ; cette extrémité s'appuyant sur le sol devient un point fixe ; les inflexions s'étendent ; la tête avance dans la proportion de ces deux mouvemens opposés , elle s'arrête, presse le sol, devient à son tour le point solide ; la queue s'en rapproche par des flexions nouvelles, pour effectuer une autre extension d'après un mécanisme identique. Ces courbures sont ordinairement horizontales ; c'est par une erreur de fait qu'on les reproduit verticales dans presque tous les tableaux. L'animal ne prend en général cette position que dans le phénomène du saut. Alors il raccourcit la queue, redresse la tête, et s'appuyant sur le plan de sustentation par ses anneaux postérieurs, s'étend rapidement et s'élance quelquefois assez loin, présentant, à l'instar de l'homme, un redressement de la courbe fondamentale, et donnant une preuve de plus à la théorie que nous avons admise relativement à ce genre de progression.

Par l'action des ventouses. — Cette variété de la reptation est spécialement remarquable dans les *limaces, les sang-sues* etc., elle s'opère sous l'influence d'un mouvement ondulatoire, avec des tractions et des répulsions alternatives, l'animal se fixant au sol par l'une ou l'autre de ses extrémités au moyen d'un petit appareil dont le jeu rappelle celui de la ventouse ; mode progressif, exigeant un travail général, pénible, et ne se manifestant jamais qu'avec une extrême lenteur.

Plusieurs naturalistes en ont rapproché cette locomotion intermédiaire entre la marche et la reptation, sous le titre de *demi-ramper*. Le jeune enfant qui commence à prendre la station quadrupède, pouvant à peine trouver un appui dans ses membres débiles, nous en fournit un exemple. Pour les animaux : il s'effectue par des plis du tronc, chez les vers ; au moyen de poils assez résistans, assez multipliés, dans les chenilles ; avec des pattes incapables de supporter habituellement tout le poids du corps, chez le crapaud, la tortue etc. Composé de la reptation et de la marche, surtout chez ces dernières espèces, le *demi-ramper* s'effectue par la combinaison des phénomènes relatifs à ces deux modes locomoteurs, avec tous les inconvéniens de l'un et de l'autre, sans offrir aucun de leurs avantages, conservant toujours pour caractère essentiel une grande lenteur dans les déplacemens du sujet.

5° V O L.

———

Le vol, πτῆσις des Grecs, *volatus* des Latins, *est un mode particulier de locomotion qui s'opère complétement dans l'air et sans autre appui que celui de l'atmosphère.* Propre aux oiseaux, à quelques insectes, cette modification s'effectue par des rames plus ou moins larges, que l'on désigne sous la dénomination *d'ailes.*

Une organisation spéciale devient nécessaire pour l'exercer avec avantage ; nous la rencontrons dans toute sa perfection chez les premiers, sillonnant habituellement les plus hautes régions ; elle y semble dirigée par la nature vers ce but essentiel. Tête peu volumineuse, incapable de rompre l'harmonie générale ; corps grêle, peu compacte, d'une légèreté spécifique augmentée par les plumes, par l'air constamment raréfié dans plusieurs sacs particuliers, dans les canaux des os longs, dans une vaste capacité pulmonaire ; conditions qui diminuent la pesanteur du sujet relativement à celle de l'air. D'un autre côté, rames légères, pouvant largement s'appliquer sur les colonnes de ce milieu, s'y mouvoir dans toutes les directions par des muscles pectoraux énergiques, et tellement développés qu'ils forment la majeure partie du système contractile volontaire chez les oiseaux ; offrant encore l'avantage, par leur situation, de lester convenablement l'animal pour le maintenir en équilibre.

Si nous rapprochons ces dispositions particulières des modifications organiques de l'homme, nous verrons aussitôt qu'il n'est point fait pour ce genre de progression, même en suppléant ses défectuosités naturelles par les inventions de son génie ; les muscles pectoraux, ceux de l'épaule et du bras ne présentent jamais chez lui cette force indispensable pour mouvoir les rames factices dont il pourrait emprunter le secours. Quelques rêveurs ont voulu tenter de nouveau l'expérience du fabuleux Icare en cherchant à s'élancer, avec orgueil, dans les régions supérieures de l'atmosphère, leurs ailes, sans approcher assez près du soleil pour craindre une fusion dangereuse, ou n'ont pas eu la puissance de les détacher du sol, ou les ont abandonnés, après des chutes plus ou moins graves, aux désagrémens d'une tentative que l'ignorance et le charlatanisme pouvaient seuls inspirer.

Chez les oiseaux, le vol devient au contraire une conséquence naturelle de l'organisation, et le premier moyen des rapports qu'ils doivent entretenir avec les objets extérieurs.

Lorsque l'animal veut partir du sol, il cherche d'abord une petite monticule pour s'élancer, avec plus de facilité, par le redressement subit des membres pelviens, de telle sorte que son premier mouvement est le saut parabolique. C'est pour cette raison que la perdrix *démontée*, comme on le dit en terme de chasse, ou plus physiologiquement, blessée aux membres abdominaux, de manière à se trouver dans l'impossibilité de sauter, une fois retombée sur la terre, est incapable de s'élever par le vol à moins qu'une puissance étrangère ne lui communique la première impulsion. Lancé par cet effort préparatoire, l'oiseau déploie ses ailes au moyen des abducteurs, frappe l'air par la contraction instantanée des pectoraux ; ce gaz, réagissant en vertu de son élasticité, pousse l'animal dans la direction qu'il a prise ; afin de rendre cette élévation plus facile et d'opposer le moins de résistance possible à l'air qu'il doit déplacer, l'oiseau reploie ses ailes par l'action des adducteurs ; il *se fait petit*, et s'abandonne à l'influence de la projection ; aussitôt qu'elle est épuisée, répétant les mêmes efforts, il parvient à des élévations plus ou moins considérables, et se dirige volontairement dans tous les sens en manœuvrant ses rames aériennes avec la plus grande agilité. Lorsqu'il doit avancer horizontalement, frappant l'air plus directement en arrière, il étend ses ailes et les maintient dans cette position, formant ainsi par leur concours un véritable parachute ; modification qui prend le nom de *planer*. S'il veut se précipiter, *fondre sur sa proie*, comme l'effectuent souvent les oiseaux carnassiers, il reploie ses ailes, tombe de tout son poids multiplié par la vitesse ; lorsqu'un ennemi dangereux se présente , il étend ses ailes pour s'élever de nouveau dans l'atmosphère ; ce mouvement prend la dénomination de *ressource*.

6° NATATION.

La natation, νῆξις, des Grecs, *natatio*, des Latins, est la *progression effectuée dans les eaux avec les seuls points d'appui qui se trouvent accordés par ce milieu.*

Cette progression beaucoup moins difficile que le vol, en raison de la densité plus considérable que l'eau présente relativement à l'air, n'exige pas une organisation aussi particulière, et, sans être naturelle à l'homme, peut lui devenir assez facile par l'habitude et l'éducation, toutefois l'eau n'est point son élément ; il y trouve au contraire la mort par une véritable asphyxie. D'un autre côté, sa structure n'est pas appropriée à cette locomotion ; pour la soutenir, il doit vaincre des difficultés assez considérables et rattachées à la disposition même de ses appareils. Au nombre des plus positives nous indiquerons spécialement : le volume et la pesanteur de la tête qu'il faut maintenir dans une situation à peu près horizontale par la contraction des muscles extenseurs, trop faibles pour cet usage ; la forme arrondie, le peu de volume des membres thoraciques présentant des rames imparfaites, mues par des puissances qui n'offrent pas une force nécessaire ; l'étendue transversale de la poitrine, éprouvant une résistance positive par la masse du fluide à diviser ; mêmes inconvéniens dans la disposition des membres pelviens.

Si le vol est naturel aux oiseaux, la natation se trouve précisément indiquée dans la structure particulière des poissons. Ainsi, chez ces animaux, le corps présente la

forme d'une carène de vaisseau ; nous dirions plus exactement qu'il a servi de modèle au génie de l'homme
pour la construction de ces machines admirables au
moyen desquelles il parcourt impunément l'immensité
des mers. Cette forme analogue à celle d'une ellipse
allongée possède le grand avantage de couper l'onde
avec facilité. Les nageoires se trouvent symétriquement
disposées au tour de la carène pour lui servir de rames ;
une queue forte, large, très-mobile en devient le gouvernail. L'animal respire dans l'eau ; porte une vessie
natatoire pleine de gaz expulsés, retenus, formés à son
gré, de telle sorte qu'en augmentant ou diminuant sa
légéreté spécifique, il peut, sans effort, gagner le fond
des eaux ou s'agiter librement à leur surface. D'après
MM. de Humbold, Provencal et plusieurs autres chimistes, le gaz renfermé dans cette vésicule est un mélange d'oxygène, d'azote, d'hydrogène et d'acide carbonique en proportions variables. A l'époque du frai, par la
concentration vitale sur les organes génitaux, les muscles compresseurs de cette même vésicule étant réduits à l'impuissance d'agir, l'animal éprouve beaucoup
de peine à s'enfoncer dans le milieu liquide, et devient
ainsi plus aisément la proie du pêcheur. Quelques physiologistes modernes ont attribué ce phénomène à la dilatation par la chaleur solaire du gaz renfermé dans le réservoir indiqué. C'est une erreur ; nous avons démontré
que les animaux vivans ne se laissent point ainsi pénétrer
par le calorique à la manière des corps inertes.

Chez les autres sujets de la série zoologique destinés,
par la nature, à ce mode progressif, on trouve également
dans l'organisme les caractères avantageux de cette
prédisposition. Ainsi, les oiseaux aquatiques se distinguent aussitôt des autres par l'enduit graisseux dont
leurs plumes sont recouvertes pour les rendre imper-

méables à l'humidité ; si l'on plonge comparativement une poule, un canard dans l'eau, cette vérité devient évidente par le simple résultat de l'immersion ; d'un autre côté, la forme palmée de leurs pattes en fait des rames très-favorables à l'action de nager.

Avec toutes ses imperfections pour ce genre d'exercice, l'homme parvient à le soutenir, quelquefois assez long-tems, en raison du peu d'élévation de sa pesanteur spécifique relativement à celle de l'eau. Plus le sujet est gras, plus le milieu liquide se trouve densifié, moins cette différence devient sensible ; pour cette raison, les hommes d'un embonpoint ordinaire, toutes choses égales, sont meilleurs nageurs que les sujets très-maigres ; et sans l'inconvénient des lames et des vagues, la natation serait plus facile dans l'onde salée des mers que dans l'eau douce des fleuves.

L'expérience démontre que le poids d'un homme de stature moyenne, entièrement immergé dans l'eau, se réduit à quelques onces ; Haller cite plusieurs faits confirmatifs de cette assertion. Les écrivains rapportent l'histoire de certains sujets doués, à cet égard, d'une faculté plus extraordinaire encore ; sans énumérer ces exceptions assez rares, nous plaçons la suivante au nombre de celles dont l'authenticité paraît le mieux garantie. Paul Moccia, âgé de cinquante ans, connu par la publication d'une prosodie grecque, jouissait de l'avantage peu commun de se maintenir sans effort dans l'eau, revenant à la surface comme un liége, et sentant une résistance considérable lorsqu'il voulait s'enfoncer ; le corps de cet individu pesait trente livres moins qu'un pareil volume d'eau.

En s'abandonnant sur le dos, partie la plus large du tronc, en remplissant la poitrine d'air et disposant dans l'extension la tête, le rachis, les membres pelviens, ce que les nageurs appellent *faire la planche*, l'homme pourrait se maintenir en surnatation par un simple mouvement des mains, sans avoir même pratiqué cet exercice par l'éducation, si la frayeur du danger n'imprimait à tous ses mouvemens le désordre et la précipitation qui deviennent la cause première de sa perte, alors qu'en les dirigeant avec calme et réflexion ils offriraient pour lui tous les résultats que nous leurs voyons présenter, même chez les quadrupèdes nombreux dont l'organisation n'est pas spécialement dirigée vers ce but. Ces derniers conservent, sur notre espèce, dans cette circonstance, le grand avantage de se trouver mus par l'instinct de la conservation, sans éprouver les funestes anomalies d'une imagination toujours ingénieuse à grossir le danger

Lorsque l'habitude a réglé ses mouvemens, lorsqu'il a pris assez de confiance dans ses propres moyens, l'homme parvient enfin à s'identifier avec ce nouvel élément, à braver impunément les périls qui s'y rencontrent de toutes parts. C'est ainsi que l'on voit des nageurs parcourir, sans fatigue, la surface des mers, explorer leurs abîmes avec sécurité.

Nous réduisons la natation ordinaire, pour notre espèce, à quelques mouvemens essentiels variés et modifiés suivant les circonstances particulières de cette locomotion. Le tronc se présente alors, par sa face antérieure et dans une inclinaison de trente à quarante degrés, aux colonnes d'eau qui doivent le soutenir ; les membres thoraciques et pelviens rapprochés se fléchissent directement, les uns sur la poitrine, les autres sur le bassin ; toutes leurs articulations sont en même tems portées dans l'extension, les membres pelviens s'appuient en arrière sur le fluide, les membres thoraciques sont projetés en devant ; les deux mains réunies par leur face palmaire constituant une proue destinée à diviser l'onde pour frayer le passage au reste du corps. Cette impulsion fait avancer le sujet, et pendant qu'elle s'épuise, les mains situées dans la pronation et le reste du membre dans l'abduction, pressent la masse aqueuse d'avant en arrière, et joignent leurs effets à ceux du premier mouvement ; les bras et les jambes se placent de nouveau dans la flexion pour effectuer des phénomènes et des résultats semblables dont la succession variée détermine ce mode progressif que nous avons désigné par le terme de *natation*. Si nous voulons suivre des lignes différentes, ne possédant pas, comme les poissons, un gouvernail propre à cet effet, nous recourons au procédé qui déjà s'est trouvé mis en usage dans les autres modes locomoteurs, nous imprimons une action plus étendue plus forte aux membres droits, par exemple, si la déviation doit se faire à gauche ; aux membres opposés, dans l'hypothèse contraire.

C'est à la succession lente et mesurée, à l'ensemble, à la précision, à la régularité de ces divers mouvemens que les bons nageurs doivent une supériorité dont il est facile d'atteindre le développement, avec une belle organisation, au moyen de l'éducation et de l'habitude.

Pendant la natation sur le dos, l'individu se trouve plus largement et plus facilement supporté, mais les mouvemens n'offrent point la même liberté, le même avantage pour changer de lieu ; c'est plutôt une situation de repos qu'un moyen d'avancer.

D'après toutes les considérations que nous avons exposées relativement aux divers genres de locomotion, il est évident que la *progression verticale et bipède* est la seule naturelle à l'homme, en y comprenant ses trois modifications : la *marche*, *le saut*, *la course*. Bien supérieur, dans ce mode, à tous les animaux, il est surpassé par eux dans les autres. Ainsi pour *le saut*, par le cerf, l'élan etc. ; pour *la course*, par le chien, le cheval etc. ; pour *la reptation*, par les ophidiens etc. ; pour *la natation*, par les poissons ; pour *le vol*, par les oiseaux, se trouvant même à jamais incapable d'acquérir ce dernier genre de progression.

LOCOMOTION ENVISAGÉE COMME ACTION D'EXPRESSION.

Faisant partie des actes volontaires de l'économie vivante, la locomotion doit prendre une teinte relative aux modifications du physique et du moral, et, par conséquent, acquérir une valeur positive dans la physiognomonie. Si déjà la station offre des nuances diverses pour les spécialités du *sexe*, *de l'âge*, *du tempérament*, *du caractère*, *de l'intelligence*, l'homme ne marche pas comme la femme ; l'enfant, à la manière du vieillard ; le sanguin, avec la roideur du bilieux ; l'individu rempli de présomption, avec la réserve du sujet modeste ; l'idiotisme, à l'instar du génie. Donnons un coup d'œil rapide à chacune de ces dispositions.

1° *Relativement au sexe.*—Il est aisé, même sous un déguisement, de distinguer l'homme de la femme par les seules conditions de la marche. *Pour le premier*, les mouvemens des épaules et des bras sont beaucoup plus prononcés ; la taille moins balancée, plus ferme dans son attitude verticale, moins *cambrée* postérieurement ; les membres pelviens, arqués en dehors, se meuvent avec plus de force et d'aplomb. Toutes les contractions prennent un caractère de virilité, de résolution et d'énergie qui ne permet jamais de le méconnaître. *Pour la seconde*, les déplacemens du bassin deviennent plus saillans et plus étendus ; la colonne vertébrale offre des ondulations plus souples et plus élégantes ; l'excavation postérieure de la région lombo-dorsale est plus profonde ; les membres abdominaux courbés en dedans, rapprochés vers les genoux dont le volume est plus considérable, décrivent supérieurement un arc de cercle plus grand ; les mouvemens sont moins décidés, moins précis, moins forts ; la légèreté, la grâce, forment leurs traits distinctifs. Chez les femmes d'une taille élevée, d'une constitution robuste, plus voisines de l'homme par leurs habitudes, ces caractères sont moins prononcés, mais la marche présente alors plutôt de la roideur que de l'aplomb, l'exagération, les imperfections de la virilité que ses nobles attributs ; ces êtres mixtes et ridicules deviennent ainsi des caricatures à jamais dans l'impossibilité de mettre la science physiognomonique en défaut chez celui qui la possède avec intelligence.

2° *Relativement à l'âge.*—Il est facile de distinguer, à la manière de marcher, les différentes phases de la vie ; si nous rencontrons quelques jeunes gens offrant la locomotion du dernier âge, et des vieillards conservant encore celle de la virilité, ces exceptions sont assez rares pour ne pas détruire la régle générale. Ainsi : *l'enfant* se reconnaît à sa marche vacillante, inégale, entrecoupée d'hésitations et de chutes imminentes ; *l'adolescent*, à la pétulance, à la souplesse, à la rapidité de la sienne ; *l'homme fait*, à la mesure, à la fermeté, à la précision de tous les mouvemens qui la constituent ; *le vieillard*, à la faiblesse, à la lenteur de ses pas, à la flexion habituelle du rachis et des membres pelviens. De telle sorte qu'un œil exercé, voyant passer un certain nombre de sujets pourrait, à la seule inspection de la marche, déterminer approximativement l'âge de chacun d'eux.

3° *Relativement au tempérament.* — Si l'on observe attentivement la progression naturelle aux principales variétés de la constitution physique, on arrive aisément à la préciser dans chacune de ces variétés. Ainsi, *le sanguin* marche avec une légèreté mêlée d'assurance ; dans tous ses mouvemens règnent l'abandon sans mollesse, et la fermeté sans roideur. *L'athlétique* s'avance d'une manière pesante et calme ; il semble embarrassé d'un excès de puissance musculaire dont les développemens sont alors incomplets. *Le lymphatique* offre une locomotion composée de souplesse et d'apathie ; assez étendus, ses pas sont en même tems rares et lourds, ordinairement accompagnés d'un balancement gauche et disgracieux dans le tronc et les membres thoraciques. *Le bilieux* présente une attitude ferme , carrée ; s'avance, les articulations tendues, le maintien grave, imposant et sévère ; ses pas sont précis, réguliers, sans affectation. *Le nerveux* marche en sautant, plutôt avec rigidité qu'avec aplomb ; ses mouvemens sont inégaux et saccadés ; ses pas, sans mesure et sans harmonie. *Le mélancolique* offre une allure guindée, prétentieuse, il semble compter ses pas, en général très-petits, et chercher un centre de gravitation qu'il ne maintient jamais en équilibre ; sa progression est vacillante, embarrassée, elle participe de l'hésitation et de l'incohérence naturelles à ce tempérament.

4° *Relativement au caractère.*—Voyez l'homme *franc et loyal*, sa marche est libre, facile, noble comme les sentimens de son âme. Examinez au contraire ce *courtisan doucereux*, dont le cœur et la bouche ne sont jamais d'accord, méditant la trahison et l'injure sous les formes les plus polies et les plus séduisantes, sa locomotion étudiée paraît timide sous l'influence d'une fausse modestie ; si vous rencontrez des sujets ainsi portés dans les sentiers de la vie , gardez vous de les froisser ; il faut ou leur céder la place, ou les anéantir ! Considérez l'homme *distrait*, ne semble-t-il pas courir sans intention et sans but ; il s'avance, revient sur ses pas, change vingt fois sa direction primitive ; on s'aperçoit bientôt que l'attention ne préside pas à ses mouvemens. Regardez l'homme *prudent et modeste*, sa progression est réservée, sans affectation ; on sent qu'il prévoit les obstacles, et n'ira pas inconsidérément s'exposer aux dangers d'une fâcheuse rencontre. Étudiez au contraire le sujet *querelleur*, *téméraire*, *audacieux*, il ne marche pas, il se précipite, on dirait qu'il cherche à renverser quelqu'un sur son passage; ne déviant jamais de la ligne à parcourir, il pousse et dérange brusquement tout ce qui met obstacle à sa locomotion. Envisagez l'homme *suffisant* et *présomptueux*, il s'avance la tête haute, les bras écartés du tronc, les pieds tendus, espérant augmenter son mérite en élevant sa taille ; il semble fouler avec mépris la terre indigne de porter un aussi noble poids, et, dans son orgueilleux essor, vouloir planer sur les êtres obscurs dont il est environné. Comparez, sous ce rapport, les hommes de tous les caractères, et vous reconnaîtrez aussitôt que chacun d'eux a sa locomotion propre, en acquérant une preuve nouvelle des admirables influences du moral sur le physique.

5° *Relativement à l'intelligence.*—Déjà la station nous a présenté plusieurs considérations importantes à la physiognomonie de l'esprit, c'est plus particulièrement encore dans les mouvemens de la machine vivante que nous trouverons des renseignemens diversifiés et précis. *L'idiot* marche la tête renversée par les extenseurs comme s'il voulait contempler les cieux; ses pas sont démesurés, inégaux; sa vitesse, presque nulle ou forcée. *L'homme de génie* se meut avec gravité, sans étude et sans prétention ; n'abandonnant jamais sa tête aux vacillations désordonnées, qui toujours indiquent la distraction ou la vacuité ; constamment occupé d'intellectualisations profondes, il présente quelquefois l'inattention locomotrice du sujet distrait, sans jamais en offrir l'incertitude et les aberrations. *L'homme d'un esprit turbulent*, plus remarquable par l'imagination que sous le rapport des autres facultés, conserve la même pétulance et les mêmes irrégularités dans la progression ; sa base de sustentation est aussi peu fixe, aussi mal assurée que son intelligence est mobile, inconstante et bizarre. *Le sujet, dont la raison est plus solide que l'esprit n'est brillant*, offre une locomotion pesante et méthodique.

Rencontrant partout les attitudes et la marche en rapport avec les qualités physiques et morales de l'homme, nous voyons, dans cette partie des actions d'expression, l'une des mines les plus riches que puisse exploiter la physiognomonie.

Après avoir étudié les mouvemens généraux de la mécanique animale, relativement aux phénomènes des communications extérieures, nous devons considérer, sous le même point de vue, les déplacemens locaux dont elle est également susceptible.

II. LOCOMOTION PARTIELLE.

Nous accordons ce titre *aux changemens de situation qui, ne portant plus sur l'ensemble de l'organisme, sont exclusivement relatifs à certaines parties du sujet dont les rapports avec celles qui les avoisinent se trouvent modifiés d'une manière plus ou moins notable.*

Les mouvemens partiels et volontaires de la mécanique animale se divisent naturellement en deux ordres sous le rapport de leur objet et des résultats qu'ils opèrent. 1° Les uns, bornés à la sphère des besoins physiques, ont pour but essentiel de rapprocher ou d'éloigner les corps extérieurs suivant qu'ils paraissent avantageux ou nuisibles ; on les observe chez l'homme et dans la plupart des animaux.. 2° Les autres, embrassant le vaste horizon de nos rapports intellectuels, servent à l'expression des idées, à la manifestation des sentimens affectifs ; très-limités chez les animaux , ces mouvemens deviennent l'apanage à peu près exclusif de notre espèce.

1° MOUVEMENS PARTIELS RELATIFS AUX BESOINS PHYSIQUES.

Ces mouvemens, dont l'objet essentiel est de rapprocher ou d'éloigner, de l'individu, les objets de ses rapports immédiats, peuvent se réduire, pour le plus grand nombre, à l'*incurvation* au *redressement* d'une ligne. Nous les rapportons à six modes principaux : 1° *Attraction*, 2° *répulsion*, 3° *adduction*, 4° *abduction*, 5° *circumduction*, 6° *rotation*.

1° ATTRACTION. — Nous désignons, sous ce terme, *l'action par laquelle nous attirons, vers notre corps, les objets à mettre en rapport avec lui.* C'est au moyen des membres thoraciques plus spécialement que cette action s'effectue. Son développement exige une condition nécessaire, l'existence d'un appui suffisant présenté, soit par la masse totale du sujet, soit par les membres pelviens disposés en arcs-boutans ; sans cette condition, c'est l'homme qui se déplace en totalité vers l'objet qu'il voulait attirer. Toutes choses convenablement disposées, nous plaçons les membres thoraciques dans leur plus grand allongement vers le corps à saisir ; première action préparatoire effectuée par les extenseurs de ces membres formant actuellement deux lignes droites ; le corps embrassé par les mains, nous contractons les fléchisseurs qui, dans ce phénomène, sont les puissances fondamen-

tales du mouvement ; les membres thoraciques décrivent
alors deux lignes brisées par un angle d'autant plus aigu
que l'objet est plus attiré vers nous pendant cet effort.

2° Répulsion. — Nous appelons ainsi *le mouvement
employé pour éloigner de notre économie les objets désagréables ou qui pourraient lui devenir funestes.* La circonstance d'un appui fixe est encore indispensable ; dans
l'hypothèse contraire, l'obstacle ne serait pas déplacé.
Pour nous disposer à ce mouvement, rapprochant notre
corps de celui qui doit être mu , nous brisons, par l'action des fléchisseurs, actuellement accessoires, la ligne
des membres thoraciques sous un angle plus ou moins
aigu, les mains appliquées à l'objet, nous contractons
les extenseurs , alors agens essentiels ; ces membres
s'allongent, et l'obstacle est éloigné de toute la différence
qui distingue la ligne brisée de la ligne droite représentées par ces derniers, sans même noter le déplacement
beaucoup plus considérable qui peut se rattacher à la
force d'impulsion communiquée. Si nous voulons produire un effort et des résultats plus considérables, nous
y faisons concourir les membres pelviens, les fléchissant
d'abord, les étendant ensuite après avoir trouvé dans le
sol un point d'appui suffisant au développement de cette
action.

Ainsi, dans *l'attraction*, c'est une ligne droite qui
devient anguleuse, avec *diminution* de l'espace qui sépare le corps attirant du corps attiré ; dans la *répulsion*,
c'est une ligne anguleuse qui devient droite, avec *augmentation* de l'espace qui sépare le corps poussant et le
corps poussé ; dans le premier cas, l'action principale est
effectuée par les *fléchisseurs* ; dans le second, au moyen
des *extenseurs.* Ces mouvemens peuvent être faits par un
seul membre, avec les deux thoraciques ou les deux pelviens exclusivement, enfin par tous ces membres concourant au même but.

3° ADDUCTION.—C'est *le mouvement par lequel nous rapprochons de notre ligne médiane un corps pris au moyen de la main ou du pied.* Préparée par l'abduction elle s'opère, à différens degrés, par les adducteurs, le plus ordinairement avec un seul membre.

4° ABDUCTION.—C'est *le phénomène contraire, éloignant de notre ligne médiane l'objet auquel s'applique un de nos membres, thoraciques ou pelviens.* L'adduction est préparatoire, et l'effort principal est effectué par les muscles abducteurs. En général cette action est moins énergique et moins libre que la première.

5° CIRCUMDUCTION.—C'est *un mouvement complexe résultant de l'enchaînement successif des quatre mouvemens simples, élévation, abduction, abaissement, adduction,* réunis par les segmens d'un même cercle, de telle sorte que le membre décrit un cône dont le sommet se trouve à l'articulation supérieure; la base, à l'extrémité libre. Ce phénomène est moins facile et moins étendu pour les membres pelviens que pour les membres thoraciques.

6° ROTATION. — C'est *le mouvement dans lequel un os roule précisément sur son axe.* Il exige un col plus ou moins perpendiculaire à la direction de cet os ; et réglant, par sa longueur, la sphère du déplacement indiqué. Nous comprenons dès-lors pourquoi le fémur et l'humérus en sont doués avec une prédominance marquée du premier sur le second.

Tous ces mouvemens fondamentaux, leurs nombreuses variétés, leurs combinaisons infinies sont incessamment employés à l'attaque, à la défense, dans les divers besoins de l'organisme, dans les exercices gymnastiques, les arts manuels enfin, comme nous allons actuellement le démontrer dans les phénomènes d'expression mentale, en constituant les élémens de nos rapports les plus utiles et les plus multipliés.

2º MOUVEMENS PARTIELS RELATIFS AUX ACTIONS D'EXPRESSION.

Étudiés sous le nouveau point de vue que nous indiquons, les mouvemens partiels vont offrir des considérations du plus haut intérêt. Servant à la manifestation des sentimens et des pensées dans leurs nuances, dans leurs variétés infinies, agrandissant la sphère des rapports extérieurs, ils deviennent pour l'homme, dans leurs perfectionnemens, l'un de ses apanages distinctifs. Nous les partageons naturellement en quatre ordres principaux : 1° *Geste*, 2° *prosopose*, 3° *voix*, 4° *parole*, dont nous allons examiner les caractères et les modifications.

1º GESTES.

Les gestes, χειρονόμια, des Grecs, *gestus*, des Latins, *sont des mouvemens partiels employés à l'expression des sentimens, des idées et des volontés chez les êtres intelligens.*

Étrangers, dans leur objet, aux déplacemens des corps extérieurs, à la locomotion individuelle, ces mouvemens impriment au sujet qui les emploie des attitudes et des modifications locales en partie naturelles, en partie de convention, manifestant nos passions avec une énergie dont les autres moyens ne sont pas toujours susceptibles. Cicéron et l'acteur Roscius ayant accepté réciproquement le défi d'exprimer avec plus de force un plus grand nombre de choses, le premier, par le langage, le second, par la pantomime, l'avantage resta complétement à

Roscius. En vain Démosthène, avec toute la chaleur de son éloquence inimitable, avait-il voulu faire sentir à ses concitoyens le danger imminent des entreprises de Philippe; ils sommeillaient engourdis dans la plus profonde insouciance. Un Athénien paraît au milieu de la place publique, portant un joug sur ses épaules; ce geste est compris, électrise tout un peuple que n'avaient pas ému les plus beaux et les plus violens discours!

Mécaniquement étudiés, les gestes se réduisent aux six mouvemens partiels que nous avons indiqués : *Flexion, extension, adduction, abduction, circumduction* et *rotation*, en les appliquant à la tête, au tronc, aux membres, aux thoraciques plus spécialement.

Physiologiquement envisagés, ces mouvemens constituent le plus ancien des langages, celui qui, sous beaucoup de rapports, est commun à tous les hommes, nous dirions presque aux différens animaux suffisamment élevés dans la série zoologique. Il existe en effet, dans ce langage, une base établie sur la nature, et faisant partie de ces dispositions primordiales destinées à rapprocher tous les êtres intelligens et sensibles.

Les gestes sont ordinairement nombreux et variés chez les hommes d'une imagination fougueuse et d'un esprit très-brillant; ils deviennent beaucoup moins diversifiés et moins vifs pour les sujets d'un vaste génie, pour les penseurs profonds; ils sont à la vue ce que la parole est à l'audition; au sourd-muet, ce que les discours sont à l'aveugle.

Toutefois ce langage, dans ses grands développemens, ne convient qu'à l'expression des idées élévées ou des passions fortes. Aussi les pantomimes et les gesticulations des esprits médiocres sont-elles en général désagréables, ridicules et fatigantes par cela même que ces gestes, faussés dans leur emploi, signifiant les pensées les plus communes, les sentimens les plus ordinaires, sortent constamment alors des attributions qui leur sont propres. Il est en effet contraire à la nature d'exprimer des passions et des idées sans élévation, sans énergie par des mouvemens violens et multipliés ; aussi, l'homme d'un véritable mérite ne fait jamais abus des gestes ; ceux qu'il emploie, dans une harmonie parfaite avec ses idées et ses passions, en quelque sorte modelés sur la force et les inflexions de la voix, font pénétrer les unes et les autres dans l'âme, portent la conviction dans l'esprit. C'est au perfectionnement, à l'équilibre normal de ces facultés que nos grands auteurs ont dû leur célébrité la mieux méritée ; c'est par l'étude approfondie, par l'exercice raisonné des situations et des gestes que nos premiers acteurs tragiques, plus spécialement encore, ont acquis leur étonnante supériorité.

Dans l'emploi de ces mouvemens , il faut éviter les extrêmes opposés. Il est aussi ridicule de raconter un fait simple, naturel avec des gestes exagérés, que d'exprimer une grande passion sans le développement de ceux qu'elle doit nécéssairement entraîner ; c'est alors, en effet, que les attitudes et les modifications motrices donnent au discours cette chaleur, ce coloris qui gravent en traits de feu, dans l'âme des auditeurs, les pensées et les sentimens de celui qui sait ainsi les manifester.

Les gestes ne se bornent pas à donner plus d'expression à la parole ; souvent même ils parviennent à la remplacer, devenant d'autant plus significatifs et plus variés qu'elle se trouve dans un état de nullité plus complète. Ainsi, chez les sourds-muets de naissance, la diversité, la justesse et la précision de ces mouvemens offrent quelque chose de merveilleux pour celui qui ne connaît pas les ingénieuses ressources de la nature et les effets puissans de l'éducation.

Dans le calme des passions et pour leur expression simulée, nous voyons les gestes soumis à l'influence de la volonté. C'est alors qu'ils peuvent en imposer en signifiant des idées et des sentimens contraires aux dispositions actuelles de l'âme. Sous les violentes impulsions instinctives, méconnaissant la voix de ce premier régulateur, désordonnés, convulsifs dans leurs manifestations, ils deviennent, par leurs caractères physiques, l'image fidéle et positive de l'état moral.

On conçoit aisément les notions précieuses que leur examen, relativement aux maladies, peut offrir à l'observateur habile, appréciant toutes les nuances, toutes les modifications intermédiaires à leur force, à leur complication chez le maniaque; à leur faiblesse, à leur mono tonie pour la stupidité consécutive aux ramollissemens, aux compressions du cerveau etc.

Sous le rapport de la physiognomonie les gestes nous servent encore à distinguer : 1° L'*âge*, 2° le *sexe*, 3° le *tempérament*, 4° le *caractère*, 5° l'*intelligence*.

1° *Relativement à l'âge.* — *L'enfant* sent beaucoup, exprime difficilement au moyen dé la parole, dès-lors, chez lui, les gestes sont très-nombreux et très-variés ; pour *l'adulte*, les sentimens sont énergiques, l'élocution présente son entier développement ; les gestes se trouvent ainsi moins nombreux, mais plus forts et plus expressifs. Chez *le vieillard*, les impressions s'émoussent, la parole conserve encore sa facilité, les gestes sont rares, faibles et peu diversifiés.

2° *Relativement au sexe.* — Les *femmes*, toutes choses égales, offrant des impressions plus vives, des idées plus nombreuses, plus nuancées, des mouvemens plus souples et plus faciles, emploient des gestes moins énergiques, plus fréquens et plus variés ; ils deviennent une seconde langue pour elles, en rapprochant encore leurs dispositions des caractères de l'enfance. *L'homme,* au contraire , plus froid dans les circonstances ordinaires, d'une sensibilité plus profonde au milieu des grandes influences, exprime beaucoup moins par les gestes, mais lorsqu'il en fait usage , c'est presque toujours avec une grande supériorité de persuasion et d'entraînement, surtout pour la manifestation des sentimens énergiques et des inspirations du génie.

2° *Relativement au tempérament.* — Le *sanguin* fait des gestes nombreux , s'énonce avec chaleur ; cette exubérance des mouvemens est rachetée par leur précision et leur grâce. *L'athlétique* est lourd, assommant dans ses gestes comme dans son débit. Le *lymphatique* est à peu près immobile ; son expression offre quelque chose de narcotique, de monotone; ses gestes sont rares, sans à propos, sans activité ; c'est un marbre parlant. Le *bilieux* n'abuse jamais de ces mouvemens ; ceux dont il anime le discours sont tellement proportionnés à la violence des passions, au timbre, aux inflexions de la voix, au sens des mots, qu'il en résulte une impulsion mentale dont la puissance commande le respect, entraîne la conviction. Le *nerveux* s'épuise en gesticulations plus ou moins bizarres qui rendent son élocution fatigante et convulsive. Le *mélancolique* est ridicule , exagéré dans ses mouvemens, feignant l'anthousiasme dans l'expression des pensées les plus communes.

4° *Relativement au caractère.*—Si vous cherchez un ami, si vous avez un secret à confier , ne choisissez pas le *gesticulateur*, il est presque toujours *orgueilleux*, *indiscret* et maîtrisé par le besoin de raconter avec toutes les modifications de la pantomime. L'homme *circonspect* et *modeste*, communique beaucoup plus avec la parole qu'avec les autres mouvemens partiels ; il faut l'arracher à son caractère pour changer ce mode naturel de transmission. Le sujet d'humeur *hautaine* et *despotique* offre l'attitude et les gestes du commandement, le dédain et le mépris s'accusent dans toutes leurs manifestations expressives. L'homme *téméraire* a des mouvemens brusques, violens, démesurés. Dans *la jalousie*, *la haine*, *l'envie* etc. les gestes sont concentrés, irréguliers, convulsifs ; dans *la colère*, échappant à l'empire de la volonté, leur violence et leurs aberrations signalent assez les mouvemens tumultueux d'une âme incessamment agitée par cette funeste passion. Il est aisé de comprendre tous les rapprochemens analogues.

5° *Relativement à l'intelligence.*—Chez *l'idiot*, les mouvemens et les gestes sont incohérens, sans proportion avec les inflexions, avec les idées ou les sentimens qu'ils manifestent, d'où résulte cette nullité de communication, qui toujours caractérise un moral imbécille dans tous ses degrés, depuis la sottise de l'orgueil présomptueux, jusqu'à la stupidité complète. Au contraire, chez *l'homme de génie*, les attitudes et les gestes sont dans une harmonie parfaite avec l'expression vocale ; une simple position, un seul mouvement rendent quelquefois des pensées et des affections multipliées et sublimes ; tout parle dans ce langage des esprits supérieurs. Entre ces deux extrêmes viennent se placer les nombreuses modifications des gestes envisagés sous le point de vue des actes intellectuels.

2° PROSOPOSE.

La prosopose, πρoσωπη, des Grecs, de πρoσωπον, le visage, *vultûs expressio*, des Latins, *est l'ensemble des modifications spéciales que peut offrir la face dans ses dispositions, sa couleur et les mouvemens de ses traits pour l'expression des idées et des sentimens.*

Ce moyen est si puissant et si varié par ses manifestations qu'on peut l'envisager comme un second langage.
Ses mouvemens, à peine relatifs à la mécanique animale,
tant leur objet devient instinctif, intellectuel, moral,
ne peuvent jamais être appréciés par le toucher sous le
rapport des affections et des pensées qu'ils signifient.
Aussi, l'aveugle n'en fait aucun, et reste insensible à
ceux que l'on exécute en sa présence ; tandis que le
sourd-muet, n'ayant pas d'autre mode expressif, en
cherche les nuances les plus fugitives sur le visage de
celui qui parle, et l'emploie souvent avec prodigalité.
La physionomie du premier reste passive au milieu des
récits les plus animés ; les inflexions de sa voix rendent
bien la pensée, mais le concours des gestes et de la prosopose ne vient jamais les seconder ; si quelquefois la
face paraît s'animer dans le rire de la gaieté, c'est toujours avec ce défaut de précision et d'harmonie qui simu-
lent une apparence de niaiserie, d'uniformité, même chez
les sujets les plus spirituels.

La pluralité des mouvemens faciaux auxquels nous
devons rattacher, en physiognomonie, ceux du col, des
épaules, de la poitrine, appartiennent à ce genre d'expression ; si nous exceptons en effet les déplacemens des ma-
choires, de la langue, des lèvres, du pharynx, des paupières, des yeux, des parois pectorales etc., concourant
à produire la mastication, l'articulation des sons, la déglutition, la vision, la respiration etc., nous verrons
tous les autres se confondre dans la prosopose. Les premiers, sous l'influence des nerfs *moteurs volontaires*,
et notamment des branches antérieures *du trijumeau*,
de plusieurs nerfs *cervicaux*, *des moteurs oculaires
externe*, *commun*, *de l'hypoglosse* etc., ne s'effectuent
jamais, dans l'état normal contrairement aux intentions
du sujet. Les seconds, soumis à l'action des nerfs *mo-*

teurs instinctifs, respirateurs de Ch. Bell, et spéciàle-
ment des *pathétique*, *facial*, *glosso - pharyngien*,
pneumo-gastrique, *spinal* etc., s'opèrent indépendamment de la volonté, souvent même contre sa résistance,
en trahissant les vains efforts de la dissimulation chez
l'hypocrite incessamment occupé du soin de cacher à
tous les yeux les véritables sentimens dont son âme est
agitée. C'est alors qu'un observateur attentif découvre
aisément, dans le timbre de la voix, dans la coloration
du visage, dans les phénomènes respiratoires, mais
surtout dans les mouvemens faciaux, ces contrastes, ces
dispositions anharmoniques des effets produits par les
nerfs volontaires, sous l'influence de l'encéphale et des
résultats entraînés par les nerfs instinctifs sous l'empire
des impulsions ganglionaires.

De Parnetty, sans pouvoir expliquer ces conditions,
bien appréciées seulement par les physiologistes, nous
prouve dans un style piquant d'originalité qu'il en con-
naissait du moins les principaux effets : « Un homme dis-
« simulé veut-il cacher ses sentimens, il se passe, dans
« son intérieur, un combat entre le vrai qu'il veut fein-
« dre, et le faux qu'il voudrait présenter. Ce combat
« jette la confusion dans le mouvement des ressorts ; le
« cœur dont la fonction est d'exciter les esprits, les
« pousse où naturellement ils doivent aller ; la volonté
« s'y oppose, elle les bride, les tient prisonniers ; elle
« s'efforce d'en détourner le cours et les effets pour
« donner le change, mais il s'en échappe beaucoup, et
« les fuyards vont porter des nouvelles certaines de ce
« qui se passe dans le secret du conseil. Ainsi, plus on
« veut cacher le vrai, plus le trouble augmente, et mieux
« on se découvre. »

La physionomie de la jeunesse fait prévoir le caractère de l'homme futur, celle de la vieillesse rappelle à

notre esprit les inclinations de l'homme passé ; nous concluons d'une manière beaucoup plus certaine pour la seconde hypothèse que pour la première. Dans toutes ces applications physiognomoniques, il faut bien distinguer les expressions dont le sujet peut se rendre maître, et celles qui se trouvent affranchies des caprices de sa volonté. Les unes, sans aucune valeur positive, le montrent tel qu'il désire paraître ; les autres, naturellement vraies dans leurs manifestations, l'offrent à découvert embelli par les vertus ou dégradé par les vices.

Pour mieux apprécier le langage important et varié de la prosopose, nous devons analyser les moyens qu'elle met en usage, et que nous réduisons aux modifications : *1° De la couleur ; 2° du front ; 3° des sourcils ; 4° des yeux ; 5° du nez ; 6° de la bouche ; 7° du visage dans son ensemble ; 8° des mouvemens de la respiration liés aux conditions précédentes ;* chacun de ces points doit fixer notre attention.

1° LA COLORATION DU VISAGE, — en conséquence des dispositions variées qu'elle peut offrir, manifeste son influence dans l'expression des mouvemens instinctifs les plus profonds. Ainsi la face *rougit* dans la honte, la pudeur, la colère, et dans un grand nombre de passions violentes, agissant du centre à la circonférence. Elle *pâlit* au contraire dans la jalousie, la crainte, l'envie, la haine, et dans tous les sentimens dont les effets se développent, avec énergie, de la circonférence au centre. Toutefois chacune de ces modifications principales est diversifiée par des nuances toujours bien appréciables pour le physionomiste habile.

Ainsi, *la rougeur* de la colère ne saurait s'identifier à celle de la pudeur. La première déterminée par la stase du sang dans les capillaires et dans les veinules, consécutivement à la suspension des mouvemens pulmonaires,

offre une teinte sombre et livide. La seconde, occasionnée par une injection plus considérable des petits vaisseaux, en conséquence de l'augmentation des phénomènes cardiaques, présente au contraire une couleur
brillante et vermeille. Nous observons entre ces deux états
les mêmes différences qu'entre les effets de l'asphyxie,
d'une course momentanée, relativement à la rubéfaction
du visage. Combien d'intermédiaires ne se trouvent pas
embrassés par ces deux extrêmes ?

La pâleur offre également ses nuances particulières ;
dans la crainte, elle présente une simple décoloration
faciale, par concentration sanguine et défaut d'appel
vers la périphérie ; dans l'envie, la haine, la jalousie,
toujours elle prend un reflet terne, cuivreux, plombé,
comme si les humeurs en circulation dans les petits vaisseaux, éprouvaient une altération profonde sous l'influence de ces passions envenimées.

De tous les moyens d'expression, la coloration du
visage, dans ses nombreuses modifications, devient le
plus profond et le plus vrai, celui qui trahit constamment l'individu cherchant à déguiser les sentimens de
son âme. Ainsi chez l'homme engagé, par des motifs
puissans, à couvrir, du voile de la bienveillance et de
l'amitié, le désir de la vengeance, l'envie, la haine déchirant le fond de son cœur, une pâleur sombre, infer-
nale décèle toute la perfidie que présente une semblable
prosopose, en formant le plus hideux contraste avec
ces manières gracieuses et composées. La rougeur du
front met encore en évidence la honte mal dissimulée du
sujet qui, commettant une action dégradante et répré-
hensible, cherche à la masquer par une assurance empruntée.

Ces faits prouvent assez le défaut d'influence volontaire sur le premier genre d'expression faciale ; aussi

toutes les fois qu'il s'agit d'imiter une passion violente , comme on l'observe plus spécialement sur la scène tragique, ce moyen manque entièrement aux acteurs ordinaires, et nous les voyons y suppléer par des colorations factices dont les résultats sont toujours alors plus ou moins imparfaits. Les grands artistes peuvent seuls vaincre cet obstacle naturel en s'identifiant tellement avec leurs personnages qu'ils en éprouvent momentanément les affections relatives aux circonstances qu'ils sont chargés de représenter ; c'est le comble du talent dramatique, le dernier degré de sa puissance artificielle ; c'est une des qualités bien rares auxquelles notre célèbre Talma dût la plus belle partie de son immense réputation.

Si nous étudions actuellement les différens traits du visage, nous sentons la nécessité de les considérer sous un double point de vue relativement : 1° *A la forme, à la structure organique ; 2° aux modifications imprimées à ces dispositions natives par l'exercice des phénomènes d'expression.* Parmi ces caractères, les uns nous indiquent la mesure des facultés intellectuelles, instinctives ; les autres, l'usage que l'homme fait de ces mêmes facultés. Si nous cherchons à juger la capacité naturelle, attachons-nous davantage aux premiers ; si nous désirons plutôt connaître l'état actuel de l'âme, arrêtons-nous plus spécialement aux seconds ; enfin si nous voulons donner à la physiognomonie toute l'importance et l'utilité qu'elle peut offrir, évitons les exclusions fautives dont Gall et Lavater ont entaché leurs systèmes.

2° LE FRONT,—plutôt relatif à l'intelligence qu'aux passions, indique, par sa forme et son développement, la mesure approximative de certaines facultés mentales, et, par ses divers mouvemens, la manière dont nous employons ces dispositions originelles, en nous faisant apprécier avec assez de vérité, chez les différens individus, les nuances principales du caractère et de l'esprit.

On peut établir enthèse générale qu'un front large, carré, saillant vers sa base, annonçant un crâne spacieux, un encéphale établi sur de belles proportions, notamment dans sa partie cérébrale, devient ordinairement le signe physique d'une grande intelligence. Il ne faut pas admettre ce principe d'une manière exclusive ; en effet, dans tout appareil, on doit bien distinguer deux caractères essentiels relativement aux avantages que la constitution matérielle fait passer dans les facultés physiologiques : 1° *Le développement de l'organe ;* 2° *les conditions d'une bonne texture.* C'est ainsi que l'on voit des encéphales très-gros, d'une mauvaise disposition substantielle, chez des sujets voisins de la nullité morale, et que l'on rencontre des hommes d'un mérite assez distingué, dont le cerveau peu volumineux est doué d'une structure parfaite. Disons-le cependant, les grandes manifestations de l'intelligence, les sublimes élans du véritable génie se rencontrent seulement avec la réunion de ces deux qualités fondamentales.

D'un autre côté, dans ces investigations étiologiques, serait-il bien raisonnable d'envisager l'instrument d'une manière exclusive, et de n'accorder aucune considération à l'âme ? N'est-il pas au contraire plus naturel de présumer que les modifications de son essence entrent également dans la somme des causes principales, auxquelles nous devons rapporter la faiblesse ou la supériorité des facultés intellectuelles. Lorsque j'aperçois des différences notables entre le crâne conoïde propre à l'idiot, et la tête carrée du penseur profond, il répugne à mon esprit de ne pas admettre des différences plus essentielles entre leurs élémens immatériels, et de les confondre par une identité qu'il est impossible de supposer.

On conçoit dès-lors, et nous le prouverons ultérieurement d'une manière évidente, combien la *cránioscopie,* en général assez exacte pour tracer les degrés de l'intelligence, peut devenir fautive en la considérant avec un esprit de système et d'exclusion.

Cet examen a présenté des résultats encore bien plus illusoires pour ceux qui n'ont pas craint d'employer le graphomètre dans l'estimation des facultés mentales, en jugeant mathématiquement leurs degrés d'après ceux que présente l'ouverture de *l'angle facial*, résultant de l'intersection des deux lignes tirées, l'une du front au milieu de la mâchoire supérieure ; l'autre, du conduit auditif au même point. On sent en effet que la capacité des sinus frontaux, la longueur des dents incisives etc. peuvent occasionner des changemens considérables dans cet angle sans porter aucune influence analogue sur les dimensions encéphaliques , et consécutivement sur l'intelligence.

Toutefois on peut avancer, en thèse générale, que l'angle facial de 100 degrés dans le beau idéal, dans le front imaginaire des dieux, annonce les facultés surnaturelles qui donnent à la physionomie cet air imposant et sublime ; tandis que le même angle de 70 degrés chez le nègre devient le signe d'une intelligence bornée , présentant à l'observateur une variété de l'espèce humaine sans dignité, sans élévation , marquant, sous le rapport du physique, le passage de cette espèce à celle des animaux. Dans l'intervalle de ces deux extrêmes viennent se placer toutes les modifications relatives aux différens peuples. Ainsi, idéal, 1er degré, 100 ; 2me degré, 95 ; race caucasienne 1er degré , 90 ; 2me 80 ; tartare 75 ; américaine 73 ; nègre 70.

Pour les animaux, l'ouverture de l'angle facial, toutes choses égales , est de même un caractère propre au développement des facultés intellectuelles. Ainsi, partant du nègre qui tient le dernier rang parmi nous , pour descendre au singe occupant le premier chez les animaux, nous trouvons : l'orang-outang, 58 ; le gibbon, 55 ; la guenon, 42 ; et, dans une progression toujours décroissante, le boule-dogue ; le chien courant ; le lévrier ; le crocodile ; la bécasse dont l'angle se ferme presque à zéro.

Toutes ces estimations, vraies dans les généralités, offrent des exceptions nombreuses pour les applications particulières ; et si, d'un côté, la physiognomonie paraît obtenir des avantages positifs de leur concours, elle doit constamment, de l'autre, se tenir en garde contre les erreurs qu'elles ne manqueraient jamais d'entraîner en les admettant d'une manière absolue.

La partie mobile du front est représentée par les muscles de cette région imprimant aux cheveux, à la peau des modifications diversifiées ; à ces premiers moyens actifs d'expression commence réellement la prosopose.

Le redressement des cheveux, les rides verticales du front manifestent communément la colère, l'envie, la haine, la jalousie, l'ambition, la vengeance, toutes les passions sinistres, violentes ou concentrées.

Un soulèvement léger des cheveux, sans dureté, les rides transversales, formant des arcs réguliers, à convexité supérieure, en harmonie gracieuse avec les contours du front signalent une expansion de l'âme, des affections gaies, telles que la joie, l'espérance, l'émulation, la bienveillance, la philanthropie etc.

Les rides irrégulières, distribuées sans ordre, sans uniformité, contrariant les courbes du front expriment des idées et des passions bizarres.

Les cheveux plats sans érection et sans mouvement, une peau frontale sans rides, sans inégalités indiquent une âme calme, froide, impassible, une intelligence obtuse ou du moins privée d'imagination ; un grand abattement soit au moral, soit au physique.

Il est évident que ces divers états sont communiqués au front par la répétition habituelle des mouvemens partiels qui viennent plus ordinairement s'y manifester ; que le *premier* offre par conséqnent l'apanage de la virilité, du tempérament bilieux, d'un esprit vif, souvent du génie, d'un caractère bouillant, emporté, sombre, farouche, cruel etc. ; le *second*, de l'adolescence, du tempérament sanguin, d'un esprit léger, d'un caractère aimable, inconstant etc. ; le *troisième*, de la vieillesse, du tempérament nerveux ou mélancolique, d'un esprit bizarre, d'un caractère inégal, fâcheux etc. ; le *quatrième*, de la caducité, du tempérament lymphatique, d'un esprit faible, d'un caractère doux et sans énergie.

Il est maintenant facile de sentir à combien d'applications particulières ces principes généraux peuvent s'étendre, en évitant les erreurs que nous avons signalées.

3° Les sourcils, — que l'on peut envisager comme auxiliaires des yeux, prennent une part très-active à l'expression de la physionomie.

Sous le rapport de leurs dispositions natives, ceux qui sont modérément fournis, régulièrement arqués, sans roideur et sans inégalités dans leurs contours, indiquent une grande âme, un carctère noble, un esprit élevé ; ceux qui se trouvent durement exprimés, disposés en zigzag, très-épais, réunis sur la ligne médiane, désignent un esprit sévère, un caractère âpre et difficile ; ceux qui décrivent mollement un arc de cercle à peine sensible, dont les poils sont rares et soyeux, montrent un esprit faible, un caractère sans vigueur et sans résolution. Ces règles générales offrent également un assez grand nombre d'exceptions.

Relativement à leurs mouvemens divers, les sourcils

deviennent plus expressifs dans les passions et sous l'influence des manifestations intellectuelles. Le rapprochement de la ligne médiane, les rides verticales, effectuées par ce déplacement, signifient le mépris, la haine, l'envie, la colère etc. Une dépression marquée vers les yeux qu'ils cachent sous leur ombrage plus ou moins épais, indique les passions sombres, concentrées, qui paraissent méditer dans le silence et le recueillement la ruine de celui qui les excite, comme on le voit dans la jalousie, le ressentiment, la vengeance etc. L'élévation désigne l'étonnement, l'admiration, la jactance, l'orgueil etc. L'éloignement de la ligne médiane exprime la gaieté, la satisfaction, l'aménité, la franchise etc.

L'habitude contractée de ces mouvemens divers établit une forme acquise plus ou moins saillante, manifestant assez exactement, *pour la première*, un esprit pensif, laborieux, un caractère dur, inflexible; *pour la seconde*, un esprit méditatif, un caractère sombre, dissimulé, perfide, enclin aux intrigues, aux machinations les plus coupables; *pour la troisième*, un esprit enthousiaste, ami du merveilleux, un caractère hautain, maniéré, suffisant etc. ; *pour la quatrième*, un esprit vif, léger, un caractère sociable, doux, généreux, bienfaisant etc.

4° LES YEUX, — sont comme on l'a dit avec raison, depuis long-tems, *le miroir de l'âme*. C'est en effet dans ces interprètes éloquens de nos sentimens et de nos pensées que viennent se peindre, sous leurs nuances délicates et modifiées d'une manière infinie, les affections du cœur et les intellectualisations de l'esprit, pour se transmettre aussitôt, par une véritable réflexion morale, dans l'âme des êtres intelligens et sensibles avec lesquels nous sommes en rapport. Tout pour notre œil devient un langage expressif qui porte conviction; les glandes lacrymales, les muscles, la conjonctive, les paupières, le globe ophthalmique s'unissent par leur admirable concours pour cette expression du sentiment et de la pensée.

Le physionomiste habile doit encore bien distinguer ici les manifestations involontaires et celles qui se trouvent directement sous l'empire de ce puissant régulateur. Les premières, nous montrant l'âme sans déguisement, appartiennent surtout aux glandes lacrymales, à la coloration des conjonctives, à cette modification intérieure de l'œil si caractérisée dans les grandes passions. Les secondes, relatives aux mouvemens de cet organe et des paupières, sous l'influence absolue de la volonté, peuvent dès-lors concourir aux illusions mensongères de la dissimulation et de la perfidie. Avec un peu d'attention, rien n'est plus facile à démêler, dans cette prosopose fictive, que ces deux expressions contradictoires de l'appareil visuel offrant une opposition choquante et difficile à supporter. Voyez en effet cet œil dont la rotation maniérée, l'abaissément timide entre deux paupières à peine entr'ouvertes s'efforcent de peindre la douceur, la modestie, la bienveillance, alors que la rougeur de ces voiles membraneux, de la conjonctive, le rapprochement des sourcils, la dureté particulière de l'œil, signalent positivement les traits d'une cruauté, d'un orgueil, d'une aversion que l'on ne voudrait pas faire éclater. Observez, d'un autre côté, ces paupières largement écartées, cet œil rond, fixe, cherchant à peindre la résolution, le courage, la sévérité, lorsqu'un larmoiement involontaire, une disposition spéciale de cet organe trahissent les véritables sentimens en laissant apercevoir l'incertitude, la pusillanimité, la frayeur dont l'âme est actuellement agitée; vous sentirez aussitôt la valeur de nos principes, la nécessité de la physiognomonie raisonnée d'après l'expérience.

Si nous considérons actuellement les yeux sous le rapport de leur expression franche et naturelle, combien nous les trouvons éloquens et variés dans ce langage alors moins volontaire qu'instinctif, et dont aucun autre n'est en mesure de remplacer l'importance et la précision.

Lavater admet pour le regard un grand nombre de modifications. D'après cet observateur, il peut être : *Actif, passif, intensif, attractif, répulsif, indifférent, tendre, relâché, forcé, expressif, insignifiant, permanent, tranquille, nonchalant, ouvert, réservé, simple, composé, droit, égaré, froid, amoureux, mou, ferme, hardi, sincère, faux* etc. Sans adopter absolument ces nombreuses variétés, nous les réduirons à des conditions plus fondamentales.

Dans la vengeance, la colère, la fureur ; les yeux sont brillans, rouges, enflammés, étincelans ; ils roulent dans leurs orbites avec une rapidité convulsive ; l'intensité du regard semble exhaler toute la violence de ces passions.

Dans l'envie, la haine, la jalousie, l'œil se retire profondément sous la paupière et le sourcil avec la préméditation du crime ; son expression est dure, sombre, farouche ; il produit un feu souterrain, laissant échapper des lueurs verdâtres et sulfureuses dont la communication peut allumer le plus funeste embrâsement.

Dans l'abattement et la tristesse, les yeux paraissent abandonnés aux lois de l'inertie, de la gravitation ; ils tombent languissamment vers la terre, et, par leur constante immobilité, présentent le symptôme d'une idée fixe, d'un sentiment pénible qui semble absorber tous les autres Plusieurs physiologistes ont placé les larmes au nombre des caractères les plus positifs de la douleur vivement sentie ; c'est une erreur qu'il faut rectifier. Toutes les fois en effet que l'angoisse morale offre beaucoup de violence et de profondeur, la sécrétion de ce fluide est suspendue, l'œil reste sec. Des larmes abondantes indiquent une âme qui s'épanche au dehors ; c'est le premier allégement d'un cœur oppressé par la tristesse ; elles servent d'ailleurs à l'expression des sentimens agréables, présentant alors plusieurs modifications importantes sous le rapport de leurs quantités et de leur composition chimique. Dans la joie, l'attendrissement, elles sont modérées, tièdes et douces, n'irritant jamais là peau qui les reçoit ; dans les chagrins profonds, elles deviennent alcalines, âcres, brûlantes, faisant naître la rougeur et même l'inflammation sur les parties qu'elles ont mouillées.

Dans la gaieté, l'œil prend un aspect de satisfaction particulière, et semble partager le sourire de la bouche ; dans l'espérance, il s'élève, et roule affectueusement sur lui-même comme pour implorer un appui céleste. Pour l'amour et pour les passions qui viennent directement s'y rattacher, cette rotation du globe oculaire est encore plus marquée, s'accompagnant d'une légère augmentation des larmes, avec rougeur de la conjonctive et des bords palpébraux, elle manifeste le désir et le fait rapidement passer dans l'âme de celui qu'elle cherche à captiver ; c'est l'instrument de séduction le plus puissant, l'arme la plus dangereuse que la femme ait reçus de la nature.

L'œil est si positif et si varié dans son expression qu'elle offre des traits également particuliers : à l'âge, au sexe, au tempérament, au caractère, à l'intelligence.

1° *Relativement à l'âge.* — Il est vif, mobile *chez l'enfant* ; sans intensité dans le regard qui semble beaucoup plus empressé de changer d'objet que d'apprécier profondément les caractères de celui qu'il fixe actuellement ; *pour l'adolescent*, il est ordinairement tendre, voluptueux, passionné ; *dans l'âge viril*, prenant plus d'assurance et de sévérité, ses investigations sont plus profondes et plus certaines ; *chez le vieillard*, il devient morne, silencieux, indifférent ou pour le moins très-peu mobile.

2° *Relativement au sexe.*—*Dans la femme*, il est plus doux, plus sensuel, plus fin, plus varié ; *chez l'homme*, il paraît plus ferme, plus grand, plus méditatif.

3° *Relativement au tempérament.*—*Pour le sanguin*, il respire la gaieté, l'enjouement, brille d'un éclat superficiel ; *dans l'athlétique*, il est fixe, inactif et sans curiosité ; *chez le bilieux*, il paraît dur, positif, sévère ; *pour le lymphatique*, il semble froid, obtus, dépourvu d'intérêt, sans expression et sans énergie ; *dans le nerveux*, il est rempli de vivacité, de finesse et de mobilité ; *pour le mélancolique*, il devient passionné, langoureux, vague, parfois plein de charme et d'entraînement.

4° *Relativement au caractère.*—*Chez l'indécis*, il est doux, mobile, incertain ; *pour le volontaire*, il est ferme, intense, précis ; *chez l'homme franc, loyal, confiant en soi-même*, il est direct, sans embarras, sans hésitation ; *dans le sujet distrait, craintif, dissimulé, perfide*, il évite l'observateur, se dérobe à son examen, soit par l'abaissement de la paupière supérieure, soit en se portant vaguement sur d'autres objets ; *pour l'homme entreprenant, audacieux*, il est découvert, saillant ; *chez l'individu timide et modeste*, il paraît se cacher sous les voiles palpébraux ; *dans le suffisant, l'orgueilleux et le fat*, il semble faire un effort pour soulever la paupière qui le couvre en assez grande partie ; *chez le philanthrope*, il est agréable, séduisant, attire dès le premier aspect ; *dans le fâcheux, le méchant, l'envieux, l'égoïste*, il brille d'un feu profond qui donne à son expression quelque chose de sinistre et d'effrayant.

6° *Relativement à l'intelligence.*—*Pour l'idiot*, il est

fixe, hébété, sans aucune manifestaion; *chez l'homme d'un génie supérieur*, il est distingué, pénétrant; sa vivacité naturelle, sans exagération, est loin de cette pétulance factice qui distingue la prétention et l'originalité; *pour l'individu spirituel, d'une imagination brillante*, il est rapide, scintillant et mobile; *dans le penseur d'un raisonnement solide*, il est précis, grave et profond.

5° LE NEZ.—Les physionomistes et notamment Lavater ont accordé sans doute beaucoup trop de signification à telle ou telle forme du nez. Toutefois en considérant ce trait du visage sans prévention systématique, surtout dans le jeu des différentes pièces dont il est constitué, nous y trouvons encore une expression positive et même assez variée. En général, un nez très-volumineux, établissant un grand développement de l'odorat et du goût avec diminution proportionnée de l'encéphale, indique ordinairement *les inclinations animales de la sensualité;* très-acéré, mince il désigne *la faiblesse ou la malignité dissimulée;* retroussé, en l'air, avec des narines largement ouvertes, souvent il devient le symbole *de la suffisance, de l'orgueil, de la vanité, du mépris.* Celui qui présente une petite bosse vers sa racine est envisagé comme un signe *de courage;* tels furent Cyrus, Artaxerce, Constantin, Louis XIV, Condé etc.; long, fortement récourbé vers sa pointe, il annonce *une ambition hardie*, capable de tous les moyens pour arriver à l'exécution de ses projets, tel était Catilina.

Dans ses divers mouvemens il peut encore offrir des manifestations importantes. Les plus remarquables se passent dans les narines, et sont particulièrement relatifs aux exercices de la respiration et de la voix. Des ouvertures nasales immobiles indiquent le *calme de l'âme, souvent même la froideur;* lorsqu'elles se trouvent agitées par des mouvemens étendus et fréquens, on doit y voir *le caractère d'une sensibilité affective développée* ; souvent *une grande propension aux entraînemens de l'amour physique* ; elles sont largement ouvertes, mues convulsivement *dans la colère, le désir de la vengeance* ; elles présentent un état de spasme et deconstriction, dans *la haine, l'envie, la jalousie.* Le nez paraît s'allonger et se recourber vers sa pointe, *dans la honte, le désappointement ;* disposition qui sans doute a fait admettre, en style assez trivial, qu'un homme déçu dans ses espérances offre *un pied de nez.*

Sous le rapport des facultés intellectuelles, chez la plupart des sujets, le nez retroussé, d'une mobilité remarquable indique beaucoup *d'imagination, d'activité dans l'esprit ;* l'aquilain promet *du jugement, de la profondeur, du génie ;* très-coloré, volumineux, il présage le triomphe *de l'instinct sur la raison,* de la *sensualité* sur *l'intelligence ;* effilé, pâle, immobile, souvent il annonce *un esprit faible, timide, sans développement, capable tout au plus de quelques progrès dans les sciences de calcul et dans les arts mécaniques.*

6° LA BOUCHE, — indépendamment de la voix et de la parole, fournit, sous le rapport de la prosopose, des notions d'un grand intérêt, et qu'il faut particulièrement chercher dans *sa conformation, sa couleur, et ses divers mouvemens.*

Relativement à la conformation.—Des lèvres épaisses, volumineuses, charnues, épanouies, une grande bouche remplie d'une langue développée, très-spongieuse, garnie par des dents fortes et larges, indiquent *la sensualité, les goûts matériels,* une *intelligence bornée,* tout au plus un *esprit méthodique et lourd.* Des lèvres minces, convulsivement agitées, offrant un grand nombre de rides perpendiculaires à leur direction transversale, désignent *la méchanceté, la jalousie, la cruauté, l'envie, la colère dissimulée* etc ; une bouche très-saillante, portant des dents longues, obliques, annonce en général, *de l'opiniâtreté, de l'entêtement, de la brutalité* ; une bouche enfoncée, petite, irrégulière caractérise fréquemment *la dissimulation, l'orgueil, la suffisance, la raillerie* etc. ; une bouche bien proportionnée dans toutes ses parties, dont la régularité primitive n'a pas été déformée par le jeu de la prosopose, indique ordinairement *la sagesse de l'esprit, la franchise et l'aménité des affections.*

Relativement à la coloration. — Les lèvres peuvent offrir des nuances très-variées depuis le blanc terne jusqu'au rouge violet. Celle-ci dénote *un caractère matériel, un esprit lourd, grossier, renfermé dans les jouissances physiques* ; la couleur vermeille devient un symbole *de gaieté, de bienveillance, d'amour, d'espérance* etc. ; la teinte pâle indique *la tristesse, l'ennui, la mélancolie profonde, le découragement, l'apathie morale et physique;* le blanc-vert, jaunâtre exprime *l'envie, la haine, la jalousie, le désir profond de la vengeance, toutes les passions sombres et dissimulées.*

Relativement aux mouvemens. — L'écartemeet habituel des mâchoires et des lèvres, disposition qui constitue la *bouche béante,* signale communément *un esprit lourd, faible, crédule,* souvent même *l'idiotisme complet* ; la constriction, le rapprochement ordinaire des unes et des autres désigne *la sécheresse du cœur, l'insensibilité, l'égoïsme, la fermeté, la circonspection, l'opiniâtreté;* l'abaissement des angles labiaux avec élévation du centre indiquent *le mépris, l'orgueil, la douleur profonde* ; l'abaissement du centre avec élévation des angles, caractérise *la gaieté, la moquerie, l'esprit sardonique et malin,* surtout lorsque la ligne buccale devient oblique, irrégulière ; des lèvres tremblantes, froncées, offrent le signe de la *colère* et *de la fureur* sur le point d'éclater ; l'allongement de la lèvre inférieure, exprime *le désappointement* et *la jalousie ;* le sourire forcé, donnant toujours à la physionomie quelque chose de repoussant, indique *la fausseté, l'hypocrisie, la dégradation de l'esprit et du cœur.*

7° LE VISAGE, —comprend, indépendamment des traits principaux que nous venons d'énumérer, les joues, le menton , les oreilles etc. dont nous allons maintenant envisager l'action dans cet ensemble désigné par le nom de *prosopose.* Afin de mieux apprécier toutes les modifications faciales sous le point de vue de l'expression physiologique, nous les rapporterons à trois chefs principaux : 1° *Conformation ;* 2° *coloration ;* 3° *mouvemens d'ensemble.*

Relativement à la conformation. — Une face plate, massive, dépourvue d'aucun trait saillant, désigne *la nullité de l'esprit , la bassesse des inclinations* ou *l'indifférence absolue;* tandis qu'un visage proéminent et mobile signale ordinairement la *pénétration* ou pour le moins *l'activité.* Des traits larges, prononcés, réguliers marquent *plus d'élévation dans le caractère que de vivacité dans l'esprit ;* des traits enfantins, sans harmonie, mais sans difformité, signifient, au contraire, *plus d'imagination que de grandeur d'âme.* Une face charnue très-volumineuse, comparativement au crâne, indique *la sensualité supérieure à la raison ;* une petite face dominée par un crâne très-spacieux, promet ordinairement *plus de génie que d'instinct.* Un visage court, succulent, vermeil, épanoui, marque la *gaieté,* la *bienveillance , l'amabilité ;* un visage long, pâle, maigre, concentré, désigne fréquemment *l'ennui, l'égoïsme, la mélancolie,* parfois *la sagesse , la prudence et la réflexion.* Une face bizarrement construite, offrant des traits communs, grossiers, dégradés exprime *les vices du cœur et la bru-*

talité de l'esprit. Une physionomie régulière, dont tous les rapports sont parfaitement observés, qui, dans son jeu comme dans sa constitution se rapproche du beau type idéal, annonce *une âme céleste, un esprit judicieux et sage.*

Relativement à la coloration.—Il faut ici bien distinguer la teinte habituelle du visage et celle qui se manifeste passagèrement. *Sous le premier rapport,* — la coloration faciale indique le tempérament, le genre de vie, les habitudes etc. Ainsi, *le sanguin, l'habitant de la campagne, le soldat* etc. offrent ordinairement un teint rouge, plus ou moins vermeil ; *pour le lymphatique, le nerveux, le citadin, le courtisan,* il est pâle et flétri ; *chez le bilieux, le savant, le mathématicien,* il devient jaune, terne, verdâtre. *Sous le second rapport,* — cette coloration désigne plutôt le caractère et les diverses passions ; ainsi le rose modifié jusqu'au violet signale actuellement *la honte, la pudeur, la colère, la fureur et tous ses degrés, un caractère bouillant, un esprit bien plus léger que profond.* Le pâle mat et laiteux exprime *la crainte, l'effroi, la colère d'autant plus dangereuse qu'elle est concentrée, la dissimulation, un caractère insidieux ou faible, un esprit plus observateur que brillant.* Le blanc jaune ou verdâtre montre *l'envie, la jalousie, le désir de la vengeance, un caractère inébranlable, une âme ardente, un génie profond.*

Relativement aux mouvemens d'ensemble. — Toutes les passions tristes sont exprimées par la dépression, l'affaissement des traits, l'allongement du visage, comme on le voit dans la nostalgie, l'ennui, l'hypocondrie, le chagrin, la mélancolie etc. ; nous trouvons les mêmes dispositions pour les sujets privés d'intelligence, d'instinct, pour les idiots.

La concentration des traits vers la ligne médiane, la

formation des rides verticales dans les différentes parties de la face, désignent les passions sombres, les sentimens violens dissimulés, un travail pénible de l'esprit, comme on l'observe dans *la jalousie, la haine, l'envie, la colère sans expansion*, chez le sujet actuellement occupé d'un problème abstrait, difficile à résoudre.

L'épanouissement de la physionomie, l'éloignement des traits, de la ligne médiane, leur élévation, la formation des rides transversales, manifestent les sentimens expansifs et la facilité du travail intellectuel ; nous en trouvons des exemples dans *la joie, la gaieté, la bienveillance, la philanthropie*, chez le sujet actuellement livré, sans effort, au travail d'une composition poétique ou musicale dans le genre gracieux.

La régularité, la précision, l'harmonie, l'ensemble des expressions faciales indiquent *l'élévation des sentimens, la rectitude intellectuelle, et, plus spécialement encore, la sincérité de l'âme.*

L'incohérence, le désaccord, l'opposition, dans les significations des traits, constituant une prosopose ridicule, désagréable et bizarre, montrent *un esprit faux, un caractère sans noblesse, un cœur perfide.*

La face présente encore, *suivant les âges*, des caractères fondamentaux qu'il est impossible de méconnaître. *Pour l'enfant,* — sa plus longue dimension est transversale ; peu variée, sans rides, les formes étant cachées sous une graisse abondante, elle offre une disposition massive qui nuit à sa mobilité. *Chez l'adulte,* — la ligne verticale acquiert une prédominance temporaire ; le jeu de la physionomie trace des rides variables, son expression devient plus active et plus diversifiée. *Pour le vieillard,* — elle reprend une largeur proportionnelle plus considérable ; se trouve sillonnée par des rides nombreuses ; les unes produites sous l'influence de ses mouvemens, les autres, par le marasme et l'atonie de la peau ; sa physionomie semble indifférente et glaciale.

Ces considérations, trop négligées par les peintres et les statuaires, jointes aux modifications principales que nous avons indiquées, désignent assez positivement les grandes phases de la vie, de telle sorte que l'on ne confondra jamais l'*enfant*, l'*adulte* et le *vieillard*, lors même qu'il faudra les distinguer par la seule inspection du visage ; on pourra même indiquer approximativement l'âge de chacun d'eux.

Le *sexe*, le *tempérament*, le *caractère*, l'*intelligence* offrent également leurs dispositions spéciales relativement à la prosopose. 1° Mobile, délicate, enfantine *chez la femme*, elle manifeste *dans l'homme* plus de grandeur et d'élévation, elle séduit moins, elle persuade avec plus d'empire. 2° *Chez le sanguin*, elle est active, pleine de franchise et d'aménité ; *pour le lymphatique*, ordinairement froide, insignifiante et passive ; *dans le bilieux*, sévère, énergique, précise ; *chez le nerveux*, irrégulière, et versatile ; *pour le mélancolique*, inconstante, bizarre, sombre et rêveuse. 3° *Dans les caractères doux et paisibles*, modérée, tranquille, uniforme ; *dans ceux que distinguent la fermeté, les passions fougueuses*, variée, mobile, véhémente. 4° *Chez les idiots*, obtuse, vague et sans expression ; *pour l'homme d'esprit*, vive, animée, significative ; *dans le génie*, son aspect offre quelque chose de noble, de grand, de sublime ; elle inspire toujours la considération, et souvent le respect.

Les mouvemens respiratoires, — naturellement liés aux modifications faciales, servent encore assez puissamment, comme accessoires, par leurs développemens normaux, à l'expression de la prosopose. Toutefois il est essentiel de bien distinguer ici les muscles animés par les nerfs *moteurs instinctifs*, et ceux que régissent les *nerfs moteurs volontaires* dont nous avons déjà fait sentir la différence. L'action des premiers offre seule une valeur positive en physiognomonie ; celle des seconds, toujours soumise à la volonté, feint ou laisse apercevoir exclusivement les affections et les pensées que l'homme consent à manifester. C'est en raison des abus de ces mouvemens calculés de la face et de la poitrine que les acteurs médiocres nous fatiguent par une expression aussi contraire à l'entraînement de la nature qu'aux règles positives de la véritable déclamation.

Les mouvemens respiratoires instinctifs qui seuls doivent nous occuper sous le rapport de la prosopose, originairement liés à ceux des épaules, du col, de la bouche, des narines, des yeux etc., viennent en quelque sorte accompagner l'expression faciale dans ses développemens, et ne doivent pas en être séparés. Leurs modifications se trouvent également diversifiées sous le rapport de *l'âge*, du *sexe*, du *tempérament*, du *caractère* et de *l'intelligence*. Ainsi, 1º *chez l'enfant*, la respiration est très-active et très-variée dans ses manifestations ; *pour l'adulte*, elle devient moins fréquente et moins tumultueuse ; *chez le vieillard*, elle est passive et presque étrangère à l'objet que nous examinons. 2º *Dans la femme*, elle conserve à peu près les dispositions relatives à l'enfance, et prend une physionomie particulière en conséquence des déplacemens qu'elle fait éprouver aux seins ; *pour l'homme*, ses mouvemens sont moins nombreux et moins diversifiés. 3º *Chez le sanguin*, elle est grande, libre, facile ; *dans le bilieux*, sèche, profonde, saccadée ; *pour le lymphatique*, lente, régulière, insignifiante ; *chez le nerveux*, précipitée, convulsive ; *dans le mélancolique*, inégale, gémissante, par fois entrecoupée de soupirs et de bâillemens. 4º *Chez les sujets emportés, actuellement sous l'empire d'une passion vio-*

lente, elle devient rapide, générale, bruyante, suffocative ; *pour les individus calmes , régis par des sentimens doux, affectueux*, ses mouvemens sont à peine sensibles ; *chez les hommes dissimulés, perfides , nourrissant des passions sombres, concentrées*, elle est oppressive et comme enchaînée par un état habituel d'hésitation. 5° *Pour l'idiot*, sans intérêt physiognomonique, elle s'accompagne, à certains intervalles , d'une espèce de *grognement* analogue à celui de plusieurs animaux ; *chez l'homme d'esprit ou de génie*, ses développemens acquièrent une expansion qui, reflétant sur tous les traits, donne à leur ensemble cet aspect d'inspiration et de sublimité, caractère propre à l'être intelligent et sensible, jouissant, avec perfection, de l'exercice régulier des plus belles facultés morales.

Telles sont les considérations physiologiques les plus importantes relativement à la prosopose ; il est facile de concevoir tous les avantages qu'elles peuvent offrir dans l'investigation des phénomènes pathologiques en les appliquant, avec discernement, au diagnostic des maladies profondes et les plus habilement dissimulées, notamment à celui des *hypocondries*, des *mélancolies*, des *monomanies* etc. Cette partie du langage extérieur est la plus variée, la plus susceptible de remplacer la *voix* et la *parole* qui vont actuellement fixer notre attention.

3° VOIX.

La voix, φωνὴ, des Grecs, *vox* des Latins, *phonation* de quelques modernes, peut être difinie : *vibration sonore effectuée, dans les lèvres de la glotte et dans les parois guturales, sous l'influence d'un courant d'air établi par ces ouvertures.* Nous voyons en effet, par les expériences de M. Deleau, sur la phonation artificielle ; en conséquence des observations publiées par Fabrice d'Aquapendente, Dodart, Hellwag, MM. Gerdy, Malgaigne et plus spécialement encore d'après les recherches curieuses de M. Bennati sur le mécanisme de la voix humaine, qu'elle peut se manifester à l'ouverture buccale du pharynx, en constituant cette modification désignée, par les auteurs, sous les noms de *fausset, de voix de tête, surlaryngienne* etc.

On ne doit pas dès-lors confondre, avec ce résultat sonore, le claquement des mâchoires présenté par les poissons, le bruit de quelques insectes, des cigales par exemple, fait au moyen d'un vibrateur particulier. Il ne peut exister de voix, proprement dite, que chez les animaux qui réunissent, dans le même appareil, un larynx et des poumons.

Pour mieux apprécier toutes les particularités de ce phénomène important, nous diviserons son histoire en trois sections ayant pour objet : 1° *L'appareil vocal,* 2° *le mécanisme de la voix,* 3° *le chant* que nous allons étudier successivement.

APPAREIL VOCAL.

Nous le trouvons composé de parties essentielles et d'organes accessoires. Dans le premier ordre se place *le larynx ;* dans le second, au-dessous, *les poumons, la trachée-artère ;* au dessus, *le canal laryngo-buccal* dont la plupart des physiologistes n'ont pas suffisamment apprécié l'influence dans les modulations de la voix.

LE LARYNX, —λαρυγξ, des Grecs, *larynx,* des Latins, expressions qui signifient *un sifflet,* envisagé dans son ensemble, nous offre *un cône cartilagineux, tronqué, dont la base est supérieure, composé de pièces mobiles, et pouvant être déplacé dans sa totalité.* Instrument essentiel de la phonation, il occupe la partie antérieure et moyenne du col chez l'homme, l'union du tiers supérieur avec les deux tiers inférieurs chez la femme ; répond en haut, par sa base, à l'os hyoïde ; en bas, par un sommet très-obtus, au premier anneau de la trachée-artère ; *en avant*, aux muscles, à la peau ; *en arrière*, au pharynx ; *latéralement*, au corps thyroïde, à la veine jugulaire interne, à l'artère carotide, au nerf pneumo-gastrique, aux ganglions cervicaux etc. On peut y considérer des surfaces *extérieure, intérieure ;* des ouvertures *pharyngienne, trachéale.*

La surface *extérieure* convexe antérieurement, sur les côtés, est recouverte par des muscles ; plane postérieurement, elle complète le pharynx dans son échancrure antérieure. La surface *intérieure* concave est recouverte par une membrane muqueuse, origine de la pulmonaire ou bronchique.

L'ouverture *pharyngienne* ou supérieure est très-évasée, réunie, par sa circonférence, à l'os hyoïde au moyen d'une membrane fibreuse ; l'inférieure ou *trachéale* est beaucoup moins large, affermie sur le premier anneau de la trachée artère par une autre membrane de même nature.

Entre ces deux orifices est placée la cavité du larynx divisée par un rétrécissement intermédiaire offrant la partie *essentiellement vocale* de l'appareil. Ce rétrécissement présente une troisième ouverture nommée *glotte* où se trouvent deux paires de replis muqueux superposées, avec le titre assez impropre de *cordes vocales.* De ces replis, les deux supérieurs exclusivement constitués par la membrane, forment un V dont les branches, écartées en-devant, servent, d'après quelques auteurs, à la production des sons faibles, moelleux et doux ; les deux inférieurs, offrant un cordon ligamenteux dans la duplicature membraneuse, décrivent également un V mais dont les branches divergent postérieurement; en les rapprochant des supérieurs, ils circonscriraient un losange. Ces replis inférieurs sont employés, suivant l'opinion de plusieurs physiologistes, à la formation des sons éclatans et forts. Toutes les cordes vocales ont chez l'homme douze à quinze lignes de longueur, huit à dix seulement chez la femme, deux ou trois à la naissance. Entre la paire supérieure et l'inférieure existent latéralement deux petites excavations nommées *ventricules* du larynx. La glotte, réduite par M. Malgaigne à l'intervalle des replis inférieurs, triangulaire dans la dilatation, présentant une fente plus ou moins étroite lors du resserrement, forme, à l'état de repos une ouverture allongée de huit à dix lignes sur deux ou trois chez l'adulte; de quatre à cinq sur une ou deux chez l'enfant; disposition qui rend son oblitération si facile, à cet âge, par les fausses membranes du croup etc.

Dans sa composition, le larynx nous offre *des cartilages, des articulations mobiles, des membranes, des glandes, des muscles, des vaisseaux, des nerfs.*

Cartilages.— Ils sont au nombre de cinq : 1° *Le cricoïde,* 2° *les deux aryténoïdes,* 3° *le thyroïde,* 4° *l'épiglotte.*

1° Le cricoïde,— du grec χρικος, anneau, circulaire inférieurement, joint au premier arceau de la trachéeartère, étroit en devant, très élevé en arrière, supportant, dans ce point, les deux aryténoïdes, n'a d'autre importance que d'offrir un appui fixe aux mouvemens de ces derniers.

2° Les aryténoïdes,— du grec, ἀρύταινα, entonnoir,

sont deux petits cartilages pyramidaux, triangulaires, occupant la partie supérieure et postérieure du larynx, fournissant une attache aux cordes vocales ; surmontés, par leur sommet tronqué, d'un autre petit corps nommé *cartilage de Santorini*, déjeté en arrière, favorisant l'abaissement du plan de la déglutition. Les aryténoïdes sont essentiels à la phonation qui devient impossible ou pour le moins très-altérée par l'ablation de la moitié seulement de l'un de ces cartilages, comme le démontrent plusieurs expériences faites sur les animaux.

3° Le thyroïde, — du grec, θυρεος, bouclier, est le plus considérable, celui qui forme la majeure partie du larynx en devant ; la saillie, la hauteur, l'échancrure qu'il présente sont beaucoup plus marquées chez l'homme que chez la femme ; il offre l'insertion antérieure des cordes vocales.

4° L'épiglotte — du grec, επι, sur, γλωττις, la glotte, est un cartilage plus élastique et plus flexible que les autres, disposition qui l'a fait placer, par un assez grand nombre d'anatomistes, au rang des tissus *fibrocartilagineux*. Aplati en forme de spatule, fixé à l'os hyoïde ; plus spécialement, par deux replis membraneux, au thyroïde comme un accessoire de ce dernier, pouvant s'abaisser sur la glotte pendant le passage des alimens, se relevant aussitôt par son élasticité, concourant aux phénomènes de la déglutition et de la voix.

Articulations mobiles.—Ces différentes pièces du larynx sont unies de manière à pouvoir modifier incessamment leurs situations respectives dans certaines bornes voulues par la nature des phénomènes qui leur sont confiés. Ces connexions se trouvent établies soit par des muscles, des ligamens en forme d'expansions membraneuses, comme on le voit pour les attaches *crico-thyroïdienne, thyro-aryténoïdiennes, thyro-épiglot-*

tique, *aryténoïdienne*, *aryténo-épiglottique*; et, si l'on y comprend celles qui fixent l'organe aux autres parties, *crico-trachéale*, *thyro-hyoïdienne*; soit par des diarthroses véritables, offrant des surfaces de glissement et des synoviales; telles sont les articulations : *crico-thyroïdiennes*, *crico-aryténoïdiennes*.

Membranes. — Outre la membrane muqueuse tapissant l'intérieur du larynx, formant les deux paires de replis indiqués, nous trouvons, dans cet organe, plusieurs épanouissemens fibreux servant à l'attacher aux parties contiguës, à lier ses différentes pièces, à compléter le conduit vocal en remplissant les vides que plusieurs de ces pièces laissent naturellement entre elles. Dans ce nombre, il faut particulièrement noter les membranes : *thyro-hyoïdienne*, *crico-thyroïdienne*, *crico-trachéale*.

Glandes. — On a très-improprement donné ce titre à des amas de follicules muqueux, les uns, groupés à la base de l'épiglotte, en devant, au milieu d'une certaine quantité de tissu cellulaire avec le nom *de glande épiglottique*; les autres, dans le repli membraneux qui de l'aryténoïde se porte à l'épiglotte sous la dénomination *de glandes aryténoïdes*. On a même voulu comprendre dans cette catégorie *le corps thyroïde* que nous croyons avoir mieux placé parmi les réservoirs dérivatifs.

Muscles. — Ils sont très-nombreux. Pour bien apprécier leurs phénomènes, il faut les partager en deux ordres, *extrinsèques* employés dans les mouvemens généraux du larynx; *intrinsèques*, effectuant les mouvemens partiels de cet organe : 1° *Muscles extrinsèques.* — Ils sont *élévateurs*, *abaisseurs*, *constricteurs* du larynx, en agissant directement sur cet organe, ou par l'intermédiaire de l'os hyoïde, et même de la langue. *Élévateurs,* — tous ceux de la langue et de l'hyoïde, particulièrement les stylo-génio-hyo-glosses, digastrique, stylo-pharyngien, stylo-génio-mylo-thyro-hyoïdiens ; *abais-seurs* — les sterno-thyroïdien, sterno-scapulo-hyoïdiens ; *constricteurs du larynx*, ceux du pharynx et notamment l'inférieur, comme l'a surtout fait observer M. Dutrochet. 2° *Muscles intrinsèques.* — Leur action est spécialement relative aux cordes vocales dont ils effectuent la tension ou le relâchement ; à l'ouverture de la glotte qu'ils resserrent ou dilatent suivant les intonations à produire ; nous pouvons en conséquence les ranger sous deux catégories ; *tenseurs des cordes, constricteurs de la glotte ; relâchant des cordes, dilatateur de la glotte ;* les deux parties de chacun de ces effets se trouvant toujours effectuées simultanément et par les mêmes puissances. *Tenseurs des cordes, constricteurs de la glotte.* — Crico-thyroïdiens, crico-aryténoïdien latéral, seulement comme destinés à donner un point fixe aux cartilages indiqués ; comme essentiels à ces mouvemens, les muscles aryténoïdien, thyro-aryténoïdiens, formant les sphincters de la glotte pendant la submersion et dans tous les cas analogues. M. Malgaigne fait observer avec raison, dans son excellent mémoire sur la voix, que le thyro-aryténoïdien est le muscle principal de la phonation, les autres appartenant plus spécialement à l'action respiratoire qui n'est pas de son domaine, aussi paraît-il seul exclusivement soumis à la volonté, les autres obéissant à l'instinct, disposition expliquée par la distribution nerveuse. On peut y voir trois faisceaux : les deux inférieurs s'attachant au thyroïde ; le supérieur très-mince, à l'épiglotte. *Relâchant des cordes, dilatateur de la glotte.* — Crico-aryténoïdien postérieur lorsqu'il agit seul.

Vaisseaux. — Plusieurs petites artères lui sont fournies par la thyroïdienne supérieure ; M. Malgaigne assure que les muscles du larynx employés à la respiration, constamment en activité, reçoivent, de ce côté, proportionnellement d'avantage que le thyro-aryténoïdien dont les mouvemens relatifs à la phonation sont beaucoup moins fréquens. Des veines, des vaisseaux lymphatiques se trouvent également dans cet appareil.

Nerfs. — Les anatomistes ne sont pas d'accord sur la distribution de ces derniers. D'après M. Magendie, le *laryngé supérieur* donne exclusivement ses divisions aux muscles aryténoïdien et crico-thyroïdiens; le *récurrent*, à tous les autres. M. Blandin assure que le *premier* envoie toujours un filet au circo-thyroïdien, par fois à l'aryténoïdien ; le *second* fournissant des rameaux à tous les autres muscles du larynx. Nous avons plusieurs fois vérifié très-positivement cette assertion. Ch. Bell a démontré par l'expérience que la section du nerf *récurrent* détruit la phonation ; celle du nerf *laryngé*, l'harmonie qui doit exister entre les muscles de la glotte et ceux de la poitrine. Ces faits prouvent qu'il peut se trouver plusieurs modifications relativement au partage des nerfs vocaux, en expliquant, d'un autre côté, les caractères instinctifs de ce phénomène et sa liaison intime avec ceux de la respiration.

POUMONS ET TRACHÉE. — Nous les avons décrits en faisant l'histoire de cette fonction vitale, nous renvoyons à ce chapitre. Ajoutons seulement que dans l'appareil de phonation, les poumons agissent à la manière du soufflet des orgues ; et la trachée-artère, comme un porte-vent susceptible de s'allonger avec rétrécissement, dans les sons aigus, de se raccourcir avec augmentation transversale, dans les sons graves.

Conduit laryngo-buccal. — Nous désignons sous ce titre : *le canal dans lequel est engagé l'air mis en vibration par le larynx, et qui se trouve compris entre la glotte et les ouvertures extérieures de la bouche et du nez.* Simple à son origine, ce canal présente immédiatement deux bifurcations ; l'une supérieure ou *nasale*, elle-même subdivisée en deux conduits latéraux que nous avons décrits à l'article olfaction. Cette première bifurcation, véritable cavité de retentissement, surtout employée pour le timbre et la qualité du son vocal, offrant peu d'importance relativement à ses autres modifications, devient complétement étrangère à sa formation primitive. La seconde, inférieure ou *buccale*, déjà considérée dans le chapitre digestion, présente, sous le rapport de la phonation, surtout dans le chant, un intérêt complétement ignoré des physiologistes avant les travaux de Fabrice d'Aquapendente, de Dodart, d'Hellwag, de MM. Gerdy, Malgaigne et Bennati. Ce conduit dont la longueur, la forme, les dispositions varient surtout à ses ouvertures pharyngienne et labiale très-mobiles, d'après le ton des sons et même la nature de quelques-uns, comme nous le verrons dans la formation de certaines voyelles, dans l'état naturel, figure deux cônes tronqués réunis par leur base ; lorsque nous prenons le *fausset*, il se raccourcit et présente un seul cône également tronqué. Les arcades dentaires, les joues, les lèvres peuvent modifier la voix en prenant des formes et des situations variées, mais ces parties ne sont réellement qne des accessoires comparativement à celles qui constituent l'orifice guttural, notamment la langue, par sa base, et le voile du palais.

Haller et même la plupart des physiologistes modernes ont considéré la luette et le voile palatin comme étrangers à la phonation. Leurs usages, ceux de la base linguale, des piliers staphylins et des amygdales seulement indiqués par Fabrice d'Aquapendente, Dodart, Hellwag, MM. Gerdy, Malgaigne ont été surtout bien appréciés et positivement décrits par M. Bennati, dans son intéressant mémoire sur le mécanisme de la voix humaine. Pour cet auteur, présentant le grand avantage d'unir la pratique à la théorie, possédant un beau talent musical, une voix qui marque trois octaves , l'ouverture pharyngienne devient un *second larynx,* capable de produire encore plusieurs sons très-aigus , lorsque le premier, accessoire dans cette phonation, cesse d'en fournir aucun. L'ensemble des notes rendues par le larynx porte le nom de *premier registre,* la réunion de celles que donne le parynx est appelée *second registre* ; M. Bennati rejette le *troisième registre* admis par certains professeurs de chant ; nous sommes parfaitement de son avis ; dès qu'il n'existe que deux ouvertures vibrantes, celle du *larynx* et du *pharynx* , deux espèces de notes *laryngiennes* et *gutturales,* on ne doit rencontrer que deux registres : l'un inférieur ou *laryngé* , l'autre supérieur ou *pharyngien.* Les chanteurs dont la voix s'étend beaucoup au moyen du *premier registre* sont nommés , suivant le caractère de cette voix , *baritenors* , *tenors* , *soprani* ; leur langue est souvent d'un tiers plus volumineuse que celle des sujets ordinaires, comme on a pu s'en convaincre sur Lablache, Santini, Mme Catalani etc. Ceux qui se font remarquer par la phonation du *second registre,* reçoivent, d'après la nature de leur voix, les titres de *soprani sfogati* : MM^{es} Mombelli , Fodor, Tosi, Sontage ; *tenors contraltini* : Rubini, David, Gentili etc. ; chez eux, le pharynx, et notamment le voile du palais, offrent un grand développement et surtout une mobilité peu commune. Les amygdales ne paraissent pas indifférentes à ces modifications du *second registre* ; ainsi , M. Bennati cite, à cet égard , l'observation curieuse du comte de Frédigotti, voix de *baritenor,* qui s'étant fait enlever le tiers de chacune des tonsilles , dont le volume considérable paraissait nuire à la qualité du son, acquit un timbre plus clair, plus rond, deux notes du premier registre, en même tems qu'il en perdit quatre du second.

APPAREIL VOCAL CHEZ LES ANIMAUX. — Il offre des modifications d'autant plus importantes à noter qu'elles servent à l'intelligence de la phonation dans l'homme, en expliquant plusieurs phénomènes qui resteraient obscurs ou pour le moins indéterminés.

Cet appareil n'existe jamais pour les animaux dépourvus d'un organe pulmonaire. Il serait en effet inutile, et présenterait les conditions d'un orgue sans soufflet. Ainsi, les insectes, les poissons etc. en paraissent complétement privés ; le bruit qu'ils produisent, bien différent de la voix, tient à l'action d'un vibrateur sous l'influence de l'air ambiant, au claquement des mâchoires etc.

Chez les reptiles, — dont les cordes vocales sont membraneuses, la voix ne donne qu'un sifflement obscur au lieu d'un son clair et distinct.

Chez les oiseaux — il existe trois glottes ; deux latérales à la réunion des bronches, sous le titre de *larynx inférieur* ; une à la terminaison de la trachée sous le nom de *larynx supérieur* ; disposition qui rapproche cet appareil de la flûte, et lui donne la faculté d'opérer des modulations que l'homme pourrait difficilement imiter, comme on l'observe dans les oiseaux chanteurs et surtout pour le rossignol ; dans ces espèces, les anneaux de la trachée sont complets et voisins de l'état osseux. En général, chez les oiseaux à long col, présentant un larynx tuberculeux, on trouve la phonation rauque et désagréable, comme on le voit dans le paon, l'oie, le cygne, le canard etc.

Pour les mammifères — les plus rapprochés de l'homme, nous observons un larynx assez analogue au sien dans les dispositions générales, mais offrant des particularités de forme et de constitution qui nécessairement apportent des modifications physiques au timbre, à la force, à l'étendue de la voix. Ainsi, comme le fait observer M. Malgaigne, *dans le chat*, l'ouverture supérieure est quadrilatère, la glotte elliptique, il existe quatre ventricules. *Chez le bœuf*, la base du cône laryngé se trouve inférieurement placée; on ne rencontre aucune trace de ventricules et de glotte supérieure. *Pour le chien*, l'épiglotte abaissée présente une série de plis en zigzag. *Chez les singes*, plusieurs offrent entre les cartilages cricoïde et thyroïde une ouverture qui conduit dans un sac membraneux appelé *laryngé*; lorsque l'animal veut crier, l'air passe dans cette poche, et la voix ne rend qu'un son rauque et sourd; d'autres, étrangers à cette modification, produisent une phonation perçante; quelques-uns nommés *hurleurs*, au moyen d'une vaste caisse hyoïdienne en communication avec le larynx, donnent assez de force à leurs sons pour les faire entendre à des distances considérables.

MÉCANISME DE LA VOIX.

Si nous ouvrons le conduit aérien *au-dessous* de la glotte, il en résulte aphonie; immédiatement *au-dessus*, la phonation persiste, mais elle est faible, désagréable, nasonnée; la parole se trouve complétement détruite. Si nous rapprochons les lèvres de la plaie *trachéale* ou *laryngée*, dans le premier cas, la voix se rétablit; *pharyngienne*, dans le second, la voix reprend son timbre, et la parole manifeste sa reproduction normale. Des expériences faites sur les animaux, des tentatives infructueuses de suicide, chez l'homme, ont établi ces assertions en axiomes, dont Hippocrate nous a donné les fondemens pour ·les plaies de la trachée-artère ; Ambroise Paré, pour celles du pharynx. Le père de la médecine prouva qu'en fermant la fistule sous-laryngienne par un obturateur, on restituait aussitôt la phonation ; le créateur de la chirurgie démontra qu'en réunissant les bords de la division gutturale par la flexion de la tête sur la poitrine, on rendait incessamment la parole. Il est facile de sentir l'importance d'une pareille observation relativement aux circonstances judiciaires de ces graves conjonctures, lorsque les aveux du coupable deviennent quelquefois le seul moyen d'éloigner, d'un autre sujet, les soupçons les plus injustes et les plus fâcheux.

En partant de ces faits incontestables, nous établissons positivement : 1° Que l'air expulsé par les poumons est le modificateur naturel, indispensable de la voix ; 2° que la glotte constitue l'organe essentiel de la phonation dans les circonstances ordinaires ; plus tard nous verrons, pour le chant, l'ouverture gutturale présenter un second instrument vocal, puissamment accessoire du premier ; 3° que le conduit laryngo-buccal offre le siége, et renferme les organes de la parole.

Afin d'exposer avec méthode et précision l'enchaînement des nombreuses considérations relatives au mécanisme de la voix, nous en examinerons successivement : 1° Le *timbre*, 2° le *ton*, 3° la *force*, 4° la *justesse*, 5° les *modifications* dans lesquelles nous verrons la manière de former les sons fondamentaux.

1° TIMBRE DE LA VOIX. — Nous désignons par ce terme : *Le caractère propre, la nature essentielle du son vocal, indépendamment de la force ou de la faiblesse, de la gravité ou de l'acuité qu'il peut offrir.* On doit rattacher ses modifications à plusieurs causes principales, au nombre desquelles nous citerons spécialement : La structure des cordes vocales ; l'ouverture naturelle de la glotte ; la configuration, l'organisation spéciale du larynx ; la situation, la texture de l'épiglotte ; la disposition du conduit laryngo-buccal, et notamment des cavités nasales de retentissement, de la base de la langue, du voile palatin, comme on l'observe dans les polypes gutturaux, les ulcères staphylins etc. qui rendent ce timbre nasonné, désagréable ; les caractères, l'état actuel de la muqueuse déployée sur toutes ces parties et spécialement sur les cordes vocales ; c'est ainsi qu'une laryngite altère profondément la pureté de la plus belle voix, et que la phonation éprouve des changemens notables par l'état hygrométrique de l'atmosphère. M. Malgaigne fait remarquer, avec raison, que dans les instrumens à vibrateur lamelleux, auxquels on a comparé le larynx, le timbre dépend de la matière de l'anche, de la substance, de la conformation du tuyau. Sans rien préjuger de la justesse ou de l'erreur du rapprochement indiqué, nous croyons bien démontré qu'au milieu des circonstances précédemment énumérées, la voix, toutes choses égales, est d'autant plus pure et plus sonore, que les cordes vocales sont mieux isolées, plus élastiques, d'une texture plus ferme et plus saine ; tandis qu'elle devient rauque, sourde et même s'éteint par le ramollissement, l'embarras couenneux, muqueux, l'ulcération de ces cordes sous l'influence du croup, de l'angine œdémateuse, du catarrhe laryngé etc.

On a discuté sérieusement la question de savoir si la phonation de l'homme offrait un timbre naturel et propre. Quelques écrivains ont attribué complétement à l'éducation la voix qu'il présente ordinairement, donnant, en preuve de leur opinion, l'exemple de cet enfant trouvé dans les forêts de la Lithuanie, qui hurlait comme les loups au milieu desquels il avait passé plusieurs années. Une théorie semblable tombe devant la plus simple observation. Confondrons-nous jamais, en effet, le premier cri de l'homme naissant avec celui de l'agneau, du chien, du veau etc.? Si la phonation n'offre pas encore chez lui ce caractère positif que lui donnera plus tard le développement des appareils chargés de l'effectuer, n'y rencontrons-nous pas au moins, dès cette époque, les rudimens naturels et fondamentaux qui ne permettent pas de l'identifier avec aucune autre.

Toutefois il faut bien distinguer ici les voix : 1° *Native*, 2° *acquise*. Sicard fait observer que les enfans sourds crient comme les autres ; c'est la *phonation naturelle* ; jamais ils n'acquièrent le pouvoir de moduler convenablement les sons laryngiens ; ils ne possèdent point ultérieurement la *phonation artificielle* ; *l'une* est instinctive, étrangère aux influences de l'appareil auditif ; *l'autre* devient rationnelle et complétement dirigée par lui.

Le timbre de la voix offre des *différences générales* qui, dans la série zoologique, distinguent les espèces ; des *modifications particulières* qui caractérisent les individus. Nous en trouvons des preuves bien positives dans l'*aboiement* du chien, le *hurlement* du loup, le *miaulement* du chat, le *hennissement* du cheval, le *bélement* de la brebis, le *rugissement* du lion, le *sifflement* du serpent, le *braiment* de l'âne, le *mugissement* du bœuf, la *phonation* de l'homme etc. Il suffit en effet d'entendre l'un ou l'autre de ces cris pour indiquer aussitôt dans quelle catégorie vient se ranger le sujet qui les profère.

Les auteurs ont longuement raisonné pour décider à quel instrument on doit assimiler notre appareil vocal. Galien, Dodart, Liscovius le croient *à vent* ; Ferrein, *à cordes* ; Cuvier le compare à la flûte ; M. Richerand, au cor ; MM. Geoffroy St-Hilaire, Dutrochet, Magendie,

Biot, à l'*anche* ; d'autres, au jeu d'orgue nommé *voix humaine* ; M. Savart, à l'appeau des oiseleurs ; M. Malgaigne, après avoir défini l'anche « une lame mince, élas-« tique, susceptible d'entrer en vibration et de rendre « des sons sous l'influence d'un courant d'air » en reconnaît deux ordres : 1° *Simples*, 2° *doubles* ; se divisant chacun en deux variétés, 1° *solides*, 2° *molles*, ce qui forme quatre espèces différentes, et considère le larynx, dans la glotte proprement dite, comme appartenant à la dernière, à *l'anche double et molle* ; surmontée par les ventricules analogues au *bocal de retentissement* du basson et de plusieurs autres instrumens du même genre. Mayer unit toutes ces facultés vocales dans l'appareil de phonation, chez l'homme, y distinguant trois soupapes, l'*épiglotte*, la *base de la langue*, le *voile du palais*. Ces rapprochemens nous paraissent plus ou moins ingénieux, mais loin de chercher un modèle du larynx dans les agens artificiels des sons, nous croyons, au contraire, qu'il a servi de prototype à leur confection primitive ; nous admettons, avec M. Jadelot, que la voix est un phénomène vital, exigeant le concours actif du système innervateur. Dans l'obligation de choisir au milieu de ces diverses théories, nous adopterions plus volontiers celle de M. Malgaigne. Toutefois la nécessité d'une hypothèse nous semble ici peu démontrée, lorsque nous avons sous les yeux un appareil dont le mécanisme est naturel, simple et facile à saisir.

L'air, chassé des poumons, arrive à la glotte par la trachée-artère qui remplit toujours ici les fonctions d'un *porte-vent*. C'est en conséquence d'une fausse comparaison que les anciens, et notamment Galien, assimilaient ses usages à ceux d'un corps de flûte, puisque l'air parcourt ce dernier seulement après avoir été mis en vibration ; on pourrait tout au plus effectuer ce rapprochement pour le larynx inférieur des oiseaux. Peyrilhe et plusieurs autres physiologistes ayant observé que la trachée s'allonge et se rétrécit dans l'élévation du larynx, tandis qu'elle se raccourcit et s'élargit pendant l'abaissement de cet organe, ont admis son influence pour les modifications toniques. M. Magendie la rejette complétement. M. Grenier revient à l'opinion de Peyrilhe en démontrant que le porte-vent présente une action incontestable sur la voix, pour les anches artificielles ; et que, dans *la phonation inspirée*, les dispositions du conduit laryngo-buccal offrent des résultats qu'il est impossible de refuser à la trachée-artère, pendant *la voix expirée*. Nous pensons que ces résultats peuvent bien être ceux d'un *retentissement inférieur*, mais il nous paraît impossible de les rapporter à la série des intonations qui se trouvent, comme nous le verrons, exclusivement effectuées par les conditions actuelles de la glotte et du pharynx.

En traversant la première de ces ouvertures, et, plus spécialement encore, l'intervalle qui sépare les deux cordes vocales inférieures, l'air expiré se trouve mis en vibration. Là seulement commence la voix ; ce phéno-mème en devient la base fondamentale, mais il est incapable de la constituer avec toutes ses qualités naturelles sans le concours de plusieurs actions importantes que nous allons exposer en suivant la marche du son.

Dans les ventricules du larynx, véritable *bocal inférieur* de phonation, s'opère un *premier retentissement* qui déjà donne plus de rondeur et d'expansion à la voix. C'est à la propagation de ce trémoussement qu'il faut rapporter les vibrations profondes que nous ressentons alors dans la trachée, les bronches, les poumons et les parois pectorales. Nous expliquons dès-lors facilement pourquoi ces effets, plus prononcés pour la phonation laryngienne, dans les tons graves que dans les tons aigus, disparaissent à peu près entièrement dans la voix gutturale.

A l'embranchement du conduit naso-buccal, cette onde sonore va se trouver soumise à de nouvelles modifications, suivant les caractères que l'on veut imprimer à la voix. Dans l'état ordinaire, une partie de l'air en vibration s'engage par les fosses nasales, ou *bocal supérieur*; un *second retentissément* s'y manifeste, communiquant plus de rondeur encore à la phonation, et se faisant ressentir jusque dans les os du crâne. En rapprochant les effets de ces *deux retentissemens*, on pensera dès-lors, avec Haller, que, chez les basses-tailles fortes et sonores, ils peuvent s'étendre au *compagès* tout entier. Après avoir ébranlé, dans ses différens circuits, les anfractuosités nasales, cette portion d'air s'écoule par les narines lorsque la bouche est fermée, revient au contraire par l'ouverture gutturale dès que la bouche se trouve suffisamment ouverte, comme on peut s'en convaincre en plaçant la flamme d'une bougie près du nez, pendant ces deux conditions vocales. Si le retentissement du *second bocal* est empêché, soit par défaut d'importation aérienne, comme on le voit dans les polypes gutturaux, nasaux etc., soit par le retour immédiat de la colonne d'air à travers un ulcère du voile staphylin, une carie de la voûte palatine etc., la voix devient alors *nasonnée*, d'après l'expression vulgaire dès-lors sans aucune justesse. Dodart attribuait ce phénomène à la sortie de l'air par le uez ; c'est une erreur facile à démontrer en répétant l'expérience de la bougie pendant le nasonnement. M. Magendie soutient au contraire que ce retentissement n'a pas lieu, même dans la phonation habituelle. C'est une erreur opposée que l'on prouve également en touchant les cartilages du nez, en faisant observer que l'on entend sa propre voix avec plus de force , par les trompes d'Eustache , après avoir fermé les deux conduits auditifs.

Le retentissement supérieur nous paraît incontestable dans sa réalité, dans son résultat d'augmenter la plénitude et l'agrandissement du son vocal. Cette conclusion est en harmonie parfaite avec l'observation de M. Malgaigne tendant à faire établir des rapports assez constans entre le développement du larynx et l'ampliation des cavités nasales ; entre la saillie du nez et la gravité de la voix.

Parvenant à l'ouverture gutturale de la bouche, l'air vibrant s'y précipite avec des modifications variables. Dans la simple phonation, le conduit laryngo-buccal prend des formes diverses pour constituer les sons fondamentaux, comme nous le verrons ultérieurement ; dans les modulations du chant, l'ouverture pharyngienne de ce conduit peut effectuer des vibrations qui lui sont propres, dont le caractère est ordinairement suave, moelleux, et qui nous offriront les notes appartenant au second registre.

Le timbre de la voix se trouve naturellement différencié suivant l'âge, le sexe, le climat, le tempérament, le caractère et l'intelligence. La physiognomonie puise encore des renseignemens précieux dans ces modifications.

Relativement à l'âge.—Depuis la naissance jusqu'à la puberté, la voix est grèle, claire, perçante, aiguë ; dispositions qui se rattachent particulièrement à l'étroitesse de la glotte, au peu de longueur des cordes vibrantes, et d'après M. Malgaigne au défaut d'ampliation des cavités nasales. En effet, ces parties de l'appareil, et notamment la première, s'accroissent faiblement de la naissance à l'âge de six ans, pour demeurer dans un état de station jusqu'à la révolution pubère. A cette époque, l'ouverture laryngienne double ses diamètres, les cordes vocales s'étendent, le nez se développe dans toutes ses anfractuosités. Le timbre devient en même tems rauque, sourd, gros; la phonation perd momentanément de sa justesse pour la recouvrer ensuite : 1° lorsqu'une harmonie parfaite s'est rétablie, dans l'appareil, entre les dispositions actuelles de l'anche, celles du conduit de modification et de retentissement dont la transition virile n'est pas aussi promptement effectuée ; 2° lorsque les muscles du larynx ont appris à se familiariser avec ces nouvelles dispositions. M. Bennati conseille, judicieusement, de ne jamais exercer la voix pendant cette révolution à laquelle on donne le nom de *mue* ; la continuation du chant pouvant alors entraîner une perte absolue de cette faculté, comme il en cite plusieurs exemples remarquables.

Il est impossible de méconnaître ici l'influence exercée par les organes génitaux relativement à ces modifications de l'appareil vocal. En effet si la castration est opérée quelque tems avant les manifestations de la puberté, cette révolution ne se faisant pas, les dispositions du larynx n'éprouvent aucun changement, la voix conserve ses premiers caractères, sa justesse, le charme de ses mélodieux accords. M. Dupuytren ayant examiné l'appareil de phonation chez un sujet de cette catégorie, le rencontra d'un tiers inférieur à son volume normal sous le rapport de ses cartilages et de ses ouvertures. On sait à quelles affreuses mutilations l'homme se trouvait naguère soumis, pour obtenir des résultats semblables, dans un pays où la civilisation est moins en réalité qu'en apparence ; et, même de nos jours, pour servir les caprices du despotisme, au milieu d'un peuple en même tems le plus fanatique et le plus barbare de l'univers ! Si la révolution pubère est incomplète, indépendamment d'aucune opération semblable, on observe des résultats analogues, et les sujets ainsi constitués paraissent impuissans et dans une condition inférieure à celle de leur espèce ; tandis que celui dont la voix est pleine et sonore, présente ordinairement les autres caractères distinctifs de la virilité.

Chez le vieillard, le timbre devient moins agréable, moins limpide, il est même presque toujours un peu rauque, nasillard ; la voix cassée, chevrotante par altération de l'anche, du conduit laryngo-buccal, mais surtout par défaut de proportion entre ces deux parties essentielles de l'appareil.

Relativement au sexe. — On peut toujours le distinguer assez facilement ; *chez la femme*, il est doux, flûté, clair ; *chez l'homme*, plus retentissant, plus rond, il offre moins d'éclat ; *le premier* est insinuant, persuasif ; *le second* impérieux, entraînant.

Relativement au climat. — Il est possible de reconnaître au timbre de la voix, les habitans des régions opposées ; et, dans chaque pays, ceux de la ville et de la campagne. *Chez les Italiens*, on le trouve distingué, séduisant ; *chez les Russes*, dur, moins agréable. *Dans les campagnes*, rustique, forcé, commun ; *pour les villes*, recherché, prétentieux, maniéré. Dans presque toutes les modifications de ce genre, il prend des caractères analogues aux dispositions des lieux, aux habitudes contractées par les sujets.

Relativement au tempérament.—*Chez le sanguin*, la voix est forte, sonore, et moelleuse en même tems ; *pour le lymphatique*, grasse, molle, empâtée, pouvant quelquefois offrir de la douceur et de l'agrément ; *dans le bilieux*, sonore, dure, métallique, souvent rauque et fatigante ; *chez le nerveux*, saccadée, mobile, inconstante ; *pour le mélancolique*, modulée, plaintive, langoureuse.

Relativement au caractère.—*L'homme difficile, acariâtre, exigeant* présente un timbre glapissant, aigre, perçant ; *le sujet doux, paisible*, faible, suave, attrayant ; *l'envieux, le jaloux* etc., profond, sépulcral, passionné ; *le courtisan*, doucereux, suppliant, flexible ; *l'individu franc, loyal, indépendant*, ferme, précis, énergique.

Relativement à l'intelligence.— *Chez l'idiot et même chez les hommes un peu moins dégradés sous le rapport de leurs facultés*, la voix est commune, sans inflexions harmoniques, identifiées avec les sentimens et les idées qu'elle exprime ; *pour l'individu spirituel*, distinguée, séduisante, en rapport avec la pensée ; *dans l'homme de génie*, divine, céleste, offrant tous les caractères de l'inspiration. *Pour les sujets d'un jugement faux*, il est rare que la voix ne présente pas cette anomalie dans ses inflexions ; c'est un fait curieux dont nous avons bien des fois apprécié la réalité. Souvent même des personnes à voix fausse, naturellement, et qui semblaient d'abord faire exception à cette loi générale, nous ont offert, après un examen plus profond, soit des aberrations dans le raisonnement, soit une bizarrerie positive de l'esprit.

D'après ces rapprochemens qu'il nous serait aisé de multiplier davantage, nous pensons que chaque sujet a son timbre particulier, et qu'il serait presque aussi difficile d'en trouver deux parfaitement identiques, sous tous les rapports, que de rencontrer deux visages entièrement ressemblans. Il suffit en effet d'avoir entendu quelquefois un individu, pour le reconnaître aux seules modulations de la voix normale ; c'est un moyen que les aveugles, surtout, emploient constamment avec une rare sagacité.

Les animaux eux-mêmes se trompent difficilement pour l'estimation du timbre vocal. Dans l'état domestique ils distinguent aisément leur maître à la phonation ; dans l'état sauvage on les voit apprécier exactement, par ce moyen, les sujets de leur espèce qu'ils doivent rechercher et ceux qu'ils ont à craindre dans les espèces différentes. Si l'homme parvient à les tromper, en employant les prestiges de l'imitation, c'est exclusivement lorsqu'ils sont aveuglés par un sentiment impérieux tels que la faim, l'amour etc. comme on le voit pour la caille, la perdrix etc. ; dans toute autre circonstance, leur sagacité naturelle, instinctive les prémunit avantageusement contre des illusions aussi funestes.

2° TON DE LA VOIX.—Nous accordons ce titre : *au degré que présente la phonation dans l'échelle harmonique des sons, du plus grave au plus aigu, et vice versâ.*

Tous les points de cette échelle sont musicalement figurés par des signes appelés notes, et dont chacun désigne un ton particulier. Renvoyant, pour les détails exigés par les modifications sonores, à notre histoire de l'audition, nous exposerons seulement ici quelques principes généraux propres à la partie qui nous occupe.

On distingue sept tons principaux : *ut, ré, mi, fa, sol, la, si ;* leur succession, nommée *gamme,* forme *une septième,* en répétant la première note, on obtient *une octave ;* en ajoutant par degrés un nombre indéterminé d'octaves, on forme *une échelle musicale,* avec tous les intervalles compris, entre le son le plus grave et le son le plus aigu.

Au milieu de ces différens tons, on est convenu d'en choisir un comme fondamental, le *la,* servant à l'accord des instrumens sous le titre de *diapason.*

Chaque voix humaine présente en quelque sorte le

sien propre. Cependant on les renferme toutes, quelles-que soient leurs dispositions, en quatre principales catégories : 1° *Basse-taille*, la plus grave, que l'on subdivise en *basse-taille ordinaire* et *basse-contre*, plus grave encore. 2° *Taille* ou *ténor*, offrant trois variétés : *Bariténor*, la plus grave; *ténor ordinaire*; *ténor contraltino* dépassant de plusieurs tons aigus la mesure commune, au moyen du second registre. 3° *Haute-contre*; 4° *Dessus* ou *soprane*, *soprano*, présentant deux variétés : *Soprano naturel*, qui n'emploie que des notes laryngiennes; *soprano sfogato*, s'élevant de plusieurs tons au-dessus de la portée générale, par le moyen des notes surlaryngiennes ou du second registre.

Ces principes établis, nous devons chercher par quel mécanisme l'appareil vocal peut monter, des tons graves aux tons aigus, descendre, des tons aigus aux tons graves.

Les physiologistes sont encore divisés relativement à cette question. Les uns ont adopté des systèmes inadmissibles, les autres en ont soutenu d'exclusifs; presque tous ont erré plus ou moins loin de la vérité.

Plusieurs ont prétendu que l'allongement et le raccourcissement de la trachée-artère expliquaient la production des sons graves et des sons aigus; cette hypothèse ne supporte aucun examen. La voix naturelle se forme à la glotte pendant l'expiration ; le larynx monte pour les tons aigus, descend pour les tons graves ; la trachée-artère s'allonge dans le premier cas, se raccourcit dans le second ; si la colonne d'air qu'elle contient modifiait ainsi les degrés du ton, c'est dans le plus grand allongement qu'elle rendrait les plus aigus, dans le plus grand raccourcissement qu'elle donnerait les plus graves; conséquences diamétralement opposées aux lois de la plus saine physique. Nous avons envisagé la trachée comme un porte-vent, comme participant au retentissement inférieur ; il nous semble difficile de lui reconnaître d'autre usage positif dans la phonation.

Galien, Dodart, Liscovius et quelques autres, avec leur système d'instrument à vent, n'ont pas manqué de rattacher toutes les modifications toniques aux différens degrés de resserrement et d'ouverture de la glotte.

Ferrein et ses sectateurs, ne voyant que les cordes vocales pour agens essentiels des transitions musicales dont nous traitons, les ont attribués aux tensions, aux relâchemens alternatifs de ces cordes, admettant la possibilité d'une longueur de deux lignes pour différence de ces états opposés. Ils ont ajouté que les inférieures, ligamenteuses, rendaient les sons forts ; et les supérieures, membraneuses, les sons faibles et moelleux.

Les physiologistes modernes et notamment Cuvier, MM. Geoffroy St-Hilaire, Biot, Dutrochet, Magendie, Bennati, Malgaigne etc. appréciant les vérités et les erreurs de ces deux théories, les réunissant en quelque sorte dans celles des anches que l'on peut envisager comme intermédiaires aux instrumens : 1° à *cordes*, 2° à *vent*, considèrent les différens degrés de tension et de relâchement des lames de la glotte, d'augmentation ou de resserrement de cette ouverture, comme raisons essentielles de ces modifications toniques.

Nous pensons également, nonobstant l'opinion d'un auteur contemporain, que les circonstances de racourcissement et d'allongement du conduit laryngo-buccal ne peuvent demeurer absolument étrangères à la succession des tons. Nous verrons encore la lenteur et la rapidité du courant aérien produire, sous ce dernier rapport, des effets importans à noter.

Pour mieux comprendre les divers changemens de l'appareil vocal dans la production des sons aigus et des sons graves, étudions d'abord, sous le même point de vue, ceux qui s'opèrent dans nos instrumens de musique au milieu des conditions semblables, nous passerons ensuite aux applications.

On établit physiquement et d'une manière positive les axiomes suivans : Une *ouverture*, une *colonne d'air*, une *corde* étant données ; une *corde* moitié plus longue, moins tendue, plus grosse, une *colonne d'air* moitié plus volumineuse, plus longue, une *ouverture* moitié plus large, toutes choses égales d'ailleurs, produisent un son *moitié plus grave* ; une *ouverture*, une *colonne d'air*, une *corde* avec des modifications opposées, donnent un son *moitié plus aigu*. Ces principes, réduits au jeu de l'instrument nommé haut-bois, mettront la question dans tout son jour. En serrant le moins possible les deux lames qui forment l'anche, fermant tous les trous de cet instrument, et faisant résonner l'embouchure, on obtient le son le plus grave dont il soit susceptible ; en serrant graduellement les lèvres, en ouvrant les trous successivement de l'extrémité libre vers l'extrémité vibrante, les sons deviennent de plus en plus aigus ; on monte la gamme ; on la descend par un mécanisme opposé. Il est évident que, pour le premier cas, on a déterminé l'action de l'instrument lors du plus grand relâchement des parois de l'anche, de son ouverture la plus considérable, et de toute la longueur que peut offrir la colonne d'air logée dans cet instrument ; tandis que, pour le second, les dispositions sont devenues, par degrés, absolument contraires.

Si nous rapportons actuellement ces faits à l'appareil vocal, nous trouvons pour le moins une parfaite analogie. La glotte représente l'anche ; le conduit laryngo-buccal répond au corps de l'instrument, la colonne d'air que renferme l'un, à celle que nous avons signalée dans l'autre. Il reste maintenant, pour compléter la

démonstration , à trouver par quels moyens les cordes
vocales sont tendues ou relâchées ; la glotte, resserrée,
agrandie ; la colonne aérienne vibrante, raccourcie,
allongée.,

Pour simplifier ces applications nous les bornerons
aux deux résultats extrêmes , au son le plus *grave* et le
plus *aigu* dont un sujet donné soit capable par le premier registre exclusivement ; les notes que peut effectuer
le second , plus spécialement relatives au chant, seront
expliquées dans l'histoire de cette modification vocale ;
tous les intermédiaires entre ces deux extrêmes s'y trou-
veront dès-lors compris.

Tons graves. — Nous observons simultanément pendant leur formation : 1° *Relâchement des cordes vocales*,
2° *dilatation de la glotte*, prenant la forme triangulaire ;
3° *allongement du conduit laryngo-buccal par l'abaissement du larynx*. Il peut être d'un pouce chez les basses-
tailles. Ces phénomènes sont accomplis sous l'influence
des muscles *crico-aryténoïdien postérieur*, *sterno-thyroïdien*, *sterno-scapulo-hyoïdien*. Lorsque ces dispositions
se prononcent davantage , l'air expiré traverse la glotte
sans exciter aucune vibration sonore , et ne faisant désormais entendre qu'un bruit de soufflet. Dans cette
première modification relative aux tons graves, le voile
du palais s'élève, se porte en arrière , la luette se rétracte
notablement.

Tons aigus.—Nous voyons en même tems, lorsqu'ils
sont rendus : 1° *Tension des cordes vocales* ; 2° *resserrement de la glotte* qui devient linéaire ; 3° *raccourcissement du conduit laryngo-buccal* par élévation du larynx.
Ces différentes actions sont opérées au moyen des muscles : *Thyro-aryténoïdiens*, *crico-aryténoïdiens latéraux*,
crico-thyroïdiens, *aryténoïdiens*, *constricteur inférieur*,
stylo-génio-hyo-glosses, *digastrique*, *stylo-pharyngien* ,

stylo-génio-mylo-thyro-hyoïdiens. Ces conditions étant portées au dernier degré, la glotte se trouve entièrement fermée, l'air ne passe plus, et le son devient impossible. Dans cette nouvelle modification propre aux tons aigus, le voile du palais descend, se porte en devant; la luette s'allonge un peu, la base de la langue s'élève. Mayer admet encore l'abaissement et la vibration de l'épiglotte, lui donnant pour objet essentiel de rétrécir le courant d'air et de condenser le son. En supposant même que l'on n'adopte pas entièrement cette opinion, il est difficile de rejeter absolument l'influence du cartilage indiqué dans les inflexions de la voix. La rapidité du courant d'air fait un peu monter le son, particulièrement dans les notes graves, mais les effets de cette cause présentent beaucoup plus d'importance relativement à la force, à la faiblesse des intonations.

Toutes les modifications intermédiaires à celles que nous venons d'établir, comme points fondamentaux, sont actuellement faciles à bien expliquer ; se rapprochant plus ou moins des sons *aigus* ou des sons *graves* , elles prennent plus ou moins aussi les dispositions organiques particulières à chacun de ces résultats.

Dans ces diverses phonations, les muscles intrinsèques du larynx deviennent, pour les cordes vocales et pour la glotte, ce que les lèvres du musicien ont été relativement à l'anche du haut-bois, que nous avons choisi pour exemple; et les muscles extrinsèques, élévateurs, abaisseurs, pour le conduit laryngo-buccal, ce que les doigts de l'artiste étaient pour le corps de l'instrument.

Dans ce phénomène complexe, *la vibration des cordes vocales*, est démontrée par les expériences positives de Bichat et de M. Malgaigne. M. Dutrochet nie leur influence comme agent sonorifique, attribuant cet usage aux fibres du muscle *thyro-aryténoïdien.* C'est une erreur dont M. Malgaigne a constaté l'évidence, en prouvant que la section de ces cordes entraîne l'aphonie. *La dilatation de la glotte*, dans les sons graves, *son resserrement*, dans les tons aigus, sont mis hors de doute par un essai de M. Dutrochet, très-facile à répéter ; il suffit en effet d'élargir cette ouverture en comprimant le thyroïde antérieurement, de la rétrécir par une double pression latérale pour faire descendre le son, dans le premier cas, monter, dans le second, au moins d'un ton et demi. Enfin *le raccourcissement et l'allongement* de la colonne aérienne du conduit laryngo-buccal sont rendus palpables en touchant l'organe de phonation que le doigt suit dans son abaissement pour la formation des sons graves, et dans son élévation pour celle des tons aigus.

3° FORCE DE LA VOIX.—Nous désignons par ce terme: *L'intensité*, *l'étendue de la vibration*, *l'énergie avec laquelle se trouve expulsée la colonne d'air en trémoussement*. Cette modification, étrangère au timbre, au ton, se rattache dès-lors particulièrement à l'isolement, à la force, à la longueur, à l'élasticité des cordes vocales, au grand développement du larynx, des cavités de retentissement, surtout à l'ampleur des poumons, à la liberté, à la vigueur de la respiration. Aussi les sujets dont la poitrine est très-large et l'appareil d'hémavose richement constitué, sont-ils, en général, doués d'une voix forte et sonore ; tandis que les individus affectés d'engorgemens pulmonaires, de tubercules, de phthisie, de pleurésie, de pleurodynie, d'étroitesse originaire du thorax, d'incurvations rachidiennes, de polysarcie etc., d'une disposition quelconque ayant pour effet de limiter beaucoup les mouvemens d'inspiration et d'expiration, ont constamment une voix faible, peu résonnante. C'est en conséquence des mêmes lois que les résultats analogues se manifestent passagèrement après un repas copieux, sous l'influence momentanée de la frayeur etc. Dans la plupart de ces dispositions, et notamment chez les phthisiques au troisième degré, la voix semble, d'après une expression poétique, expirer sur les lèvres. Les poumons, comme nous l'avons dit, sont au larynx précisément ce que devient le soufflet pour les tuyaux de l'orgue ; dans cet instrument les sons, toutes choses égales, paraissent d'autant plus forts que le soufflet fournit d'une manière soutenue des masses d'air plus considérables et poussées avec une plus grande énergie dans les canaux de vibration.

La première condition vocale est donc une accélération dans le mouvement de l'air expiré, presque toujours une constriction plus ou moins prononcée de la glotte qui déjà se resserre naturellement dans l'expiration et se dilate pendant l'inspiration. Aussi dès l'instant où nous voulons effectuer le développement des vibrations sonores, tout l'appareil pulmonaire se dispose à l'action , travaille avec plus de vivacité , se fatigue beaucoup plus promptement, comme on l'observe surtout chez les sujets affectés de gastralgie , de névrose du pneumo-gastrique etc. , éprouvant bientôt un sentiment d'inanition et d'anxiété vers l'épigastre lorsqu'ils soutiennent pendant quelque tems l'exercice de la phonation.

4° JUSTESSE DE LA VOIX. —— Nous accordons ce titre *à la phonation qui saisit aisément , dans l'échelle propre à ses moyens , tous les degrés toniques , et les reproduit sans jamais s'écarter de leur unisson.* La voix devient plus ou moins fausse toutes les fois qu'elle s'éloigne de ces caractères essentiels.

Les physiologistes ont longuement discuté sur la question d'établir si la justesse et la fausseté de la voix dépendent plus spécialement de l'oreille ou du larynx ; et, dans leur prétention de soutenir des opinions exclusives, ont bien souvent placé des erreurs palpables à côté des faits les mieux démontrés. Ici, comme dans la plupart des circonstances, nous devons chercher la vérité positivement entre les extrêmes.

Dans toute phonation régulière, l'oreille juge les vibrations sonores et dirige le larynx avec méthode et précision. Il est dès-lors facile de sentir que la justesse de la voix exige nonseulement une oreille bien constituée, susceptible d'apprécier les plus petits intervalles de la gamme chromatique, mais encore un appareil de vibration exactement conformé dans toutes ses parties, et capable de répondre aux impulsions de son régulateur. Vouloir que le sujet privé de l'une ou l'autre de ces facultés vocalise d'après le rythme normal, c'est exiger qu'un homme dont l'oreille est fausse tire des sons justes d'un violon d'accord ; ou qu'un artiste avec une oreille normale obtienne des sons harmonieux d'un instrument discord et sans aucune valeur.

Ainsi la fausseté de la voix peut dépendre de l'oreille seule, de l'appareil d'intonation exclusivement, de ces deux causes réunies. Dans le premier cas, le sujet vocalise faux et ne s'en aperçoit pas, il est incapable de sentir et d'apprécier la musique ; dans le second, il juge bien les perversions phoniques, et, passionné pour la mélodie, peut y devenir expert ; dans le troisième, il reste absolument impropre à la culture de cet art.

M. Malgaigne signale, au nombre des causes les plus ordinaires de cette anomalie vocale du second ordre, la mauvaise disposition de l'anche et du larynx, le défaut de rapport naturel entre le conduit nasal de retentissement et l'organe de phonation, attribuant à cette cause l'altération ordinaire qu'elle présente pendant *la mue.*

M. Bennati pense que l'intonation peut encore être fausse lorsqu'il s'établit discordance entre l'oreille et l'appareil vocal, même dans l'hypothèse où l'une et l'autre sont harmoniques et bien constitués, en les envisageant d'une manière isolée. David fils, Mme Pasta, nous dit ce physiologiste, chantent faux dans les premières modulations, et prennent une justesse parfaite aussitôt que l'oreille se trouve disposée par un prélude homotonique.

C'est plus particulièrement dans le chant que ces altérations sont positivement exprimées, comme nous le verrons bientôt, et qu'elles offrent des notions importantes à la physiognomonie.

5° MODIFICATIONS PHONIQUES.—Nous indiquons, par ce terme, *les caractères distinctifs imprimés à la voix pendant qu'elle traverse le conduit laryngo-buccal, indépendamment de ceux que nous venons de signaler.*

En comprenant tous les sons vocaux employés dans les différens idiomes, on peut les réduire à seize. Dans ce nombre, dix que nous appellerons *simples*, représentés par des signes ou lettres nommés *voyelles*, se partagent naturellement en deux catégories : Cinq *radicaux*, *a*, *e*, *i*, *o*, *u ;* cinq *analogiques*, produits par l'accentuation : *â*, *é*, *î*, *ó*, *ú*. Les six derniers nommés *composés* ou *diphtongues,* se trouvent exprimés par deux signes vocaux, ou par une voyelle suivie d'une consonne : *an*, *eu*, *in*, *ou*, *on*, *un*.

Dans la nécessité de ne pas confondre les actions de *vocaliser* et de *parler ;* nous rappellerons ce que nous avons dit en mnémotechnie, sur la manière de bien distinguer les *voix*, des *articulations*. Trois caractères essentiels fondent convenablement cet objet : 1° *Mécanisme de formation.* — Les *voix* sont produites par de simples modifications du conduit laryngo-buccal, sans influence active de la langue et des lèvres ; les *articulations* ne peuvent jamais être effectuées qu'avec des mouvemens actuels de ces parties. 2° *Divisibilité du son.*—Les *voix* paraissent toujours indivisibles dans leurs manifestations, il est impossible d'en faire entendre seulement une portion quelconque, sans accuser aussitôt la voix toute entière ; les *articulations* sont aisément fractionnées dans leur expression ; ainsi, R, S peuvent être prononcés en deux tems, comme si l'on écrivait *erre*, *esse*. 3° *Prolongation du son.* — Les *voix* se trouvent capables d'être soutenues indéfiniment, tant que la position respective des parties buccales sera conservée, tant que l'expiration fournira l'air indispensable à la vibration du larynx ; les *articulations* sont toujours un effet du moment, ce n'est qu'en les renouvelant par la répétition du même acte que l'on peut effectuer leur succession facile à distinguer de la prolongation véritable.

Simple dans son mécanisme, la production des voix peut être soumise à des règles assez positives. Elle est diversifiée par les formes du conduit laryngo-buccal, par les situations relatives de la langue, du voile staphylin, des lèvres, du palais etc. Nous devons l'étudier, des sons fondamentaux et simples, aux sons analogiques et composés.

A — présente un son *guttural* naturel ; pendant sa production, la bouche est modérément ouverte, les lèvres écartées, la langue aplatie, comme suspendue. C'est la phonation la plus facile pour l'enfant qui choisit de préférence les mots où nous en trouvons la répétition.

E — devient un son *palato-lingual* ; pour sa formation, la langue s'élève à la base, touche les incisives inférieures par sa pointe, le conduit buccal est aplati par la diminution du diamètre vertical.

I — nous offre encore un son *palato-lingual*, mais plus antérieur que le précédent ; lors de sa manifestation, la pointe de la langue s'approche du palais, et les lèvres, en s'écartant, sont faiblement rétractées en arrière.

O — donne un son *palato-labial* ; dans sa détermination, les lèvres s'allongent, forment un canal cylindrique, l'extrémité libre de la langue se retire au niveau des petites molaires.

U — fournit un son *labial* ; pendant sa production, les lèvres sont froncées, allongées, arrondies comme pour siffler, et la pointe linguale assez rapprochée du palais, des incisives supérieures.

A, *é*, *i*, *ô*, *u* ; mêmes dispositions gutturales, palatines, linguales, dentaires, labiales et bucco-laryngiennes que dans la formation des *radicales* de ces voix *analogiques*, seulement chacune des modifications particulières se prononce davantage, et le son, en même tems plus rond, plus ouvert, se traîne avec beaucoup plus de lenteur dans les secondes que dans les premières.

An — présente un son *gutturo-nasal* ; il s'effectue par l'abaissement du voile palatin, l'écartement des lèvres, le passage de l'air en grande partie dans les cavités du nez, le retentissement profond des anfractuosités avec prolongement des vibrations jusque dans les narines.

Eu — rend un son *palato-labial* ; dans sa production composée des conditions propres aux radicales *e*, *u*, la langue se rapproche antérieurement du palais avec un peu d'allongement et de froncement des lèvres.

In — donne un son *naso-palatin* ; pour sa manifestation, le voile du palais faiblement relevé, permet à l'air de placer le nez en vibration jusque dans ses cartilages, et de revenir dans la bouche ; les lèvres écartées en favorisent l'écoulement par cette voie.

Ou — représente un son *palato-labial* ; pendant sa formation, la langue se retire par sa pointe, se rapproche du palais antérieurement, les lèvres s'allongent, se froncent en arrondissant leur ouverture.

On — fournit un son *naso-palatin* ; pour sa détermination, le voile du palais s'abaisse, la voix résonne dans les cavités du nez, et, traversant le conduit buccal, y prend de la rondeur par l'allongement et le froncement des lèvres.

Un—son *naso-palatin*, se trouve produit par l'élévation modérée du voile staphylin, avec résonnement dans le nez, ascension de la langue, allongement des lèvres dont l'ouverture est ovalaire transversalement.

D'après cette analyse, on voit que les sons phoniques se réduisent à six types fondamentaux, en prenant pour base les parties du conduit laryngo-buccal essentiellement employées à leur formation. Ainsi 1° *guttural* : a, â. 2° *Gutturo-nasal* : an. 3° *Palato-lingual* : e, ê, i, î. 4° *Palato-labial* : o, ô, eu, ou. 5° *Labial* : u, û. 6° *Naso-palatin* : in, on, un.

Ces différens sons, en leur faisant éprouver toutes les modifications qu'ils peuvent offrir sous le rapport du timbre, de la force, du ton etc., servent à l'expression des idées, plus spécialement encore à celle des passions. Pour les approprier aux communications intellectuelles, il faudra les soumettre à des articulations, en former, comme nous le verrons bientôt, un langage parlé.

Celui des animaux est entièrement vocal ; c'est par son intermédiaire puissant qu'ils manifestent leurs sentimens de souffrance ou de plaisir, de haine ou d'amour. Chez ceux mêmes qui peuvent articuler des sons, la parole n'est jamais, comme nous le démontrerons, qu'une simple imitation physique plus ou moins imparfaite et sans aucune valeur significative dans ses modifications.

Ce langage de la voix est encore le seul dont jouit l'homme pendant les premiers tems de sa vie ; c'est par une éducation progressive qu'il apprend à parler avec facilité ; l'une de ces expressions est naturelle, instinctive ; l'autre, artificielle, de convention.

Il nous reste à considérer une disposition phonique plus élevée dans les rapports qu'elle entretient, servant ordinairement d'interprète aux grandes émotions de l'âme.

CHANT.

Le chant, ωδὴ, des Grecs, *cantus*, des Latins, est le *passage de la voix des tons aigus aux tons graves, des tons graves aux tons aigus, avec les modulations exigées par l'harmonie.* Expression naturelle de la gaieté, ses manifestations ne se trouvent appropriées qu'aux sentimens relatifs à cette condition morale, tels que la joie, l'espérance, l'amour etc. Aussi, ne pouvons-nons supporter l'inconvenance des accens mélodieux de la tristesse, de la douleur; et ces récitatifs de nos opéras où l'on expose, en chantant, les plus sinistres desseins, les circonstances les plus vulgaires sont - ils presque toujours accablans par l'ennui qu'ils occasionnent. Ici l'on peut dire, avec raison : L'art a *dépassé*, mais non point *surpassé* la nature.

C'est plus spécialement dans cette modification vocale dont certains animaux sont doués avec une assez grande perfection que le timbre se dévoile en prenant des caractères plus positifs; circonstance qui nous explique d'après quelle influence des sujets offrant une phonation désagréable acquièrent, en chantant, le timbre le plus suave et le plus grâcieux; c'est une observation majeure dont nous avons plusieurs fois vérifié la justesse, et qui s'unit à celle des influences névralgiques affaiblissant et cassant la voix, pour démontrer toute l'influence de la vitalité dans la nature et les qualités de cette action organique.

La vocalisation musicale ne se borne point, comme l'a surtout bien démontré M. Bennati, dans son excellent mémoire, à l'influence du larynx ; elle est encore effectuée par le pharynx, et l'on peut aisément distinguer ces deux modes essentiellement différens.

. Pendant la phonation du premier ordre, le larynx, dans un mouvement continuel et fatigant pour ses muscles extrinsèques, paraît comme en suspension entre les élévateurs et les abaisseurs. La poitrine est également soumise à des efforts permanens ; elle se remplit d'air qu'elle tient en réserve pour le fournir au besoin. Chez l'homme adulte le trajet du larynx, depuis le son le plus grave jusqu'au plus aigu, se trouve de deux pouces à peu près. L'étendue naturelle de la voix embrasse deux ou trois octaves. On observe des chanteurs qui peuvent descendre seize tons au-dessous du *médium* ; d'autres qui montent seize tons au-dessus. Les premiers sont les *basses-tailles* ; les seconds, les *soprani*. Mais jusqu'ici, nous ne connaissons pas d'exemple qu'un même sujet ait présenté la faculté de parcourir ces trente deux tons.

Pour la vocalisation du second ordre, le pharynx devient l'instrument fondamental, celui qui produit les sons, et dont les parties essentielles, savoir la langue, le pharynx, dans son ouverture buccale, et spécialement le voile palatin supportent les plus grands efforts, témoignent leur travail par le sentiment de lassitude et l'irritation dont ils deviennent le siége. M. Bennati considère même le larynx, dans cette phonation, comme accessoir e et s'unissant à la trachée pour compléter le *porte-vent.*

Des accidens paraissent communs à ces deux modes vocaux, tels que le bronchocèle, l'asphyxie, l'apoplexie etc. L'on a vu des oiseaux périr sous cette influence dangereuse en voulant surpasser un émule par l'étendue, la variété de leurs chants. Mais d'autres altérations deviennent spéciales et propres à chacun d'eux, en confirmant la réalité de leur distinction. Ainsi, les chanteurs *laryngiens* éprouvent le sentiment de fatigue dans le diaphragme, la poitrine, la glotte; sont pris surtout de pneumonie, de bronchite, d'hémoptysie, d'angine respiratoire etc.; tandis que les chanteurs *pharyngiens* accusent la même lassitude au voile du palais, et se trouvent plus particulièrement affectés d'angines tonsillaire, digestive etc.

L'homme rencontre, dans cet appareil supplémentaire du larynx, des moyens précieux relativement à la vocalisation que nous étudions, de telle sorte qu'il conserve, même sur les oiseaux chanteurs, une supériorité bien remarquable par le développement de son échelle musicale, puisque, d'après les observations de Rémond, le rossignol n'étend pas ses modulations au-delà de deux octaves.

Déjà les physiologistes avaient distingué ces variétés de phonation sous les noms inexacts de voix : de *poitrine*, de *tête*; *voce* di *petto*, di *testa*; voix *naturelle*, de *fausset*; M. Bennati donne, aux sons de la première, le titre de notes *laryngiennes* ou du premier registre; à ceux de la seconde, celui de notes *surlaryngiennes* ou du second registre. Pour simplifier et préciser davantage, nous désignerons ces deux variétés *phoniques* par les dénominations de voix : 1° *Laryngienne*, 2° *pharyngienne*; en faisant observer que nous comprenons, dans les dépendances du pharynx, la langue, les amygdales et le voile palatin au moyen desquels se trouvent effectués les sons de cette deuxième catégorie.

La *voix laryngienne*, que nous rencontrons toujours plus élevée d'une octave chez la femme que chez l'homme, présente le mode le plus ordinaire et le plus généralement réparti. Base essentielle de la phonation par ses caractères organiques et musicaux, elle nous fournit les types que nous avons indiqués sous les noms de : 1° *Dessus*, soprano; 2° *haute-contre*; 3° *taille*, tenor ; 4° *basse-taille*. La *voix pharyngienne* présente seulement des modifications de ces types. Elle est susceptible, sous l'influence des changemens partiels et généraux que nous avons signalés dans la trachée-artère, la glotte et le conduit laryngo-buccal, de parcourir les différens points de l'échelle tonique dans la circonscription des moyens propres à chaque sujet. D'après Rusch, auquel nous devons plusieurs considérations relatives à cette expression physiologique, ces transitions peuvent appartenir à deux modes : 1° *Concret*, dont tous les degrés sont au moins *semi-toniques* ; 2° *discret*, dont les intervalles offrent des quarts de ton, huitièmes de ton etc. C'est à ce mode que les compositeurs ont encore donné le titre de *gammes chromatiques*.

La *voix pharyngienne* appartient seulement à quelques sujets dans ses beaux développemens. On avait pensé d'abord qu'elle était produite par l'orifice intermédiaire aux cordes vocales supérieures ; c'est une erreur ; il est aujourd'hui bien démontré qu'elle se forme à l'ouverture gutturale circonscrite par la base de la langue, le voile du palais, ses piliers et les amygdales. Ajoutant aux moyens de la phonation ordinaire en la faisant descendre au-dessous des tons laryngés, mais surtout en la portant au-dessus, elle modifie plusieurs des types essentiels que nous avons admis. Ainsi, pour la *taille*, elle produit le *bariténor* à sons plus graves ; le *ténor-contraltino*, à sons plus aigus. Pour le *dessus*, elle détermine le *soprano sfogato* plus élevé, plus moelleux que le *soprano* du premier registre, ne retentissant point dans les anfractuosités nasales, et présentant quelquefois un timbre analogue à celui de l'harmonica. Pour les sons *graves*, le voile du palais s'élève, se porte en arrière ; la luette se raccourcit par la contraction des muscles *péristaphylins*, *palato-staphylin*, *pharyngien* ; la base de la langue est relevée, surtout vers ses bords, de manière à figurer une gouttière assez prononcée, par les *glosso-staphylin*, *stylo-génio-glosses*. Pour les sons *aigus*, on voit survenir des modifications opposées.

Dans l'intention de mieux faire apprécier encore ces différentes considérations, nous offrirons la planche suivante d'après les dessins de M. Bennati.

Planche VIII. Fig. III. Représentant trois types d'ouvertures pharyngiennes en repos et pendant la phonation modulée.

A. Basse-taille, *repos*. A'. Tons *graves*. A". Tons *aigus*.

B. Ténor contraltino, *repos*. B'. Tons *graves*. B". Tons *aigus*.

C. Soprano sfogato, *repos*. C'. Tons *graves*. C" Tons *aigus*.

Le physiologiste que nous venons de citer s'exprime ainsi dans la conclusion de son intéressant mémoire sur la voix humaine : « Ce ne sont pas les seuls muscles du « larynx qui servent à moduler les sons chantés ; mais « encore ceux de l'os hyoïde, ceux de la langue et ceux « de la partie supérieure, antérieure et postérieure du « tuyau vocal, sans le travail simultané et proportion- « nellement combiné desquels le degré de modulation « nécessaire pour le chant ne saurait avoir lieu. »

De toutes les vocalisations, celle que nous venons d'examiner est la plus pénible èt la plus difficile à soutenir ; elle dessèche, irrite la muqueuse buccale, celles du pharynx, du larynx ; delà peut-être l'occasion de ce reproche adressé, depuis long-tems, aux musiciens d'abandonner facilement le culte d'Apollon pour celui de Bacchus.

Les sons aigus fatiguent surtout le larynx et le pharynx, par la forte contension qu'ils exigent dans les muscles de ces parties ; les sons graves lassent davantage la poitrine, par les quantités plus considérables d'air qu'elle doit fournir pour en effectuer la production.

Tels sont les caractères de la voix dans toutes les circonstances étrangères à son articulation qui doit actuellement nous occuper.

4° PAROLE.

La parole, ρῆμα, des Grecs, *loquela*, des Latins, peut-être définie : *voix articulée par les mouvemens combinés, surtout de la langue et des lèvres, dans le but raisonné d'une expression mentale.*

Plusieurs physiologistes ont envisagé la langue d'une manière trop exclusive relativement à cet important phénomène. D'abord, elle n'est pas seulement employée dans cette action, puisqu'on la voit également servir pour la *gustation*, *la mastication*, *la déglutition* etc.; d'un autre côté les lèvres, les joues, le voile staphylin même, comme organes actifs, le palais et les arcades dentaires, comme instrumens passifs, concourent puissamment à l'accomplissement normal des articulations phoniques, plus ou moins profondément altérées consécutivement aux lésions de ces parties. Enfin la langue ne doit pas même recevoir ici le titre d'agent indispensable, puisque l'on a vu des sujets la remplacer, dans ces articulations, au moyen d'une pièce mécanique appropriée à cet emploi.

Entre plusieurs faits de ce genre, nous rapporterons, d'après Ambroise Paré, l'histoire d'un homme chez lequel on avait enlevé complétement l'organe de la parole affecté de cancer, et ne présentant plus qu'un tubercule peu saillant; il parvint à former des mots assez distincts pour se faire comprendre, en plaçant dans certaines positions, entre ses lèvres, la tasse qui lui servait à boire. Plus tard, utilisant une découverte aussi précieuse, il parlait assez facilement avec le secours d'un petit instrument en bois, dont ces premiers résultats et la nécessité lui suggérèrent le perfectionnement. Roland, chirurgien de Saumur, dit qu'un enfant du Bas-Poitou, privé de la langue, sous l'influence d'une variole très-grave, conservait les facultés de parler, goûter, mâcher, cracher, avaler etc. De Jussieu cite l'observation d'une jeune fille Portugaise, née sans langue, et présentant les mêmes facultés.

L'appareil de cette fonction est donc évidemment complexe, de telle sorte que l'une de ses parties venant à manquer, les autres peuvent la remplacer plus ou moins avantageusement. Nous y trouvons la langue avec ses muscles intrinsèques, extrinsèques, le voile palatin, les mâchoires, les arcades dentaires, les joues, les lèvres et les organes moteurs de toutes ces parties que nous avons décrites à l'article digestion.

Dans la série zoologique, un grand nombre d'animaux n'offrent aucune phonation ; d'autres présentent *le cri* seulement, quelques-uns, les oiseaux par exemple, jouissent encore *du chant* ; l'homme seul réunit *le cri*, *le chant et la parole* avec ses véritables caractères. On n'objectera pas sans doute à cette loi générale et sans exception, le chien qui prononçait, au rapport de Leibnitz, des mots allemands et français ; les perroquets, les étourneaux des fils d'Aggrippine et de Claude répétant des phrases grecques et latines etc. ; puisqu'il ne s'agit ici que d'une simple imitation, jamais d'un langage représentatif des sentimens et des idées. Autant vaudrait dire aussi que l'automate de Robertson jouissait de la parole dès-lors qu'il pouvait articuler plusieurs syllabes. Dupont de Nemours, après avoir soutenu que les oiseaux communiquent réciproquement par cette modification phonique, prétendit s'être initié dans les secrets de leurs conversations habituelles. Des écarts d'imagination, des hallucinations mentales ne prendront jamais, pour nous, les caractères persuasifs de la réalité.

Un fait historique bien connu, spécieux au premier aspect, servira de complément à ces réflexions. A l'époque où César et Pompée se disputaient le sceptre du monde, plusieurs individus exercèrent des corbeaux à saluer le nouvel empereur. Certain cordonnier donnant ses leçons à l'un des mêmes oiseaux dont l'intelligence n'était pas facile à diriger, immédiatement après la formule ordinaire : *Salve Cæsar Imperator*, ajoutait, avec mécontentement : *Perdidi tempus et operam*. César étant proclamé, les corbeaux, sur son passage, débitent leur phrase de convention, obtiennent un salaire. Celui du cordonnier se présente à son tour en criant : *salve Cæsar imperator*. Fatigué d'un aussi grand nombre de salutations intéressées, l'empereur n'accorde aucune gratification à ce dernier, qui reprend aussitôt : *perdidi tempus et operam*. César, frappé de l'à-propos, fait remettre une double récompense.

Il est évident que cette seconde phrase n'était, comme la première, chez le corbeau dont il s'agit, qu'un résultat de l'imitation ; et que tous les auteurs qui n'ont pas craint d'accorder à certains animaux la faculté de rendre leurs idées au moyen de la parole, ont été séduits par des illusions analogues à celle que nous venons de signaler.

Pour donner à cette question les développémens et surtout la précision que son importance exige, il est essentiel de bien distinguer, dans la parole : 1° *La simple articulation naturelle et mécanique des sons ; 2° leur liaison normale avec l'expression des idées.*

La première se trouve sous la dépendance de l'ouïe ; c'est-après avoir entendu les sons que le sujet les articule avec imitation ; circonstance qui vient nous expliquer l'accent particulier des peuples, disposition commune à tous les individus qui les composent ; la facilité qu'offrent plusieurs oiseaux, le perroquet, l'étourneau, la pie, le corbeau, le merle, par exemple, de répéter plus ou moins exactement les mots et même les phrases que l'on a plusieurs fois prononcés en leur présence ; enfin le mutisme nécessaire des sourds-nés, et le développement consécutif de la parole chez ceux dont l'audition s'est rétablie par les secours de l'art ou par le bienfait de la nature médicatrice. Au nombre des faits très-curieux inscrits, à cet article, dans les fastes physiologiques, nous citerons l'observation rapportée par Félibien, en 1703, à l'académie des inscriptions. Un jeune homme de Chartres, dans sa vingt-troisième année, sourd-muet de naissance, parle tout à coup, au grand étonnement de la ville entière. Interrogé sur les circonstances d'un résultat en apparence aussi merveilleux, il répond que trois mois avant d'articuler sa voix, il avait entendu le bruit des cloches ; quelque tems après, les conversations des personnes dont il se trouvait environné, de l'eau s'étant écoulée par les conduits auditifs ; que, depuis cette époque, il s'était exercé tout bas à reproduire les mots parvenus à son oreille, et résolu définitivement à communiquer ses pensées au moyen de ce nouveau genre d'expression qu'il employa d'abord imparfaitement, à la manière des enfans en bas âge.

La seconde, essentiellement relative à l'intelligence, concourant à la manifestation des sentimens et des idées avec leurs nuances les plus délicates, appartient exclusivement à l'homme. C'est pour cette raison que l'idiot ne parle jamais, ou du moins n'articule que des sous inintelligibles ; disons plus encore, le sujet naturellement spirituel et qui tombe dans l'imbécillité n'emploie désormais que des mots vagues et sans liaison. Il existe donc évidemment deux causes principales de mutisme, sans même y comprendre celles qui se rattachent positivement aux lésions de l'appareil dont nous supposons l'intégrité parfaite : 1° La *surdité native,* rendant toute articulation impossible, puisque les organes du langage n'ont point à leur disposition le régulateur indispensable aux phénomènes particuliers dont ils sont chargés. 2° L'*idiotisme ,* en constituant le défaut absolu des intellectualisations raisonnées qui seules pourraient exiger l'activité d'un moyen d'expression dont le concours leur paraît exclusivement réservé.

Il ne faut jamais confondre, bien *prononcer* et bien *parler.* En effet *le premier* de ces avantages se rapporte plus spécialement aux organes vocaux et d'articulation; *le second ,* surtout au développement des facultés intellectuelles, à la succession, à l'enchaînement facile des idées etc. L'une fait les *parleurs verbeux ;* l'autre, les *orateurs éloquens.* L'absence de l'une et l'autre peut, comme nous le verrons, occasionner le *bégaiement* et les perversions analogues.

Les élémens de la parole se composent des sons vocaux dont nous avons représenté les différences par des signes nommés *voyelles,* et d'autres sons qui viennent les modifier en s'y joignant sous le titre d'*articulations;* leurs divers caractères sont désignés par le terme de *consonnes.*

On avait cru pendant long-tems qu'il fallait envisager le larynx comme organe indispensable du langage arti-

culé dont il fournit ordinairement les sons fondamentaux.
M. Deleau, par une expérience très-simple, démontre
que l'on peut converser à voix basse, indépendamment
de cet organe. « Introduisez, nous dit-il, par une narine,
« jusque dans le pharynx, une sonde creuse qui laisse
« passer un courant d'air comprimé dans un réservoir
« d'une capacité moyenne ; aussitôt que vous sentirez
« la colonne d'air frapper les parois, suspendez l'acte de
« la respiration et mettez en mouvement les organes de
« la parole, comme si vous agissiez sur l'air sortant des
« poumons ; vous parlerez à voix basse ; vous ferez en-
« tendre distinctement tous les élémens de la parole
« aphonique. Craignant de m'abuser sur la faculté d'in-
« terrompre l'action de la poitrine pendant que je faisais
« jouer les organes de la parole, je me mis à parler à
« voix haute ; le courant d'air établi par le nez était dans
« toute sa force. A l'instant deux paroles se firent en-
« tendre d'une manière si distincte et si pure que les
« personnes qui assistaient à l'expérience crurent ouïr
« deux individus qui répétaient les mêmes phrases. Il est
« donc bien constaté, par cette expérience, que le larynx
« n'est pour rien dans la formation de la parole apho-
« nique. »

Cette conclusion nous paraît très-juste ; il suffit, en
effet, de parler à voix basse pour s'apercevoir aussitôt
que la vibration est exclusivement relative aux parois
de l'ouverture gutturale et que cette modification expressive rentre, en partie, sous le rapport de son mécanisme,
dans celui des notes appartenant au second registre.
M. Serres possède l'observation d'un forçat de Toulon,
qui parlait ainsi depuis une oblitération pathologique de
la glotte. Ces deux voix *haute* et *basse* portent leur
distinction indépendamment de la force, la seconde
pouvant se faire entendre de plus loin que la première ;
l'une est *laryngienne*, l'autre, *pharyngienne*.

Arrivés au conduit laryngo-buccal, produits par la glotte ou par l'ouverture gutturale, avec ou sans phonation distincte, les sons fondamentaux sont articulés par une série d'actions que nous allons actuellement analyser.

Nous pouvons réduire à vingt-trois les lettres ou signes nommés *consonnes* : *b*, *c*, *ch*, *d*, *f*, *g*, *gue*, *h*, *j*, *k*, *l*, *ill*, *m*, *n*, *p*, *q*, *r*, *s*, *t*, *th*, *v*, *x*, *z* ; leur union aux voyelles, dans un ordre de convention, produit cet ensemble que l'on nomme *alphabet*.

C'est en variant la combinaison des premières avec les secondes, que nous formons des mots, avec les mots des phrases, avec les phrases des périodes, avec les périodes un langage ; en procédant par méthode et gradation des élémens aux composés, nous parviendrons à des notions exactes relativement à cet objet important.

Nous avons trouvé les *sons vocaux* effectués par certaines positions de la langue, du voile staphylin, de la voûte palatine, des joues, des mâchoires, des lèvres etc. Les *sons articulés* veulent des mouvemens actuels de ces diverses parties. En conséquence des modifications fondamentales de ces mouvemens, nous rattacherons toutes les consonnes à cinq types généraux : 1° *Sifflantes*, 2° *explosives*, 3° *nasales*, 4° *liquides*, 5° *vibrantes* ; chacun de ces types offre un mécanisme particulier dont il faut bien apprécier les caractères.

1° *Sifflantes.*—Nous comprenons dans cette catégorie toutes celles dont la production s'accompagne d'un bruit de sifflet plus ou moins prononcé ; telles sont : *c*, *ch*, *f*, *g*, *h*, *j*, *s*, *v*, *x*, *z*. Pour leur manifestation, les arcades dentaires, les lèvres sont rapprochées, l'air traverse une ouverture étroite, qui le devient encore davantage par le mouvement de la pointe linguale vers les dents avec quelques modifications propres à la consonne ;

aussi, la perte des incisives rend-elle cette articulation à peu près impossible.

2° *Explosives.*—Nous les désignons par ce terme en raison du bruit instantané, lingual ou labial qui se manifeste pendant leur formation. L'ensemble de ces lettres comprend les suivantes : *b, d, gue, k, l, p, q, t, th.* Pour les obtenir d'une manière convenable, nous effectuons instantanément la séparation : 1° des lèvres, *b, p;* 2° de la langue et des incisives supérieures, *d, l, t, th;* 3° de la langue et de la voûte palatine, *gue, q, k;* avec des variétés particulières à chacune des consonnes de cet ordre. On conçoit dès-lors pour quelle raison les vices, les altérations des incisives, des lèvres et de l'extrémité linguale pervertissent plus ou moins directement ces articulations.

3° *Nasales.*—Ainsi nommées parce qu'elle soccasionent, dans les anfractuosités et jusqu'aux ailes du nez, des vibrations qui s'effectuent de manière à produire le son nasillard. Pour cet ordre nous trouvons *m, n,* d'ailleurs articulées comme les explosives ; la première, par les lèvres ; la seconde, par la langue appliquée aux incisives supérieures.

4° *Liquides.*—On connaît, sous ce titre, les consonnes dont la production s'accompagne d'un bruit humide et moelleux ; telles sont les deux *ill* dans les mots *fille, famille* etc., pour leur formation ordinaire, l'extrémité linguale s'applique faiblement à la voûte palatine, l'abandonnant ensuite mollement et sans vibration notable.

5° *Vibrantes.*—Désignées sous ce titre en conséquence du trémoussement qui caractérise leur manifestation, comme on le voit plus spécialement pour *r.* Dans cette articulation, la langue frappe d'abord le palais, s'en détache afin d'éprouver immédiatement une vibration par son extrémité libre. C'est pour cette raison que les sujets dont la pointe linguale est épaisse, incapable d'une telle vibration, rendent les consonnes de cette catégorie comme des liquides ; vice de prononciation qui constitue le *gras-seyement*.

De la combinaison de ces divers élémens, les *voix* et les *articulations*, se forment des *mots* signes représentatifs des idées, qu'il ne faut pas confondre avec ceux des choses.

Les premiers, entièrement de convention, variant dans les pays et chez les peuples différens, ne peuvent devenir pour eux des moyens de communication réciproque sans une étude préliminaire souvent assez longue, assez difficile.

Les seconds, au contraire, sont de tous les peuples et de tous les pays ; leur connaissance n'exige aucune éducation particulière, ils offrent un intermédiaire facile et commun aux relations des hommes les plus opposés par leurs habitudes et leurs mœurs.

Demandez en effet une pomme, des raisins, un livre à l'Anglais, à l'Allemand, à l'Espagnol etc., employant les mots français représentatifs des idées relatives à chacun de ces objets, vous ne serez pas compris. Ayez recours au dessein, montrez les signes physiques de ces mêmes objets, les rapports les plus positifs seront immédiatement établis entre ces étrangers et vous.

En général, plus les mots contiennent de voyelles, plus ils sont doux ; au contraire, la dureté qu'ils offrent se trouve ordinairement en raison du nombre des consonnes dont ils ont été formés. Les termes *aménité*, *succession*, en fournissent la preuve pour notre idiome. Par cette raison l'italien, renfermant des sons vocaux agréables et multipliés, est tellement harmonieux qu'on le nomme *la langue des femmes;* l'espagnol, *celle des dieux ;* tandis que l'anglais, l'allemand, le russe, péniblement surchargés de consonnes, reçoivent le titre de *langues des oiseaux*, *des chevaux*, *des ours*; la nôtre, intermédiaire à ces deux extrêmes, sous le rapport que nous étudions, pourrait être envisagée comme *la langue des hommes.*

La signification positive des mots n'est presque jamais assez nettement établie. Pour s'en convaincre, il suffit de suivre une discussion sérieuse, même entre des hommes très-instruits, on s'aperçoit bientôt, comme le dit M. Droz, « Que la plupart de nos expressions res- « semblent à ces rouleaux de monnaie qui circulent sans « être jamais comptés. »

Par leur union conventionnelle et méthodique, ces mots forment des phrases, des périodes, un langage, mais avec des modifications diversifiées chez les différens peuples, de manière que leurs idiomes ne se trouvent pas seulement spécialisés par la nature propre des termes qui les composent, mais encore par les constructions et par le génie qui leur deviennent particuliers. Chez les nations libres, dans les républiques nouvelles, plus près de l'état originaire, ce langage est énergique, imitatif; Caton, Démosthènes, Phocion, Brutus etc. nous en ont fourni des exemples. Dans les monarchies, il est poli, doucereux, sans chaleur; celui des femmes donne le ton. Sous les gouvernemens despotiques, il est flatteur, hyper- bolique, obscur; on peut s'en convaincre en lisant Tacite.

Une langue riche en expressions très-variées amène ordinairement des idées plus nombreuses, développe une grande fécondité d'imagination, *et vice versâ.* Nous com- prenons, en effet, que la multiplicité des pensées exige l'augmentation numérique de leurs signes représentatifs, et que l'abondance des termes devient un moyen plus certain de fixer, dans toutes leurs nuances, des idées plus positives et plus diversifiées. Si la nature de notre sujet n'imposait des bornes à ces considérations, il nous serait aisé de faire sentir l'influence réciproque de la pureté, de la richesse du langage sur les progrès de la civilisation, et des perfectionnemens de la civilisation sur la richesse et la pureté du langage.

La voix articulée présente à l'homme tant d'avantages et de facilité pour ses relations les plus ordinaires, surtout avec les sujets de son espèce, qu'en le supposant privé de cette langue maternelle dont les rudimens lui sont transmis dès ses premières années, il trouverait sans doute le moyen d'en former une propre aux conditions de son existence.

Les fondateurs du genre humain durent communiquer d'abord avec les gestes, la prosopose et les plus simples inflexions de la voix. Éprouvant bientôt la nécessité d'agrandir le cercle étroit de ces rapports, ils furent naturellement amenés à l'invention d'un langage, en convenant de représenter avec précision telle pensée, tel sentiment par telle phonation articulée. Là se trouve assurément l'origine de cette première expression orale que l'on peut nommer la *langue mère* de toutes les autres.

Les savans ont fait des recherches longues, difficiles et jusqu'ici complétement infructueuses pour découvrir cette *langue originelle*. Au milieu des expériences tentées pour arriver à la solution de cet intéressant problême, nous citerons particulièrement celle du roi Psammitique. Deux enfans sont élevés par son ordre au milieu d'un troupeau de chèvres. Le premier mot qu'ils prononcent est *békos*, terme phrygien signifiant *pain* dans notre idiome. On en tire aussitôt cette conséquence précipitée que la *langue phrygienne* est précisément celle que l'on cherchait. Avec un peu de réflexion, on s'aperçoit que le prétendu mot de l'énigme se rapproche beaucoup du bêlement des chèvres ; il est très-probable que ce mot *békos* est devenu chez les enfans indiqués un simple résultat de l'imitation.

Quelle que soit l'idiome primitif, chaque jour nous démontre que la langue maternelle a besoin elle-même d'une éducation assez longue, assez pénible, pour se trouver convenablement parlée. Cette nécessité, dont le génie de l'homme ne saurait l'affranchir, devient une dernière preuve qui met dans toute son évidence la nature conventionnelle des valeurs expressives que nous empruntons à la voix articulée.

Dans l'état normal, nous apprenons à former des syllabes, des mots, des phrases, des discours par l'intermédiaire de l'ouïe qui présente le régulateur naturel de toutes les articulations sonores. Les sourd-muets, au contraire, se dirigent dans ces exercices par la vue. C'est en observant les mouvemens de la bouche, en touchant le larynx, en établissant une communication directe entre-eux et l'interlocuteur, au moyen d'un corps vibrant, qu'ils parviennent à comprendre la pensée du maître ; c'est en répétant des mouvemens analogues devant un miroir, qu'ils arrivent à l'expression des idées, par cette voie, d'une manière assez intelligible. Mais combien de tems et de patience ne sont pas indispensables pour obtenir d'aussi merveilleux résultats. N'est-ce pas dès-lors avec reconnaissance, avec admiration, que nous devons citer, parmi ceux qui consacrèrent leurs veilles à des travaux aussi philanthropiques, les noms de Bonet, Vanhelmont, Holder, Rapheli, l'abbé de l'Epée, l'abbé Sicard et de leurs généreux imitateurs.

Ce langage articulé, moyen d'expression si rapide, si facile et si varié, n'est pas toujours l'interprète sincère des pensées et des sentimens. Soumis à l'empire de la volonté, quelquefois il devient le ministre coupable du mensonge et de la perfidie ; mais le timbre de la voix, la prosopose instinctive , par le plus choquant des contrastes , décèlent bien souvent alors et les idées de l'hypocrite et les véritables passions dont son âme est agitée.

Trop fugitive dans ses manifestations , trop altérable dans les documens qu'elle transmet aux souvenirs de l'histoire, la parole ne suffisait pas à tous les besoins de l'homme civilisé. Tourmenté par le désir de léguer aux générations futures ses découvertes et ses progrès, le génie, dans sa merveilleuse conception, trouva l'inestimable secret de représenter les idées avec des signes physiques, de substituer, à des traditions imaginaires, des faits tracés en caractères ineffaçables par le burin des tems ! La peinture, les hiéroglyphes , premiers résultats de cette vaste conception , furent pendant long-tems les seuls moyens de l'histoire écrite. Admirables, sans doute, pour l'époque de leur invention , ces moyens offraient encore des imperfections assez positives. Incapables de représenter les pensées et les sentimens avec toutes leurs nuances délicates et variées, ils laissaient un libre cours aux interprétations, aux commentaires.

Toutefois cette idée fondamentale devint la source et le principe de la plus belle des créations humaines. Elle inspira Cadmus vers l'an 2300 de l'ère ancienne, dans la première conception de l'écriture. Un petit nombre d'élémens simples, diversement combinés , offrirent des signes représentatifs à toutes les intellectualisations ; et, comme l'a dit un grand poète, cette merveilleuse conception nous donna la faculté « *de peindre la parole et de parler aux yeux.* » La découverte de l'imprimerie vint mettre, environ 3000 ans après, le dernier sceau du perfectionnement à ce moyen de communication déjà si précieux dans ses incalculables avantages. Avec des auxiliaires aussi puissans nos relations sociales acquièrent bientôt les immenses développemens qu'elles pouvaient offrir ; la civilisation, entraînée dans cette marche de l'esprit humain ressentit également les salutaires influences de la même impulsion. Aujourd'hui, l'intelligence communique ses émanations avec la rapidité de l'éclair d'un hémisphère à l'hémisphère opposé ; aujourd'hui, le génie fécond ne pense plus exclusivement pour son siècle., il écrit pour l'immortalité !

La parole, incessamment employée dans les manifestations de l'état moral, fournit encore, à la physiognomonie raisonnée, des renseignemens précieux par ses dispositions relatives à l'*âge*, au *sexe*, au *tempérament*, au *caractère*, à *l'intelligence*, au *pays*. Ainsi : 1° L'*enfant* parle beaucoup, avec bruit, sans articulation distincte, sans précision et sans choix dans les termes. Le *vieillard* est taciturne, son élocution froide, grave, mesurée, plus ou moins pervertie relativement au mécanisme. 2° La *femme*, douée d'une sensibilité dont les modifications sont infinies, parle souvent avec excès, presque toujours d'une manière agréable ; son langage est diffus et grâcieux ; il brille plutôt par l'élégance qu'il ne satisfait par la méthode. L'*homme* fait un abus moins fréquent de la parole ; sa diction est plus énergique, plus positive et plus régulière. 3° Le *sanguin* est prolixe, vague ; il séduit ordinairement par le clinquant des images, et ne satisfait pas toujours la raison. Le *lymphatique* s'exprime avec poids et mesure ; lourd dans ses discours, il est quelquefois assez précis dans ses jugemens. Le *bilieux* parle avec autorité ; son langage est serré, vigoureux, puissant ; il cherche bien plus à prouver au raisonnement qu'à plaire à l'imagination. Le *nerveux* s'énonce avec beaucoup de volubilité ; son élocution est vive, brillante, légère, parcourant la surface des difficultés sans vouloir en sonder les profondeurs. Le *mélancolique* soigné, prétentieux dans ses expressions, devient souvent ridicule par l'affectation emphatique de son langage. 4° L'*homme franc* énonce clairement ses opinions ; ennemi des périphrases, marchant droit au but, il emploie toujours le mot propre. L'*hypocrite* recherche les termes paraboliques, obscurs, les formules ambiguës ; ses discours n'offrent point une tendance positive et déterminée ; apprêtés, souvent inintelligibles, ils sont en même tems souples, moelleux, flatteurs ; *latet anguis in herbâ*. Le *sujet vaniteux* parle avec jactance et présomption ; exprimant les idées les plus mesquines par des mots résonnans et pompeux, avec un ton décisif et tranchant. L'*individu modeste* rend, au contraire, souvent les plus grandes pensées dans un style simple et sans aucune prétention ; pour apprécier tout son mérite, il faut le juger par les choses, non par les mots. Le *méchant* a la parole brève, dure, violente et sans aucun agrément ; lorsqu'il est en même tems perfide, elle devient réservée, doucereuse, insinuante. Le *philanthrope* s'énonce avec un accent plein de charme, d'entraînement et de noblesse. 5° L'*idiot* et les *stupides* à différens degrés offrent un langage à peu près nul pour le premier, se bornant presque toujours à quelques modifications du cri sans articulation nette et précise ; devenant lourd, décousu, traînant, interrompu, sans ordre et sans enchaînement pour les seconds. L'*homme de génie* parle avec chaleur, souvent avec enthousiasme, assez fréquemment par images, toujours d'une manière entraînante et persuasive. 6° *Chez les peuples du Nord*, où les rigueurs du climat, le défaut de civilisation, souvent même la nécessité de pourvoir individuellement à ses besoins matériels etc. tiennent dans un état d'asservissement les plus brillantes facultés mentales, on trouve ordinairement une langue pauvre, sans accentuation , sans images, froide et monotone comme le ciel de ces tristes contrées. *Chez les nations méridionales*, au contraire, la vivacité des sentimens, l'ardeur, l'activité de l'esprit et de l'imagination enrichissent naturellement les idiomes d'un nombre infini d'expressions pittoresques et variées. Les mots ne suffisent plus aux manifestations de la pensée ; leur décomposition s'effectue par syllabes dont chacune prend un accent particulier ; on s'aperçoit que, dans sa diction presque chantée, l'homme du Midi voudrait pouvoir faire entendre isolément chacune des articulations qu'il emploie. Ce langage devient alors harmonieux, passionné, brûlant comme les feux de l'équateur qui développent et fécondent ses germes esssentiels.

Il existe une modification expressive, intermédiaire à celles que nous venons d'étudier, se composant du cri, de la parole et du chant confondus, identifiés de manière à former un ensemble offrant seulement des analogies avec ses principes constituans ; on la nomme *déclamation*.

Les attributions de ce phénomène, comme sa nature, sont intermédiaires à celles du langage ordinaire et de la mélodie. Servir d'interprète aux grands intérêts, aux grandes passions , faire jaillir l'éloquence de la tribune ou de la chaire, tels sont les objets qu'il doit se proposer dans ses applications raisonnées ; les attitudes, les gestes, la prosopose, les inflexions de la voix, dans leurs plus grands développemens, sont alors de son domaine. Toutefois il faut craindre les abus d'un moyen aussi puissant en le détournant de ses véritables usages. L'homme qui déclame avec emphase, pour les conversations les plus ordinaires, devient aussi ridicule au salon qu'un mauvais acteur de mélodrame sur le théâtre.

La parole, dont nous avons étudié les conditions

normales, est susceptible d'offrir, chez certains sujets plus spécialement, surtout au moyen de l'éducation et de l'habitude, plusieurs phénomènes qui, sous le titre de *ventriloquie*, peuvent acquérir, pour la superstition et la crédulité vulgaire, toutes les apparences du merveilleux. Cherchons à préciser autant qu'il nous est possible, dans l'état actuel de la science, le mécanisme de cette phonation remarquable.

La ventriloquie, nommée, par quelques auteurs, *Engastrimisme*, *pectoriloquie*, fut long-tems envisagée, d'après ces dénominations, comme le résultat d'une voix partant profondément des cavités abdominale et thoracique.

Haller, Nollet, Mayer ont prétendu que les sons étaient alors formés pendant l'inspiration ; Dumas admet une espèce de rumination pour ces derniers ; M. Fournier dit que la voix est refoulée dans les poumons par la glotte; Lauth, MM. Richerand, Comte pensent que le son produit par le larynx, entraîné dans les poumons par une inspiration rapide, y retentit pour en sortir ultérieurement d'une manière lente et graduée; quelques auteurs ont même soutenu que cet air vibrant, soumis à la déglutition, allait faire écho dans les intestins. M. le baron de Mangen, dès l'année 1772, fit observer qu'il n'employait, pour effectuer les illusions de la ventriloquie, d'autres précautions que celle de conserver dans le pharynx une portion d'air consécutivement utilisée dans la phonation. Il ne manque à cette opinion positive que l'indication du mécanisme relatif au développement de la voix *surlaryngienne*, pour offrir le résumé véritable de la théorie la plus généralement admise aujourd'hui ; peut-être n'est-elle pas étrangère à la direction qu'ont prise les esprits vers ce résultat. M. L'Espagnol, unissant la pratique à la théorie, n'est pas aussi loin qu'on pourrait le penser, dans sa thèse inaugurale soutenue en 1811, de l'opinion émise par M. Mangen. Il distingue, pour la voix humaine, deux sons ; l'un direct, l'autre réfléchi. Le premier s'écoule immédiatement par la bouche ; le second, résonne dans les fosses nasales avant de sortir par la même voie. Le son direct est le seul qui frappe notre oreille dans les phonations éloignées. Dès-lors si le sujet, en contractant le voile-palatin, ne rend qu'un son buccal, il semble parler à distance considérable ; tout le merveilleux repose donc sur une illusion d'acoustique, et les modifications de la ventriloquie se rattachent entièrement, dans cette hypothèse, au jeu du voile staphylin, à sa faculté de rendre la voix plus ou moins nasale, plus ou moins exclusivement buccale par ses différens degrés d'élévation ou d'abaissement. Les explications que nous venons de présenter sont plus ou moins fautives, plus ou moins incomplètes ; aucune d'elles n'est en mesure de répondre aux objections fondamentales que le plus simple examen vient leur opposer.

M. Bennati pense que l'engastrimisme emploie surtout la voix *pharyngienne*, et donne, à la langue diversement utilisée dans ses parties adhérente et libre, une importance majeure pour cette phonation extraordinaire. « Lors qu'on parle en ventriloque, c'est toujours avec « la voix *surlaryngienne*, laquelle est particulièrement « modifiée par un mouvement très-curieux de haussement « de la base de la langue vers la voûte palatine, tandis « que sa pointe sert à l'articulation des mots dont le « ventriloque s'est spécialement appliqué à faire usage. « Ainsi le mécanisme de la langue dans le ventriloquisme « serait relatif aux mouvemens de sa base et de sa pointe. « Le mouvement de sa base joint à l'abaissement de « l'épiglotte sur la glotte servirait à modifier d'une façon

« particulière les sons surlaryngiens en tenant l'haleine
« en réserve tandis que la pointe de la langue contri-
« buerait à l'articulation des mots. »

Ce mécanisme, dont nous avons reconnu la vérité sur
nous-même en répétant, sans beaucoup de perfection,
quelques scènes d'engastrimisme, semble en effet celui
qu'emploient naturellement les plus habiles ventriloques.
Toutefois il est possible que d'autres modifications d'un
appareil aussi compliqué se trouvent employées dans ce
langage difficile à préciser ; la divergence des explications fournies par les anatomistes pectoriloques nous
semble donner beaucoup de poids à cet opinion.

Quelle que soit au reste l'explication adoptée, les
effets de cette voix magique sont notablement augmen-
tés, dans les illusions qu'ils font naître, par l'adresse
que l'acteur met à diriger ses impulsions phoniques vers
les lieux d'où la parole supposée devrait partir ; les
modifications relatives au timbre, à la force, au ton,
ménagées avec intelligence, deviennent encore des
auxiliaires puissans, capables d'entourer le ventriloque
d'un charme et d'un prestige qui fascine même les oreilles
et les yeux prévenus. Avec l'opposition de ces contrastes
bien établis, des hommes tels que Borel, Fitz-James,
Comte etc., véritablement célèbres dans ce genre, nous
étonnent par la force des illusions qu'ils font naître en
simulant des conversations entre plusieurs interlocuteurs
d'âge, de sexe, de mœurs, de pays différens ; en ob-
tenant des réponses mystérieuses du sommet d'un
édifice, des profondeurs de la terre ; en évoquant les
mânes de leurs tombeaux, en leur prêtant la voix sépulcrale et caverneuse des habitans du Tartare !

Cette manière de parler est fatigante et ne peut-être
supportée long-tems sans danger, en conséquence de la
suspension dans laquelle doivent se trouver les phénomènes respirateurs pendant ses manifestations.

Après avoir étudié les fonctions d'expression dans les nombreuses variétés qu'elles peuvent offrir, nous devons, pour en compléter l'histoire, examiner *l'influence de l'habitude*, *les sympathies*, *les altérations* qui leur sont plus spécialement relatives.

1° INFLUENCE DE L'HABITUDE SUR LES FONCTIONS D'EXPRESSION.

De toutes les fonctions au moyen desquelles nous entretenons des rapports avec les objets extérieurs, les phénomènes d'expression sont évidemment ceux que l'habitude et l'éducation modifient le plus profondément. Nous en trouverons la preuve en considérant, sous ce dernier rapport, *la station*, *la marche*, *la course*, *le saut*, *les gestes*, *la prosopose*, *la voix*, *le chant et la parole*.

Station.—Il suffit d'observer pour connaître aussitôt les perfectionnemens dont elle est capable, sous l'influence que nous indiquons, relativement *à la grâce*, *à la rectitude*, *à l'aplomb*. Jamais on ne confondra l'attitude noble et fière du guerrier vieilli dans les rangs avec la pose lourde, niaise, embarrassée du villageois sans culture. N'est-on pas frappé du contraste qui s'établit naturellement entre cette jeune femme du monde, remarquable par la distinction, l'élégance enchanteresse de sa tournure, et la paysanne rustique dont le maintien gauche et commun semblent indiquer un sujet de création et d'espèce différentes ? Quelle opposition ne vient pas caractériser l'homme des champs conservant assez mal son équilibre sur la plus large base, et le funambule exercé paraissant, même sur un simple fil métallique, ne devoir jamais perdre le sien.

Locomotion.—Envisagée sous les rapports de la *marche*, de la *course* et du *saut*, toujours elle nous présente les effets très-positifs de l'éducation. Ainsi l'individu qui voyage fréquemment à pied, s'exerce beaucoup à ces différens modes locomoteurs, offre, toutes choses égales, des avantages marqués relativement à la force, à la vitesse, à la résistance qu'il déploie, sur celui dont la vie s'écoule dans l'engourdissement et l'immobilité.

Gestes. — On sentira toute la puissance du modificateur que nous étudions en comparant les mouvemens automatiques, inexpressifs de l'homme inculte, encore environné de son écorce native, aux gestes énergiques, significatifs et gracieux de l'orateur distingué, par de grands succès dans la chaire, à la tribune. Si même nous rapprochons l'homme doué d'une certaine éducation et l'acteur célèbre, quelle différence ne trouvons-nous pas encore à l'avantage du dernier. Tous les autres mouvemens partiels sont également soumis à cette loi. C'est ainsi que le prestidigitateur obtient des résultats en apparence merveilleux, et que l'on parvient, en surmontant la résistance naturelle des synergies, à décrire, au moyen des membres thoraciques, deux cercles en sens opposé.

Prosopose. — Les acteurs et surtout les actrices nous offrent un jeu de physionomie tellement supérieur à celui des gens du monde, qu'il suffit de les examiner pour les reconnaître à ce caractère. Il est évident qu'ils arrivent à ces conditions spéciales par l'habitude et la fréquente répétition des scènes muettes pendant lesquelles, obligée de tout exprimer, la prosopose acquiert une étonnante perfection.

Voix, chant, parole.—L'influence de l'éducation sur ces modes principaux du langage est appréciée depuis long-tems. Il suffit d'entendre parler, chanter ou déclamer plusieurs individus pour distinguer aussitôt les effets de l'art et ceux de la nature. Sans doute jamais on ne devient chanteur, musicien, orateur sans une organisation favorable, sans un génie spécialement dirigé vers ces résultats; mais, d'un autre côté, les plus belles dispositions natives s'effacent graduellement sans culture, et les perfectionnemens amenés par l'habitude et le travail seuls peuvent enlever les suffrages à la tribune, au théâtre, au bareau.

2° SYMPATHIES DES FONCTIONS D'EXPRESSION.

Le physiologiste qui connaît les relations entretenues par les systèmes nerveux encéphalique et musculeux volontaire, avec toutes les autres parties de l'organisme, peut seul apprécier l'étendue des sympathies que présentent naturellement les actions d'expression dans les modifications indiquées.

Station. — Elle se trouve notablement influencée par les dispositions innervatrice, digestive, circulatoire etc., de telle sorte qu'en étudiant les altérations symptomatiques de ce phénomène, on peut éclairer le diagnostic d'un grand nombre de maladies. C'est ainsi que nous la voyons chancelante pendant l'ivresse, faible, mal assurée dans la lienterie, la gastrite, l'entérite, la péritonite chroniques etc.

Locomotion. — Les mêmes influences produisent ici des résultats analogues. On reconnaît aisément, à sa démarche lourde, inégale, vacillante, un sujet éminemment apoplectique; sous l'influence des phlegmasies chroniques du rachis, de l'appareil digestif etc. la marche, le saut la course deviennent plus ou mois difficiles, entraînent immédiatement une lassitude profonde etc.

Gestes.—En observant l'homme dans les divers états pathologiques et physiologiques, on reconnaît aussitôt les sympathies relatives à ces mouvemens partiels. Ainsi, dans les phlegmasies abdominales chroniques , surtout lorsqu'elles sont compliquées d'irritations du système nerveux ganglionaire, dans un grand nombre de maladies encéphaliques , d'aliénations mentales nous voyons les gestes brusques, précipités, quelquefois sans ordre et sans rapport avec les modifications du langage.

Prosopose.—L'influence que nous étudions est encore beaucoup plus diversifiée relativement à cette partie des phénomènes d'expression. Toute maladie, toute passion violente réagissant vers les appareils centraux de l'innervation ou de la circulation , occasionnent sympathiquement, dans la physionomie, des altérations plus ou moins profondes, plus ou moins contrebalancées par la volonté. Si la pudeur ou la colère exaltent les mouvemens du cœur, la face est colorée ; vermeille dans le premier cas, d'un rouge foncé dans le second. Au contraire, si les mouvemens de cet organe sont enchaînés par la frayeur, la crainte, l'envie, la jalousie etc., le visage devient pâle, jaunâtre, verdâtre. L'apoplexie, l'asphyxie, la syncope déterminent également ces perversions opposées. Dans les inflammations digestives, compliquées de névroses ganglionaires, l'expression faciale offre quelque chose de gêné, de contraint, elle est crispée, mobile, irrégulière ; c'est alors surtout que la dissimulation rencontre des obstacles positifs dans les violentes impulsions de l'instinct. En se livrant avec discernement à ce genre d'observation, déjà signalé par les anciens, on sentira de plus en plus toute son importance relativement au diagnostic du plus grand nombre des maladies.

Voix, chant, parole. — Moins exclusivement assujetties à l'empire de la volonté, la première et la seconde modifications du langage reçoivent dès-lors une influence bien plus marquée des actions sympathiques. Aussi, dans la manifestation des sentimens feints, même avec art, voyons nous s'établir entre elles et la troisième une discordance positive et toujours capable d'éclairer l'investigation qui doit faire distinguer la vérité de l'erreur, la franchise de l'hypocrisie. Examinez le méchant consumé par la haine, l'envie, la jalousie, l'esprit de vengeance lorsqu'il veut témoigner à l'objet de ses coupables machinations des sentimens d'affection et de bienveillance que son cœur endurci n'éprouva jamais, le ton contraint, dénaturé, le timbre sinistre et lugubre de sa voix contrastent sensiblement avec le choix de ses expressions, la politesse affectée des discours les plus perfides. La perspicacité, l'expérience en physiognomonie pourrait-elle se laisser encore séduire par ces caméléons prenant toutes les formes, excepté celles de la loyauté, de l'honneur ; parlant tous les langages, excepté celui de la franchise, de la vérité ! voyez l'homme timide et craintif lorsqu'il cherche à faire preuve de courage en commandant avec autorité ; l'hésitation du timbre, le son tremblant de la voix démentent positivement la jactance et la forfanterie de ses allocutions.

Nous pourrions suivre la phonation, le chant et la parole dans toutes leurs altérations sympathiques, dans leurs nombreuses contradictions ; faire sentir combien leurs perversions se rattachent directement aux lésions des appareils nerveux, respiratoire, digestif, circulatoire etc. ; indiquer la voix cassée, faible, usée, des gastralgies, des gastrites ; saccadée, tremblante, irrégulière des spasmes, des convulsions, du tétanos ; la parole courte, brève, entrecoupée de la pneumonie, de l'anévrisme, de l'asthme etc. ; pesante, lourde, embarrassée de l'apoplexie etc. ; mais il suffit d'avoir indiqué ces faits aux bons observateurs pour qu'ils y trouvent des renseignemens positifs et précieux, relativement au diagnostic d'un grand nombre de lésions pathologiques.

3° ALTÉRATIONS DES FONCTONS D'EXPRESSION.

Elles peuvent se manifester suivant les quatre états principaux : 1° *Augmentation*, 2° *diminution*, 3° *perversion*, 4° *suspension* avec des modifications relatives à chacun de ces phénomènes.

1° AUGMENTATION.—Elle offre, dans toutes les fonctions d'expression, la suractivité souvent la plus nuisible au développement régulier de leurs manifestations normales, en prenant ainsi les caractères d'une véritable maladie.

Station.—Toutes les altérations susceptibles d'augmenter la roideur et l'inflexibilité des parties employées dans l'attitude verticale, en affectant directement, soit les organes passifs, comme les *ankyloses* plus ou moins complètes etc., soit les organes actifs, comme les *spasmes* etc., deviennent autant d'exagérations contraires à cet acte physiologique, surtout envisagé comme préparatoire aux mouvemens partiels ou généraux.

Locomotion.—Nous voyons des hommes, par une organisation spéciale et sous l'influence de l'habitude, acquérir, d'une manière prodigieuse, la faculté de marcher, courir, sauter, danser, escrimer etc. ; presque toujours l'appareil moteur prend alors une fâcheuse prépondérance, notamment sur l'appareil d'intellectualisation ; le moral paraît s'abaisser en mesure de l'élévation du physique ; résultat qui justifie ce propos d'un homme de génie, considérant l'un de nos plus célèbres danseurs : « Vous voyez ce virtuose, il excite votre admiration par

« le maintien, la grâce et l'agilité qu'il déploie sous vos
« yeux ; ne lui demandez rien de plus, tout son esprit
« est dans ses jambes. »

Gestes. — Les même principes offrent ici leurs applications. Combien de sujets qui nous étonnent par leurs
gestes, leur adresse, leur habilité manuelle, et chez lesquels nous cherchons vainement une intelligence. Nous
pourrions, sans même sortir de notre domaine chirur-
gical, demander où se trouve la supériorité mentale de
certains opérateurs capables de surmonter aisément toutes
les difficultés que l'instrument peut rencontrer ? C'est
particulièrement dans les délires maniaques, inflammatoires que l'augmentation des mouvemens partiels devient
excessive. Chez quelques individus, l'exagération habituelle de cette pantomime indique un esprit qui s'agite
sur les limites communes de la raison et de la folie.

Prosopose. — On observe des sujets dont l'expression faciale rend la caricature des sentimens les plus
naturels sous l'influence d'un *tic* ou d'une habitude vicieuse qui les fait incessamment grimacer. Dans plusieurs
irritations encéphaliques, chez les maniaques et chez
les hommes très-passionnés on rencontre souvent cette
augmentation morbifique dans tous ses développemens.

Voix, chant, parole. — Les individus habitués à
vociférer, à noyer leurs idées au milieu d'un déluge de
mots incohérens, présentent cette altération d'une manière d'autant plus fâcheuse que leur langage est toujours
obscur, inintelligible, et que les gestes insignifians dont
il s'accompagne ne présentent jamais l'avantage d'en
rectifier les défauts ou les erreurs. Cette loquacité fatigante, cette disparate insupportable entre les principaux
phénomènes d'expression, offrent souvent un symptôme
grave dans les phlegmasies encéphaliques ; et, chez les
sujets à l'état ordinaire, le signe de quelque désordre

moral ou physique, d'une prédisposition à l'aliénation mentale.

2° DIMINUTION.—Conséquence naturelle de la vieillesse, elle peut également se rattacher à des circonstances accidentelles, même dans un âge où l'économie jouit naturellement encore de sa force et de son activité.

Station. — En descendant vers la caducité, l'homme revient à ses conditions natives, perdant chaque jour la faculté de conserver, dans un équilibre parfait, l'attitude bipède et verticale. Un affaiblissement gradué se manifeste alors dans les puissances motrices, les résistances passives conservant à peu près leurs caractères primitifs ; de-là ce défaut d'aplomb, cette nécessité d'un appui, ces incurvations de la colonne rachidienne etc. Au nombre des agens accidentels susceptibles d'effectuer les mêmes altérations, nous devons signaler particulièrement une constitution frêle, délicate, vicieuse, les excès dans tous les genres, la débauche, la masturbation etc. Le rachitis devient souvent une cause de ces lésions, mais ce n'est pas la plus ordinaire, comme il est aisé de s'en convaincre dans les établissemens consacrés au traitement des difformités. C'est une vérité que nous avons bien des fois confirmée dans celui que nous dirigeons depuis dix ans avec des résultats si favorables. Lorsque cet affaiblissement des phénomènes d'expression en général, de la station en particulier est consécutif à l'extinction progressive des actions de combinaison intellectuelle, on peut l'envisager comme un bienfait de la nature qui ravit à l'homme des moyens de réaction non seulement inutiles, puisque leur exercice n'a plus de motif, mais encore dangereux en raison de l'impulsion aveugle qui seule pourrait désormais les employer. Au contraire, chez tous les sujets où ce même affaiblissement porte, d'une manière exclusive, sur les fonctions d'expression, l'existence devient un véritable supplice, une mort anticipée dont l'âme sent d'autant mieux les horreurs qu'elle peut en saisir, en apprécier tous les instans.

Locomotion- — Les mêmes influences produisent ici des résultats identiques. Ainsi, les progrès de l'âge, l'obésité, l'apoplexie, l'onanisme, la débauche etc. rendent la marche, le saut, la course beaucoup plus difficiles ; on peut en quelque sorte préciser les degrés de l'épuisement général par la diminution de l'énergie motrice, et saisir, dans cette investigation , des renseignemens utiles au diagnostic des maladies.

Gestes. — Les altérations signalées dans les déplacemens généraux se font observer ici dans les mouvemens partiels. Les moyens d'expression y perdent leur énergie, leur variété ; les relations individuelles paraissent alors froides, monotones, incomplètes ; la culture des arts n'a plus sa même perfection ; le peintre célèbre , le virtuose habile deviennent des hommes très-ordinaires alors qu'ils n'ont plus leur premier mécanisme d'exécution, en supposant même qu'ils conservent encore la pureté du sentiment et le feu du génie.

Prosopose. — Les phénomènes d'expression faciale présentent naturellement, chez le vieillard, une diminution plus ou moins considérable sous le rapport de la coloration et du mouvement des traits. Un grand nombre de causes peuvent amener accidentellement ces résultats. Au rang des principales, nous citerons spécialement les apoplexies réitérées, les passions dépressives long-tems soutenues, l'épuisement physique et moral entraîné par la débauche, l'intempérance, la masturbation qui non seulement font perdre à la physionomie son langage naturel et varié, mais encore sa dignité première en la dégradant. Il suffit d'observer l'homme dans ces différentes conditions pour sentir une angoisse profonde à l'aspect de cette prosopose froide, immobile et comme frappée de stupeur ; ces traits déprimés sans chaleur et sans vie, cette bouche béante où depuis long-tems expira l'aimable sourire, cet œil au fond duquel paraît s'éteindre le dernier rayon céleste nous inspirent inévitablement, suivant les motifs de leur dégradation, ou la pitié la plus profonde, ou le mépris le plus absolu.

Voix, chant, parole. — Les deux premiers modes sont affaiblis par toutes les causes propres à diminuer la vitesse et la force du courant d'air qui doit traverser la glotte pendant l'expiration, comme on l'observe particulièrement pour la débilité sénile des muscles respirateurs, pour les gastralgies, les gastrites, la pneumonie, l'hydrothorax, la phthisie etc. Dans tous ces cas, les divers degrés d'aphonie deviennent un obstacle plus ou moins puissant à l'exercice des fonctions de relation, et fournissent les symptômes les plus positifs au diagnostic des lésions qui peuvent affecter les appareils vocal, respiratoire, digestif etc. La parole également affaiblie, dans ses manifestations, par les influences que nous venons de signaler, éprouve cette modification d'une manière plus immédiate sous l'influence des agens qui produisent l'engourdissement des muscles de la langue, du pharynx, des lèvres etc., comme on le voit après les apoplexies, dans les ramollissemens des lobes antérieurs du cerveau, pendant les effets de l'ivresse, du narcotisme, de la colère, de la crainte et d'un froid rigoureux. Les mots sont alors incomplétement articulés, et la signification du langage devient souvent inintelligible. Nous trouvons encore, dans ces anomalies, des renseignemens précieux relativement aux investigations des maladies physiques et mentales.

3° PERVERSION.—Elle porte sur la l'essence même des phénomènes d'expression, en leur imprimant des caractères plus ou moins défectueux et toujours contraires au but que s'est proposé la nature dans l'accomplissement de ces phénomènes.

Station. — Elle peut être altérée par des attitudes et des situations vicieuses que l'on désigne, dans le monde, sous le titre *de mauvaise tenue* ; donnant un air gauche et pouvant conduire, chez les jeunes sujets, à des dévia-tions rachidiennes plus ou moins graves, comme nous en trouvons souvent la preuve dans nos établissemens or-thopédiques. Pour d'autres individus, c'est une mauvaise disposition primitive des parties solides ou des organes actifs du mouvement. Dans cette catégorie viennent se ranger les torsions du col, des membres thoraciques, les gibbosités, les courbures, l'atrophie des membres pel-viens, les pieds-bots etc. Ces diverses lésions appartien-nent souvent aux scrophules, au rachitis ; dans ce cas, les méthodes curatives que nous employons, pour celles d'une autre espèce, offrent bien plus rarement leurs utiles applications.

Locomotion. — Les perversions que nous venons de signaler dans la station en produisent inévitablement d'analogues pour la marche, le saut et la course. Dans cet ordre viennent se ranger les nombreuses claudica-tions relatives à la différence de longueur, de force dés membres pelviens ; à leurs déformations ; aux anomalies de configuration du bassin ; aux incurvations rachidien-nes etc. Dans tous ces cas, le traitement de la station vicieuse offre des avantages plus ou moins directement appliqués à la locomotion.

Gestes. — Combien d'exemples d'une altération sem-blable ne rencontrons-nous pas dans cette gaucherie, cette maladresse de certains sujets devenant ainsi complète-ment impropres aux arts mécaniques, à l'expression des idées supérieures et des grandes passions ? Cette perversion peut être momentanée, passagère, se rattachant alors surtout aux dispositions morbifiques de l'appareil musculaire, des systèmes nerveux ganglionaire, encéphalique, et, par extension, des organes auxquels se distribuent leurs innombrables rameaux ; chaque jour nous en fournit des preuves par la manière variable, inconstante avec laquelle nous exercons les mouvemens partiels dans leurs différentes modifications pour les travaux manuels et les jeux d'agrément. Elle peut devenir permanente, consécutivement à des lésions physiques, organiques ou vitales des membres thoraciques ; l'atrophie, l'ankylose, les rétractions, la roideur, les vices de conformation, de configuration, les fractures de ces membres nous en offrent des exemples nombreux.

Prosopose. — Sous l'influence des plaies, des mutilations, de la variole, des névralgies, des habitudes malheureusement contractées, certaines physionomies constituent de véritables caricatures par leur expression grotesque, ridicule, parfois même hideuse et repoussante, ne rendant jamais le sentiment et la pensée du moment. On rencontre en effet des visages qui rient comme les autres pleurent, ou qui témoignent leurs chagrins les plus amers avec la prosopose d'une gaieté parfaite. Quelle que soit cette anomalie faciale, jamais on ne peut la contempler sans une impression pénible, et sans éprouver le besoin de corriger les enfans de cette propension naturelle qu'ils ont à décomposer leurs traits par des grimaces dont la fréquente répétition produit ultérieurement des tics alors indestructibles.

Voix, chant, parole. — Ces modifications phoniques peuvent éprouver un grand nombre de perversions importantes à bien étudier pour en établir convenablement la thérapeutique raisonnée.

La voix est altérée dans son timbre par les angines,

la phthisie laryngée , les névroses de cet appareil , par celles de l'estomac, des intestins, du diaphragme etc. , d'où résultent ces cris plus ou moins rapprochés de l'aboiement du chien, des hurlemens du loup etc., faisant donner aux maladies qu'ils indiquent les noms de *lycanthropie*, *d'aboiemens convulsifs* etc. , attribués, dans les siècles d'ignorance grossière , aux sortilèges , aux maléfices ; traités sans résultats par les exorcismes, les conjurations ; aujourd'hui guéris par des moyens simples et rationnels, par des émotions vives, des dérivations physiques ou morales dont il est facile d'expliquer l'influence naturelle sans avoir besoin de les environner d'un merveilleux que les esprits sages ne doivent pas admettre avec légereté dans l'intérêt même des croyances les mieux fondées.

Le chant et la déclamation offrent un genre particulier d'anomalie connu sous le titre de *canards de voix*. C'est une espèce de *fausset anharmonique* dont les chanteurs médiocres font parfois entendre le *glapissement*, lors surtout qu'ils veulent moduler dans les tons aigus. La clarinette et plusieurs instrumens analogues nous en fournissent aussi des exemples , notamment quand ils sont embouchés avec des anches trop minces.

La parole présente également des perversions nombreuses qui toutes se réduisent, en dernière analyse, à des vices plus ou moins profonds dans les articulations vocales. Ces vices peuvent se rattacher à des causes différentes sans la distinction positive desquelles il devient impossible d'en appliquer le traitement raisonné de manière à les guérir ou du moins à les rendre supportables. Nous renfermerons ces causes dans trois principales catégories : 1° *Dispositions physiques des organes* ; 2° *dispositions morales* ; 3° *défaut d'harmonie entre les phénomèues de combinaison et d'expression.* Chacune de ces influences entraîne des résultats particuliers dans les altérations du langage articulé. Ces altérations nous présentent, comme variétés, les modifications suivantes :

1° *Mogilalisme.* — Impossibilité de prononcer les consonnes explosives, surtout par le défaut de longueur de la lèvre inférieure, par la division de la supérieure, dans le bec de lièvre.

2° *Sifflement.* — Bruit exagéré, désagréable pendant l'articulation des sifflantes ; ordinairement occasionné par l'absence des dents incisives.

3° *Jotacisme* — Impossibilité de prononcer les gutturales, consécutivement aux perforations de la voûte palatine.

4° *Nasonnement.*—Articulation très-désagréable des nasales ; perversion produite par les polypes du nez, la division du voile staphylin etc.

5° *Allation.*—Substitution de la lettre *l* à l'*r* ; ainsi, *malie* pour *marie* ; imperfection articulaire des vibrantes souvent occasionnée par l'excès d'épaisseur ou le défaut de longueur de la pointe linguale.

6° *Grasseyement.*—Perversion offrant quelques analogies avec l'allation ; consistant surtout dans l'empâtement et la mollesse d'articulation des vibrantes ; reconnaissant pour cause ordinaire le défaut de liberté, de longueur ou d'acuité de la langue. Lorsque cette altération du langage est peu marquée, naturelle, on peut y trouver un certain charme de douceur et de naïveté ; simulée, comme on le voit chez les jeunes merveilleux de nos grandes cités, elle devient fatigante, insupportable.

7° *Blésité.* — Substitution des consonnes douces aux consonnes plus dures, ainsi *ze* pour *je* ; l'épaisseur de la langue peut y contribuer, mais elle est plus souvent produite par une habitude vicieuse ; aussi la voyons-nous fréquemment généralisée dans certains pays.

8° *Bredouillement.*—Précipitation et confusion dans l'articulation des mots qui sont alors souvent inintelligibles ; cette perversion est quelquefois la conséquence d'un état convulsif habituel de l'appareil d'articulation vocale ; on en trouve des exemples chez les sujets très-nerveux ; elle est plus souvent produite par la multiplicité des idées ou par le désordre qui préside à leur enchaînement. On fait disparaître ce vice plus ou moins désagréable , dans le premier cas, par les narcotiques, surtout localement employés ; dans le second, en se familiarisant , par une étude sérieuse et persévérante , à manifester ses pensées avec méthode , raisonnement et précision.

9° *Anhélation.* — Nous désignons par ce terme la parole entrecoupée, suffocante, propre à quelques individus. Elle peut être *naturelle,* et se rattache ordinairement, soit à l'état irritable des muscles respirateurs , soit au défaut de capacité pulmonaire ; *anormale*, comme on le voit dans la pleurodynie, l'asthme, les inflammations diaphragmatiques etc.

10° *Bégaiement,* — *hésitation, psellisme* ; cette anomalie consiste dans les suspensions qui divisent, par des intervalles plus ou moins prolongés , les syllabes d'un mot ou les mots d'une phrase. Les bègues rencontrent, en parlant, deux obstacles principaux ; l'un se fait sentir dans certaines articulations laborieuses commandant un effort assez considérable pour l'appareil vicieusement constitué ; l'autre est présenté par la transition des modes articulaires différens. Plus ces modes sont opposés dans leurs manifestations, plus la difficulté devient considérable. Les causes du bégaiement peuvent se rattacher aux trois variétés que nous avons indiquées. 1° *Dispositions physiques des organes.*—La plus ordinaire est l'embarras de la langue dont la mobilité se trouve plus ou moins entravée soit par l'insensibilité des nerfs, l'atonie des muscles ; soit par la longueur excessive du frein, l'adhérence intime de l'organe aux parois buccales. Dans le premier cas, les excitans locaux ; l'attention de fixer la langue au palais avant d'articuler, de s'habituer par degrés à répéter souvent les syllabes et les mots difficiles, surtout à les enchaîner même dans leurs transitions les plus anharmoniques ; dans le second, la section du frein et des brides que l'on peut attaquer sans danger, constituent les moyens simples employés depuis long-tems avec succès. 2° *Dispositions morales.* — Cette cause, la plus ordinaire sans doute, offre plusieurs modifications essentielles à distinguer. *Défaut d'activité dans les intellectualisations.* Les pensées n'arrivant pas assez promptement pour soutenir la continuité du discours, il en résulte des interruptions fatigantes, analogues à celles du bégaiement. *Suspension des mouvemens linguaux par la crainte ou par une autre passion* ; les paroles expirent alors dans l'ouverture labiale en sons inintelligibles et mal articulés. 3° *Défaut d'harmonie entre les phénomènes de combinaison et d'expression.*— Les influences de cette catégorie peuvent se rapporter à deux modifications principales : *Défaut d'ordre dans les idées, préoccupation de l'esprit.* Les organes d'articulation se meuvent avant qu'il existe des pensées, avant que la série des raisonnemens et des jugemens soit établie d'une manière bien déterminée ; tandis que l'intelligence prise au dépourvu cherche à rectifier les erreurs de ses opérations, la langue balbutiant des mots sans ordre et sans liaison, les répète avec dégoût et satiété. Trois considérations principales démontrent la vérité d'une explication aussi naturelle : 1° Ce genre de bégaiement est d'autant plus prononcé que l'individu se trouve dans une situation plus capable de faire naître la distraction ou la crainte. 2° Si le sujet déclame ou chante avec expression des vers bien classés dans sa mémoire, trouvant des intellectualisations déjà préparées, il ne bégaye point. 3° En arrêtant précisément l'esprit de l'individu sur les phrases qu'il doit prononcer, le bégaiement devient moins considérable, quelquefois même à peine sensible. Nous réduisons aux principes suivans la thérapeutique de cette variété la plus fréquemment observée : Fixer positivement l'attention sur les objets que l'on doit exprimer avant d'entreprendre aucun mouvement d'articulation ; régler, par avance, la série des idées et même de tous les termes qui doivent composer chaque phrase ; prononcer avec lenteur et mesure toutes les syllabes ; répéter méthodiquement celles dont la première manifestation est imparfaite ; parler sans confusion, en termes laconiques et précis. Nous avons guéri par ces moyens simples et raisonnés plusieurs bégaiemens opiniâtres ; nous croyons que des règles générales suffiront aux applications particulières qui viendront se présenter.

4° SUSPENSION. — Elle peut frapper toutes les fonctions d'expression ou seulement quelques-uns de leurs phénomènes. *Dans le premier cas*, il existe une disposition offrant les apparences de la mort véritable et ne pouvant jamais persister long-tems sans danger ; nous l'observons pour le sommeil, les lipothymies, les syncopes, les asphyxies etc. ; *dans le second*, la station, la locomotion, les gestes, la prosopose, la voix, la parole se trouvent plus ou moins compromis ; les hémiplégiques, les idiots etc. nous en fournissent des exemples. On peut avancer en thèse générale que la nullité des idées entraîne celle des actions expressives, ou du moins ces dernières n'offrent alors aucun but, aucune valeur. Un sujet, dans cette pénible situation, ressemble moins à l'homme raisonnant qu'à la machine physique agitée par une cause aveugle, se déplaçant dans toutes les directions sans conscience du motif qui provoque ses mouvemens et de la force qui sert à leur exécution.

Tels sont, dans toutes leurs variétés, les fonctions employées aux communications des espèces vivantes en général, de la nôtre en particulier; devenant, pour nous, les moyens conservateurs d'une existence intellectuelle et sociale. C'est dans leur ensemble, dans leurs perfectionnemens que nous rencontrons l'homme tout entier ; c'est là que nous voyons profondément tracée la ligne invariable qui le sépare à jamais des animaux !

Après avoir envisagé les phénomènes de relation comme expression des actes moraux, il nous semble naturel, pour compléter une étude aussi directement utile, de les présenter actuellement comme traits distinctifs du caractère et des facultés mentales. C'est à l'ensemble de ces considérations importantes, sous tous les rapports, que nous donnons le titre de *physiognomonie physiologique* dont nous allons exposer les principes fondamentaux d'après les faits et l'observation.

PHYSIOGNOMONIE PHYSIOLOGIQUE.

La physiognomonie physiologique, mal à propos confondue par l'ignorance avec la chiromancie, la divination, l'astrologie, les sortilèges et tous ces moyens employés par le charlatanisme pour en imposer à la crédulité du vulgaire, *est une science positive qui s'occupe des rapports du physique et du moral, de manière à faire apprécier le second, échappant à notre investigation directe, par le premier qui frappe tous nos sens.*

Fixant naguère l'attention du monde civilisé par les développemens de cette même science, Gall et Lavater, avec des opinions erronées, avec des systèmes exclusifs, en ont dénaturé les principes, faussé les applications. Nous éviterons soigneusement ces aberrations graves dans une carrière aussi difficile, prenant, comme guides positifs, les faits, la raison et la vérité.

Pour donner à ces considérations la précision et l'importance qu'elles doivent offrir, nous les diviserons en trois articles comprenant : 1° *La réalité, l'utilité de la physiognomonie* ; 2° *l'examen sommaire des systèmes de Gall et de Lavater* ; 3° *l'étude raisonnée de la physiognomonie physiologique.*

ARTICLE PREMIER.

RÉALITÉ, UTILITÉ DE LA PHYSIOGNOMONIE.

En consultant les auteurs qui, depuis long-tems, ont écrit pour ou contre la physiognomonie, l'on trouve presque partout soit l'exagération d'un critique prévenu, soit l'enthousiasme d'un sectateur aveugle ; ici, comme dans toutes choses, les extrêmes opposés nous semblent également conduire à l'erreur.

Le dieu Momus demandait une fenêtre au cœur pour connaître les hommes ; un écrivain célèbre a dit : *Fronti nulla fides.* Il est évident qu'il s'agit beaucoup plus, dans l'expression de ces opinions, des mensongères apparences de la physiognomonie raisonnée que des caractères vrais et positifs sur lesquels on doit exclusivement l'édifier. C'est assurément par des règles établies au moyen

des faits, qu'à la simple inspection du physique, le chas-
seur devine les qualités morales du chien; le maquignon,
celles du cheval; l'agronome, celles du bœuf; le médecin, l'intelligence et les sentimens affectifs de son malade.

Sans doute, il ne faut pas envisager la science que
nous étudions comme infaillible dans toutes ses applications. Il suffit en effet d'observer les hommes pour sentir aussitôt qu'en s'abandonnant sans réserve aux jugemens qu'elle paraît dicter, on commettrait des erreurs
souvent assez graves. Il nous semblerait aussi peu conforme à la saine raison de franchir, sans examen, tout
l'intervalle qui sépare cet extrême de l'extrême opposé,
rejetant complétement la physiognomonie physiologique
sous le prétexte fautif qu'elle est entièrement illusoire
et sans aucun fruit.

Comme toutes les autres, cette science difficile a ses
erreurs; comme toutes les autres, elle offre ses vérités
incontestables; une simple réflexion mettra cette vérité
dans tout son jour.

Le caractère de l'homme se forme, avons-nous dit,
par l'ensemble d'un nombre variable de facultés intellectuelles et de passions dont quelques-unes présentent naturellement ou sous l'influence de l'éducation ultérieure,
la prédominance qui vient établir chacun des types
essentiels de cette constitution morale. C'est par les
fonctions de combinaison que l'intelligence et l'instinct
sont tirés de leur état passif; c'est par les phénomènes
d'expression que les résultats de ces fonctions compliquées sont extérieurement produits et manifestés; la
répétition de ces actes modifie nécessairement les organes chargés d'un tel emploi, de manière à leur imprimer
un facies, une condition propre à chacune de ces différentes significations. Vouloir soutenir l'opinion contraire
serait méconnaître le rapport qui doit exister entre

l'effet et la cause, entre l'ombre et le corps ; autant vaudrait nier l'évidence. Il nous paraît dès-lors positivement démontré que, chez un sujet, les facultés de l'esprit et les sentimens du cœur dont la prépondérance est établie communiquent, aux expressions, àleurs appareils, une empreinte plus ou moins susceptible d'indiquer à son tour la nature du cachet auquel son existence vient immédiatement se rattacher. Si les manifestations de l'*amour*, du *génie* sont effectuées autrement que celles de la *haine*, de la *stupidité*, voudrait-on supposer que ces manifestations, essentiellement différentes, laisseront des traces parfaitement identiques ; n'est-il pas certain, au contraire, que chacun de ces résultats offrira des traits conformes aux dispositions de son principe, et deviendra la copie physique de ces grandes modifications morales ?

Ces vérités nous semblent tellement démontrées, que la *réalité* de la physiognomonie découle naturellement de leur exposition ; reste par conséquent à prouver son *utilité*.

Pourquoi, diront quelques personnes intéressées dans cette controverse, exposer les hommes à des jugemens qui peuvent leur devenir très-désavantageux, n'étant pas d'ailleurs toujours en harmonie suffisante avec la vérité des faits ? Pourquoi, répliquerons-nous aussitôt, respecter le masque de l'hypocrisie ? pourquoi ne pas traduire au grand jour celui dont les rapports sociaux, dirigés par le mensonge et la perfidie, cesseront d'offrir aucun danger pour l'homme honorable dès l'instant où vous leur ôterez la possibilité de s'envelopper des ombres du mystère ? Le vice doit nécessairement perdre, et la vertu, gagner dans les perfectionnemens de la physiognomonie physiologique. Nous le dirons avec conviction, si les rapports du physique et du moral étaient plus

positifs encore, si les conditions de l'esprit et du cœur
se trouvaient toujours fidèlement rendues par les phénomènes d'expression matérielle, si l'intelligence et le
caractère se peignaient trait pour trait dans la physionomie, la vertu posséderait des encouragemens nouveaux ;
le vice, n'ayant plus de refuge, deviendrait moins fréquent.

Abandonner, sans règles pour ses liaisons et pour ses
éloignemens, le sujet qui doit vivre dans le tourbillon
du monde, c'est jeter un nocher sans boussole au milieu
des mers inconnues. Dirigé par la physiognomonie raisonnée, sa marche n'est plus incertaine ; il possède le
flambeau qui doit éclairer ses rapports ; il tient à la
main cette lanterne avec laquelle Diogène cherchait un
homme. Plus scrupuleux, plus difficile dans ses affections, il ne formera pas un grand nombre d'intimités.
Après tout, serait-ce un malheur ? Ne vaut-il pas mieux
un seul confident sincère que vingt flatteurs intéressés.
L'observateur obligé de limiter ainsi la sphère de son
âme peut encore dire avec un sage : *Utinam plena sit
amicis* ! Du moins il n'a point à regretter d'avoir compromis son repos et sa dignité par des liaisons trop souvent payées au prix des chagrins et des remords !

La physiognomonie, déjà très-utile aux gens du
monde, le devient bien davantage encore au médecin.
Étranger à cette science, comment pourrait-il apprécier
les inclinations dominantes, l'esprit, le caractère, le
tempérament, l'idiosyncrasie d'un malade qu'il examine
pour la première fois ? Comment parviendrait-il à deviner les secrets de son cœur, à dévoiler ainsi la cause
des maladies les plus graves par cela même que l'occasion s'en trouve profondément cachée ? La médecine
morale, négligée par les empiriques vulgaires, si bien
comprise par les maîtres de l'art, devient impraticable pour
lui. Guidé par ces notions fécondes, il s'élève, s'agrandit

avec les faits, procède avec des moyens supérieurs alors marqués par le cachet du savoir et du véritable génie!

La physiognomonie physiologique est donc une science réelle, utile ; nous l'avons démontré par le raisonnement ; l'expérience, fortifiant la valeur de nos principes, mettra désormais cette vérité dans tout son jour.

ARTICLE DEUXIÈME.

EXAMEN SOMMAIRE DES SYSTÈMES DE GALL ET DE LAVATER.

Jamais hommes n'ont été cités devant un tribunal plus incompétent et, par cela même, plus mal jugés que ces deux créateurs de la physiognomonie. Vantés sans mesure par les uns, adoptés sans examen, avec toutes leurs erreurs, placés dans un point d'élévation que ne marquait pas l'impartialité ; censurés amèrement par les autres, immolés, rejetés sans discussion, abaissés bien au-dessous de la place honorable qu'ils méritaient d'occuper à plus d'un titre, calomniés dans leurs intentions, entachés de la qualification injurieuse de fatalistes, de matérialistes etc., ces deux auteurs célèbres doivent être mieux appréciés. Nous ne craignons pas d'élever la voix pour leur justification en signalant toutefois les erreurs nombreuses mêlées dans leurs écrits à de grandes à d'importantes vérités. Nous n'entreprendrons pas d'examiner avec soin les détails beaucoup trop nombreux de leurs systèmes, nous en rappellerons seulement les bases fondamentales qui seules, rentrant dans notre objet, suffiront d'ailleurs au jugement que nous devrons porter.

Gall et Lavater ont suivi des routes opposées dans
leurs investigations physiognomoniques, et choisi, pour
bases de leurs théories, des principes essentiellement
différens. Le premier cherche les signes des facultés et
des inclinations mentales dans les prédominances relatives des organes intra-crâniens ; le second prétend les
rattacher particulièrement aux traits de la prosopose ;
nous devons par conséquent les envisager d'une manière
isolée.

1° SYSTÈME DE GALL.

Un évêque de Ratisbonne , *Albertus Magnus*, dans
son ouvrage publié depuis un siècle à peu près , admit
plusieurs organes cérébraux et fit représenter sur une
planche les siéges particuliers de la mémoire, de l'imagination etc. Bonnet a développé cette idée, substituant
le terme de *fibres* à celui d'*organes.* Vicq-d'Azir parta-
geait la même opinion lorsqu'il professait qu'avec le
cerveau d'un homme on pourrait constituer celui de tous
les animaux par la soustraction ou la modification de
certaines parties ; avec le cerveau d'un animal, celui de
l'homme en ajoutant, en façonnant plusieurs de ses
élémens. Dans son important ouvrage, M. Serres a donné
la plus belle extension à cette grande pensée. Mayer est
l'auteur d'un livre où cette pluralité des organes cérébraux acquiert de nouveaux développemens. Gall s'empare de cette idée , l'agrandit , la féconde ; ne voit plus,
dans les appareils intra-céphaliques, seulement les instrumens des actes intellectuels, il y trouve encore ceux des
passions. Pour lui, « 1° toute faculté dérive de l'organi-
« sation ; 2° le cerveau présente l'organe des phéno-

« mènes de l'intelligence et de l'instinct, devenant
« indispensable à l'âme pour l'exercice de ses fonctions;
« 3° cet organe est multiple; à chacune de ses divisions
« secondaires se trouve associée telle ou telle faculté ;
« 4° chacun de ces instrumens particuliers manifeste sa
« présence à la périphérie de l'encéphale; 5° cette forme
« variable chez les différens sujets est fidèlement repré-
« sentée par les modifications extérieures du crâne ;
« 6° on peut, même à travers les parties molles, recon-
« naître le développement des organes spéciaux à leurs
« protubérances distinctives, et conclure de ces condi-
« tions physiques aux dispositions morales du sujet. »

D'après cet anatomiste, les organes cérébraux sont
au nombre de vingt-sept ; dix-neuf communs aux animaux, à l'homme ; huit appartenant exclusivement au
dernier. Dans la première catégorie viennent se ranger
les instrumens des facultés et des passions suivantes :
1° *Instinct de propagation* ; 2° *amour maternel* ; 3° *défense de soi* ; 4° *amitié* ; 5° *instinct carnassier* ; 6° *ruse* ;
7° *instinct de propriété* ; 8° *orgueil* ; 9° *vanité* ; 10° *circonspection* ; 11° *éducabilité* ; 12° *localité* ; 13° *sens
des personnes* ; 14° *des mots* ; 15° *du langage artificiel* ;
16° *rapports des couleurs* ; 17° *des tons* ; 18° *des nombres* ; 19° *instinct de mécanique*. Dans la seconde, ceux
des passions et des facultés qui vont compléter cette
énumération : 1° *Sagacité comparative* ; 2° *esprit méta-
physique* ; 3° *esprit de saillie* ; 4° *talent poétique* ;
5° *bonté* ; 6° *imitation* ; 7° *fermeté* ; 8° *instinct religieux*.
M. Spurzheim ajoute à ces dispositions : *L'instinct du
séjour, de l'ordre, du tems, de la justice, de l'espérance, de la surnaturalité, de l'individualité, de l'étendue, de la configuration, de la consistance, de la
pesanteur.*

Le principe du système de Gall présente quelque chose

de séduisant ; il peut être vrai si l'on borne cette pluralité des organes cérébraux aux divisions positives de
l'encéphale ; mais en y comprenant la *polysplanchnie* de
l'auteur, nous le trouvons pour le moins très-douteux.
Accordons-lui, pour un instant, la plus parfaite réalité,
le système qu'il sert à fonder embrasserait exclusivement
l'intelligence et ne comprendrait pas l'instinct. En effet,
les facultés intellectuelles ont leur siége principal dans
l'encéphale, c'est un axiome établi sur des faits incontestables ; ajouter que les passions y résident comme
dans leur point d'origine et dans leur foyer central, devient une erreur que nous croyons avoir suffisamment
démontrée.

Faisant une concession plus large encore, supposons
la théorie dont il s'agit complète et fondée sur une base
inébranlable, pourra-t-elle nous offrir des caractères
physiognomoniques suffisamment exprimés ? Nous ne le
pensons pas. D'abord un assez grand nombre des protubérances marquées par l'auteur, plus ou moins éloignées
de la périphérie, sont incapables d'influencer notablement
la configuration du crâne ; ensuite plusieurs circonstances
étrangères aux dispositions cérébrales telles que l'épaisseur variable des os, l'écartement de leurs tables dans
la formation des sinus etc. peuvent déterminer une saillie
prononcée du crâne, dans le point même où se rencontre
une dépression encéphalique, et *vice versâ*. Pour compléter la réfutation, il suffit d'esquisser au moyen du
crayon, sur une tête réduite au système osseux, les
contours des bosses minutieusement limitées par Gall ;
on s'aperçoit aussitôt que la plupart, déjà très-peu sensibles, même sur un crâne sec, doivent échapper entièrement à l'investigation de l'œil et des doigts les mieux
exercés, lorsqu'il se trouve couvert du tissu cellulaire,
des muscles, de la peau, des cheveux, pour tout obser

vateur qui n'examine pas cet objet avec les préventions de l'anatomiste allemand.

Nous pensons dès-lors qu'il faut borner la *céphaloscopie*, à l'établissement des rapports du crâne et de la face, des dispositions proportionnelles offertes par les divisions fondamentales de la masse encéphalique, sans arriver aux détails illusoires dont l'imagination de cet écrivain célèbre nous semble avoir fait à peu près tous les frais.

En résumé, sous le rapport de la physiognomonie physiologique, nous considérons les travaux de Gall, non comme un système positif et complet, mais seulement comme un point assez limité dans ce vaste ensemble. L'auteur a voulu simplifier, visant à l'unité mathématique et négligeant toutes les modifications formales effectuées, dans les organes d'expression, par la répétition des actes qui leur sont confiés. Il est précisément tombé dans l'erreur d'un peintre qui voudrait obtenir une parfaite ressemblance avec la représentation d'un seul trait, au lieu de réunir tous ceux de l'original, pour en constituer une fidèle imitation dans la copie. Nous ne voulons point dénaturer notre examen, auquel préside l'impartialité la plus entière, par les inculpations de matérialisme, de fatalisme accumulées sur cet auteur pour discréditer sa théorie sans l'avoir d'abord soumise au creuset de l'observation et du raisonnement ; ces inculpations défavorables, répugnant à nos intentions d'attaquer les erreurs en respectant les hommes, ne nous paraissent dailleurs nullement fondées. C'est une réparation due par notre époque à l'anatomiste fameux qui n'eût pas sans doute l'avantage de fonder un bon système de physiognomonie raisonnée, mais qui possède incontestablement celui d'avoir éclairé, plus qu'aucun autre, l'histoire organique de l'encéphale et de l'appareil nerveux. Dans cette pensée de Gall, admettant un organe pour chacune des facultés intellectuelles et des passions, où donc se trouve le matérialisme? Que l'encéphale agisse en masse ou partiellement, devient-il moins l'instrument des intellectualisations dans une circonstance que dans l'autre; et l'intervention de l'âme, comme principe d'action, est-elle moins admissible dans la seconde hypothèse que dans la première? si nous employons un seul et même organe à la formation des bonnes ou des mauvaises conceptions, à l'accomplissement des actes vertueux ou criminels; si nous possédons, au contraire, un instrument particulier à chacun de ces résultats, existe-t-il plus de fatalisme dans la première supposition que dans la seconde? Parce que l'homme présente une langue, est-il dans l'absolue nécessité de parler? dès-lors qu'il offre des jambes, des organes génitaux etc., lui devient-il absolument impossible d'observer le repos et la continence? Ne jouit-il pas d'une raison qui l'éclaire, d'une conscience qui le dirige, d'une volonté qui le fait agir au gré de ses désirs, lors toutefois qu'il n'a pas entièrement sacrifié l'empire de ces précieux régulateurs à celui des passions? La postérité, parlant sans préjugés, sans envie, dira bientôt avec nous : Comme anatomiste, Gall marche au premier rang ; comme physiognomoniste, il offre peu d'importance, mais il ne doit pas encourir les reproches dégradans par lesquels on a voulu ternir l'éclat de sa mémoire.

2° SYSTÈME DE LAVATER.

Gall était anatomiste et physiologiste profond, mais il ne possédait pas la science physiognomonique; Lavater, au contraire, avait le génie positif de la physiognomonie raisonnée, mais il se trouvait à peu près entièrement étranger aux notions précises de la physiologie et de l'anatomie. Déjà nous avons signalé ces graves inconvéniens pour le système du premier, il nous reste à les démontrer pour celui du second.

Lavater, interrogeant un grand nombre de signes, établit sa théorie sur de plus vastes fondemens. Le crâne, la face, toutes les parties extérieures de l'organisme sont mis à contribution.

Au milieu de ces considérations éparses, de ces faits sans liaison, si l'on cherche un point central, un appui fixe, on ne le rencontre nulle part. Des traits de génie physiognomonique ; des erreurs positives d'anatomie, de physiologie ; des explications justes ; fréquemment des inductions fautives ; des redites multipliées ; des exemples souvent mal choisis, prodigués sans discrétion ; des histoires sans intérêt ; des considérations pratiques noyées dans un déluge d'épisodes imparfaitement rattachées au sujet ; des déclamations vagues à la place des raisonnemens précis ; voilà très-exactement ce que nous trouvons dans l'indigeste et volumineuse collection du pasteur de Zurich.

Au milieu de ces nombreux inconvéniens il existe un vice radical et qui nous paraît infirmer encore davantage le système de Lavater, d'ailleurs beaucoup plus satisfaisant que celui de Gall. Choisissant, comme base essentielle de sa théorie, la conformation primitive et négligeant en quelque sorte la configuration acquise, le premier de ces auteurs a pris l'accessoire pour le principal et frappé son œuvre d'impuissance et de stérilité. Donnant beaucoup trop d'importance à chacune des parties considérée dans l'isolement, il a partout affaibli ses preuves en divisant leurs moyens. Lui-même en fait naïvement la confession dans un passage qui suffirait seul

pour le faire juger sans appel : « Je me suis plus occupé
« de la physionomie en repos que de la physionomie en
« mouvement. Je n'ai pas seulement observé les formes ,
« j'ai remarqué en outre tous les degrés de courbure ,
« d'inclinaison ; j'ai assigné des valeurs à chaque partie
« prise séparément ; je me suis souvent décidé plutôt
« par un seul trait que par l'ensemble. » Il suffit d'être
physiologiste pour sentir aussitôt les erreurs palpapables
qui doivent émaner d'un aussi faux principe. Vouloir
trouver de l'esprit, de la stupidité, de la philanthropie,
de l'égoïsme dans telle ou telle forme originelle du nez ,
de l'oreille, de la bouche, des yeux , de la main, du
pied etc., nous paraît en effet tomber dans les plus
étranges abus de la physiognomonie ; porter des jugemens
contre l'erreur desquels vient incessamment protester la
voix de l'expérience ; élever un édifice informe sur des
fondemens ruineux.

Avec des notions anatomiques et physiologiques suffisantes, Lavater eût aisément compris les vices de sa
méthode, et, changeant les bases fautives de sa physiognomonie , perfectionné la science dont il a bien fait sentir,
l'un des premiers, toute l'importance et marqué les nom·
breux détails , avec ce cachet particulier qui décèle
constamment la bonté du cœur et le génie de l'observation.

ARTICLE TROISIÈME.

ÉTUDE RAISONNÉE DE LA PHYSIOGNOMONIE
PHYSIOLOGIQUE.

Apprendre à connaître l'homme moral par l'homme
physique, sous le double rapport de la sociabilité, de l'in-

vestigation médicale ; placer le premier au grand jour pour son avantage et ses perfectionnemens ; indiquer le mérite et les vertus aux regards, à la considération ; signaler au contraire le vice et l'ineptie prétentieuse à la dérision, au mépris, tel est le but essentiel de la physiognomonie raisonnée.

Plus l'objet de cette vaste science est important, plus elle doit être solidement établie, sévèrement jugée dans ses principes. Lavater, comprenant bien l'extension que l'on peut accorder aux bases de cette même science, a méconnu le premier fondement sur lequel on doit avant tout l'établir, sous peine de la réduire à des suppositions vagues, à des conjectures sans intérêt et sans liaison. « On peut encore juger de l'homme par son habillement, « sa maison, ses meubles ; c'est la nature qui nous forme, « mais nous transformons son ouvrage, et cette méta- « morphose même nous devient naturelle. Placé dans ce « vaste univers, l'homme s'y ménage un petit monde à « part qu'il fortifie, retranche, arrange à sa manière et « dans lequel on retrouve son image. »

Ces idées sont d'une grande vérité, mais l'auteur n'en tire presque aucun avantage, et s'abandonne aussitôt à l'empire de son imagination, accumulant des histoires et des faits sans ordre, sans méthode et sans but. Nous éviterons des inconvéniens aussi graves, et, pour donner à la physiognomonie toute la précision et toute l'importance qu'elle doit offrir, nous allons d'abord asseoir sur des notions positives ses élémens fondamentaux et ses développemens naturels.

Nos idées et nos passions, toutes nos modifications mentales sont produites à l'extérieur par les actions d'expression ; c'est un premier fait incontestable. *Chacun des groupes de ces modifications mentales, de ces passions et de ces idées s'expriment avec une prosopose, des attitudes et des gestes particuliers ;* c'est un second fait aussi positif que le premier. *La fréquente répétition d'une expression semblable donne à la partie qui l'exécute une manière d'être propre et distinctive ;* c'est un troisième fait aussi palpable que les deux autres. Leur ensemble constitue la triple colonne sur laquelle doit irrévocablement s'ériger l'édifice de la physiognomonie raisonnée. Déjà nous pourrions expliquer d'après quelles grandes lois vitales, une physionomie sans agrément, dans son état originel, mais rachetée par les dispositions les plus heureuses de l'esprit et du cœur, se façonne avec les bienfaits du tems, et paraît quelquefois alors d'autant plus séduisante, que ses charmes sont appuyés sur des qualités morales ; tandis qu'une autre figure d'abord gracieuse, mais bientôt dégradée par le vice ou l'ineptie devient insensiblement laide et repoussante.

Campanella sentait bien la réalité des influences que nous signalons. Pour connaître exactement le caractère d'un homme, il imitait scrupuleusement son attitude, ses gestes, sa physionomie, son langage, puis étudiait les dispositions morales dans lesquelles cette imitation l'avait obligé de se placer momentanément. Ce moyen de scruter la conscience des autres est aussi puissant qu'ingénieux. En effet on ne parvient jamais à cette grande vérité de la copie, sans revêtir passagèrement le caractère et l'esprit de l'original. Ainsi la disposition acquise par les agens d'expression, sous l'influence des mêmes actes, nous offre le principe fondamental essentiel de la physiognomonie.

Sans doute, on peut consulter aussi les formes natives des organes et des appareils, mais les renseignemens qu'elles présentent n'ont qu'une valeur accessoire. Ces formes indiquent seulement nos premières facultés ; les modifications des parties mobiles en révèlent plus ou moins complétement l'emploi. Tous les signes fournis par le crâne sont plus spécialement du domaine de l'intelligence et de la raison, tandis que ceux de la face appartiennent plus directement aux passions, à l'instinct, sans que nous puissions les isoler d'une manière absolue, ces deux parties offrant un grand nombre de manifestations communes.

L'étude physiognomonique des organes d'expression est relative à deux objets essentiellement différens : 1° l'état passif, 2° l'état actif.

1° *Etat passif.*—Les conditions originelles ou pathologiques ne présentent souvent aucune importance ; les traits déterminés ou modifiés par l'intelligence et les passions, méritant un examen plus sérieux, peuvent encore fréquemment induire en erreur. Ainsi tel sujet, dans le repos de la physionomie, paraissant doux, bienveillant et spirituel, prend un aspect méchant acariâtre et stupide, lorsqu'une circonstance imprévue communique instinctivement à sa prosopose les mouvemens qui lui sont naturels ; au contraire, tel autre individu semblant disgracieux et repoussant dans l'immobilité, parvient à charmer dès qu'il exprime sa pensée. Des faits aussi précis dont il est aisé de vérifier à chaque instant la réalité, nous démontrent positivement que ce n'est pas à cette première disposition que l'on doit emprunter les connaissances les plus positives et les plus variées.

2° *Etat actif.*—Soumis actuellement aux impulsions qui leur sont naturellement communiquées, les organes d'expression mentale présentent comme autant de miroirs de l'âme où se réfléchissent toutes les pensées et tous les sentimens. C'est-là qu'il faut dès-lors chercher les véritables signes apparens de ces modifications intérieures, en considérant les attitudes, la marche, les gestes, la prosopose, la voix, la parole dans leur activité comme bases principales de la physiognomonie physiologique. Toutefois il est bien important de ne pas confondre ici les manifestations instinctives, seules capables de servir d'interprètes à la réalité de l'intelligence et du caractère, avec les manières composées de la dissimulation, copies fautives d'un original toujours imaginaire.

A ces caractères essentiels, renfermés dans l'économie du sujet, nous devons en ajouter d'accessoires dont l'ensemble n'est pas sans quelque valeur. Dans cette nouvelle catégorie viennent se ranger les circonstances extérieures de l'homme, conservant des rapports avec ses phénomènes d'expression, signalant également ses dispositions morales en raison des particularités qu'il sait leur imprimer. Ainsi l'écriture, le vêtement, l'habitation etc. offrent encore des traits que l'on peut faire entrer dans le cadre dont nous avons déterminé la circonscription.

Établie sur des principes aussi naturels, aussi fondamentaux, la physiognomonie devient une science positive, une science de faits puisqu'elle se borne à l'explication de l'enchaînement qui doit nécessairement exister entre les passions, les combinaisons intellectuelles et les expressions organiques. Pour mieux faire apprécier sa réalité, ses avantages, esquissons, avec le burin de l'observation et de l'expérience, des tableaux qui puissent nous offrir ses principales applications.

Voulez-vous reconnaître, d'une part, *l'homme intellectuel*, supérieur aux besoins physiques, réglant, par la raison, toutes ses facultés et tous ses désirs ; de l'autre, *l'homme instinctif* gouverné par ses passions, arrêtez-vous aux caractères suivans :

Pour l'homme intellectuel.—*Crâne* largement constitué proportionnellement à la face ; *front* noble, calme, parfois sévère ; *sourcils* rapprochés sans effort de la ligne médiane ; *œil* pénétrant, ferme dans son regard ; *nez* régulier, sans mouvemens notables ; *bouche* fermée sans effort par des lèvres d'une épaisseur moyenne ; *menton* présentant une légère incurvation en devant, sans pesanteur, sans mollesse ; *teint* plutôt pâle que très-coloré ; *prosopose* toujours sans manière, sans affectation, constamment en rapport avec les passions et les idées qu'elle signifie ; *gestes* naturels, mesurés, prenant du développement, de l'énergie, seulement dans la déclamation, dans l'expression des grands sentimens et des sublimes pensées ; *attitude* noble, indépendante sans ostentation ; *démarche* aisée ; *voix* normale, sans bruyans éclats ; *intonations* distinguées, sans prétention, modulées avec agrément ; *parole* gracieuse, élégante, persuasive, riche dans ses manifestations ; *écriture* méthodique plus ou moins spéciale, toujours correcte ; *mise* décente, propre, soignée, mais sans recherche et sans asservissement au caprice des modes ; *habitation* sans faste, sans luxe, réunissant, dans une juste mesure, tous les objets d'utilité positive, constamment en harmonie dans ses distributions avec les goûts, les travaux et les occupations ordinaires du sujet.

Pour l'homme instinctif. — *Crâne* étroit, peu volumineux comparativement à la face dont les dimensions se trouvent plus ou moins exagérées ; *front* sans extension, sans noblesse, rétréci par l'implantation d'une chevelure épaisse et dure ; *sourcils* écartés de la ligne médiane, décrivant un arc irrégulier ; *œil* lascif, passionné, réfléchissant les principaux traits d'une lubricité prononcée ; *nez* ordinairement coloré, volumineux, à narines largement épanouies par les dilatateurs ; *bouche* entr'ouverte, bordée par des lèvres saillantes, épaisses, laissant apercevoir ses dents longues et fortes, sa langue charnue ; *mâchoire* large et pesante ; *menton* volumineux, à plusieurs étages ; *teint* rouge, vermeil ; *pro-*

soposé toujours en rapport avec les désirs sensuels, plus ou moins conforme à celle que l'on donne aux êtres imaginaires et grotesques, nommés *satyres*, *faunes*, *silènes* etc.; *gestes* sans dignité, sans grâce, exprimant le désœuvrement et la licence; *voix* commune, bruyante ou rauque; *parole* sans harmonie, sans ordre et sans précision; *attitudes* libres, indécentes et de mauvais goût; *démarche* lâche, molle, sans énergie, souvent brusque, rustique, irrégulière; *écriture* grosse, incorrecte, sans forme déterminée; *vêtemens* peu soignés, malpropres ou façonnés d'après les modes les plus bizarres; *habitation* où l'on observe en même tems l'étalage abusif du luxe, du faste et l'absence des objets les plus utiles à la vie réglée.

Si nous descendons actuellement de ces considérations générales à l'investigation particulière des diversités, des nuances que peuvent offrir les facultés intellectuelles et la raison, les passions et l'instinct, nous trouverons partout le même intérêt et la même vérité physiognomoniques.

1° RELATIVEMENT A L'INTELLIGENCE, A LA RAISON.— Observons attentivement un nombre déterminé d'hommes intelligens et raisonnables, nous verrons aussitôt que chacun d'eux offre, sous ce double rapport, des caractères propres, et, dès-lors, une physionomie particulière. De même, en effet, que nous ne rencontrons jamais deux individus avec un esprit, des habitudes identiques, de même aussi nous chercherions vainement deux sujets parfaitement semblables dans leur prosopose, leurs gestes, leur voix, leur parole etc.

Les jumeaux, nous objectera-t-on, présentent fréquemment des apparences tellement conformes dans toutes leurs parties, qu'elles en imposent à ceux qui les comparent, et peuvent tromper les parens eux-mêmes.

Au premier aspect, ce fait positif semble détruire le principe que nous venons d'établir ; avec un peu d'attention, il en devient la démonstration la plus évidente. En effet, dans quelle phase de la vie signalons-nous ces ressemblances plus ou moins entières ? Dans l'enfance, alors que l'esprit, le caractère et les passions sont à l'état rudimentaire de leur uniformité primitive ; alors que la physionomie se trouve encore indécise, l'organisme tout entier dans l'analogie native de constitution. Mais aussitôt que l'adolescence arrive, que l'intelligence et l'instinct se prononcent avec ces particularités qu'ils ne manquent jamais de revêtir, la prosopose, les gestes, la voix etc. acquièrent une expression relative à ces conditions mentales ; cette ressemblance originelle disparaît complétement, ou, pour le moins, diminue proportionnellement aux oppositions de l'esprit et du caractère, en nous fournissant une preuve nouvelle des influences du moral sur le physique et de la vérité des bases fondamentales sur lesquelles nous avons érigé notre système de physiognomonie physiologique.

Si nous voulons démêler, au milieu de ces traits divers, les principales dispositions intellectuelles d'un sujet, c'est à la conformation du crâne, envisagé dans ses principales divisions, qu'il faut s'adresser d'abord, interrogeant ensuite la prosopose, les gestes, la voix, la parole etc. à titre de signes confirmatifs du premier renseignement.

Les auteurs ont depuis long-tems senti la nécessité de procéder avec cette méthode. Nous en trouvons la preuve dans les moyens métriques proposés pour l'estimation du développement de l'encéphale ; tels sont *l'angle facial* de Camper ; *l'angle occipital* de Daubenton ; *la parallèle des aires du crâne et de la face* imaginée par Cuvier ; *la cranioscopie* de Gall ; procédés que nous avons réduits à leur juste valeur, en faisant connaître les avantages et les inconvéniens qui leur sont particuliers.

Pour éviter la confusion et la surabondance inutile des faits, nous rattacherons à quatre modes principaux toutes les variétés intellectuelles : 1° *Nullité morale, idiotisme à différens degrés* ; 2° *raison et jugement* ; 3° *esprit, imagination* ; 4° *supériorité, génie*. Les règles que nous aurons établies dans ces généralités s'appliqueront naturellement aux individus.

1° *Nullité morale, idiotisme à différens degrés.* —Dans cette catégorie viennent se ranger un assez grand nombre de sujets. Quelques auteurs un peu sévères ont été jusqu'à leur donner la majorité pour notre espèce, même depuis son origine. Quelle que soit la réalité d'un jugement aussi peu flatteur, nous rapprochons, dans cette infirme partie du genre humain, tous les esprits faux et faibles depuis l'absence totale des facultés de l'intelligence et de la raison jusqu'à cette répartition mesquine permettant aux individus ainsi constitués de penser et d'exprimer tout juste assez pour nous faire apprécier leur sottise, leur ineptie, presque toujours en même tems cette fatuité, cette vanité ridicules, partage ordinaire de la plus incurable médiocrité. L'idiotisme complet, n'intellectualisant pas, n'offre aucune prosopose active ; on le reconnaît à la conformation extérieure, à la nullité des rapports. Les divers degrés de perversion et surtout d'incapacité mentale sont aisément appréciés par les développemens plus ou moins prononcés des caractères suivans : *Crâne* très-peu volumineux, le plus souvent conoïde à base inférieure ; *face* commune, plate, irrégulière ; *œil* languissant ou fixe, hébété, gros, rond, saillant ; *bouche* béante; *lèvres* charnues, renversées en dehors ; *prosopose* insignifiante et bizarre ; *gestes* gauchement effectués, sans rapport avec la pensée ; *voix* criarde, fêlée, souvent fausse, nasonnée ; *parole* bégayante, sans valeur , dénaturée par un grasseyement affecté ; *attitudes* forcées, renversement de la tête en arrière, mauvaise tenue, rotation des pieds et des mains en dedans, écartement des bras ordinairement balancés et pendans sur les côtés du tronc ; *marche* lente, gauche, sans équilibre ou précipitée, sautillante avec toute l'irrégularité, la pétulance de l'étourderie ; *écriture* sans goût, sans harmonie dans ses proportions ; *vêtemens* disgracieux pour la couleur, la forme, la manière dont ils sont ajustés ; *habitation* sale, mal tenue, peu commode, manquant surtout des objets relatifs à la culture, aux besoins de l'esprit.

2° *Raison, jugement.* — *Crâne* ordinairement assez large, de forme carrée ; *face* proportionnée dans ses rapports ; *œil* calme, observateur ; *prosopose* peu mobile, quelquefois sérieuse, mélancolique, plus souvent agréable et gaie ; *gestes* rares, sans étendue, sans violence, toujours mesurés, précis ; *voix* juste, sans éclats, sans modulations affectées ; *parole* claire, positive, assurée ; *style* peu brillant, mais remarquable par la concision et la solidité ; *station* bien établie ; *poses* modestes ; *marche* lente, ferme ; *écriture* correcte, lisible, régulière, lors même qu'elle est dépourvue de principes ; *mise* recherchée, mais simple, toujours affranchie des caprices de l'usage ; *habitation* offrant, avec ordre, économie, toutes les choses nécessaires à l'existence du physique, à la culture, aux délassemens du moral. Si vous rencontrez tous ces caractères dans un même sujet, envisagez-le comme un homme raisonnable, judicieux, d'un commerce utile ; choisissez-le pour votre confident et pour votre ami.

3° *Esprit, imagination.* — *Crâne* le plus souvent arrondi, sans volume absolu notable, mais assez développé relativement à la *face* presque toujours courte , gracieuse et peu charnue ; *œil* vif, mobile, parcourant tous les objets avec rapidité sans jamais s'arrêter profondément sur aucun ; *bouche* le plus souvent animée par un malicieux sourire ; *physionomie* très-variable , exprimant les idées et les passions avec excès ; *gestes* nombreux, étendus et diversifiés , prenant quelquefois la manière théâtrale avec une exagération ridicule ; *voix* artificielle dans la force , le timbre, les inflexions ; *parole* abusive ; *expressions* toujours au-dessus des idées qu'elles signifient ; *termes* emphatiques et redondans ; *style* plus brillant que solide, plus entraînant que persuasif ; *station* incertaine, sans aplomb ; *poses* forcées , plus ou moins contraires aux attitudes normales ; *progression* rapide , incertaine, cadencée , paraissant résulter d'une succession de sauts irréguliers ; *écriture* maniérée , sans méthode , sans tenue , remarquable par l'élan disproportionné des lettres majeures et des différens traits ; *mise* bizarre , adoptant les modes les plus extravagantes, sans harmonie, souvent même sans propreté dans les vêtemens ; *habitation* représentant une sorte de bazar où se trouvent accumulés des objets incohérens, disparates, sans aucune position appropriée , manquant des choses relatives aux premiers besoins , quelquefois au milieu de la surabondance et du luxe des superfluités. L'homme qui réunit ces caractères offrira toujours plus d'imagination que de jugement , plus d'esprit que de raison et de solidité.

4° *Supériorité, génie.* — *Tête* bien conformée , d'un volume dépassant les dimensions communes ; *crâne* très-développé , relativement à la face, mesuré par un angle voisin de 90 degrés , donnant à cette partie des caractères qui la rapprochent de la disposition imaginaire des dieux ; *œil* imposant , scrutateur, attentif, profond, quelquefois abstrait, présentant un regard difficile à soutenir ; *air* noble, distingué, lors même que la prosopose met en jeu des traits disgracieusement constitués ; c'est ainsi que nous rencontrons des sujets appartenant à cette catégorie, lesquels, dans l'état passif, montrent une apparence de nullité morale, souvent même quelque chose de repoussant, de stupide, et, s'animant pour un objet très-curieux, semblent briller, dans leur prosopose, d'un feu céleste qui charme et subjugue en même tems ; nouvelle preuve démontrant que la physiognomonie doit s'adresser bien plutôt à l'exercice des traits qu'à leurs conditions matérielles et formales. Cette physionomie, toujours expressive, paraît tantôt calme, réfléchie, tantôt maîtrisée par le délire de l'inspiration ou de l'extase, mais constamment dans une harmonie parfaite avec la nature, l'importance et la situation du sentiment ou de l'intellectualisation qu'elle signifie ; *gestes* peu nombreux, énergiques, manifestant la force volontaire et l'empire absolu ; *voix* déterminée, sans affectation, ordinairement distinguée dans son timbre, juste dans ses intonations ; *parole* serrée, précise, entraînante, frappant avec la violence et la rapidité de la foudre, séduisant avec le charme irrésistible de la plus délicieuse mélodie ; *style* concis, entrecoupé, métaphorique, ne se bornant pas à dire les choses, peignant les objets ; *écriture* incorrecte, originale, saccadée, remplie d'abréviations, souvent illisible, la main n'étant jamais en mesure de suivre la rapidité des pensées ; *station* noble, sans étude et sans prétention, quelquefois même assez négligée, d'après l'abandon où se trouvent les organes du mouvement par la concentration de l'encéphale sur les phénomènes de combinaison intellectuelle ; *démarche* ferme sans rudesse ; on voit l'homme qui tend vers un but positif et qui veut l'atteindre en suivant la ligne la plus courte ; *mise* décente, affranchie des caprices de la mode, exclusivement établie, pour la forme et la disposition des vêtemens, sur les avantages réels et la commodité bien éprouvée de ces derniers ; *habitation* incomplétement achevée dans ses détails, offrant les grandes masses, les objets essentiels assez perfectionnés, le reste dans un état d'ébauche. L'homme d'un génie supérieur, environné de ses *appartenances*, rappelle en quelque sorte l'image du créateur au milieu des élémens de l'univers à peine sortis du cahos.

2° RELATIVEMENT AUX PASSIONS, A L'INSTINCT.—Nous pourrions offrir un tableau physiognomonique pour chacune des variétés affectives ; placer à decouvert tous les signes physiques des qualités et des défauts, tous les caractères particuliers du vice et de la vertu, mais nous y trouverions le grave inconvénient d'accorder beaucoup trop d'extension à cet objet, sans aucun avantage pour son intérêt et son intelligence. Dès-lors nous reproduirons exclusivement les principales situations de l'âme, et les règles générales que nous aurons établies s'appliqueront naturellement aux spécialités.

Pour éviter la confusion dans le rapprochement de ces faits multipliés, nous rattacherons, à huit ordres fondamentaux, les modifications instinctives et les passions que l'homme peut ainsi manifester : 1° *Bonté, générosité, bienfaisance* ; 2° *méchanceté, avarice, cruauté* ; 3° *franchise, loyauté* ; 4° *hypocrisie, dissimulation, perfidie* ; 5° *gaieté, philanthropie, amabilité* ; 6° *misanthropie, taciturnité, jalousie, haine, ambition, égoïsme, envie, brutalité* ; 7° *orgueil, impudence, vanité* ; 8° *modestie, réserve, timidité.* Chacun de ces groupes offre des traits communs et distintifs.

Dans l'investigation des qualités intellectuelles, nous avons envisagé le crâne comme l'objet le plus important, la face, les appareils d'expression comme accessoires; dans l'exploration des sentimens instinctifs, les appareils d'expression et la face nous présentent les points du premier ordre, le crâne, celui du second.

1° *Bonté, générosité, bienfaisance.*—*Attitude* naturelle, sans roideur, souvent même un peu molle et flexible; *marche* lente, uniforme, ou du moins sans aucune impétuosité ; *gestes* réguliers, expressifs, sans violence et sans affectation; *physionomie* douce, attrayante, parfois sérieuse, mais sans contraction et sans dureté; *voix* harmonieuse, persuasive; *langage* prévenant sans flatterie, gracieux sans familiarité ; *style* facile et précis ; *écriture* grosse, arrondie, sans prétention ; *mise* propre et simple; *habitation* commode, sans luxe, ouverte à l'infortune, à l'amitié.

2° *Méchanceté, avarice, cruauté.* — *Station* maussade, indécente, grossière, surtout accompagnée d'un mouvement du col en avant, rappelant assez bien l'action de regarder par une fenêtre; attitude en quelque sorte caractéristique de la cruauté, comme nous avons pu le vérifier sur un assez grand nombre de criminels; *démarche* brutale, gauche et lourde ; *gestes* roides, impérieux, communs ; très-significatifs ; *prosopose* convulsive, repoussante, ignoble, surtout pendant l'action ; si l'on trouve en effet, dans cette catégorie, des hommes dont l'aspect semble agréable pour l'état de repos, que l'on excite le jeu des traits, et la physionomie prendra bientôt les caractères que nous venons de signaler ; *œil* farouche, enfoncé, dur, brillant; *sourcils* épais, irréguliers, confondus sur la ligne médiane ; *front* sillonné par des rides verticales ; *nez* souvent effilé, pointu ; *lèvres* minces, contractées, dans un état de frémissement involontaire, de froncement habituel, ou disposées de manière que l'inférieure s'avance en embrassant la supérieure, tandis qu'en même tems les angles sont relevés;

bouche circonscrite par deux sillons profonds, comme entre deux parenthèses. Sans doute nous voyons aux bagnes des sujets dont la physionomie reste passive ; mais il faut toujours bien distinguer ici la férocité de la brute et la cruauté de l'homme dont les facultés morales offrent encore un certain développement. *Voix* rauque, sauvage, aiguë, fausse, glapissante ; *parole* brusque, triviale ; *élocution* commune, familière ; *écriture* anguleuse, inégale ; *mise* indécente, malpropre ; *habitation* en désordre, conservant l'empreinte grossière des orgies dont elle offre le théâtre, ou les caractères misérables de la parcimonie qui la dirige.

3° *Franchise, loyauté.* — *Station* aisée, d'aplomb, ferme sans contraction ; *marche* assurée, précise, tendant au but par la voie directe ; *gestes* significatifs, ordinairement développés et nombreux, toujours sans manière et sans affectation ; *prosopose* ouverte, avec épanouissement des traits, éloignement de la ligne médiane ; *œil* positif dans son regard, cherchant et fixant l'œil de l'interlocuteur ; *bouche* régulière, sans obliquité dans les mouvemens des lèvres ; *physionomie* riante, parfois sévère, toujours communicative ; *voix* sonore, juste, modulée sans étude et sans prétention ; *parole* brève, sincère, expressive et sans figures ; *écriture* hardie, régulière, à grands traits, indiquant la liberté de la main qui les forme ; *vêtemens* sans recherche, souvent même un peu négligés ; *habitation* sans faste, présentant les objets essentiels à l'existence, au bonheur, accueillant l'étranger avec la cordialité la plus hospitalière.

4° *Hypocrisie, dissimulation, perfidie.*—*Station* inclinée, paraissant toujours manquer d'équilibre ; *marche* tortueuse, embarrassée, nonchalante, balancée, remarquable par l'incertitude et l'hésitation qui la conduit;

gestes calculés, engageans, visant à l'effet ; *front* ridé, verdâtre ; *œil* enfoncé, faux dans son regard oblique, évitant l'observateur avec agitation, ne sachant où se reposer ; *bouche* d'une forme bizarre surtout lorque les lèvres sont en mouvement, leurs nombreuses modifications n'étant jamais harmoniques et donnant, au sourire qu'elles s'efforcent de grimacer, une expression remplie d'amertume et de fiel ; *physionomie* composée, discordante, crispée, fréquemment ignoble et repoussante par ses caractères de fausseté, d'hypocrisie, lors même qu'elle voudrait feindre la douceur et la bienveillance ; *voix* artificielle, ordinairement sans justesse, prenant le fausset pour dissimuler son aigreur et sa raucité naturelles ; *langage* insidieux, complimenteur, obligeant, mesuré, perfide, obscur, ambigu, rempli de précautions oratoires ; *écriture* nette, compassée, timide, efféminée ; *mise* recherchée, propre, élégante ; *habitation* soignée dans tous ses détails, pour la commodité, l'aisance du maître ; n'offrant aucune disposition relative au soulagement de l'indigence, au commerce de l'amitié ; si quelquefois on y remarque des simulacres de bienveillance et de philanthropie, que l'on observe attentivement et l'on reconnaîtra bientôt qu'ils n'ont d'autre motif que l'exécution d'un projet à venir ; d'autre mobile, que l'ostentation et l'hypocrisie.

5° *Gaieté, philanthropie, amabilité.*—*Station* facile, inclinaison en devant, comme pour indiquer la propension naturelle à des rapports agréables ; *marche* libre sans prétention, vive sans pétulance ; *gestes* nobles, significatifs, gracieux ; *front* marqué légèrement par des rides semi-circulaires et transversales ; *sourcils* modérément fournis, régulièrement arqués ; *œil* doux, animé, faiblement recouvert par la contraction légère des palpébraux ; *bouche* ordinairement animée par le sourire, avec élévation harmonique des commissures labiales ; *prosopose* remplie d'aménité, de candeur avec épanouissement des traits constamment écartés de la ligne médiane ; *voix* naturelle, ordinairement claire, d'un timbre suave et mélodieux ; *parole* obligeante sans préparation, sans intention calculée, parfois un peu de loquacité ; *écriture* lâche, négligée, souvent hardie, sans dureté, belle sans méthode sévère ; *mise* élégante, soignée, propre sans originalité ; *habitation* commode sans faste, rendez-vous commun des amis et des malheureux.

6° *Misanthropie, taciturnité, jalousie, haine, ambition, égoïsme, envie, brutalité. — Attitude* courbée dans la région dorsale, avec élévation des épaules, enfoncement de la tête et du col ; *démarche* étudiée, lente, insidieuse, analogue à celle du chat qui médite une surprise, ou du tigre se préparant à quelque scène de carnage ; *pieds* courts et carrés ; *doigts* crochus ; *ongles* irréguliers, semblables aux griffes des animaux ; *gestes* concentrés, brusques, violens ; *front* livide, sombre, nébuleux, ridé verticalement ; *sourcils* froncés, rudes, épais, crépus, réunis, anguleux ; *œil* cave, bordé par un cerne lugubre, agité d'une anxiété profonde, laissant échapper des éclairs souterrains, infernaux ; *bouche* large, irrégulière, commune, entr'ouverte par le plus affreux sourire, semblant déjà balbutier l'injure, le mensonge et la calomnie ; *physionomie* sinistre, convulsive, dure, farouche ; *voix* basse, monotone, rauque, offrant quelque ressemblance avec les rugissemens étouffés des panthères et des léopards ; *élocution* saccadée, véhémente, expressive mais triviale ; *écriture* inégale, sans régularité, sans liaisons, grossière, commune, illisible ; *mise* négligée, malpropre, quelquefois originale et recherchée ; *habitation* sauvage, inhospitalière par le site et les dispositions, où l'on voit toutes les commodités du moment sacrifiées à des projets ulté-rieurs, à des espérances plus ou moins coupables et chimériques.

7° *Orgueil, impudence, vanité.* — *Station* droite, guindée, roide, comme si le tronc et les membres ne formaient qu'une seule pièce, renversement de la tête et des épaules en arrière ; *démarche* lente, mesurée, so-lennelle, académique ; *gestes* prétentieux, ridicules, impératifs, maniérés ; *front* superbe, cherchant à pren-dre une dignité factice et théâtrale ; *sourcils* largement arqués, entraînés supérieurement ; *œil* gros, saillant, maintenu dans une élévation habituelle, comme s'il craignait de s'abaisser vers la terre ; *bouche* dédaigneu-sement fermée, proéminence des lèvres en devant, abais-sement de leurs commissures ; *prosopose* manifestant la satisfaction personnelle avec mépris de tout ce qui n'est pas soi ; *voix* artificielle, forcée dans son timbre que l'on grossit pour se donner une apparence de gravité, dans ses éclats dont on couvre incessamment toutes les conversations en laissant apprécier la suffisance et la fierté du caractère par l'aigreur et l'âpreté des intona-tions ; *ricaneuse moquerie* désignant un mauvais natu-rel ; *rire* immodéré, bruyant pour les causes les plus légères, indiquant un esprit vide, irréfléchi, tendant à la folie ; *élocution* soignée, lente, cadencée, jac-tantieuse, emphatique, s'écoutant avec complaisance, arrêtant, reprenant à loisir, ne répondant point aux observations, suivant invariablement son idée, parais-sant moins soutenir une discussion que fournir aux frais d'un monologue ; *écriture* soignée, méthodique, belle, mais ordinairement surchargée d'accessoires typogra-phiques indiquant plutôt le clinquant de la forme que la richesse du fond ; *ponctualité* souvent affectée dans toutes les actions ; *mise* très-recherchée, bizarre, éclatante , originale, ridicule , exagérée ; ce n'est pas le goût du jour , c'est la caricature des modes les plus nouvelles ; *habitation* réunissant les apparences du faste à la pénurie ; cachant souvent la misère ou l'avarice par les emblêmes du luxe et de la prodigalité ; parlant aux yeux, ne présentant rien pour le cœur; pouvant éblouir des dupes ou des courtisans, mais à jamais incapable de recevoir dignement un ami sincère ; *luxe et indigence*, ou bien , *ostentation et parcimonie*, telles sont les véritables enseignes de ces habitations de l'orgueil et de la vanité.

8° *Modestie, réserve, timidité.* — *Station* décente , mal affermie, légèrement inclinée sur le sol ; rapprochement , concentration de toutes les parties vers la ligne de gravitation , comme si l'on craignait d'occuper trop d'espace; *démarche* lente , faible , incertaine ; *gestes* peu nombreux , gauches, sans développement et sans expression ; *front* calme, sans rides profondes ; *sourcils* régulièrement dessinés, immobiles ; *œil* volumineux, larmoyant, fixe , évitant les regards sans dissimulation et par la seule impuissance d'en soutenir l'intensité ; aussi lorsqu'il est obligé de s'y livrer le fait-il sans anxiété , sans inquiétude, avec les caractères exclusifs de la véritable pudeur ; *bouche* régulière, vermeille , sans rapprochement forcé des lèvres ; *physionomie* paisible , douce, calme dans tous ses mouvemens, dispositions qui lui donnent une apparence de froideur et d'insensibilité ; *voix* faible , naturelle , sans éclat ; *élocution* réservée, sans déclamation , sans emphase, limitant ses prétentions au domaine de l'honnête et du vrai ; *écriture* fine , compassée, dépourvue d'accessoires et d'ornemens artificiels ; *mise* très-simple, ordinairement propre et soignée, ne cherchant point à racheter , comme dans l'orgueil, le défaut des qualités individuelles , par des avantages empruntés ; *habitation* sans faste, sans ostentation, offrant en miniature les commodités essentielles de la vie, n'étalant aucune superfluité, mais sachant au besoin partager même le nécessaire avec l'amitié, l'infortune et la souffrance.

Tels sont les principaux moyens physiognomoniques susceptibles de peindre les caractères moraux en traits positifs et sensibles dans les manifestations de l'homme extérieur. Il est actuellement facile de les étendre et de les multiplier par des applications plus spéciales, toutefois en évitant scrupuleusement de les affaiblir, comme l'ont fait Gall et Lavater, par des interprétations puériles et minutieuses ; confiant ainsi des jugemens de la première importance à des renseignemens superficiels et fugitifs ; déconsidérant une science utile au perfectionnement de notre espèce et dont les avantages incontestables seront généralement appréciés dès qu'on la maintiendra sur les fondemens naturels que nous venons d'assigner à son élévation.

Pour compléter l'histoire de la physiognomonie physiologique, il nous reste à présenter une considération ingénieuse et qui, sans être indispensable, peut encore augmenter la précision et l'intérêt du sujet, nous voulons parler des rapprochemens qu'il est permis d'effectuer entre la physionomie de l'homme et celle des animaux.

RAPPORTS ANALOGIQUES ENTRE LES ANIMAUX ET L'HOMME
SOUS LE POINT DE VUE DE LA PHYSIOGNOMONIE.

Aristote le premier essaya cette comparaison ; Porta la développa davantage ; Lebrun la rendit palpable au moyen de son immortel pinceau. Mais pour conserver le mérite essentiel de la vérité native, ces rapprochemens ne doivent pas être forcés. Afin d'en mieux faire sentir le mérite et d'en faciliter l'emploi, nous les examinerons sous le double rapport de l'intelligence et des passions.

1° RELATIVEMENT A L'INTELLIGENCE.—Nous établissons en thèse générale que les facultés intellectuelles sont, dans leurs développemens, ordinairement en raison directe du volume de la masse encéphalique, plus spécialement encore du cerveau. Si ce principe est sujet à quelques exceptions, elles ne sont pas assez nombreuses pour détruire la règle commune. D'un autre côté, l'angle facial présente, comme nous l'avons déjà dit, la mesure la moins fautive pour l'estimation de la capacité crânienne, d'où l'on peut inférer que l'ouverture de cet angle donne, au moins approximativement, la proportion de l'intelligence non seulement chez l'homme physiologique, mais encore chez les animaux à l'état normal. Nous voyons la preuve de cette vérité dans les rapports de cette mesure et des facultés mentales, étudiées, pour les oiseaux, de la bécasse au perroquet ; pour les mammifères, de la levrette au singe.

Si nous comparons actuellement l'homme à ces différentes espèces relativement aux deux points de vue que nous venons de signaler, nous trouverons les analogies mentales en proportion assez rigoureuse avec les similitudes organiques.

L'homme qui se rapproche davantage de l'éléphant et des animaux à vaste encéphale par le grand développement du crâne, proportionnellement à celui de la face, de même que ces animaux, et de plus avec tous les avantages qui lui sont propres, se fait distinguer par l'étendue de son intelligence, par la solidité de son jugement, par la prédominance de la volonté sur l'instinct.

Au contraire, celui que l'on peut assimiler à la bécasse, au porc, à la levrette par l'exiguité du crâne, le prolongement et les dimensions de la face, présente la même nullité morale et plus spécialement encore une prépondérance marquée de l'instinct sur la volonté. Nous pourrions multiplier les exemples, en choissant tous les intermédiaires à ces deux extrêmes, si la loi générale que nous venons d'exposer, ne suffisait à toutes les applications spéciales, à tous les rapprochemens particuliers.

2° RELATIVEMENT A L'INSTINCT.—Ici les rapports sont beaucoup plus nombreux et plus diversifiés. Chacune des espèces animales, chacun des individus offre son instinct particulier, sa passion caractéristique ; de même aussi, les individus et les espèces jouissent d'une constitution organique, d'un facies, d'une physionomie propres et qu'il devient impossible de ne pas distinguer. Le moral, d'une part, le physique, de l'autre, se trouvent dans un rapport constant et d'autant plus invariable que jamais ils ne sont modifiés par l'art, faussés, altérés par la dissimulation. Dès-lors, pour tous les animaux, le caractère est aussi facile à spécifier que le tempérament, et les influences réciproques de ces modifications constitutionnelles peuvent toujours être calculées d'avance, appréciées dans leurs nombreux développemens. Si, d'un côté, l'économie physique et la prosopose du loup ne doivent pas se confondre avec celles de la brebis, celles du tigre, avec celles du chameau, identifierons-nous davantage l'instinct méchant cruel du premier avec les mœurs douces, paisibles de la seconde ; la férocité, le caractère indomptable du troisième avec la patience et la docilité du dernier ? N'est-il pas évident au contraire que les uns et les autres présentent leurs dispositions morales particulières, et que ces dispositions se trouvent dans une harmonie parfaite avec les conditions organiques. Jamais on n'observe ici les contre-sens de la physiognomonie si fréquens dans notre espèce; on ne voit point chez les animaux, comme chez l'homme, une physionomie dure et sauvage en apparence, envelopper un caractère doux, bienveillant et même agréable; l'aménité, l'enjouement de la prosopose masquer une âme féroce, un cœur brutal et sanguinaire. La raison de ces différences vient naturellement s'offrir; chez l'animal, toutes les significations sont opérées d'après la nature et la vérité; chez l'homme, trop souvent elles éprouvent les mensongères influences de la dissimulation et de l'hypocrisie.

Cherchons actuellement des analogies, entre l'homme et les animaux, sous les divers rapports que nous venons d'établir, nous trouverons encore des considérations intéressantes et des vérités utiles. Quelques exemples choisis dans les principaux groupes, suffiront pour le démontrer; nous les présenterons dans leurs oppositions normales, afin d'en mieux assurer la valeur.

1° *Chameau.* —Tête osseuse; crâne peu développé; face proéminente; œil timide; physionomie passive; col très-long; marche lente, uniforme etc. L'homme qui se rapproche de ces dispositions, comme on le voit surtout chez les Allemands, est docile, craintif, indifférent; se livre aisément aux travaux mécaniques; supporte l'esclavage avec patience, et n'exige d'autre salaire que des moyens d'alimentation.

2° *Tigre, panthère.*—Face large, courte, saillie des pommettes, œil sombre, farouche; lèvres minces, froncées; crispation habituelle des traits; etc. Le sujet dont l'extérieur nous rappelle ces conditions, ordinaires chez les Malais et chez la plupart des hordes sauvages, est presque toujours dur, méchant, féroce avec propension au meurtre.

3° *Renard, serpent.* —Rapprochement des yeux qui sont communément petits, brillans; regard furtif, sournois ; oreille droite, peu développée ; face grêle, joues plates ; museau pointu, allongé, lèvres minces, nez effilé ; colonne vertébrale souple, ondulée dans ses mouvemens obliques et tortueux etc. L'individu qu'il est possible de comparer à ce type fondamental, et dont nous trouvons des exemples surtout chez les Italiens, est, en général, fin, rusé, craintif, spirituel, intrigant, circonspect, envieux, jaloux, artificieux, perfide ; enclin à la luxure ; il agit toujours dans l'ombre, évite le grand jour ; hypocrite, mielleux dans ses discours, servile dans ses actions, courtisan dans toute sa conduite ; pusillanime et faible, il divise pour régner ; s'agite en secret dans tous les sens pour nuire ou pour obtenir la faveur, les dignités ; il cherche, il veut des dupes et non point des amis ; avec tous les dehors de la sociabilité, son cœur n'est pas fait pour les sentimens d'honneur et d'affection.

4° *Ours, bœuf.* — Front large et plat ; face volumineuse, massive dans toutes ses parties ; œil fixe et largement ouvert ; lèvres, nez épais : dents très-fortes ; langue charnue ; col gros et court ; physionomie pesante, obtuse, inexpressive etc. L'homme constitué d'après ce modèle, assez commun chez les Hollandais, offre tous les caractères moraux de la brutalité ; notamment la paresse, la stupidité, l'insouciance ; un esprit sauvage, insociable et maussade.

5° *Singe, fouine, chat.* — OEil vif, agité, pénétrant ; bouche incessamment diversifiée par des grimaces plus ou moins bizarres ; physionomie très-mobile ; instabilité des attitudes ; souplesse, turbulence des mouvemens etc. Le sujet qui peut-être mis en parallèle avec ces animaux, comme on l'observe particulièrement pour les Chinois, éprouve moins des passions profondes que des impressions superficielles et passagères ; il est égoïste, fin, rusé, versatile dans ses idées et dans ses affections.

6° *Lion.*—Tête carrée, chevelue ; sourcil élevé, garni de poils épais ; œil étincelant, regard ferme, impassible, fier ; bouche moyenne, lèvres minces vers les commissures, face velue, physionomie noble, grave, imposante ; poitrine large, corps fortement articulé ; membres vigoureux démarche lente, pompeuse, ferme etc. L'individu présentant ces dispositions, que l'on trouvait surtout chez les anciens Spartiates, chez les premiers Romains, est prudent, ferme, courageux ; méprise un ennemi faible ; attaque avec impétuosité l'adversaire digne de lui ; réunissant les contrastes : la fureur, la vengeance la haine à la pitié, la clémence, la bonté, la grandeur d'âme, il est doué de cette énergie morale et physique aisément désarmée par la douceur, toujours augmentée par la violence.

7° *Lièvre, lapin, porc.*—Crâne étroit, face volumineuse et notamment très-allongée ; œil petit, obliquement et latéralement situé ; nez gros et retroussé vers son extrémité ; bouche grande, lèvre supérieure épaisse, relevée ; développement considérable des sens du goût et de l'odorat, au désavantage de la vue, de l'ouïe ; col gras, charnu etc. L'homme ainsi constitué, particulièrement rencontré chez les Cosaques, les Baskirs, offre des appétits grossiers ; lâche, rustre, gourmand, il préfère les jouissances physiques aux plaisirs intellectuels ; son esprit est lourd indocile, bizarre, inquiet, dépourvu de sens et de jugement.

8° *Cheval.*—Prédominance de la face ; œil rond, largement ouvert ; narines dilatées, mobiles, respirantes ; physionomie suffisante et fière ; attitude libre, hardie ; démarche prétentieuse dans laquelle on observe un balancement habituel des épaules, des hanches etc. Le sujet qui répond à ce type, assez commun chez les Écossais, nous présente un courage aussi capable de se livrer à la fougue de ses emportemens que de revenir avec douceur au calme le plus parfait ; il est franc, loyal, généreux ; ce caractère offrirait l'un des plus beaux modèles, si la jactance et l'orgueil n'en diminuaient pas fréquemment les avantages.

Comme dégradations de ce même type, nous indiquerons l'*âne* et le *mulet*.—Front osseux, rond, sphérique, saillant ; face très-étendue ; œil proéminent, fixe; bouche grande, lèvres charnues, volumineuses ; oreilles épaisses développées, larges, dirigées en dehors ; prosopose impassible, n'exprimant qu'un sentiment, qu'une idée etc. L'individu que l'on peut rapprocher de ces dispositions, comme on le voit spécialement chez les Anglais, offre pour caractères essentiels, l'entêtement et l'opiniâtreté.

9° *Hyène*, *loup*. — Sourcil durement froncé vers le nez ; œil petit, brillant, regard oblique ; saillie des pommettes ; narines frémissantes ; mâchoires fortes, musculeuses ; bouche largement fendue, presque toujours béante ; lèvres ordinairement froncées, minces, relevées par les côtés, laissant voir des dents blanches, acérées etc. L'homme doué de ces fâcheuses dispositions, communes dans les hordes sauvages, et particulièrement chez les Bossismans, les Ouzouanas, est sanguinaire, glouton, querelleur, impitoyable ; hardi lorsqu'il se trouve pressé par la faim, lâche dans toute autre occasion ; n'éprouvant aucune inclination à faire le bien, effectuant au contraire le mal par instinct et sans nécessité.

10° *Chèvre*, *brebis*. — Crâne étroit, front aplati, rejeté en arrière, décrivant, avec le nez, une seule et même courbe; poils crépus, lanugineux ou soyeux et plats ; écartement considérable des yeux qui paraissent ternes, doux, fixes, timides ; oreilles molles et pendantes ; bouche entr'ouverte avec allongement des lèvres, sans que les dents apparaissent ; nez busqué, rentré par son extrémité libre ; physionomie passive, n'exprimant que l'insouciance et la nullité mentale avec ses différens degrés. Le sujet ainsi disposé, comme on le voit spécialement, sous plusieurs rapports, chez les Nègres, les Hottentots, présente un caractère faible, timide, réservé, stupide, plus ou moins voisin de l'idiotisme. Si parfois il se distingue, c'est dans les travaux mécaniques et dans les arts d'imitation, jamais dans les inventions du génie.

11° *Corbeau, perroquet.* — OEil pénétrant, fixe, attentif ; courbure très-prononcée du nez à son origine ; arc régulier qu'il décrit en se terminant par une pointe acérée ; bouche entr'ouverte, laissant voir la langue et semblant toujours se disposer à parler ; prosopose étonnée, comme pour annoncer une exclamation etc. L'individu rapproché de ce modèle, assez ordinaire chez les peuples méridionaux, est curieux, indiscret, parleur, médisant, verbeux, calomniateur, impudent, menteur ; fléau des sociétés par ses actes dégradans et par les divisions qu'il sème de toutes parts ; on lui trouve quelquefois une mémoire prodigieuse, de la perspicacité ; jamais les conditions d'un génie méditatif et profond.

12° *Hibou.* — Tête volumineuse, exactement sphérique dans son ensemble ; œil grand, rond, fixe, décrivant un cercle parfait ; physionomie sans mobilité, présentant une masse uniforme et compacte etc. L'homme voisin de ce type, assez commun chez les Suisses, nous offre la stupidité, l'ineptie, la paresse, la timidité, l'indifférence, l'amour du repos, du sommeil, la misanthropie, la tendance à l'isolement pour base de son caractère.

Tels sont les rapprochemens utiles que l'on peut effectuer entre l'homme et les animaux sous le rapport de l'intelligence et de l'instinct pour les appliquer avantageusement à la physiognomonie physiologique dont ils forment l'indispensable complément. Il nous serait aisé de les multiplier davantage, mais nous craindrions d'en affaiblir l'intérêt et la vérité. Nous pensons d'ailleurs que les principes naturels et simples sur lesquels nous avons établi ces rapprochemens suffiront pour tracer la route à suivre dans les applications plus spéciales et plus individuelles que l'on voudrait essayer.

Telles sont les fonctions de relation étudiées dans toutes les modifications et les variétés qu'elles peuvent offrir. Là se termine l'histoire des phénomènes au moyen desquels tous les êtres vivans conservent, agrandissent leur existence propre. Nous devons actuellement, pour compléter le tableau des actes relatifs à cette économie, présenter, sous le titre de *fonctions génitales*, ceux dont l'ensemble concourt à l'entretien, à la propagation des espèces.

QUATRIÈME CLASSE.

FONCTIONS GÉNITALES.

Nous réunissons, dans cette catégorie, toutes les actions physiologiques dont le but essentiel est d'assurer la conservation des espèces, en donnant naissance à des individus rudimentaires, capables de prendre ultérieurement, par un accroissement normal, tous les traits distinctifs de ceux qui les ont produits.

Envisagées dans leurs plus grandes généralités, ces fonctions nous offrent des caractères propres qui les distinguent de toutes les autres, nous les réduirons aux suivans :

1° Elles se rencontrent, sans aucune exception, mais avec des modifications nombreuses dans tous les êtres organisés vivans à l'état normal ; on peut dès-lors établir en principe que la faculté reproductrice jouit de la même universalité que la faculté vitale au milieu des circonstances naturelles. En effet, si nous exceptons les monstres et les mulets, êtres dégradés qui ne doivent jamais perpétuer une existence vicieuse, nous voyons au moins temporairement, dans les corps animés, le pouvoir de communiquer à d'autres les étincelles de ce feu générateur menacé d'une extinction prochaine dans les sujets arrivés au terme de leur carrière.

2° L'objet principal de ces actions est évidemment la propagation de l'espèce ; toutefois elles ne sont pas entièrement étrangères aux modifications individuelles, comme il est aisé de s'en convaincre en examinant avec attention l'éveil de tous les êtres vivans depuis la plante obscure jusqu'à l'animal supérieur, lorsque le premier crépuscule du printems annonce la saison des amours et de la rénovation générale, mais surtout dans notre espèce, les merveilleux changemens qui s'opèrent à l'importante révolution de la puberté.

3° L'exercice de ces fonctions ne commence jamais à la naissance et ne s'entretient pas jusqu'à la mort sénile, particulièrement chez la femme. Ici les intentions de la nature sont formelles et leur interprétation aisée. L'auteur des êtres n'a pas voulu, dans son admirable prévoyance, qu'ils se trouvassent exposés aux frais de la reproduction avant d'avoir eux-mêmes satisfait tous les besoins de leur accroissement individuel, après avoir perdu cette énergie vitale qui laisse désormais l'économie dans l'impossibilité de réparer suffisamment ses pertes et d'arrêter les progrès de la caducité. Dès-lors c'est exclusivement entre ces deux extrêmes, c'est dans le milieu de la vie, l'organisme jouissant alors de sa force, de son activité normales, pouvant, sans inconvénient, transmettre le superflu de son existence, que les phénomènes générateurs acquièrent leur développement et s'exercent dans l'entière perfection de leurs facultés. Aussi, toutes les fois qu'un sujet veut s'y livrer avant l'époque, après le terme signalés par la nature, il en résulte pour lui-même toutes les funestes conséquences d'un épuisement rapide, et, pour le produit de ces transgressions des lois primordiales, un résultat plus fâcheux encore puisqu'il tend à frapper la propagation des espèces dans ses bases fondamentales. On sentira bientôt l'importance et la vérité de ces principes en considérant l'imperfection, disons même la dégradation physique et morale des enfans nés de parens trop jeunes ou trop avancés en âge. Ces limites normales de l'acte générateur sont marquées par la révolution pubère d'une part, de l'autre par celle du tems critique ; moins sensiblement exprimées chez l'homme, presque toujours elles paraissent évidemment chez la femme, la menstruation en devenant ordinairement le caractère palpable.

4° Les fonctions génitales ne s'exercent jamais d'une manière continue ; leurs intermittences peuvent être considérables et leur suspension même se prolonger indéfiniment, nous ne dirons pas, avec quelques auteurs, sans inconvéniens pour la santé, mais au moins sans danger pour la vie. Dans toute la série des êtres animés, soustraits à l'influence des habitudes artificielles et de la civilisation, elles suivent la périodicité des saisons par leurs phases de repos et d'exercice. Ainsi, toutes les plantes et le plus grand nombre des animaux semblent se réveiller, au printems, du long assoupissement des hivers pour concourir à la propagation, au renouvellement des espèces. L'homme seul paraît naturellement étranger à ces influences de l'économie physique, maîtrisant les élémens, les climats et les modifications temporaires, signalant son indépendance au milieu de l'univers, il peut, dans toutes les conditions extérieures, se livrer à l'acte important de la fécondation.

5° Les actes générateurs éprouvent une extinction complète sans influencer dangereusement l'existence individuelle, comme nous l'observons chez les sujets qui naissent impuissans, dépourvus des organes affectés à ces actes, ou qui les ont perdus consécutivement à des opérations, à des blessures etc. ; mais toujours alors on voit, dans les dispositions physiques et morales du sujet, les signes positifs d'une imperfection constitutionnelle. Fortement réclamés par l'instinct, ces mêmes actes, chez les animaux supérieurs, chez l'homme, dans l'état normal, s'exécutent sous l'influence de la volonté pour tous les phénomènes préparateurs. La fécondation proprement dite se trouve constamment affranchie de cette influence.

6° La reproduction offre pour dernier caractère essentiel et particulier de nécessiter, dans tous les êtres qui s'éloignent de l'état rudimentaire, la coopération de deux sujets différens ou, pour le moins, de deux organes distingués par leur sexe, l'un mâle, l'autre femelle ; de s'effectuer par l'intermédiaire d'un principe fécondant, solide et pulvérulent, comme le *pollen* des plantes ; liquide, comme *le sperme* d'un grand nombre d'animaux.

Tels sont les traits distinctifs des phénomènes conservateurs de l'espèce, dont l'ensemble va désormais se trouver compris sous le titre de *génération*, et que nous allons étudier en suivant la marche déjà tracée pour l'exposition des phénomènes conservateurs de l'individu.

CHAPITRE UNIQUE.

GÉNÉRATION.

§ Ier ÉTYMOLOGIE, DÉFINITION, CARACTÈRES, BUT DE LA GÉNÉRATION.

La génération, γένεσις des Grecs, *generatio*, des Latins ; de γείνομαι, je nais ; de *generare*, produire, engendrer, considérée dans sa plus grande universalité, se rencontrant, pour tous les êtres organisés vivans, depuis la mousse et le polype jusqu'à l'homme, *nous offre l'acte essentiel et fondamental par lequel se trouve produit un nouvel être susceptible de conserver et de propager à son tour l'espèce dont il fait partie.*

Pouvoir *vivre*, pouvoir *engendrer* sont deux conditions inséparables, chez les corps animés, au moins pendant la période moyenne de leur existence. Un rapport aussi merveilleux, rentre nécessairement dans la prévoyance et dans les dispositions primordiales de la nature. Quels eussent été les avantages de cette vie toujours temporaire, si la génération qui jouit actuellement de ce dépôt du feu sacré n'avait pu le transmettre, comme un héritage indestructible, aux générations futures dans la succession et l'enchaînement des siècles ? Par cet admirable moyen le créateur assure en quelque sorte l'immortalité la plus certaine à des êtres périssables et que leurs premières dispositions organiques soumettent nécessairement à la puissance de la mort. Les corps bruts, éternels par leur essence, n'avaient pas besoin de la génération pour assurer leur durée ; les corps organisés, au contraire , naturellement destructibles, n'auraient offert sans elle qu'une existence passagère, et l'économie vivante, après quelques instans d'activité, fut aussitôt rentrée dans le néant, signalant ainsi toute l'inconséquence de son premier auteur.

Cette grande et belle vérité se trouve liée d'une manière si positive à l'ordre naturel des choses , que, dans le monde vivant tout entier, les précautions, les plus minutieuses , les plus sages ont été prises pour assurer les résultats générateurs et les proportionner aux besoins particuliers des espèces. Nous pouvons établir en effet, comme loi fondamentale, que les moyens de reproduction sont d'autant plus faciles, plus simples et plus assurés que les individus chez lesquels on les examine offrent, d'après la condition de leur classe, une existence moins durable, environnée de causes destructives plus puissantes et plus nombreuses ; ou, par d'autres termes, que la fécondité se trouve en raison directe et positive de la fragilité d'organisation et de la rapidité d'accroissement. Il suffit pour s'en convaincre de comparer, sous ces deux rapports, le chêne au sénevé, le limaçon à la fourmi, l'éléphant au lapin, le cheval à la souris, le bœuf au chien etc., c'est d'après la même loi que nous voyons les insectes éphémères, dont un soleil mesure quelquefois toute la carrière vitale, se reproduire avec une activité qui menacerait le globe d'une entière invasion, si l'économie de ces insectes n'était aussi frêle, aussi promptement destructible. Buffon , d'après des calculs sans doute fort approximatifs, nous assure que la génération des végétaux est tellement développée, qu'un espace de cent cinquante ans suffirait à l'une des graines pour couvrir entièrement notre planète, si toutes les reproductions qu'elle peut effectuer se trouvaient avantageusement utilisées. Lionnet avance que si tous les petits d'un animalcule réussissaient leur masse et leur volume deviendraient supérieurs à ceux de tous les mondes. Lacépède nous assure que, chez certains poissons, une seule fécondation peut s'étendre à plus de neuf millions d'individus, et la même copulation, servir à plusieurs générations consécutives.

Le but essentiel des phénomènes reproducteurs est la conservation de l'espèce; toutefois nous les voyons encore exercer, même sur l'individu, plusieurs influences d'un intérêt assez positif. Leur établissement à la puberté s'accompagne, dans l'organisme, d'un ébranlement général, d'un éveil, d'un épanouissement remarquables dans toutes les facultés morales et physiques ; la vie brille d'un nouvel éclat, prend une activité, des modifications jusqu'alors inconnues. Que cette révolution naturelle soit empêchée par des maladies, par des mutilations encore effectuées chez certains peuples barbares dans leurs institutions, sauvages dans leurs mœurs, le sujet vieillit alors dans une longue enfance et ne présente jamais les grâces, l'enjouement, les attraits séduisans, l'entraînante amabilité de la femme , la force, l'énergie, le courage et l'indomptable valeur de l'homme. En examinant les effets constitutionnels de la menstruation, de l'âge critique, chez la première ; de la continence, de l'usage modéré, des abus effrénés de la génération dans les deux sexes, nous connaîtrons positivement les effets des actes procréateurs sur toutes les autres fonctions de l'économie vivante, et nous pourrons apprécier l'importance que la nature attache, pour tous les êtres animés, à leur établissement normal.

§ II. APPAREIL DE LA GÉNÉRATION.

Galien, Avicenne et plusieurs médecins du moyen âge ont prétendu que les organes générateurs différaient seulement, dans l'homme et dans la femme, par leur situation et leur développement ; ces organes étant extérieurs pour le premier, intérieurs et rentrés pour la seconde.

M. Geoffroi-Saint-Hilaire, voulant rappeler ces idées oubliées par notre époque, assimile, dans sa théorie curieuse des analogies organiques, le testicule à l'ovaire, l'épididyme à la trompe de Fallope, les cornes de la matrice aux canaux déférens, les vésicules séminales au corps de l'utérus, le pénis au vagin.

Quelle que soit la valeur de ces rapprochemens plus ingénieux que vrais, l'appareil génital, dans le plus grand nombre des espèces, doit être considéré sous deux rapports essentiels : 1° *Chez le mâle* ; 2° *chez la femelle.* Nonobstant les identités forcées que l'on a prétendu consacrer entre ces deux types fondamentaux, ils offrent des différences majeures, des caractères propres qui ne permettront jamais de les confondre ; c'est précisément sur ces caractères et ces différences que repose invariablement la distinction des sexes.

Considérant la génération dans sa plus grande universalité, le physiologiste s'aperçoit que les organes mâles et les organes femelles peuvent exister sur le même sujet, et la fécondation s'effectuer sans le concours de deux individus. Il reconnaît en même tems que cette modification, assez multipliée dans le règne végétal, ne présente, pour le règne animal, à peu près tout entier, aucun exemple de cet hermaphrodisme parfait. Nous devons dès-lors étudier isolément ces deux principales divisions de l'appareil générateur, d'abord dans l'espèce humaine, ensuite sous le rapport des différences qu'il peut offrir chez les végétaux et les animaux.

ORGANES GÉNITAUX MALES.

Nous les trouvons naturellement divisés en deux catégories : 1° Les uns relatifs à la formation du fluide fécondant nommé *sperme* ; 2° les autres chargés de porter ce fluide au lieu de sa destination. Nous appellerons les premiers organes de *sécrétion* et les seconds organes de *transmission*.

1° ORGANES DE SÉCRÉTION.—Nous les voyons constituer un appareil complet formé par la glande, le canal afférent, le réservoir et le conduit excréteur. *La glande* nommée *testicule*, d'abord contenue dans l'abdomen, ensuite expulsée par l'anneau inguinal, vers une époque plus ou moins éloignée de l'état embryonaire, quelquefois même assez long-temps après la naissance, pouvant conserver toujours sa première position, se trouve naturellement embrassée par un sac membraneux formé de couches différentes et portant la dénomination de *scrotum*. Ces couches sont de l'intérieur à l'extérieur, *la séreuse* ou *tunique vaginale*, propre au testicule sans le renfermer dans sa cavité ; *la fibreuse* commune à la glande, au cordon ; l'épanouissement *du crémaster, muscle volontaire ; le feuillet celluleux* autrefois nommé *dartos ;* enfin la peau formant seule une enveloppe commune aux deux testicules. Cet organe présentant la forme et le volume d'un œuf de perdrix légèrement aplati, se trouve immédiatement enveloppé d'une membrane fibreuse, connue sous le titre *d'albuginée.* Son parenchyme est grisâtre, fauve, granuleux ; il fournit des petits canaux très-déliés, radicules du conduit afférent ; Monro croit pouvoir en porter le nombre à 62,500, la longueur à 5,208 pieds. Quelle que soit la justesse ou l'erreur de cette évaluation approximative, ces canaux, réduits au nombre de vingt-cinq ou trente, sortent par les ouvertures supérieures de la tunique fibreuse, constituent l'épididyme, et vont se terminer dans le canal déférent ; celui-ci monte vers l'anneau sus-pubien, le traverse, gagne les côtés, le bas fond de la vessie, pour s'unir au conduit vésiculaire et former le canal éjaculateur qui s'ouvre dans l'urètre, sur les côtés du *verumontanum*. Le testicule, dans l'état normal, est soutenu par un cordon que forment, en s'unissant dans l'enveloppe commune, *le conduit déférent*, les artères et veines *spermatiques*, les nerfs *ganglionaires*, des vaisseaux *lymphatiques* et le muscle *crémaster*. *Le réservoir*, nommé *vésicule séminale*, représente un petit sac aréolaire, piriforme, obliquement situé dans l'intervalle du rectum et de la vessie, de telle manière que son canal excréteur, après un trajet de quelques lignes, va s'ouvrir, sous un angle très-aigu, dans le conduit efférent.

2° ORGANES DE TRANSMISSION. — Leur ensemble nommé *pénis*, *verge*, *membre viril*, forme un prolongement à peu près cylindrique, variant pour la longueur de huit à dix pouces, et pour le volume, de douze à quinze lignes dans ses diamètres. Il est formé de trois parties essentielles : 1° Le *gland*, corps arrondi couvrant l'extrémité du pénis en forme de bonnet ; offrant le siége du sentiment plus ou moins vif qui se manifeste pendant la copulation ; d'un parenchyme vasculeux, érectile, enveloppé, dans une étendue variable, par le prolongement de la muqueuse et de la peau nommé *prépuce*, il est immédiatement protégé sous l'expansion du premier de ces tissus qui le retient inférieurement au moyen d'un *frein* ou *filet*. 2° Le *corps caverneux*, production également érectile, enveloppée d'une membrane fibreuse, bifurqué en arrière pour son insertion aux tubérosités ischiatiques, unique antérieurement, arrondi, recouvert par le gland, présentant la majeure partie du membre viril, servant à lui donner la forme, la longueur et la fermeté qu'il doit revêtir pour déposer le sperme au fond du vagin. 3° *Le canal de l'urètre* commençant au col de la vessie, finissant à l'extrémité du gland par une petite fente étroite et verticale appelée *méat*. Recouvert en forme de gouttière par le corps caverneux, ce conduit présente l'excréteur commun des émissions urinaire et spermatique favorisées par les muscles du *bulbo-ischio-caverneux transverse du périnée, releveur de l'anus* placés plus ou moins immédiatement sur l'origine de ce même conduit.

L'appareil dont nous venons d'énumérer les parties essentielles est intérieurement recouvert d'une membrane muqueuse, portion de la *génito-urinaire*, laquelle s'introduit par l'urètre dans les canaux séminifères jusqu'à leurs dernières divisions.

Des amas de follicules mucipares connus sous les noms impropres de *glandes prostates*, de *Cowper*, environnent le conduit excréteur à son origine, y versent le produit de leur sécrétion qui, se mêlant au sperme, favorisent beaucoup l'exportation de ce fluide, et constituent la matière de l'éjaculation chez les eunuques.

L'appareil génital de l'homme est surmonté par une éminence ombragée de poils à laquelle on donne le nom de *pénil*. Bornant à cet exposé les considérations anatomiques suffisantes à l'intelligence des phénomènes générateurs, nous renvoyons, pour les détails, à l'histoire des sécrétions urinaire et spermatique où le canal de

l'urètre, le testicule et ses annexes ont été plus spécialement examinés.

ORGANES GÉNITAUX FEMELLES.

Cette autre division de l'appareil génital nous présente
également deux ordres de parties essentiellement distinctes par leurs dispositions et surtout par leurs usages.
Nous les désignerons sous les titres d'organes : 1° De
sécrétion, 2° de *réception*. Les premiers sont relatifs à
la formation des œufs susceptibles d'être fécondés ; les
seconds servent de réceptacle, d'une part, au fluide séminal pour son importation ; de l'autre, au produit de
la fécondation, pour son développement embryonaire.

1° ORGANES DE SÉCRÉTION.—Ils sont représentés par
les *ovaires* et leurs dépendances immédiates. Ces organes
offrent deux petits corps glanduleux, ovoïdes, situés dans
l'abdomen enveloppés sous les replis du péritoine formant les ligamens larges de la matrice; leur parenchyme
est grisâtre, celluleux ; on y rencontre, à la surface,
de dix à vingt petites vésicules signalées par de Graaf,
aujourd'hui regardées comme des œufs destinés à la fécondation. Plusieurs auteurs les croient environnés,
surtout les plus volumineux et les plus disposés à recevoir l'influence vivifiante, d'une matière orangée qu'ils
nomment *lutéine*, paraissant rompre l'enveloppe de
l'ovaire par son accumulation et former ultérieurement
le *corps jaune*. Home pense que les œufs, qui n'existent pas avant la puberté, qui disparaissent après l'âge
de retour, se trouvent incessamment renouvelés entre ces
deux époques étrangères à la faculté génératrice. Leur
nécessité pour la reproduction est d'ailleurs positivement
démontrée par les faits. Au milieu de plusieurs observa-

tions très-curieuses , Pott nous a transmis celle d'une jeune fille de vingt-trois ans chez laquelle on avait enlevé les deux ovaires compris dans un bubonocèle ; bientôt les seins, jusqu'alors assez volumineux, s'affaissèrent, et la menstruation disparut complétement. Ces deux petites glandes sont enveloppées, comme les testicules , par une membrane fibreuse , mais avec la différence importante qu'elle ne présente pas, comme celle-ci , des ouvertures naturelles capables de livrer passage aux produits de la sécrétion. Les *annexes* de l'ovaire sont : Le *ligament* du même nom qui fixe l'organe aux parties latérales de l'utérus, et que l'on avait long-tems regardé comme l'excréteur, bien qu'il ne soit jamais fistuleux ; la *trompe de Fallope* , conduit long de quatre à cinq pouces , rétréci vers son milieu , naissant de l'un des angles utérins supérieurs , se terminant par un évasement infundibuliforme et frangé, dont la plus forte dentelure maintient son adhérence naturelle à l'ovaire. Occupant la partie la plus élevée des ligamens larges , formé par des membranes muqueuse, musculeuse, celluleuse et par une petite proportion de tissu érectile dans son épanouissement , elle présente le seul conduit excréteur de cette glande , remplit ordinairement le double usage de porter la matière prolifique, de l'utérus, à l'ovaire, et de conduire le germe nouvellement soumis à l'animation, de l'ovaire, dans l'utérus où doit s'accomplir son développement fœtal. Nous renvoyons, pour les détails, à l'histoire de la sécrétion ovarique où cet appareil est plus particulièrement décrit.

ORGANES DE RÉCEPTION.—Ils offrent un assez grand nombre d'objets à considérer, au milieu desquels on doit spécialement voir deux cavités musculeuses destinées l'une à l'introduction du pénis , l'autre à la gestation du nouvel être. Nous comprendrons sous trois titres principaux tous ces divers objets : 1° *Vulve*, 2° *vagin*, 3° *utérus*.

Vulve. — Dans cette première division viennent se ranger toutes les parties extérieures de l'appareil génital considéré chez la femme. Nous y trouvons de haut en bas et d'avant en arrière, sur le pubis, une éminence garnie de poils désignée par le terme de *motte* ou *mont de Vénus* ; au-dessous, une fente obliquement ouverte dans les directions que nous venons de préciser, c'est la *vulve* proprement dite. Elle est bornée par deux replis nommés *grandes-lèvres*, cutanés en dehors, muqueux en dedans, ombragés de poils, garnis de follicules séba-cés à la sécrétion desquels ces parties doivent surtout l'odeur qui les distingue ; ces deux lèvres s'unissent en avant, en arrière, formant ce que l'on appelle des commissures ; la postérieure est désignée par le titre de *fourchette*. Sous la commissure antérieure, existe un petit corps plus ou moins allongé, non fistuleux, en forme de verge, terminé par un tubercule arrondi que l'on compare au gland, et recouvert d'un repli muqueux analogue au prépuce ; formé d'un tissu érectile offrant à peu près les dispositions du corps caverneux, cet organe très-sensible, nommé *clitoris*, paraît être le siége des plus vives impressions pendant le coït. Immédiatement au-dessous, on voit le vestibule, espace triangulaire et déprimé ; le méat urinaire conduisant dans la vessie par l'urètre dont la longueur est de douze à quinze lignes ; l'orifice du vagin, arrondi, borné latéralement par deux replis muqueux naissant du prépuce clitoridien, se terminant en dedans et vers le milieu des grandes lèvres, sous le nom de *petites lèvres* ou *nymphes* ; renfermant du tissu érectile dans leur épaisseur ; pouvant acquérir une longueur excessive chez certaines femmes, et paraissant constituer ce fameux *tablier* des

Hottentotes et des Cafres dont Sparman, Levaillànt, Peron, Banks, le Sueur etc. ont parlé si différemment. Cuvier, MM. Flourens, Virey, nous confirment dans cette opinion par les observations qu'ils ont faites sur la *Vénus hattentote*, livrée, dans ces derniers tems, à la curiosité parisienne. D'après la même direction, s'étend du clitoris au périnée le plan musculeux très-mince auquel on a donné le nom de *sphincter*, de constricteur de la vulve, du vagin. Derrière l'ouverture de ce conduit se rencontrent la *fosse naviculaire*, la commissure postérieure des grandes lèvres ou *fourchette*, enfin le *périnée* véritable pont dermo-celluleux et musculeux d'un pouce de longueur, séparant la vulve de l'anus.

Vagin. — On nomme ainsi le conduit musculo-membraneux ouvert antérieurement à la vulve, entre l'urètre et la fosse naviculaire, terminé postérieurement au col utérin qu'il embrasse en formant, daus ce point, un enfoncement circulaire et sans aucune issue. Cylindrique, placé entre le rectum et la vessie, décrivant une courbe à concavité supérieure ; il présente quatre à six pouces de longueur, douze à quinze lignes de diamètre ; deux membranes servent à le former ; l'une intérieure *muqueuse*, offrant au milieu de ses follicules simples, latéralement, près des caroncules, deux agglomérations mucipares, indiquées dans plusieurs auteurs sous le titre impropre de *glandes vaginales*, *prostates* de *Bartholin* ; recouvrant, sans les former entièrement, ces rides étendues transversalement sur la paroi postérieure du vagin et qui semblent destinées à rendre les impressions du coït plus vives dans les deux sexes ; l'autre extérieure *musculeuse* involontaire, antérieurement fortifiée par le sphincter qui peut se contracter au gré du sujet, comme celui qui se rencontre également dans les grandes lèvres. L'orifice de ce conduit, chez les vierges, se trouve plus ou moins rétréci par une expansion membraneuse connue sous le nom d'*hymen*. La forme, l'étendue, la résistance et l'élasticité de cette membrane varient beaucoup. Chez la plupart des sujets elle forme postérieurement un simple croissant à concavité antérieure; chez d'autres, elle décrit un cercle entier présentant son ouverture centrale; enfin, dans quelques individus, cette expansion, complétement imperforée, s'oppose à l'écoulement des menstrues avec développement d'un ensemble de phénomènes qui peuvent en imposer pour ceux de la grossesse; Denman, Smellie en citent des exemples. L'hymen est formé par une duplicature muqueuse dans l'épaisseur de laquelle M. Velpeau dit avoir trouvé des fibres musculaires. Souvent il se déchire dans la première copulation et ses débris constituent les renflemens tuberculeux qui bordent l'orifice vaginal, chez les femmes déflorées, sous le nom de *caroncules myrtiformes*; pour quelques sujets, il persiste jusqu'à l'époque de l'accouchement, Nægèle, Paré, l'ont observé plusieurs fois. Si nous en croyons l'histoire, la fameuse Cornélie, mère des Gracques, présenta cette membrane jusqu'à la mort. En supposant même ce dernier fait controuvé, les premiers authentiques, rapprochés de l'absence de l'hymen chez des enfans qui n'ont jamais effectué la copulation, rendront le médecin légiste bien circonspect lorsqu'il s'agira de prononcer en matière de virginité d'après un signe aussi capable d'en imposer.

Uᴛᴇ́ʀᴜs, — μητρα, ὑϛέρα, des Grecs, *matrix*, *uterus* des Latins. On décrit sous ce titre un sac musculeux a parois épaisses, faisant suite au vagin, offrant le volume et la forme d'une poire aplatie, situé dans l'excavation pelvienne, entre le rectum et la vessie, présentant l'or-

gane essentiel de la gestation. Ordinairement placé dans la direction du détroit supérieur, le vagin suivant celle du détroit inférieur. Négligeant la division des accoucheurs qui nous semble peu physiologique, nous partagerons cet organe en trois sections, d'avant en arrière :
1° *Le museau de tanche*, partie qui saillit dans le vagin et que l'on explore aisément au moyen du toucher. Il est arrondi, renflé, plus mou, surtout plus sensible que le reste de l'organe ; disposition facilement expliquée par la distribution plus spéciale des nerfs du plexus lombaire dans cette partie ; nous y voyons une fente exactement transversale, bordée par deux lèvres, l'une antérieure plus épaisse et plus longue, l'autre postérieure plus mince et plus courte. Il offre parfois, chez les vieilles femmes, comme l'a surtout bien fait observer M. Lallemant, une longueur assez considérable qu'il ne faut pas confondre avec une descente de matrice. 2° *Le col*, étroit allongé d'une texture plus ferme, embrassé par le fond du vagin, conduit dans l'organe par une sorte d'étranglement que Mayer a vu s'oblitérer pour les sujets très-avancés en âge. 3° *Le corps*, plus évasé, plus épais, offre sa cavité susceptible de loger une forte amande ; elle est triangulaire, à trois ouvertures ; l'une, occupant l'angle antérieur, appartient au col et mène dans le vagin ; les deux autres, placées vers les angles postérieurs, conduisent dans les trompes de Fallope. Mesurant l'utérus à l'état de vacuité sur un assez grand nombre de cadavres, nous avons rencontré, terme moyen, les dimensions suivantes : longueur, totale, vingt cinq lignes ; largeur, seize lignes ; épaisseur, entière, dix lignes ; épaisseur des parois, trois lignes. Les anatomistes ont longuement discuté relativement à son organisation, sur laquelle on trouve encore aujourd'hui des opinions divergentes. On peut la réduire à la substance charnue, comprise entre deux mem-

branes, l'une intérieure muqueuse, l'autre extérieure séreuse.

Substance charnue. — Dans l'état ordinaire elle est serrée, compacte, et surtout par ses couches sous-péritonéales, assez analogue au tissu fibreux jaune, que nous trouvons, dans l'économie vivante, sur les limites communes des systèmes celluleux et musculaire ; se rapprochant du premier dans un utérus normal, prenant tous les caractères du second sur une matrice actuellement chargée, depuis plusieurs mois, du produit de la conception. D'accord en ce point, les auteurs ne le sont pas lorsqu'il s'agit de fixer la direction des fibres motrices. Vésale, Malpighi les croient inextricables ; Ruysch, concentriques ; Hunter, Sue, disposées en couches variables par leurs directions ; A. Leroy, Meckel, réunies de manière à constituer deux muscles, l'un interne, l'autre externe. Mme Boivin désirant effectuer pour l'utérus, à peu près ce que M. Gerdy avait entrepris, relativement au cœur, nous donne, comme résultats de ses recherches, les dispositions suivantes, en procédant de l'extérieur à l'intérieur : 1° Faisceau longitudinal antéro-postérieur, mesurant toute la longueur de l'organe dans sa ligne médiane ; 2° latéralement trois couches transversales en voyant des expansions aux trompes, aux divers ligamens ; 3° profondément un plan concentrique, autour des angles postérieurs ; 4° une couche mince près de la surface interne. M. Velpeau, dont l'exactitude nous est bien connue, résout ainsi la question : 1° Couche sous-péritonéale, cellulo-fibreuse, à directions variables ; 2° fibres transversales, analogues à celles des constricteurs pharyngiens ; 3° fibres transversales, obliques, longitudinales ; 4° vers le fond, épanouissement circulaire des trompes. Il est aisé de voir, d'après ces oppositions et ces incertitudes, que le muscle utérin, de même que le muscle cardiaque, n'offre pas dans le trajet de ses fibres une direction tellement fixe et constante que l'on puisse irrévocablement l'établir ; mais deux faits essentiels résultent positivement de ces travaux : 1° Le parenchyme de l'utérus est musculeux ; 2° comme dans tous les muscles creux, l'action principale des fibres est concentrique.

Muqueuse.— Gordon, Chaussier, M. Ribes, Mme Boivin n'admettent pas son existence. Il suffit d'examiner l'utérus après l'accouchement, surtout lorsque la malade a succombé sous l'influence d'une métrite, pour constater la réalité de cette membrane. Dans l'état ordinaire elle paraît comme identifiée à la substance charnue, disposition qui sans doute a fait prendre le change, relativement à sa nature. Continuation de la muqueuse vaginale, origine de celle qui revêt l'intérieur des trompes, elle présente des follicules mucipares, surtout vers le col où quelques anatomistes les ont décrits sous le titre *d'œufs de Naboth*, et qui, dans le catarrhe utérin, fournissent une humeur, dont les qualités prouveraient encore la nature de la membrane que nous examinons, en supposant que l'on eût besoin de ce nouveau fait, pour démontrer sa liaison à la muqueuse génito-urinaire.

Séreuse.—Elle fait partie du péritoine, recouvre l'utérus, forme deux vastes replis nommés ligamens larges, et dans l'intervalle desquels se trouvent les dépendances de la matrice : D'arrière en avant, les trompes, les ovaires et leurs annexes, les ligamens ronds formés par des expansions du tissu musculaire utérin, partant des côtés de l'organe pour gagner l'anneau sus-pubien, le traverser et s'identifier immédiatement après avec le périoste. Dionis accordait à ces ligamens la faculté de porter l'utérus au devant du pénis dans la copulation ; il est difficile d'y voir autre chose que des moyens de contention pour ce viscère. Douglas, A. Petit, Mme Boivin ont encore admis

quatre ligamens analogues, sous les noms *d'utéro-vési-
caux et d'utéro-sacrés.*

Les vaisseaux de cet appareil sont fournis, à l'utérus,
par l'artère hypogastrique ; à l'ovaire, par l'aorte ; les
veines se rendent, pour le premier de ces organes, dans
l'iliaque interne ; pour le second, dans la veine cave
inférieure ; les lymphatiques vont aux ganglions pelviens ;
les nerfs encéphaliques viennent du plexus sacré, leur
distribution s'effectue spécialement au col, en expliquant
la sensibilité plus vive de cette portion de la matrice ;
les nerfs ganglionaires émanent des plexus rénaux, hypo-
gastriques, se distribuent particulièrement au corps du
viscère.

Envisagés dans leur ensemble, ces organes génitaux
femelles nous offrent un appareil sécréteur complet,
dont l'ovaire présente la glande ; la trompe, le canal
afférent ; l'utérus, le réservoir ; le vagin, le conduit
excréteur.

Telles sont les deux parties essentielles de l'appareil
générateur dans notre espèce. Bien que son existence
normale soit indispensable à la propagation des races,
nous le voyons cependant encore soumis à des anomalies
assez nombreuses dans l'un et l'autre sexe. *Relativement
à l'homme*, il n'est pas très-rare d'observer différentes
perversions, compromettant plus ou moins directement
la faculté génératrice. Dans ce nombre, il faut particulièrement citer : l'imperforation de l'urètre à son extrémité ; l'hypospadias ; la bifurcation pénienne ; l'absence
de la verge, des testicules etc. *Relativement à la femme*,
ces vices de conformation sont plus fréquens encore, et
beaucoup d'entre-eux peuvent occasionner la stérilité.
Ainsi, *pour les organes de sécrétion*, on rencontre souvent des sujets qui ne présentent qu'un ovaire ; Chaussier, MM. Jadelot, Dugès etc. en rapportent des exemples ;

ces glandes peuvent s'atrophier dans la force de l'âge, comme l'a vu M. Renauldin, et chez certains sujets, du reste bien constitués, ne sécréter aucun ovule ; sur d'autres les trompes étaient oblitérées ou manquaient complétement. *Pour les organes de réception*, le défaut d'utérus est bien constaté par les observations d'Engel, Théden, Lieutaud, Bousquet, de MM. Renauldin, Breschet etc. La matrice est quelquefois divisée longitudinalement par une cloison, tantôt incomplète, M. Dupuytren a conservé la pièce anatomique d'une altération semblable, tantôt continue dans toute l'étendue de l'organe; ces faits sont moins nombreux. Toutefois ils nous font concevoir la possibilité d'une superfœtation, si l'on veut seulement exprimer, par ce terme, la fécondation de deux germes à des époques différentes, leur gestation dans le même utérus, mais chacun dans une cavité particulière. Quant à l'existence de deux matrices bien développées, avec toutes leurs dépendances, nous ne voyons aucun fait susceptible d'en faire admettre la réalité. Un seul col peut s'ouvrir dans les deux locules ; Riolan, Sylvius, Tiedemann, Bauhin etc. l'ont observé plusieurs fois. Une cavité simple vient quelquefois se terminer par un double col ; ou bien encore ces deux locules offrent leur col particulier comme l'ont rencontré Bartholin, Haller, Callisen, Boehmer, Littre, MM. Duméril, Dubois, Lallemant etc. Pour ces différentes monstruosités l'utérus vient s'ouvrir dans le rectum, la vessie, l'urètre, au-dessus du pubis etc. Valisnieri, Duverney, Saviard etc. l'ont prouvé par des faits. Si la matrice est bilobée, à double col, et qu'il se manifeste grossesse d'un côté seulement, le toucher peut exposer à des erreurs qu'il est facile de prévoir et dont MM. Tiedemann et West ont cité des exemples curieux. Le vagin est parfois double ; chez quelques sujets il se termine en doigt de gand, l'utérus n'existant pas ; Lieutaud cite un fait analogue ; il parle également d'une jeune fille n'offrant aucune trace de vagin et d'urètre, qui rendait l'urine par l'ombilic. On rapporte qu'une courtisane de Vénise présentait le clitoris osseux. Nous avons actuellement sous les yeux un jeune enfant de huit ans, offrant les apparences générales du sexe féminin, sans présenter aucune indication d'organes génitaux qui sont remplacés par une longue bourse, pendante à la manière du scrotum chez le taureau, perforée d'un orifice étroit par lequel s'effectue volontairement l'excrétion urinaire.

Pour compléter l'histoire physiologique de l'appareil générateur, après l'avoir sommairement examiné dans l'espèce humaine, il est essentiel d'apprécier les principales modifications qu'il offre naturellement dans toute la série des êtres organisés.

1° *Chez les zoophytes.*—Il n'existe aucun appareil générateur particulier, la reproduction s'effectuant par une véritable *pullulation bourgeonneuse.*

2° *Dans les végétaux.*—Les organes mâles sont représentés par *l'étamine*, formée d'une petite bourse, qui sous le nom d'anthère, contient la poussière fécondante, se trouve soutenue par une tige flexible appelée *filet.* Quant aux organes femelles, nous les voyons dans *le pistil*, composé de trois parties : 1° *Le stigmate*, espèce de vagin qui reçoit la poudre génératrice ; 2° *le style*, support canaliculé faisant l'office des trompes ; 3° *l'ovaire*, servant à la production, au développement des germes ; cumulant ainsi les fonctions exercées par l'ovaire et l'utérus chez les animaux supérieurs. Ces organes peuvent être unis sur le même individu, plantes *monoïques* ; appartenir à deux sujets différens , plantes *dioïques.* Toutes les autres parties de la fleur ne sont que des accessoires destinés à favoriser l'animation des ovules. C'est

d'après cette idée que l'un de nos plus ingénieux botanistes a regardé la corolle et ses pétales, comme les
rideaux entr'ouverts du lit où s'effectue l'acte mystérieux
de la reproduction.

3° *Pour les insectes.*—L'appareil génital est ordinairement incomplet.

4° *Chez les oiseaux.*—Le pénis offre souvent un simple bourgeon vasculeux ; d'autres ont une verge non
canaliculée, chez quelques-uns elle est fistuleuse ; pour
un grand nombre, la fécondation s'opère sans introduction pénienne; les testicules sont constamment renfermés
dans l'abdomen. Il n'existe qu'un seul ovaire duquel part
un conduit nommé *oviductus*, allant s'ouvrir dans le
cloaque, réservoir commun des œufs, de l'urine et des
matières fécales, représentant ainsi l'utérus, le rectum
et la vessie.

5° Dans *les reptiles* et *les poissons*,—les ovaires très-
vastes contiennent des ovules innombrables, on en trouve
quelquefois jusqu'à trois et quatre cents disposés à l'animation. Une classe toute entière de reptiles appelés *bispé-
niens* présente la verge bifurquée ; les femelles offrent
un double vagin ; pour les autres elle est unique ; on ne
la trouve pas chez les Batraciens; les testicules sont granuleux ; dans les poissons, représentés par deux grands
sacs abdominaux, ils sont remplis, seulement au tems du
frai, d'une proportion considérable de sperme, désigné
sous le nom de *laite* ou *laitance*.

6° *Pour les mammifères*,—on ne rencontre jamais le
mont de vénus, que leur position habituelle rend absolument inutile. Dans cette classe, exclusivement, il existe
une matrice diversement conformée suivant les familles.
Chez les ruminans, les rougeurs, les solipèdes, les amphibies etc. , cet organe présente le plus souvent deux
cornes très-allongées, divergentes et dans lesquelles vient

s'ouvrir un nombre variable d'utérus particuliers ; ces deux cornes se rendant au même col, donnent à l'ensemble de la matrice une forme assez exactement triangulaire. D'après Cuvier, les animaux n'offrent aucun vestige des nymphes, mais plusieurs ont une membrane hymen, comme on peut s'en assurer en examinant la chèvre, la brebis, la chienne, l'hyène etc. Chez tous les mammifères, on trouve des testicules ovoïdes plus ou moins analogues à ceux de l'homme. La plupart des *carnassiers* et notamment le chien, le renard, l'hyène, le loup ne présentent point les vésicules séminales ; il devient alors indispensable de prolonger le coït pour donner au sperme le tems d'arriver des testicules au vagin ; c'est en conséquence de cette prévision naturelle que, dans ces animaux, le gland se gonfle de manière à maintenir avec force l'accouplement jusqu'à la consommation de l'acte générateur.

En terminant ces considérations relatives à l'appareil de reproduction envisagé dans la série des êtres organisés vivans, nous sommes conduits à rechercher si les organes mâles et femelles, réunis sur le même sujet, dans certaines familles végétales, peuvent offrir une disposition semblable, chez les animaux et particulièrement chez l'homme ; en d'autres termes, nous avons à décider la question de *l'hermaphrodisme*, si longuement et si vaguement discutée par les auteurs du moyen âge.

HERMAPHRODISME.

L'hermaphrodisme, ἑρμαφροδισμος, des Grecs, *hermaphrodismus*, des Latins, de Ἑρμῆς Mercure, Αφροδίτη Vénus, pris dans sa véritable acception, doit être défini : *Condition d'un être organisé vivant, réunissant dans son appareil générateur, les organes mâles et femelles, pouvant effectuer, indépendamment d'un concours étranger, l'acte essentiel de la fécondation*

Si tous les auteurs occupés de cet objet avaient ainsi précisé la valeur des termes avant d'entrer en matière, leurs écrits nous offriraient des observations positives, au lieu d'un amas informe de suppositions et de vaines logomachies.

En appliquant à l'ensemble des corps animés, les dispositions de *l'hermaphrodisme* telles que nous les exprimons, il nous sera facile de tracer exactement la circonscription du domaine qu'elles peuvent revendiquer.

Dans toutes les classes végétales, en exceptant la *diœcie*, l'hermaphrodisme existe avec ses caractères essentiels. En effet les nombreuses plantes appelées *monoïques*, présentant la réunion des organes mâles et des organes femelles, jouissent de la faculté de procréer sans aucun secours emprunté.

Pour la série zoologique, ces conditions se trouvent au contraire limitées à quelques espèces rudimentaires, comme on le voit dans les *zoophytes* et notamment les *ascidies*, les *oursins*, les *holothuries*; dans les *mollusques bivalves*, surtout les *huîtres*, les *peignes*, les *moules* etc.; dès que l'on s'élève davantage, on observe la disparition entière de cette confusion des sexes. Déjà les *coquillages univalves*, tels que les *planorbes*, les *aplysies*, les *limaçons* etc., possédant encore les organes mâles et femelles bien développés, n'ont cependant plus cette faculté génératrice indépendante; chez ces derniers, deux individus s'unissent dans un accouplement réciproque, les organes mâles de l'un fécondent les organes femelles de l'autre, et *vice versâ*; de manière qu'ils semblent destinés à marquer le passage de l'hermaphrodisme à l'unité sexuelle, en prouvant que cette première condition ne peut jamais être celle des animaux supérieurs, puisqu'elle n'est pas même conservée dans les individus moins parfaits où les dispositions de l'appareil sembleraient d'abord en indiquer l'établissement.

Ce n'est pas sans étonnement que nous voyons des hommes tels que MM. Tiedmann, Meckel et plusieurs autres physiologistes allemands, négliger des considérations aussi positives, aussi fondamentales, partir de ce principe étranger à *l'androgynie*, que, dans l'embryon, le sexe est encore indéterminé, pour admettre la possibilité de l'hermaphrodisme parfait même chez l'homme. C'est évidemment donner trop d'extension aux écarts de la nature et fonder sur les illusions de l'avenir une hypothèse que renverse entièrement les réalités du passé. A moins que l'on emprunte à la fable toute l'insensibilité du fils de Mercure et de Vénus, la constance et l'amour de la nymphe Salmacis, nous ne croyons pas qu'il soit possible *aux dieux* de former désormais un nouvel *Hermaphrodite*.

Il suffit en effet d'examiner, avec attention, les différens sujets présentés comme *androgynes* et dont les recueils nous offrent des histoires multipliées, pour voir que non-seulement aucun d'eux n'a présenté les organes mâles et femelles bien constitués, avec la faculé d'une fécondation indépendante, mais que le plus grand nombre était réduit à des parties génitales vicieuses, rudimentaires, à l'impuissance, à la stérilité. Parmi ces faits nous indiquerons seulement les suivans dont plusieurs sont consignés dans le savant article de M. Marc, *Dictionnaire des Sciences Médicales.*

Marie-Marguerite, née le 19 janvier 1792 à Bu, arrondissement de Dreux, est élevée, comme une fille, jusqu'à l'âge de dix-neuf ans, acquiert les goûts, les habitudes et les dispositions de l'autre sexe. Le fils d'un ami de son père la demande en mariage; il était le troisième prétendant à cette union. Les parens de Marie, craignant qu'elle ne fût pas naturellement conformée, la menstruation n'ayant jamais paru, font, avant tout, procéder à son examen par le docteur Worbe; en voici le résultat : Scrotum fendu en-dessous à la manière d'une petite vulve ; cet orifice est un hypospadias conduisant dans la vessie. Deux testicules suspendus à leurs cordons; ces organes ayant franchi l'anneau, de treize à quatorze ans, un chirurgien ignorant les avait comprimés sous un double bandage, les prenant pour des hernies. A la commissure antérieure de l'hypospadias, un petit gland imperforé; le sujet est déclaré du sexe masculin, adresse une requête au tribunal de Dreux en 1813; après la rectification authentique de son acte de naissance, prend les habits d'homme, se livre aux travaux qu'il préférait depuis long-tems, et devient l'un des meilleurs agronomes du pays. Il n'est pas nécessaire d'ajouter que Marie-Maguerite, connaissant désormais son impuissance absolue, n'a pas songé depuis à s'engager dans les obligations de l'hymen.

Haudy vit à Lisbonne, en 1807, un sujet d'une taille svelte, offrant les organes génitaux femelles bien conformés ; au-dessous, existait un scrotum, deux testicules, une verge creusée d'un petit enfoncement de deux lignes. Cette femme bien menstruée, n'ayant jamais éprouvé le désir du sexe féminin, était mère de plusieurs enfans.

M. Giraud, médecin de l'Hôtel-Dieu, rapporte l'observation d'un individu présentant le buste, les bras analogues à ceux de l'homme; le bassin, les membres pelviens de la femme; deux testicules, une verge imperforée ; tous les caractères de l'impuissance.

Béclard, avec son grand talent d'observation, a conservé l'histoire de Marie-Madeleine Lefort, alors âgée de seize ans, et que nous avons soigneusement examinée cinq ans après, offrant tous les caractères indiqués par notre ancien ami. Constitution générale de la femme; au-dessous du pubis, clytoris imperforé de deux pouces; allongé par l'érection, simulant une verge; prépuce mobile, offrant inférieurement cinq petits trous; vulve bordée par deux lèvres courtes, ombragées de poils; fente moyenne, peu profonde; vers la base du clitoris, ouverture qui laisse pénétrer une sonde ordinaire à la profondeur de dix à douze lignes en suivant la direction du vagin, plus profondément vers le rectum; en touchant par cette voie l'on trouve un corps dur qui pourrait être le col de l'utérus; Marie Lefort excrète l'urine par les trous du prépuce; dit qu'elle est exactement réglée; se trouve portée vers les hommes par un attrait naturel, sans toutefois offrir aucune des conditions indispensables à la génération.

Il nous serait aisé d'ajouter à ces faits ceux rapportés avec détail par Everard Home, Chéselden, Hufeland, Mertens, J. Hunter, Laumonier, Ferrein etc., s'ils ne devenaient surabondans, puisque tous s'accordent pour démontrer, jusqu'à l'évidence, qu'il n'existe encore aucune observation d'*hermaphrodisme* parfait chez l'homme et chez les animaux supérieurs; que ces garanties du passé, jointes aux dispositions, aux intentions primordiales de la nature, ne permettent pas d'admettre même la possibilité d'une perversion semblable; enfin, que tous les prétendus *hermaphrodites* viennent se ranger dans l'une ou l'autre de ces trois catégories : 1° *Homme parfait*, avec des ébauches d'organes féminins ; 2° *femme normale*, avec des rudimens d'organes masculins ; 3° *sujets neutres*, incapables de concourir à la reproduction.

§ III. MODIFICATEUR DE LA GÉNÉRATION.

Il est représenté, pour tous les êtres organisés vivans, dont l'animation s'opère au moyen d'appareils mâle et femelle, par deux substances différentes, *la matière prolifique* et *le germe à féconder*.

Chez les végétaux, *le germe à féconder* est préparé, conservé dans l'ovaire ; *la matière prolifique*, nommée *pollen*, est en général une poussière grisâtre, ou diversement colorée, légère, susceptible d'être portée dans l'air à des éloignemens considérables.

Pour l'homme et pour un grand nombre d'animaux, le premier de ces élémens est ordinairement solide, et le second, fluide. Ils doivent être distingués en mâle et femelle.

Germe femelle.— Dans notre espèce, et dans celles qui s'en rapprochent davantage, ce germe est représenté par des vésicules nommées *ovules*, d'abord du volume d'un grain de millet pouvant ensuite prendre celui d'une graine de chénevis ; offrant deux membranes dont l'une externe répond au tissu de l'ovaire et l'autre interne constitue *l'ovule* proprement dit. Leur accroissement n'est pas simultané, constamment on en voit une ou plusieurs présenter un développement supérieur à celui de toutes les autres ; proéminent sous la membrane de l'ovaire, elles menacent d'en effectuer la rupture. On peut aisément se former une idée positive de cet accroissement relatif des ovules chez la femme, en considérant ceux des gallinacées dont les dimensions deviennent beaucoup plus considérables. Ces germes sont élaborés, sécrétés par l'ovaire,

entre les époques de la première menstruation et de l'âge
critique. Les expériences des plus habiles physiologistes,
et notamment celles de MM. Prévost et Dumas, ne laissent plus aucun doute à cet égard. Le système de *l'emboîtement* qui fait naître les générations passées, présentes
et futures du dépouillement successif des ovaires de la
première femme, dans lesquels tous les germes préexis-
tans auraient été primordialement enveloppés, soutenu
par Haller, Bonnet, Swammerdam, repoussé par les faits
et l'observation la plus positive, n'a pas même, pour
s'appuyer, l'imagination qu'il effraie par les conséquences naturellement rattachées à son admission.

Germe mâle. — Chez l'homme et chez la plupart des
animaux il est représenté, sous le nom de *sperme*,
liqueur prolifique, *semence*, par un fluide émané du testicule, blanc, semi-transparent, albumineux, contenant,
dans une grande proportion d'eau, sels, mucus, albumine,
soufre, gélatine, matière animale particulière etc., un
dixième. Nous renvoyons à l'article sécrétion spermatique
où les caractères de cette humeur, les circonstances de
son élaboration se trouvent exposés avec les détails nécessaires. Ici nous examinerons plus spécialement la
question des animalcules partageant encore les auteurs
et fournissant la base d'une théorie particulière de la
génération.

Lewenhoëck, Boerhaave, Cowper admirent dans le
sperme des animalcules de nature et de forme particulières, se rapprochant beaucoup de celle du têtard, et considérant ces corpuscules, pour notre espèce, comme des
hommes en miniature, imaginèrent que l'on pouvait réduire l'ensemble des phénomènes génitaux au place-
ment actuel, au développement ultérieur de ces animalcules.

Buffon, Needham regardent ces derniers comme les animaux infusoires que l'on rencontre également dans les autres humeurs ; M. Virey, comme des corpuscules renfermant la matière fécondante ; M. Raspail n'y voit que des parcelles organisées, ou les résultats de la décomposition spermatique.

MM. Prévost et Dumas admettent les animalcules seulement dans les organes mâles, entre la puberté, la caducité sénile ; avec des caractères différens de ceux que présentent les globules mobiles des autres humeurs ; ils ont trouvé ces derniers dans le sperme de tous les mammifères, des oiseaux et des reptiles soumis à leur examen, et les regardent comme la partie seule prolifique, leur défaut ayant, dans toutes les expériences tentées par ces physiologistes, rendu la fécondation absolument impossible, alors qu'elle s'effectuait immédiatement après l'addition de quelques-uns seulement au sperme d'abord inutilement employé. Trouvant, entre ces observateurs également distingués, des opinions aussi contradictoires, nous avons senti la nécessité de répéter un grand nombre d'expériences particulièrement sur le sperme de l'homme, au moyen d'un bon microscope ; voici les résultats principaux que nous avons obtenus. Pris chez un sujet de trente ans, dans les conditions normales, à vingt époques différentes, à des intervalles de deux ou trois jours, douze fois cette humeur nous a présenté des globules et des filamens de forme variables, sans aucun mouvement ; huit fois seulement nous avons très-distinctement vu des animalcules innombrables, à peu près ovoïdes et du même volume, s'agitant avec la rapidité la confusion d'une fourmilière, pendant trois minutes au moins, six minutes au plus, sous une température de seize degrés. Après ce tems, qui sans doute marquait le terme de leur vie dans l'atmosphère, tout mouvement a complétement disparu.

L'existence des animalcules spermatiques, pour notre espèce, au moins par intervalles, nous paraît absolument incontestable, mais nous sommes loin de chercher, dans ce fait, la base fondamentale d'un système relatif à l'explication des phénomènes reproducteurs.

Au moyen de ces deux élémens particuliers s'opère la fécondation, en les plaçant, comme nous le verrons, dans les circonstances les plus favorables à leur action réciproque.

§ IV. APPÉTIT DE LA GÉNÉRATION.

Le principe que nous avons établi relativement aux impulsions instinctives associées à l'accomplissement des phénomènes vitaux, avec un empire toujours en proportion de la nécessité de ces phénomènes, est mis dans toute son évidence lorsque l'on envisage, d'une part, l'exercice indispensable de l'acte générateur pour la conservation des espèces, de l'autre, la vivacité du sentiment qui porte à son exécution.

Cette impulsion organique particulière est désignée sous le titre *d'appétit vénérien* ; exaltée par l'usage abusif, par l'imagination ou les maladies, elle prend les noms de *satyriasis* chez l'homme, de *nymphomanie* chez la femme; ses aberrations se trouvent, pour la fonction génitale, ce que *la boulimie, le pica, le malacia* deviennent pour la digestion.

Nous devons alors bien distinguer les appétits vénériens *normal* et *factice*. Le premier rentre dans l'ordre des choses, le second n'est qu'une perversion des lois de la nature.

L'appétit vénérien normal se lie tellement à l'exercice de la génération qu'il s'éveille à la puberté, lorsque cette fonction s'établit, et disparaît alors qu'elle s'éteint avec l'âge. Si nous observons quelquefois des désirs érotiques chez l'enfant ou chez le vieillard , ils sont presque toujours un résultat fâcheux de la dépravation ou des influences pathologiques.

Chez la jeune fille pubère, le sentiment que nous étudions se manifeste par une constriction notable des organes génitaux, par la douce rêverie, l'agitation intérieure, l'embarras de la pudeur à l'approche des sujets d'un autre sexe ; plus tard, lorsque des circonstances majeures s'opposent à l'accomplissement du vœu de la nature, par des angoisses profondes, suivies d'un combat de la raison contre l'instinct, et souvent des plus fâcheuses perversions fonctionnelles conduisant aux anomalies de la menstruation, aux désordres nerveux, à toutes les modifications de la mélancolie, de l'hypocondrie, de l'hystérie etc. ; désordres si fréquemment observés dans l'état de civilisation, où toutes les circonstances extérieures font naître ces désirs vénériens que les mœurs, les lois ou des liens particuliers obligent incessamment à réprimer.

Chez le jeune homme adolescent, la même impulsion s'annonce d'une manière plus brusque, en général moins profonde, par un sentiment de titillation et de prurit vers les parties génitales, avec activité nouvelle, recherche involontaire de l'autre sexe, gêne, enchaînement des facultés intellectuelles, dans sa présence, tant que l'âme n'a point encore perdu cette innocence primitive qui fait son plus bel ornement. Si la continence est pour toujours imposée par le devoir, la sociabilité, la vertu, cette impulsion s'affaiblit graduellement , et disparaît consécutivement à l'atrophie des organes reproducteurs ; quelquefois cependant les plus rudes assauts livrés à la raison, par l'instinct , amènent la tristesse, l'ennui, la morosité, le dégoût de la vie , souvent encore le dysper-

matisme ou la fureur érotique du plus dégoûtant satyriasis.

Dans l'un et l'autre sexe, par l'éloignement de tout ce
qui peut exalter les sens et l'imagination, en fixant l'intelligence à des travaux sérieux, par la fermeté, la persévérance, l'habitude, on parvient à vaincre ce penchant
instinctif, à le neutraliser complétement dans l'organisme
avec les phénomènes dont il sert à provoquer la manifestation. Mais ces résultats exigés par les convenances,
les intérêts des peuples, de la religion et de la morale,
contraires à l'ordre naturel des choses, ne s'obtiennent
qu'après des combats opiniâtres et proportionnés à la
force de la constitution, à la vigueur du tempérament.

Ces considérations et toutes celles que nous pourrions
ajouter encore, font assez connaître la puissance de l'appétit que l'auteur des êtres a cru nécessaire d'associer
aux fonctions génitales pour assurer la propagation des
espèces.

Les mêmes lois sont applicables à tous les êtres vivans
des autres catégories, leurs dispositions y deviennent
toujours plus simples et plus naturelles. Ainsi les plantes
et les animaux ne jouissant pas du funeste privilége de
l'imagination pour éveiller des désirs factices, n'éprouvent que des appétits instinctifs. Ceux qui provoquent la
fécondation ne se manifestent jamais avant la révolution
pubère, et l'on ne voit pas la brute, à l'exemple de
l'homme, fournir, jusque dans une vieillesse avancée,
les exemples de la plus dégoûtante salacité.

C'est au printems, saison heureuse donnant à l'univers une face nouvelle, que les espèces tendent vers la
reproduction, sous l'influence du moteur puissant qui
commande impérieusement à la nature. Cette grande
fonction s'annonce depuis la mousse obscure jusqu'à l'animal supérieur, par le coloris des fleurs les plus brillantes,

par le chant des oiseaux et par une activité jusqu'alors inaperçue dans les êtres vivans !

L'appétit vénérien factice, anormal, exclusivement observé dans l'espèce humaine, loin d'offrir un signe du besoin réel de la génération, devient au contraire la funeste conséquence des habitudes vicieusement contractées par la dissolution et l'immoralité. N'offrant plus désormais cette garantie précieuse à la conservation de l'espèce, il entraîne constamment la ruine du sujet d'une manière d'autant plus rapide et plus déplorable que l'instinct l'emporte davantage sur la raison, et qu'une funeste habitude anéantit chaque jour les résistances qui pouvaient encore le contrebalancer. Il s'uffit d'observer l'abrutissement physique et moral dans lequel tombent incessamment les hommes qui s'abandonnent, sans frein, à ses dégoûtantes impulsions, pour en apprécier les dangers et pour sentir la nécessité d'en conjurer les développemens.

§ V. ÉTUDE DE LA GÉNÉRATION.

En embrassant d'un même regard l'ensemble des êtres organisés vivans, sous le rapport de la propagation des espèces, nous les voyons arriver à ce grand résultat par des moyens différens, et que nous rattachons à six types essentiels sous les noms de générations : 1° *Fissipare,* — s'effectuant par une simple division du sujet en plusieurs fragmens dont chacun devient un nouvel être, se développant isolément et d'une manière indépendante, comme on l'observe chez les infusoires. 2° *Sub-gemmipare.* — On voit alors, dans la substance même de l'animal, des globules reproducteurs n'attendant qu'une occasion pour se développer et se détacher avec les conditions d'une existence propre. *Gemmipare.* — Des bourgeons véritables s'accroissent en végétant sur la peau, s'isolent et forment des individus particuliers, comme il arrive chez les polypes. 4° *Ovipare.* — Le germe sort dans l'œuf, abandonne, avant son développement, l'animal qui le produit, s'accroît aux dépends de la matière de cet œuf, par une incubation ultérieure, naît par éclosion ; c'est le mode commun à tous les oiseaux. 5° *Ovo-vivipare.* — Le fœtus paraît aussi d'après une véritable éclosion, mais son accroissement s'est à peu près achevé pendant le trajet dans l'oviductus ; nous en trouvons la preuve chez quelques reptiles. 6° *Vivipares.* — L'embryon se développe dans une poche membraneuse, avec le sang maternel, est produit au dehors, débarrassé de son enveloppe et dans les conditions physiologiques nécessaires au maintien de son existence isolée, comme on le voit chez tous les mammifères, possédant seuls un utérus et présentant les caractères de la *gestation* proprement dite.

Le nouvel être, dans la plupart des espèces animales, naît tel qu'il doit rester à l'avenir, avec les formes naturelles de sa famille, dans la seule obligation de travailler à son accroissement ; chez quelques-unes seulement, il n'arrive à ces résultats qu'après une véritable métamorphose, comme on l'observe pour le *hanneton*, la *grenouille*, le *papillon* etc., qui se montrent d'abord avec les caractères du *ver*, du *têtard*, de la *chenille* etc.

Chez les végétaux, la fécondation et la gestation sont effectuées dans l'ovaire qui devient un fruit portant des graines susceptibles, lorsqu'elles se trouvent environnées par les conditions favorables, de constituer, en se développant, des individus semblables à ceux dont elles tiennent leur existence. Les organes génitaux, reproduits pour chaque fécondation, servent une seule fois, meurent ensuite.

Si nous envisageons actuellement la génération sous le point de vue des rapports différens qu'elle établit entre les individus appelés à l'effectuer de concert, nous trouvons encore des objets importans à considérer.

Dans certaines familles d'animaux, les mâles sont tourmentés d'une ardeur et doués d'une faculté prolifique tellement développées, qu'ils peuvent, sans fatigue notable, supporter les frais d'une copulation fréquente. Le plus souvent alors ces familles vivent dans la polygamie, comme nous le voyons pour les gallinacées, le cheval, le taureau etc.; négligeant les conséquences de la reproduction, le mâle devient un sultan plus ou moins despote qui goûte les plaisirs de la fécondation sans jamais en partager, avec la femelle, tous les soins, toutes les privations relatives à l'éducation de la jeune famille envisagée par lui comme étrangère, et qu'il abandonne incessamment pour se livrer à d'autres amours. Dans plusieurs contrées, sous l'influence de quelques lois indigestes, on observe *la polygamie* généralisée, même pour notre espèce. Des hordes sauvages, des peuples orientaux non moins barbares nous fournissent l'exemple de ces coutumes également nuisibles aux mœurs, aux avantages, aux perfectionnemens de la constitution.

Au contraire chez les animaux plus calmes, chez les nations plus civilisées, moins abruties par leurs passions on trouve *la monogamie* dans toute sa vigueur, avec des résultats favorables à la propagation, à l'embellissement des races. L'acte générateur devient la conséquence d'une association, d'un mariage ; les petits sont l'objet de soins communs ; le père et la mère les reconnaissent, les protègent aussi long-tems qu'ils ont besoin d'un secours étranger; ce n'est qu'après l'accomplissement de tous ces devoirs naturels qu'ils rompent une alliance temporaire, pour la renouveler ou contracter d'autres engagemens.

Ces considérations, sur lesquelles nous devons légèrement glisser, offriraient, en les approfondissant davantage, les applications les plus belles et les plus utiles au perfectionnement des espèces, à l'économie politique, à la morale et même à la philosophie.

Pour donner à l'histoire de la génération toute l'exactitude et l'importance que doit offrir une fonction aussi nécessaire, aussi complexe, nous la partagerons, surtout relativement à l'homme, en six phénomènes principaux : 1° *Excitation* ; 2° *copulation* ; 3° *fécondation* ; 4° *gestation* ; 5° *accouchement* ; 6° *lactation* ; chacun de ces phénomènes va fixer notre attention d'une manière spéciale.

1° EXCITATION.

Tous les appareils de l'économie vivante, et notamment ceux dont les actions offrent des intervalles de repos assez prolongés, ont besoin, pour exercer convenablement les fonctions qui leur sont départies, de se monter au degré suffisant par une excitation préparatoire. Nulle part ce phénomène essentiel dans ses résultats n'est plus positif et mieux caractérisé. La verge molle et pendante à l'état d'inaction, les petites lèvres, le clitoris, le vagin, l'utérus, les trompes etc. alors inertes, ont besoin de s'ériger par l'abord du sang, et cette modification vitale ne peut s'effectuer sans avoir été provoquée par la stimulation génératrice que nous étudions. Cette érection peut être naturelle ; consécutive au besoin de la copulation ; elle peut devenir factice et dès-lors se rattacher aux vices de l'éducation, des impulsions instinctives, aux maladies etc.

Sous le rapport de leur nature, les causes de ce phé-

nomène se réduisent à cinq types fondamentaux :
1° *Mentales* ; 2° *physiques* ; 3° *chimiques* ; 4° *morbifiques* ; 5° *vitales* ; certaines particularités de leurs influences méritent considération.

1° *Mentales*.—Dans cette catégorie, nous devons spécialement noter la vue, le souvenir de la beauté, des
tableaux érotiques, la lecture des romans inspirés par la
licence, la fréquentation des bals, des spectacles, toutes
les exitations morales qui jouissent du fâcheux avantage
d'électriser les sens en aliénant la raison.

2° *Physiques*.—Parmi ces dernières, nous trouvons
la titillation des organes génitaux, la masturbation,
l'urtication etc.

3° *Chimiques*.—Elles nous offrent surtout l'usage intérieur de certains médicamens nommés *aphrodisiaques*,
et plus particulièrement des cantharides. Cabrol cite l'histoire d'un vieillard nouvellement engagé dans les nœuds
de l'hymen et qui voulant remplir dignement ses obligations maritales, prit, vers le soir, deux gros de cantharides, effectua quatre-vingt sept copulations pendant
la nuit et périt, deux jours après, dans un état d'épuisement complet.

4° *Morbifiques*. — Nous y rapportons les influences
qui, dans l'état pathologique, peuvent agir directement
ou sympathiquement sur les organes génitaux et notamment la strangulation, les inflammations encéphaliques,
les affections dartreuses, la blennorrhagie, les chancres
vénériens du gland, du prépuce etc. Dans tous ces cas
il existe irritation plus ou moins prononcée de l'appareil
nerveux, et l'orgasme qui l'accompagne est plutôt une
érection douloureuse qu'une excitation agréable et disposant au coït.

5° *Vitales*.—Seules avouées par la nature, elles viennent se rattacher à plusieurs circonstances dont la plus

générale, dans la série des êtres animés, est le retour du printems qui semble disposer chacun d'eux à la propagation de son espèce. Ranimés par les impulsions d'une chaleur bienfaisante, les végétaux et les animaux, sortis graduellement de la torpeur et de l'engourdissement occasionnés par le froid des hivers, offrent bientôt un excès d'énergie vitale qu'ils paraissent disposés à produire extérieurement en le communiquant à tout ce qui les environne. C'est alors que les premiers se couvrent de verdure et de fleurs, signal de leur fécondation, et que les seconds, par un langage particulier, s'appellent mutuellement dans leurs joyeux élans pour concourir à la conservation, au renouvellement des espèces.

L'homme ressent lui-même les effets de cette influence commune, et si nous le voyons moins dirigé par elle, c'est évidemment en raison des habitudes sociales altérant chez lui toutes les dispositons primitives, et des irritations factices pervertissant l'ordre des excitations naturelles. Au nombre des plus puissantes, relativement à cette catégorie, nous devons indiquer la réplétion des vésicules séminales par le sperme ; l'instinct agit alors avec force et lorsqu'il n'est pas satisfait, des songes érotiques provoquent, pendant la nuit, l'érétisme des organes génitaux et l'émission de ce fluide, sous le titre de *pollution.*

Il est rare que, dans notre espèce, l'appétit vénérien normal soit assez déterminé pour maîtriser la raison chez les sujets vertueux, et leur faire méconnaître ce qu'ils doivent à leur conscience, à l'estime publique ; mais lorsque cet impérieux sentiment offre pour mobile des provocations anormales, il absorbe toutes les facultés, détruit l'intelligence, dégrade l'homme aux yeux de ses semblables, dans sa propre intuition, en le ravalant au-dessous de la brute qui, n'éprouvant jamais des

désirs multipliés avec autant de profusion, ne s'abandonne point à d'aussi déplorables excès.

Sous l'influence de l'une ou l'autre des causes principales que nous venons d'énumérer, les organes génitaux
reçoivent une proportion de sang plus considérable,
d'après ce principe général : *Ubi stimulus , ibi fluxus*;
les tissus érectiles dont ils sont formés se gonflent par
un engorgement passager qui les érige, les durcit et les
prépare à la copulation. Il en résulte, pour l'homme ,
une augmentation considérable du pénis acquérant ,
chez certains sujets , trois ou quatre pouces de circonférence, huit ou dix en longueur. Le gland, le corps
caverneux sont les parties qui concourent le plus spécialement à cette ampliation. Le gonflement du clitoris,
des petites lèvres diminue l'orifice du vagin et concourt,
avec l'augmentation vitale des tissus, à rendre plus vif
le sentiment qui doit accompagner ce premier acte générateur.

La fréquente répétition de ces modifications locales
par le coït ou la masturbation, en dilatant graduellement
les mailles des tissus érectiles et leur faisant perdre une
partie de la tonicité qui repousse le sang dans le torrent
circulatoire , après la cessation du raptus vénérien ,
donne à ces organes, et notamment au clitoris, aux
nymphes, à la verge, même dans l'état de repos, un
volume anormal susceptible de signaler positivement les
impudiques et les masturbateurs.

2° COPULATION.

Nous désignons par ce terme l'acte au moyen duquel,
érigés sous l'influence de l'excitation préparatoire , les

organes mâle et femelle sont mis en rapport dans le but essentiel d'opérer la fécondation. Nul pour les végétaux qui peuvent recevoir le pollen à distance considérable. nour les plantes dioïques, par exemple, ce concours est nul, dans un assez grand nombre d'animaux, au simple attouchement ; dans les autres, notamment chez les mammifères et chez l'homme, ce rapprochement, encore nommé *coït*, s'effectue par l'introduction du pénis dans le vagin.

La copulation est accompagnée d'une ivresse mentale, d'un sentiment de plaisir dont la vivacité paraît ordinairement en raison de l'excitation préliminaire et de l'attraction qui rapproche les deux individus. Cette impression déterminant une sorte de ravissement, de convulsion nerveuse comparée, chez les anciens, à l'épilepsie, rencontre sa cause physique dans le frottement des muqueuses génitales et particulièrement du gland chez l'homme, du clitoris, des nymphes chez la femme ; organes dont la sensibilité se trouve montée passagèrement au plus haut degré. La jouissance mutuelle, inséparable de cet acte générateur, présente le lien naturel et sympathique des sexes, la garantie d'un concours sur lequel repose la propagation des espèces.

Les physiologistes ont agité la question de savoir lequel des deux sujets éprouve l'impression la plus vive pendant le coït. Haller accorde cet avantage à l'homme, se fondant sur les observations suivantes : Agissant presque toujours en maître, celui-ci provoque la copulation lorsque ses organes y sont disposés, tandis que ceux de la femme, ne se trouvant pas montés sur le même diapason, offrent des conditions passives et peu susceptibles d'un sentiment très-développé ; mais c'est un résultat de circonstance plutôt qu'un effet de l'organisation. D'autres ont conféré cette prépondérance à la femme, d'après son excitabilité nerveuse et l'étendue plus considérable des organes soumis au frottement. Il nous semble moins hypothétique d'admettre qu'en général on peut envisager le sentiment vénérien comme identique pour les deux sexes, avec des modifications relatives à l'âge, au tempérament, aux habitudes, aux dispositions actuelles du sujet.

Pendant la copulation, les testicules sont fortement remontés vers les aînes, sous l'influence des crémasters, quelquefois même douloureusement pressés à l'anneau; les vésicules séminales contractées font passer le sperme dans les canaux éjaculateurs; arrivé à l'urètre avec les mucosités de la prostate et des glandes de Cowper, ce fluide est lancé fortement au-delà du méat urinaire, par les contractions brusques et répétées des muscles bulbo, ischio-caverneux, releveur de l'anus, et définitivement excrété dans le vagin.

Aristote, Hippocrate, Galien et plusieurs autres écrivains de l'antiquité pensaient que la femme chassait en même tems, des ovaires, une liqueur séminale rencontrant celle de l'homme et formant l'embryon par un mélange qu'ils nommaient *emboîtement*. Une erreur aussi palpable n'a plus besoin de réfutation; nous savons aujourd'hui que cette prétendue liqueur séminale, répandue par les femmes très-lascives, pendant le coït, n'est autre chose que le produit des sécrétions perspiratoire et folliculaire muqueuses provoquées dans le vagin et l'utérus, par l'acte même de la copulation.

A cette excitation soudaine et convulsive, à ce délire des sens et de l'imagination, succède un collapsus général en mesure de ces développemens physiologiques. La plus douce rêverie donne quelque chose de vague à l'esprit; une faible teinte mélancolique se répand légèrement sur toutes les facultés affectives; le sujet mesure, avec une sorte d'angoisse, les conditions et le néant de son existence, craignant d'avoir touché les sommités du plaisir, et de ne trouver plus désormais qu'à descendre les degrés du charme et des illusions de la volupté.

Ces résultats, modifiés suivant les dispositions de l'espèce et des individus, sont remarquables chez les animaux ; les végétaux eux-mêmes n'y sont pas étrangers ; dès que la fécondation est produite, nous les voyons perdre leur éclat et leur fraîcheur ; les étamines, le stygmate se flétrissent et meurent ; la fleur se dessèche et disparaît ; l'ovaire seul, dépositaire du nouveau produit, semble occuper toute l'économie dans la maturation lente, progressive du fruit et des germes qu'il contient.

3° FÉCONDATION.

Nous décrivons sous ce titre le phénomène générateur dont *l'animation du germe* présente le résultat essentiel. Nos plus grands génies sont venus échouer dans l'explication de cet acte mystérieux en nous laissant des hypothèses plus remarquables par le clinquant de l'imagination, que satisfaisantes par la vérité des faits.

Avant de sonder un abyme sans fond, nous examinerons sommairement les principales théories sur lesquelles on a voulu baser l'explication de ce phénomène important, et nous arrêterons nos idées à celle qui nous paraîtra la mieux garantie par l'expérience. Nous réduirons ces théories à huit principales : 1° *Formation spontanée* ; 2° *fermentation des atómes* ; 3° *action productrice de l'âme* ; 4° *emboîtement des germes* ; 5° *épigénésie* ; 6° *évolution* ; 7° *développement des animalcules* ; 8° *animation des œufs*.

1° Formation spontanée.—Frey soutient qu'il peut existe des générations indépendamment de toute action étrangère. Frédéric Wolff attribue l'animation du germe à l'influence d'une force essentielle. M. Lamarck admet aussi les générations spontanées, mais seulement aux extrémités des règnes animal et végétal, pensant que les espèces d'un ordre supérieur sont le résultat de ces générations modifiées et perfectionnées. Dans cette procréation des animaux et des végétaux rudimentaires, « la cause excitatrice de la vie rencontrant une sub-« stance de nature gélatineuse, capable de retenir des « fluides, l'organise en tissu cellulaire, et parvient, de « cette manière, à constituer un être vivant. »

2° Fermentation des atômes.—Pythagore, Leucippe etc. disent que l'embryon est produit au moyen de la fermentation du sang menstruel d'après les lois de l'harmonie. Aristote, voulant embellir cette fiction par le charme de son esprit, ajoute que la matrice offre l'atelier, la femme donne le marbre, l'homme devient le sculpteur, et le fœtus présente la statue. Descartes attribue cette fermentation aux deux semences.

3° Action productrice de l'ame.—Stahl, rangeant tous les phénomènes conservateurs des individus sous l'influence de cet agent spécial, y place également la cause des modifications propagatrices de l'espèce. D'autres comparent, dans cette circonstance, le principe immatériel à cette flamme rapide qui se divise et se partage sans affaiblissement.

4° Emboitement des germes.—Empédocle, Hippocrate, Galien avancent qu'il s'effectue dans la matrice un mélange des deux semences, l'une mâle, l'autre femelle; qu'une force génératrice particulière opère immédiatement la fécondation. D'après Hippocrate ces humeurs, formées de molécules essentiellement nerveuses, déterminent le sexe masculin ou féminin, suivant que la première est plus puissante que la seconde, ou la seconde que la première. Plusieurs modernes ont voulu fortifier cette opinion par l'exemple des métamorphoses animales et des monstruosités analogues à celles de Bissieu, présentant un individu contenu dans un autre.

5° Épigénésie. — Needham, Maupertuis prétendent que chaque semence renferme des molécules propres à constituer les différens appareils de l'organisme dont l'ensemble n'est pas établi d'un seul jet, mais avec les additions successives des diverses parties qui doivent le composer ; expliquant ainsi les monstruosités par excès et par défaut. Buffon cherchant à renouveler cette ancienne théorie ne fait qu'en rendre l'erreur plus palpable en précisant davantage ses fondemens ruineux. D'après cet éloquent naturaliste, les fluides générateurs mâle et femelle des parens contiennent une parcelle représentant chacun des organes dont elle s'est détachée ; surnageant dans leurs véhicules, d'après une disposition régulière, ces rudimens hétérogènes s'unissent par degrés et s'arrangent de manière à former le nouvel être. On se demande naturellement alors d'où viennent les élémens du placenta, des enveloppes fœtales, du thymus etc. ? Comment des individus mutilés peuvent donner naissance à des enfans complets etc. ?

6° Évolution.—Plusieurs auteurs du moyen âge, et même quelques modernes, pensent que le fœtus est à l'état rudimentaire dans la matière prolifique de l'un des sexes et qu'il a seulement besoin, pour se développer, d'une excitation effectuée par l'autre. Ils ajoutent, pour le démontrer, que chez les reptiles batraciens les œufs peuvent être fécondés après leur excrétion, que les oiseaux vierges pondent etc.

Dans l'état actuel de la science, toutes ces théories

purement imaginaires doivent être citées pour faire apprécier les progrès de la physiologie ; mais il deviendrait oiseux de s'arrêter sérieusement à la réfutation de vaines hypothèses dont le tems a déjà fait justice.

7° Développement des animalcules. — Lewenhoeck, Hartsoëeker, Boerhaave, Andry, Cowper, Dumas, Prévost, Rolando etc., se fondant sur la réalité des animalcules spermatiques, ont envisagé ces derniers comme les élémens embryonaires, toutefois en donnant des explications différentes à l'accomplissement dé l'acte essentiellement générateur. Lewenhoéck reconnaissant, pour ces animalcules, chez l'homme, une forme assez analogue à celle du tétard, ne craignit pas d'avancer que des observations microscopiques très-suivies, relativement au fluide séminal des autres mammifères, l'avaient conduit à découvrir les usages, les habitudes et les mœurs de ces infusoires, toujours avec les dispositions propres aux sujets de leur espèce. D'après Andry, plusieurs de ces petits hommes en miniature, déposés dans le vagin, passent dans l'utérus, montent par les trompes, arrivent à l'ovaire, se déclarent une guerre à mort ; le vainqueur abandonne ce champ de carnage, se loge au milieu d'un ovule et revient à la matrice dans laquelle s'opère le développement ultérieur qu'il doit présenter. MM. Prévost, Dumas, Rolando pensent que l'infusoire employé dans la fécondation s'applique à la cicatricule pour former le système nerveux du nouvel être et que l'ovule est une gangue gélatineuse dans laquelle sont constitués les organes. Ces habiles expérimentateurs nous assurent avoir vu les animalcules du sperme dans les cornes utérines jusqu'à la descente de l'ovule ; après vingt-quatre heures, tout mouvement cessait avec la faculté génératrice du fluide séminal ; des résultats semblables étaient produits pour cette liqueur filtrée, soumise à des commotions électriques etc. M. Carré fait observer que ces petits êtres n'existent pas chez les syphilitiques ; en rapprochant cette remarque de celle dans laquelle M. Richerand dit que les vénériens sont impropres à la génération, peut-être y verrait-on la probabilité d'une influence animalculaire pour l'accomplissement du phénomène que nous étudions ; mais combien ces faits sont encore problématiques et peu susceptibles de fonder une théorie positive. Dans celle-ci, comment expliquer les ressemblances de l'enfant à la mère qui n'offrirait que les enveloppes du fœtus? A quoi serviraient, dit M. Cailleau, les ovaires de la femme ? Pourquoi cette excursion des animalcules vers ces derniers en exposant à des gestations extra-utérines ? Pourquoi n'obtiendrait-on pas, chez les mammifères, des procréations artificielles comme chez les oiseaux etc. ? Spallanzani, contre l'opinion émise récemment par MM. Prévost et Dumas, prétend avoir opéré la fécondation avec du sperme dépourvu d'animalcules. Dans son tems, Plantade, sous le nom de *Dalempatius*, feignit un instant d'adopter avec enthousiasme les opinions de Lewenhoeck, et, dépassant les investigations déjà si *merveilleuses* de son prédécesseur, assura qu'il voyait très-distinctement, dans la goutte spermatique placée sous l'objectif du microscope, un peuple tout entier avec ses distinctions d'âge, de sexe, de professions etc. Cette plaisante réfutation eut alors tout son effet et le conservera désormais tant que des observations et des expériences positives ne remplaceront pas, auprès de la raison, des illusions pour le moins imaginaires.

8° ANIMATION DES ŒUFS.—Depuis l'antiquité jusqu'à nos jours, cette idée paraît avoir dominé tous les systèmes relatifs à la fécondation, *omne vivum ab ovo*, tel fut le principe admis par les maîtres de l'art. De Graaf précisant davantage cet axiome, avança *que tous les animaux naissent d'un œuf.* Sténon, Fallope, Harvey, Malpighi, Haller, Spallanzani, Bonet, Valisniéri pensent également que l'acte générateur essentiel peut se réduire, au moins chez l'homme et chez les animaux supérieurs, à l'animation d'un ovule sous l'influence immédiate et particulière du sperme. Nous admettons, comme la mieux démontrée, cette hypothèse dont les preuves nombreuses découleront naturellement de l'exposition des faits intéressans qui vont actuellement fixer notre attention.

Chez les végétaux, la fécondation peut s'effectuer à distance considérable des organes sexuels différens, le pollen trouvant, dans l'air atmosphérique, un véhicule susceptible de le porter au lieu de sa destination. Des expériences effectuées sur les plantes *dioïques,* et notamment sur l'épinard, le chanvre etc., ne laissent aucun doute relativement à ce fait.

Plusieurs familles d'animaux n'offrent point de sperme apparent et l'animation du germe s'opère sous l'influence d'un simple frottement, sans introduction du bourgeon non fistuleux qui représente la verge.

Pour notre espèce et pour les animaux supérieurs, le sperme du mâle est toujours déposé dans le vagin de la femelle. C'est de ce point que nous devons partir dans l'investigation des phénomènes relatifs à la fécondation.

Plusieurs physiologistes ont prétendu que l'on pouvait obtenir ce résultat par des moyens artificiels. Jacobi s'en est assuré pour des œufs de carpe, sur lesquels il avait exprimé *la laitance* du mâle ; MM. Prévost et Dumas, pour ceux de la grenouille; Spallanzani, par l'injection, dans le vagin d'une chienne, de trois grains de matière prolifique en suspension au milieu d'une certaine proportion d'eau ; J. Hunter consulté par un homme atteint d'hypospadias, et dès-lors impuissant, lui conseille de recevoir le sperme dans une seringue et d'en effectuer immédiatement l'injection dans le vagin de sa femme ; l'expérience réussit. (*J. gén. de Méd.*) Cette possibilité des fécondations artificielles, prouvée chez les poissons et les reptiles, nous paraît avoir encore besoin d'autres faits pour être définitivement admise dans l'espèce humaine.

La copulation effectuée, l'homme devient complétement étranger aux actions organiques ultérieurement indispensables à l'accomplissement de la génération ; la femme seule reste chargée de ces soins importans. Pour le premier, c'est une fonction momentanée qu'environnent les attraits de la volupté ; pour la seconde, c'est un acte plus durable, offrant le mélange bizarre des charmes du plaisir et des angoisses de la douleur. Faut-il dès-lors s'étonner en voyant les dispositions de l'appareil génital exercer une influence majeure sur l'état physiologique de la femme, tandis qu'elles modifient superficiellement celui de l'homme ? Ne devons-nous pas au contraire admirer la prévoyance de la nature, lorsque laissant à l'un cette faculté génératrice, même dans une époque voisine de la caducité, par la raison des frais peu considérables qu'elle exige pour lui, nous la voyons en priver l'autre aux approches de la vieillesse, en conséquence des grandes obligations et des fatigues inséparables, chez elle, du développement des actes reproducteurs.

Les physiologistes ne sont pas d'accord sur la manière dont le sperme, actuellement dans le vagin, doit effectuer la fécondation. Les uns tels que de Graaf, Harvey, Fabrice d'Aquapendante etc., n'ayant jamais rencontré la liqueur prolifique dans la série des cavités ultérieures, admettent qu'une vapeur s'élève de cette liqueur sous le nom *d'aura seminalis*, et, pénétrant dans l'utérus, parvient, seule aux ovaires pour effectuer l'animation des germes. Les autres, et notamment Spallanzani, Ruysch, Haller, Prévost, Dumas etc. prétendent que le sperme en nature suit le trajet indiqué. Les faits positifs sur lesquels s'appuie leur opinion nous dispensent de combattre les raisonnemens qui servent à fonder l'hypothèse de leurs antagonistes. Spallanzani, MM. Prévost, Dumas ont démontré par l'expérience que le contact immédiat et suffisamment prolongé du fluide mâle sur l'ovule femelle est indispensable à la fécondation. Haller a trouvé le fluide générateur dans les trompes chez une brebis ; Ruysch sur une femme adultère, immolée par son mari.

Les anciens envisageaint la matrice comme un animal avide se précipitant sur le sperme pour le saisir et le porter dans sa cavité. Sans admettre le principe, nous adoptons la conséquence, et nous croyons à la réalité de cette importation. Désormeaux a fait observer que la disposition arrondie présentée par le col utérin chez certaines femmes est une cause assez ordinaire de stérilité ; d'autres accoucheurs également habiles ont reconnu bien des fois que la fécondation devient plus facile en sortant du bain, vers la fin de l'époque menstruelle ; si nous considérons actuellement que, dans la première circonstance, le col de l'utérus est plus habituellement et plus complétement resserré par les spasmes ou par une autre cause , que, dans la seconde, il est au contraire plus dilaté, plus souple, nous sentirons la liaison de ces faits avec la réalité de la pénétration spermatique dont ils deviendraient une preuve nouvelle, si les démonstrations physiques n'excluaient la nécessité des témoignages rationnels.

Galien avait déjà fait observer que plusieurs femmes sentent les contractions utérines, lorsque la fécondation ne doit pas avoir lieu. Le coït se trouve également sans résultat chez les animaux dès que la matière séminale est repoussée par les efforts des organes de réception; c'est pour éloigner cette cause de stérilité que les agronomes font appliquer de l'eau froide, immédiatement après la copulation, sur la vulve de leurs cavales et de leurs génisses disposées à cette répulsion.

Le passage du sperme dans l'utérus peut s'opérer soit par injection directe, lorsque le méat urinaire du mâle rencontre l'orifice du col dans un état suffisant d'ouverture; soit par absorption dans l'hypothèse contraire. Les mouvemens anti-péristaltiques de cet organe font passer l'humeur dans les trompes qui s'érigent, s'appliquent aux ovaires, les embrassent à la manière d'entonnoirs; la matière prolifique arrive à ces glandes, enflamme leur membrane dans un point qui se ramollit et s'ulcère; les œufs les plus disposés à l'animation, sont fécondés au moment du contact, et dans un tems qui doit être indivisible. Quelle est actuellement la nature essentielle de cet acte merveilleux ? Là se trouve un mystère impénétrable !... Nous pouvons ajouter, d'après les faits, que cette modification n'appartient point à la catégorie des actions *physiques* et *chimiques*, et, dès-lors, qu'elle est intrinséquement *vitale* ; au-delà de cette réponse, commence le domaine des causes premières ; chercher à franchir ces bornes pour jamais imposées à nos explications raisonnables, c'est vouloir s'égarer dans le vague insignifiant de l'imagination.

Ainsi disposé par ce contact, un œuf, dans les circonstances les plus ordinaires, descend par la trompe dont les contractions s'opèrent de l'ovaire à l'utérus. Arrivé dans cet organe, il excite l'un des points de sa muqueuse, une fausse membrane s'établit comme intermédiaire, des vaisseaux communiquent de l'un à l'autre et le nouvel être se développe sous l'influence d'un quatrième phénomène que nous allons bientôt examiner avec le titre de *gestation*.

L'ovaire, débarrassé du germe qu'il a fourni, revient insensiblement à ses conditions normales; une petite cicatrice fait disparaître l'ouverture par laquelle s'est échappé l'ovule dont la matière citrine a déposé la substance colorante qui lui fait donner le nom de corps jaune, *corpus luteum*. Chez plusieurs femmes les unes mortes pendant la gestation, les autres, quelques jours après l'accouchement, nous avons constamment rencontré, sur les premières, l'un des ovaires plus gros, plus injecté présentant un point rouge analogue aux cicatrices récentes, et sur les secondes, cette glande également volumineuse, offrant le corps jaune envisagé, d'après quelques auteurs, comme la même cicatrice modifiée par le tems. La trompe en se retirant abandonne cette glande, qui dès-lors ne présente plus aucune communication avec la matrice.

Nonobstant la précision et l'enchaînement de ces phénomènes divers, les physiologistes n'ont pas assigné le même siége à la fécondation. Les anciens et surtout Aristote, Hippocrate, Galien, plusieurs modernes le placent dans l'utérus, sans doute en le confondant avec la gestation. Les expérimentateurs du moyen âge et de nos jours l'établissent dans l'ovaire; des faits positifs se réunissent pour démontrer la réalité de cette opinion. Ainsi, Littre, Haller, Baudelocque etc. ont trouvé des fœtus au milieu de cette glande ; Haigton a déterminé des grossesses tubaires en oblitérant les trompes dans les deux premiers jours de la fécondation; Nuck, ayant lié ce conduit sur une chienne après la copulation, trouva, dès le vingtième jour, deux petits bien constitués, entre l'ovaire et cette ligature

A l'histoire de la fécondation, vient naturellement se rattacher une série de questions importantes, qui doivent actuellement fixer notre attention ; nous les réduirons à cinq principales : 1° *Superfétation* ; 2° *production des mulets* ; 3° *formation des jumeaux* ; 4° *causes des ressemblances* ; 5° *détermination des sexes.*

1° SUPERFÉTATION. — Ce phénomène extra-normal *consiste dans la fécondation d'un nouvel embryon lorsque déjà la matrice contient un fœtus en voie d'accroissement.* Il ne faut pas dès-lors confondre cette condition avec celle des grossesses multiples dans lesquelles plusieurs ovules ont été fécondés en même tems, et d'où résultent, comme nous le verrons, des jumeaux en nombre variable.

Les physiologistes ne s'accordent pas relativement à cette première question ; les uns admettent la possibilité des superfétations, les autres la rejettent complétement. *Les premiers* se fondent sur des faits positifs, mais dont ils forcent bien souvent les interprétations. Ainsi l'on rapporte qu'une femme de Charlestown accouchant, vers le terme ordinaire, de deux enfans, l'un blanc, l'autre mulâtre, avoua que le même jour elle avait eu des rapports, le matin avec son mari, quelques heures après, avec un nègre. Eissennemann de Strasbourg a vu des accouchemens dans lesquels deux enfans sont venus morts à quatre mois et demi d'intervalle. Desgranges de Lyon a rencontré plusieurs cas analogues, avec des distances de cinq mois et demi ; M. Cassan parle d'une femme de quarante ans accouchée, le 15 mars 1810, d'une petite fille ; et, d'un autre enfant, le 12 mai suivant. Nous pourrions citer un grand nombre de faits du même genre. *Les seconds,* en conséquence des dispositions de l'utérus immédiatement après l'adhérence de l'ovule à ses parois, et même aussitôt que la lymphe concrescible qui doit former la caduque s'est manifestée dans la matrice, ont soutenu l'impossibilité des superfétations.

Pour trouver l'expression du vrai, nous devons encore éviter ici les idées exclusives, en fondant une distinction qui devient indispensable. Si l'on borne le phénomène que nous étudions à deux conceptions très-rapprochées, la seconde s'effectuant avant l'exhalation de l'enduit concrescible et l'établissement du premier embryon dans la matrice, il nous semble difficile de n'en pas admettre la possibilité, le fait relatif à la femme de Charlestown et plusieurs autres du même ordre, paraissant l'appuyer assez positivement. Si l'on veut au contraire l'étendre à des gestations commencées, nous pensons, avec Haller et le plus grand nombre des physiologistes modernes, que la superfétation ne doit jamais s'opérer, à moins que la première grossesse ne soit abdominale ou l'utérus bilobé; mais alors il ne s'agirait plus d'une véritable superfécondation, puisque l'on observerait deux matrices, deux gestations indépendantes. C'est ainsi qu'il faut expliquer ce fait rapporté par Planque d'une femme qui, dans l'espace de quinze jours, accoucha de cinq enfans, et tous les cas analogues, à moins qu'on ne les fasse rentrer dans la catégorie des naissances tardives et précoces, pouvant également en préciser les raisons même pour les sujets dont l'utérus est unique. Ainsi la véritable superfétation dans une matrice uniloculée, renfermant déjà le produit d'une première conception, nous paraît impossible et d'ailleurs contraire aux lois de la nature, qui n'a pas dû permettre qu'une fécondation nouvelle interrompit la marche d'une grossesse utérine déjà caractérisée par son développement.

2° PRODUCTION DES MULETS. — On donne le nom de *mulets*, de *métis*, d'êtres *hibrides* aux produits des générations anormales, effectuées entre les espèces diverses. Deux végétaux appartenant à des familles différentes, un cheval, une ânesse *et vice versâ*, concourent à la génération; que résultera-t-il de cet assemblage monstrueux ? *Une plante hibride*, *un mulet*, sujets imparfaits, n'offrant aucune des qualités de leurs parens, ne présentant qu'un appareil génital rudimentaire, incomplet, êtres nuls dans toute la valeur de l'expression, et pour jamais incapables de reproduire leur type insignifiant et bâtard.

Les expériences de M. Juge de Saint-Martin et de plusieurs autres botanistes nous démontrent en effet que les végétaux hibrides ne donnent jamais de fruits sans l'intermédiaire de la greffe, qui change entièrement ces espèces réprouvées par la nature. Les physiologistes ont depuis long-tems signalé, d'après l'observation, l'impuissance et la stérilité des mulets chez les animaux. Il nous est impossible d'envisager, comme objection à cette loi fondamentale, un fait rapporté dans les Mémoires de la société impériale de Moscou tendant à faire admettre que l'accouplement d'une chatte avec des martes ait eu pour effet des animaux constituant une race inconnue, pouvant se propager comme les races primitives par voie de génération. N'est-ce pas confondre ici les variétés d'une même espèce avec les caractères essentiels des espèces différentes, comme on l'a fait dans toutes les objections analogues ?

Cette règle générale, établie dans l'ordre des choses, dont aucune exception ne paraît encore admissible, nous démontre assez toute la prévoyance de la nature. En accordant la faculté reproductrice à des êtres hibrides, ces concours illicites auraient incessamment enfanté des races nouvelles, et, sous l'influence des fécondations anormales, entraîné la plus funeste confusion dans le monde vivant. L'auteur de l'univers ne devait pas négliger une considération de cette importance. La dépravation des goûts, les anomalies génératrices peuvent engager certains animaux à des rapprochemens condamnés par l'harmonie primitive ; mais aussi le produit de ces copulations, dans tous les êtres animés, depuis le végétal rudimentaire jusqu'à l'homme, vit misérablement en dehors des conditions naturelles, et meurt sans postérité.

Nous devons ranger dans la classe des monomanies cette prétention qu'ont affichée certains expérimentateurs, de modifier assez profondément les espèces connues pour obtenir des espèces nouvelles. En effet, la production des mulets n'est pas même possible entre toutes les races ; puisqu'on l'observe exclusivement pour celles que distinguent plutôt des nuances fugitives que des caractères fondamentaux. Nous regardons comme apocryphes ces contes ridicules d'un animal moitié chat, moitié lapin résultant de la copulation opérée chez ces mammifères ; d'une femme violée par un singe, accouchée d'un monstre portant les traits distinctifs de ses parens etc. ; nous sommes loin des siècles du merveilleux et de l'ignorance où l'on avait besoin de raisonner pour circonscrire, dans les illusions de la mythologie, l'existence des *faunes*, des *satyres*, des *sirènes* et des *centaures*.

Il semble dès-lors établi comme loi que le nombre des espèces essentielles et primordiales est pour toujours invariable dans la série des êtres organisés, leur succession se trouvant assurée par les générations naturelles, et leur argumentation prévenue par l'imperfection des fécondations illicites.

3° FORMATION DES JUMEAUX.—On nomme jumeaux les enfans qui naissent d'un même part en nombre variable. Il ne peut exister aucun doute sur la réalité de ces gestations multiples dans l'espèce humaine. L'estimable et judicieux professeur Adelon nous fournit, à cet égard, les résultats suivans puisés dans le tableau des naissances tant à la Maternité qu'à l'Hôtel-Dieu. A la Maternité : *Deux enfans*, une fois sur 80. *Trois enfans*, quatre fois sur 36,000. Dans ces deux établissemens, pendant un intervalle de 60 ans, pas une seule couche triple sur 108,000. Nous connaissons, au Mans, Mme S...., mère de 23 enfans ayant présenté neuf parturitions doubles ; Mme F.... accouchée de trois enfans bien constitués et qui tous ont vécu ; Mme E. , des environs de Brûlon (Sarthe), de quatre enfans très-faibles, morts en naissant. Marie-Anne Collin, âgée de 39 ans, femme de Pierre Lallemand, vigneron de St-Remi (Meuse), donna le jour, au sixième mois de sa première grossesse, le 22 avril 1766, à cinq filles vivantes, d'une ressemblance parfaite, baptisées, et qui succombèrent en revenant de l'église ; il n'existait qu'un seul placenta. Sophie Bomiers, femme de Martin Lohéki de Kruckenbek, dans la Poméranie, fut mère de onze enfans par trois gestations : le 4 septembre 1728, quatre enfans ; le 20 mars 1729, trois filles ; six mois après, avortement de quatre fœtus ; aucun de ces enfans n'a vécu. Josepha Navarro, de Carcagente, dans le royaume de Valence, accoucha successivement de sept enfans d'une même grossesse ; aucun ne paraissait à terme : les 3, 4 et 5 juillet 1824, un garçon et deux filles ; le 6, le 8, trois filles ; le 9, un garçon ; dix jours après la mère se trouvait dans un état de santé parfaite.

Quelques auteurs ont agité la question de savoir si l'on doit attribuer ces générations multiples à l'homme plutôt qu'à la femme. Les uns ont résolu ce problême à l'avantage du premier ; les autres à celui de la seconde. Il nous paraît assez difficile d'admettre ici des idées exclusives. En effet, si d'une part la maturité simultanée de plusieurs ovules donne fréquemment à la mère cette faculté de procréer des jumeaux de l'autre un grand nombre de faits semblent prouver que l'activité fécondante présentée par le sperme du père exerce également, sous le même rapport, une influence qu'il est impossible de méconnaître. Ménage cite l'histoire de Briant dont la femme eut ving-un enfans en sept parturitions, et qui plus tard en fit trois à l'une de ses domestiques. Jacques Kiriloff de Wendeskeo, gouvernement de Moscou, présenté à l'impératrice vers l'âge de 70 ans, était alors père de soixante-douze enfans issus de deux mariages. Sa première femme en avait eu cinquante-sept en vingt-un accouchemens, dont quatre quadruples, sept triples et dix doubles; la seconde, qui l'accompagnait lors de sa présentation, en avait déjà quinze en sept gestations, une de trois, six de deux.

Toutefois, quelle que soit l'opinion admise relativement à la prééminence de cette faculté, les faits sont ici bien positifs lorsqu'il s'agit de prouver la réalité des jumeaux dans notre espèce, et les explications de ces résultats générateurs deviennent également satisfaisantes. En effet, on conçoit aisément qu'au milieu des circonstances particulières de la fécondation, telle que nous l'avons expliquée, la maturité de plusieurs œufs, pour la femme, l'énergie prolifique de la liqueur séminale, pour l'homme, doivent naturellement amener ces gestations multiples.

Soumis aux mêmes influences, aux mêmes conditions génératrices, les jumeaux offrent ordinairement une sorte d'identité physique et morale. Ils peuvent recevoir des sexes différens, mais c'est une exception à la règle. Physionomie, goûts, passions, intelligence etc., tout paraît commun entre eux, au moins pendant les premières années, et tant qu'ils se trouvent encore enveloppés dans l'uniformité native de l'enfance. D'un autre côté, le caractère plus diversifié que le tempérament se développe sous l'influence des agens extérieurs, et la nature acquise diminue sensiblement les ressemblances de la nature primitive. Nous connaissons deux aimables jumelles, Mlles de M...., qui, jusqu'à l'âge de 14 ans, ont offert une assez parfaite similitude pour mettre fréquemment en défaut la perspicacité de leurs parens eux-mêmes. Depuis cette époque les nuances du moral ont imprimé des modifications suffisantes à ces identités de la constitution physique pour les réduire à des analogies incapables de tromper actuellement les étrangers.

4° CAUSES DES RESSEMBLANCES. — Nous remarquons ordinairement des rapports sensibles entre les sujets d'une même famille, sous le point de vue des manières, de la physionomie, du caractère etc.; ces rapports sont encore plus positifs entre les enfans et leurs parens; l'influence profonde, incontestable de l'être producteur sur l'être produit nous explique ce fait constaté chaque jour par l'observation. Si nous sortons actuellement de ces principes naturels et de ces inductions rigoureuses pour savoir d'après quelle action plus spéciale ces ressemblances nous rappellent, chez les uns, les traits du père, chez les autres, ceux de la mère, nous tombons alors sur le point difficile de la question. Sans vouloir suivre les anciens et même plusieurs modernes spéculateurs dans leurs théories plus ou moins brillantes, nous admettrons que l'on peut envisager le nouvel être comme une cire molle où chacun des sujets qui concourent à la fécondation peut imprimer son cachet d'une manière plus ou moins profonde, suivant la part plus ou moins active qu'il prend à cet acte générateur. Aussi trouvons-nous ordinairement ces mêmes ressemblances du côté de l'individu le plus jeune, le plus ardent, le plus original sous le rapport du tempérament et du caractère ; aussi voyons-nous les traits les plus saillans tels qu'un nez retroussé, des yeux obliques, des oreilles monstrueuses, des lèvres épaisses, des taches à la peau etc. se transmettre par voie de génération, et se conserver dans nos types essentiels.

Quelle que soit au reste la valeur de ces explications, les faits n'en sont pas moins évidens et propres à démontrer que les deux sexes concourent également à la procréation embryonaire sans qu'il soit possible d'admettre la puissance de l'un à l'exclusion de celle de l'autre; puisqu'en rejetant cette mutualité d'action, les analogies indiquées devraient toujours être du même côté.

5° DÉTERMINATION DES SEXES. — Dès l'origine de la science, les physiologistes ont cherché l'explication d'un phénomène qui nous semble n'en pas comporter puisqu'il rentre directement dans l'ordre primitif des choses. Le nombre et la diversité des théories imaginées sur un objet pour toujours étranger à notre investigation, n'offre dès-lors plus rien d'étonnant.

Diogène et les stoïciens prétendent que les œufs mâles se trouvent dans l'ovaire droit, les œufs femelles dans le gauche, et dès-lors expliquent la détermination des sexes par l'impulsion du sperme vers l'un ou l'autre de ces organes. Millot, dans un ouvrage moderne, prenant sérieusement la chose, conseille, pour obtenir un sexe à volonté, de coucher la femme, pendant la copulation, sur le côté droit si l'on souhaite un garçon, et sur le gauche si l'on désire une fille.

Hippocrate soutient que les mâles sont renfermés dans le testicule droit, les femelles, dans le gauche; indiquant la pression ou la ligature de l'un des cordons pendant le coït, au nombre des moyens assurés de produire le sexe que l'on veut obtenir.

Si des opinions aussi gratuites avaient besoin de réfutation, les faits se multiplieraient pour la fournir.

Legallois, dans toutes ses expériences faites sur les lapins, a vu l'ablation d'un testicule, d'un ovaire ne point empêcher la procréation des différens sexes. Deux pères de famille auxquels nous avons pratiqué la castration d'un côté, pour des sarcocèles, ont également, depuis cette époque, engendré des enfans de l'un et l'autre sexe. M. Jadelot a communiqué l'autopsie d'une femme accouchée de plusieurs garçons et filles, et qui ne présentait point l'ovaire et la trompe du côté droit. Nous avons constaté le même fait en 1825 à l'Hôpital du Mans. Les recueils de la Société de Médecine de Paris offrent l'histoire d'une gestation extra-utérine présentant un enfant mâle et cependant logé dans l'ovaire gauche, etc.

Au lieu de fatiguer l'imagination par des recherches hypothétiques, n'est-il pas en même tems plus sage et plus fructueux de s'arrêter aux données que nous fournissent les faits et la saine raison. Les ovaires contiennent un nombre d'œufs indéterminé ; ces germes sont mâles ou femelles comme ceux des végétaux, pour lesquels on n'a jamais inventé des théories aussi futiles ; sous l'influence de la fécondation ils s'animent d'une existence individuelle, qui n'a pas dû modifier le sexe primitif de chacun des ovules ; de telle sorte que la cause réelle de la production des garçons et des filles, si l'on rentre exclusivement dans notre espèce, est l'action du sperme plutôt sur un œuf mâle que sur un ovule femelle. Ces conditions ne présentent jamais un mode régulier que l'on puisse diriger à son gré.

Les observateurs ont signalé plusieurs influences connues, propres à favoriser le développement de tel ou tel sexe. En supposant à ces agens toute la puissance que l'on veut bien leur accorder, nous pensons qu'ils produisent alors ces résultats, plutôt en modifiant la sécrétion des ovaires, qu'en diversifiant la fécondation ; mais nous sommes loin de ranger ces théories au nombre des explications fondamentales.

Aristote, d'après les recherches faites sur les belles cavales de la Thessalie, prétend que le soufle des vents du nord dispose à la procréation des mâles, celui des vents du midi, à la génération des femelles.

M. Girou de Bussaringue a constaté, sur les oiseaux, les vaches, les chevaux, les moutons etc., que la chance d'obtenir des mâles est en raison de la vigueur des pères; et que les femelles prédominent ordinairement chez les animaux qui vivent librement dans la polygamie. Des observations analogues ont été faites pour notre espèce en Turquie, en Perse et dans toutes les contrées où cette habitude funeste se trouve autorisée par les lois et les religions. En suivant cette pensée dans tous ses développemens, quelques auteurs ont imaginé que la détermination du sexe devait se rapporter à la prédominance de l'un des sujets pendant la copulation ; et, par une conséquence assez naturelle, que les hommes très-avancés en âge, ou faibles, cacochimes et mariés à des femmes jeunes, robustes, saines, produisaient le plus souvent des filles, tandis que la fécondation amenait des résultats différens dans l'hypothèse contraire. L'expérience prononcera peut-être un jour sur le fait, mais l'explication n'en restera pas moins dans le domaine des conjectures.

Parlerons-nous des influences lunaires auxquelles on attribue des effets si merveilleux, non-seulement pour la création des sexes, mais encore pour tant d'autres objets? Chercherons-nous avec quelques visionnaires à déterminer par avance, d'après ces indications ou celles que l'on emprunte aux dispositions de la mère pendant la grossesse, à deviner si l'enfant est garçon ou fille? Dirons-nous avec d'autres que l'identité du sexe persistera, pour la même femme, tant que la lune actuelle de l'accouchement n'aura pas changé dans les sept jours qui l'ont suivi ? Des considérations de cet ordre ne méritent pas de fixer notre attention ; nous les abandonnons à l'ignorance, à la crédulité du vulgaire.

On a recherché d'un autre côté si les conditions de la misère ou de la prospérité publiques, offraient une influence marquée sur la proportion relative des sexes. M. Bailly fait observer que pour la ville de Celles, pauvre et malheureuse, le nombre des filles est beaucoup plus considérable ; M. Villermé dit au contraire qu'en Ecosse, dans la Sologne, où le peuple est également réduit à la plus triste situation, on voit naître un nombre comparatif de garçons égal à celui qui se rencontre dans les pays les plus florissans.

Les saisons ne paraissent pas davantage influencer la proportion des sexes, mais elles modifient sensiblement la quotité des naissances. M. Villermé, sur 12,000, indique les résultats suivants pour les douze mois de l'année, d'après une progression décroissante : Février, 1,136. Mars, 1,117. Janvier, 1,093. Avril, 1,057. Novembre, 1,000. Décembre, 981. Septembre, 980. Mai, 965. Octobre, 964. Août, 927. Juin, 896. Juillet, 884.

Nous voyons des femmes présenter une longue série, les unes de garçons, les autres de filles ; ce défaut d'équilibre semble énorme en considérant les individus, mais si l'on envisage l'universalité de l'espèce, il disparaît à peu près entièrement.

D'après toutes ces considérations, pourrait-on croire que des médecins aient écrit sérieusement sur l'art : « *De procréer les sexes à volonté;* « *Les enfans d'une belle* « *constitution ; « Les hommes d'esprit et de génie.* » etc. Tels sont pourtant les objets de *la Philopédie ;* de *la Mégalanthropogénésie,* par Robert; *de la Callipédie* par Claude Quillet etc. ; ouvrages auxquels nous renvoyons les amateurs de contes et de romans.

4° GESTATION.

Nous désignons par ce terme le phénomène générateur, au moyen duquel un germe fécondé se développe dans l'utérus après avoir contracté des adhérences plus ou moins intimes avec la surface interne de ce viscère.

Hippocrate, Aristote, Galien, ont indiqué, comme signes de la fécondation, chez les deux individus, un sentiment beaucoup plus vif que dans les copulations sans résultat ; pour la femme, une constriction utérine, une impression de mélancolie profonde, le défaut de répulsion du sperme etc. ; ces faits peuvent servir de base à des présomptions, mais ils ne fondront jamais la certitude.

Une indécision pareille subsistera peut-être à jamais sur le moment précis où l'ovule actuellement animé d'une vie propre descend dans l'utérus pour l'accomplissement du phénomène que nous étudions.

Pour les animaux que l'on peut soumettre à des expériences répétées, les auteurs ne sont pas même d'accord sur ce point.

Bussière a vu l'un des ovules, trente-six heures après l'accouplement, encore en partie dans l'ovaire, s'engageant dans la trompe utérine. C'était prendre la nature sur le fait et prouver seulement la réalité de la fécondation dans cette glande.

De Graaf, expérimentant sur des lapins, a fait les observations suivantes : *Une demie heure* après la copulation, les cornes utérines plus rouges ; *six heures,* enveloppe des ovaires injectées ; *vingt-quatre heures,* plusieurs ovules opaques et roses ; *quarante-huit heures,* trompes érigées, embrassant les ovaires ; *soixante-douze heures*, plusieurs ovules dans les trompes et dans les cornes utérines, présentant le volume d'une graine de moutarde et contenant une liqueur limpide ; *sixième jour*, vésicule offrant deux membranes distinctes, flottant au milieu de la matrice ; *septième jour*, adhérence de l'ovule à l'utérus ; *neuvième jour*, point opaque dans la liqueur de la vésicule ; *dixième jour*, apparence vermiforme de ce rudiment ; *douzième jour*, embryon distinct. Ces expériences répétées par Nuck, Duverney, Haygton, Cruikshang etc., ont donné des résultats analogues.

Haller sur une brebis a trouvé des phénomènes beaucoup plus actifs dans leur marche : Après trente minutes un ovule fait saillie sur la convexité de l'ovaire, il est rouge vermeil ; *une heure*, vésicule rompue, saignante ; le siége qu'elle occupait s'épaissit, forme une cicatricule.

MM. Prévost et Dumas, opérant sur des chiens, ont vu les phénomènes s'enchaîner ainsi : Après *vingt-quatre heures*, aucun changement notable. *Deux jours*, vésicules plus volumineuses, rompues. *Six ou huit jours*, l'ovule s'échappe, descend dans l'utérus.

Pour l'espèce humaine, le voile est bien plus impénétrable encore. D'après Hippocrate, « vers le sixième « jour, la semence est transformée dans une vésicule « transparente, au milieu de laquelle apparaît un corps « très-délié qui sans doute représente l'ombilic. » Haller, Valisniéri disent positivement qu'ils n'ont jamais pu constater la présence de l'ovule dans l'utérus avant le dix-septième jour. Il nous est impossible de trouver avec plusieurs savans, dans le fait rapporté par MM. Home et Bauëer, le fondement d'une opinion positive. « Une « jeune fille passe la journée hors de la maison de ses « maîtres, éprouve eu rentrant des convulsions, du « délire et meurt au huitième jour de maladie. L'ouver-« ture du cadavre fait rencontrer dans l'utérus un cor-

« puscule, nageant au milieu de la lymphe coagulable. »
Ces médecins n'hésitent pas à conclure qu'il existait grossesse depuis huit jours, et que dès-lors à cette époque
l'ovule est déjà porté dans la matrice. Nous ne croyons
pas devoir nous arrêter à prouver toute la légèreté d'une
pareille assertion.

De ces divergences d'opinions, il est naturel d'inférer
que l'époque de la descente ovulaire dans l'utérus n'est
point rigoureusement fixée, qu'elle peut varier chez les
différens sujets et dans les diverses fécondations chez le
même individu. Sans chercher ici la précision mathématique refusée par les faits, exposons dans leur véritable
enchaînement les phénomènes dont l'ensemble constitue
la gestation. Nous indiquerons sommairement les dispositions relatives au fœtus, devant les considérer avec
tous leurs détails dans l'histoire de la vie.

Vivement excité par la copulation, l'utérus, quelques
heures après, modifié dans ses propriétés vitales pour
l'acte important qu'il va désormais accomplir, sécrète,
à la surface libre de sa muqueuse intérieure, une couche
de matière coagulable, offrant les caractères d'une fausse
membrane, constituant une ampoule qui remplit toute
la cavité de la matrice, quelquefois même s'engage légèrement dans les trompes, et devient ainsi le premier
obstacle aux superfétations réelles. Cette ampoule renferme un fluide semi-transparent et rosé ; nous voyons
dans ses parois les rudimens qui doivent ultérieurement
former la membrane *caduque*, troisième enveloppe de
l'œuf ; *membrana decidua, Epichorion*, Chaussier; membrane *adventive*, M. de Blainville ; membrane *ankiste*,
M. Velpeau, que nous aurons souvent occasion de citer
pour ses travaux importans sur l'embryologie. Cette membrane, d'abord essentiellement produite par la perspiration anormale de la muqueuse utérine, semble revêtir

plus tard les caractères de l'organisation et se bifolier, du moins telle est l'opinion de Blumenbach, Hunter, Lobstein, Meckel, Béclard etc. admettant une trame vasculaire dans sa composition définitive. M. Velpeau soutient au contraire qu'elle demeure toujours analogue, par sa nature, aux couennes albumineuses, aux fausses membranes du croup. Nous penchons fortement vers cette opinion ayant toujours vu, dans la caduque, plutôt les apparences que les caractères bien déterminés d'une organisation positive.

. C'est au milieu des dispositions actuelles que l'ovule animé par la fécondation descend dans l'utérus. Conduit par l'une des trompes, il rencontre bientôt la membrane caduque, la pousse, la décolle et se glisse progressivement entre elle et la surface intérieure de la matrice. Il est déjà facile de comprendre que l'usage essentiel de cette membrane est de fixer l'ovule sur le point de l'utérus avec lequel doit s'effectuer son adhérence, et que ce lieu d'implantation variable, mais ordinairement situé dans le voisinage de la trompe ainsi franchie, se trouve déterminé surtout par la facilité plus considérable de séparer la caduque de la matrice dans tel ou tel point de son étendue.

. L'ovule jusqu'alors isolé doit trouver dans sa propre constitution des moyens d'existence particulière. Pour les bien apprécier, nous sommes naturellement conduit à rechercher ses dispositions actuelles en faisant pressentir les changemens qui doivent s'opérer ultérieurement pour son ensemble. Cet ovule est formé, dans notre espèce et dans les mammifères, par l'embryon et ses dépendances.

L'EMBRYON, dont il est difficile d'apprécier les conditions et même l'existence avant le quinzième jour, présente alors une tige grisâtre, molle, de trois à quatre lignes, renflée vers l'une de ses extrémités, décrivant à peu près les quatre cinquièmes d'un cercle, acquiérant ensuite un développement dont nous examinerons les modifications et les progrès dans l'histoire de la vie.

LES DÉPENDANCES DE L'EMBRYON nous offrent comme objets principaux : 1° *Des membranes* constituant les enveloppes de l'œuf, au nombre de trois : La *caduque*, le *chorion*, l'*amnios* et ses eaux. 2° *Les vésicules* dont les produis sécrétés paraissent destinés à la nutrition du nouvel être avant son adhérence à l'utérus ; on en compte particulièrement deux : L'*ombilicale* et l'*allantoïde*. 3° Le *cordon ombilical et* le *placenta* servent à l'établissement des moyens qui doivent effectuer l'accroissement du fœtus après son adhésion à la matrice.

1° *Membranes de l'œuf.* — Chez tous les mammifères, l'embryon est environné par trois membranes de l'extérieur à l'intérieur : La *caduque*, le *chorion*, l'*amnios*, dont la nature et les développemens offrent des caractères particuliers.

Membrane caduque. — Formée, d'après ce que nous avons déjà dit, par une exhalation plastique de la muqueuse utérine, cette membrane est commune à l'organe dont elle revêt l'intérieur, à l'ovule qui la déprime dans le point de son adhésion et l'approprie à ses parois sous le titre de *caduque réfléchie*. Inorganique chez les animaux comme chez l'homme, ou du moins se bornant à la texture indéterminée des productions membraniformes, elle disparaît en partie, comme son nom l'indique, après quelques mois de gestation, et semble unir à l'usage que nous avons signalé de fixer l'ovule, celui de concourir à la nutrition du nouvel être pendant les premières phases de son existence individuelle. Dans les reptiles ophidiens, elle présente un simple enduit muqueux et constitue, d'après l'opinion de Cuvier, l'enveloppe calcaire de l'œuf chez les oiseaux.

Chorion. — Dès le douzième jour , cette membrane donne à l'ovule une apparence hydatiforme ; elle est alors diaphane et remarquable par les villosités nombreuses de sa face utérine ; un grand nombre d'auteurs les envisagent comme des radicules vasculaires ; Ruysch , Haller , Hewson , Bojanus ; MM. Maygrier, Chevreul, Dutrochet pensent que le chorion offre deux feuillets ; M. Velpeau soutient au contraire qu'il est simple , toujours transparent et que les granulations, les villosités indiquées ne sont autre chose que des filamens celluleux , des spongioles aréolaires semblables à celles que MM. Correa , Decandolle et Dutrochet ont signalées dans le chevelu des végétaux. Hippocrate, Mondini, MM. de Blainville , Chevreul et plusieurs autres anatomistes modernes regardent cette enveloppe comme analogue à la peau ; nous ignorons la cause d'une erreur semblable dont le plus simple examen peut faire justice , bien qu'elle soit devenue l'occasion du terme employé pour désigner ce tissu qui nous paraît cellulo-fibreux. C'est lui qui , chez les oiseaux , tapisse l'intérieur de la coquille.

Amnios.—Pendant les quinze premiers jours , cette membrane paraît, dans l'intérieur du chorion , sous la forme d'une petite vésicule ne remplissant que la plus faible partie du réceptacle ovulaire, et siégeant vers l'origine embryonaire du cordon ombilical. En contact au deuxième mois avec toute la surface de son enveloppe , elle y contracte plus tard des adhérences filamenteuses. Les auteurs ont encore émis des opinions divergentes relativement à sa nature ; si l'on considère les analogies d'aspect, de disposition sur les organes voisins, de sécrétion perspiratoire etc., on s'apercevra qu'il est permis de la rapprocher du tissu séreux , en supposant que l'on n'admette pas leur identité.

Dès les premiers tems de la gestation , l'amnios renferme une humeur qui porte son nom, dans laquelle nage le fœtus jusqu'au terme de l'accouchement. Les physiologistes ont professé des idées souvent opposées, bizarres sur la formation, les qualités et les usages de cette humeur. Monro, Haller, pensent qu'elle est fournie par la mère ; Lobstein, Schéèle, Winslow, par l'enfant ; Meckel, Béclard, par l'un et l'autre ; quelques-uns l'ont attribuée à l'urine, aux sueurs du fœtus. Il est inutile de combattre sérieusement des théories de ce genre ; les eaux de l'amnios, viennent évidemment d'une exhalation soumise aux lois qui régissent toutes celles des autres surfaces libres, et dont nous avons exposé les principes dans l'examen des sécrétions perspiratoires. Leur poids d'abord supérieur à celui de l'embryon, devient inférieur au poids du fœtus pendant les derniers mois de la grossesse ; à la naissance, il varie de douze à trente six onces. Relativement à sa nature, ce fluide est blanc, laiteux ou jaunâtre, floconneux ; d'une saveur légèrement salée, d'une odeur douce et nauséabonde ; sa pesanteur est de 1,005 ; il verdit le sirop de violettes et rougit en même tems l'infusion de tournesol. D'après Vauquelin et Buniva sur 1,000 parties, en poids, il contient : eau 988 ; albumine, matière caséiforme, hydrochlorate de soude, phosphate de chaux, carbonate de chaux, carbonate de soude 0,012. La matière caséiforme est particulièrement celle qui constitue l'enduit gras, onctueux dont la peau du fœtus est ordinairement lubrifiée. M. Berzélius admet, dans cette humeur, l'acide fluorique ou hydrophtorique ; Schéèle, de l'oxygène libre ; M. Geoffroi Saint-Hilaire, de l'air atmosphérique ; MM. Lassaigne et Chevreul pensent que ce gaz est un mélange d'acide carbonique et d'azote. Plusieurs auteurs ont cru pouvoir établir sur ces faits leur théorie de la respiration fœtale que nous réduirons à sa juste valeur.

Toutefois les principaux usages du fluide amniotique, peuvent se rattacher aux suivans : 1° Protéger le fœtus contre les agressions extérieures ; 2° empêcher l'adhérence de ses diverses parties ; 3° maintenir les parois utérines, suffisamment écartées pour favoriser les mouvemens du nouvel être, et surtout porter la tête vers le col de la matrice, d'après les lois de la gravitation ; 4° conserver la température de ce réceptacle dans l'uniformité nécessaire ; 5° préparer la dilatation de l'ouverture utéro-vaginale par la poche conoïde qui se forme dans les premiers phénomènes du travail de parturition ; 6° humecter le vagin et la vulve pour faciliter l'expulsion du fœtus.

2° *Vésicules ovulaires.*—Avant son adhérence à l'utérus, le germe fécondé se trouve dans la nécessité d'entretenir son existence par des moyens propres, en attendant qu'il soit en mesure de puiser dans la matrice, les élémens indispensables à son accroissement. Deux vésicules embryonaires, *l'ombilicale et l'allantoïde*, paraissent, chez l'homme et chez les animaux de cette catégorie, destinées à l'usage que nous indiquons, représentant, pour eux, ce qu'offre la poche *vitelline* de l'œuf pour les oiseaux.

Vésicule ombilicale.—D'apparence pyriforme, située entre le chorion et l'amnios, elle est soutenue par un pédicule fistuleux de deux à six lignes de longueur ; s'identifiant avec le tube intestinal, avant la formation de l'abdomen, ensuite avec le cordon par son origine fœtale, ce pédicule est alors oblitéré. Vers le quinzième jour, la vésicule présente le volume d'un pois, contient une matière j'aunâtre, visqueuse, grasse, mucilagineuse diminuant ensuite, et disparaissant du troisième au sixième mois ; ses vaisseaux, fournis par la mésantérique supérieure, ont été récemment nommée *vitellins* d'après l'analogie que nous avons signalée. D'abord assez bien décrite par Albinus, elle vient d'être étudiée beaucoup plus exactement encore par M. Velpeau qui, sur cent trente produits examinés avant la fin du troisième mois, ne l'a trouvée que trente fois bien apparente et dans son état naturel.

Allantoïde.—Elle est placée dans l'intervalle du chorion et de l'amnios, près de l'ombilic, sur le cordon, avec l'apparence d'une masse diaphane, assez analogue par ses dispositions à celles du corps vitré ; communiquant avec le prolongement fibro-celluleux qui, sous le nom d'ouraque, se rend au sommet de la vessie. Chez l'homme, ce prolongement n'est pas ordinairement canaliculé, cependant on lui trouve quelquefois ce caractère jusqu'au troisième mois ; Haller, Sabatier l'ont encore vu creux à la naissance, du côté de la vessié ; on cite l'histoire de plusieurs sujets qui, pendant toute la vie n'ont pas eu d'autre conduit excréteur de l'urine qui sortait alors par l'ombilic. Chez les animaux, il offre un canal qui fait communiquer l'allantoïde et le reservoir urinaire. Cette vésicule renferme une humeur huileuse, émulsive, contenant, d'après l'analyse de M. Lassaigne, pour la vache, de l'albumine, beaucoup d'osmazome, de la matière mucilagineuse azotée, de l'acide lactique, des chlorures de sodium, de potassium, du sulfate de potasse, des phosphates de chaux et de magnésie. Rouhaut, Littre, Lacourvée, Hales etc. disent l'avoir toujours vue ; d'autres n'admettent pas son existence ; MM. Lobstein, de Blainville pensent qu'elle est précisément le corps décrit par les anatomistes sous le nom de vésicule ombilicale. En conséquence d'analogies fautives, les anciens ont prétendu que cette poche avait pour usage de contenir l'urine du fœtus, en réserve pendant la gestation. Il paraît démontré qu'elle sert, comme la vésicule ombilicale, à nourrir l'embryon jusqu'à l'époque où ses communications s'établissent avec la mère.

Pockels admet une troisième vésicule sous le nom *d'érythroïde*, pyriforme, de deux lignes, reposant sur l'amnios par sa grosse extrémité, allant, par la petite, s'ouvrir dans l'abdomen de l'embryon ; elle disparaît du trentième au quarantième jour ; son existence n'est pas constante.

3º *Cordon ombilical et placenta.* — C'est par leur intermédiaire que le nouvel être, après l'établissement des adhérences qui fixent l'ovule à l'utérus, puise, dans le sang de la mère, les élémens de sa nutrition et de son accroissement.

Cordon ombilical. — On désigne par ce terme un prolongement cellulo-vasculeux établissant, dans son état parfait, la seule communication maintenue pendant la grossesse naturelle entre la mère et l'enfant. Son origine est à l'ombilic du fœtus qu'il abandonne après la naissance, comme le pétiole du fruit se détache de l'arbre qui l'a porté ; sa terminaison a lieu dans le placenta, vers le centre, c'est le cas le plus ordinaire, *placenta en parasol*, quelquefois à la circonférence, *placenta en raquette*. Il est essentiellement formé par la veine ombilicale, faisant fonction d'artère, apportant au fœtus les matériaux de son développement ; par les deux artères ombilicales remplissant l'office des veines, rendant au placenta le résidu nutritif. Diemerbroëck, Wrisberg, Michaëlis et Schrœger pensent qu'il contient des vaisseaux lymphatiques ; Darr, Ribes, Chaussier, Reuss, des nerfs émanés du plexus solaire, et quelques filets des ganglions qu'ils disent avoir suivis jusqu'au placenta. MM. Lobstein, Meckel, Velpeau rejettent l'existence des uns et des autres ; un tissu celluleux assez facilement affecté d'infiltration lie ces diverses parties ; le chorion et l'amnios leur forment une enveloppe commune. D'après M. Adelon, ce cordon n'existe pas avant la fin du premier mois; jusqu'à cette époque, l'embryon est immédiatement appliqué sur les membranes par sa face antérieure. Offrant d'abord une tige solide sans protection amniotique, vers la cinquième semaine, il devient fistuleux; renferme le conduit de la vésicule ombilicale, une portion de l'ouraque, de l'allantoïde et des intestins ; il s'allonge graduellement vers le placenta, se recouvre des membranes de l'œuf, et prend insensiblement tous les caractères que nous lui voyons à la naissance. Il présente ordinairement alors une étendue variable de quinze à vingt pouces, le volume du doigt. Plusieurs anomalies importantes se rencontrent par fois sous les divers rapports que nous venons d'énumérer. Ainsi, *pour son implantation*, M. J. Cloquet, sur une pièce conservée dans les collections de Bruxelles, a vu le cordon s'attacher à l'un des points du péricrâne. Il est à peu près certain qu'il devait en exister un autre, celui-ci ne pouvant pas servir à la nutrition de l'enfant. *Relativement à sa composition*, MM. Blandin et Velpeau disent avoir trouvé seulement une artère ; d'autres ont observé deux veines. *Sous le rapport du volume*, il peut offrir celui d'un bras de fœtus à terme, souvent alors il est noueux, infiltré, dépositaire d'un exomphale etc. Enfin, *quant à sa longueur*, nous en avons rencontré deux offrant un pouce et demi ; condition qui doit faire craindre l'arrachement du placenta, l'hémorrhagie, le renversement de la matrice, l'accouchement *en bloc* etc. L'Héritier, Deuman, MM. Maygrier, Morlanne assurent en avoir trouvé de cinq et six pieds; disposition souvent compliquée d'enlacement du col ou des membres de l'enfant.

Placenta. — Ce corps cellulo-vasculeux, dont nous avons donné la description au chapitre circulation sauguinë, article *réservoirs temporaires*, auquel nous renvoyons, se développe entre la caduque et l'utérus par l'épanouissement des vaisseaux du cordon. Béclard prétend n'avoir observé jusqu'au premier mois, dans ce point, que des rudimens artériels et veineux. Les auteurs ne s'accordent pas sur la manière dont se trouvent établies ses adhérences. Albinus, Dubois, Biancini, les croient *artérielles*, ayant injecté le placenta par les vaisseaux de l'utérus ; Haller, Astruc, Baudelocque, Mery, *veineuses ;* Reuss, Warthon, *intimes ;* Stein, par *impression* des lobes dans la matrice comme pour une cire molle ; Asdrubali, *semblables* à celles d'un noyau de pêche ; Leroux, *analogues* à l'insertion d'une sangsue ; M. Velpeau, Mme Boivin, *effectuées* par l'intermédiaire d'une fausse membrane. Ces nombreuses divergences d'opinion prouvent assez que la question n'est pas facile à résoudre par des preuves positives. Toutefois, en consultant les faits, en suivant la marche de ces adhérences dans leur établissement, en les rapprochant de celles qui s'effectuent chaque jour sous nos yeux entre les parties vivantes et contiguës, il est difficile de ne pas admettre, après le développement complet de ces mêmes adhérences, une communication réciproque de l'utérus au placenta par les dernières divisions vasculaires.

Telles sont les principales dispositions de l'œuf humain dans la matrice, et les circonstances au milieu desquelles va s'effectuer son accroissement ; examinons actuellement la marche de cet important phénomène.

La gestation s'accompagne naturellement d'un grand nombre de modifications que l'on peut rattacher à deux ordres ; les unes *locales*, appartiennent à l'utérus, à ses annexes ; les autres *générales*, portent sur l'organisme consécutivement aux relations sympathiques ou directes qui lient ce viscère à toutes les autres parties. Nous devons étudier chacun de ces groupes d'une manière isolée.

Modifications locales.—Avant le travail de gestation, la muqueuse utérine était mensuellement le siége d'une perspiration sanguine établie depuis la puberté jusqu'à l'âge de retour sous le titre de *règles*, cette perspiration est suspendue ; le sang antérieurement versé par cette voie, paraît utilisé pour l'accroissement de la matrice et du fœtus. Quelquefois cependant l'évacuation menstruelle persiste, probablement dans ce cas par la muqueuse vaginale ; on a même vu des femmes réglées seulement pendant la grossesse. Toujours alors ces dispositions morbifiques offrent des inconvéniens plus ou moins graves, soit pour la mère qu'elles fatiguent, soit pour l'enfant dont elles entravent le développement.

Dans l'état de vacuité, l'utérus présente le volume d'une poire aplatie ; sa capacité loge à peine une fève de marais ; au terme de la gestation elle renferme les eaux de l'amnios, le fœtus et ses annexes. D'après Levret, dans le premier cas, cet organe offre seize pouces de superficie, un vide répondant à dix lignes ; dans le second, sa surface paraît de trois cents trente-neuf pouces et sa cavité de quatre cents huit. Cette ampliation considérable est devenue l'objet des théories les plus opposées. Galien, Paul d'Egine, admettent la distension des parois ; Van Helmont dit qu'elle s'effectue spontanément sous l'influence d'un *blas météorisant* ; Malpighi, par le principe fermentescible du sperme ; Rœderer, de Lamotte, Riolan, Deventer pensent au contraire que ces parois acquièrent plus d'épaisseur pendant la grossesse ; il est facile de prouver, par la plus simple inspection, qu'elles conservent, sous ce dernier rapport, à peu près leurs dispositions primitives. La cause de l'augmentation générale du viscère est évidemment dans l'accroissement nutritif provoqué par le nouveau travail de gestation ;

c'est une véritable hypertrophie temporaire voulue par la nature.

Jusqu'ici, renfermé dans le domaine de la sensibilité nutritive, de la contractilité latente, obscur, oublié dans l'économie, cet organe revêtant par degrés la sensibilité percevante générale et la contractilité involontaire sensible, se place bientôt au niveau des appareils les plus importans. Son parenchyme devient plus charnu, ses veines très-volumineuses forment des cônes à base renversée, nommés sinus *veineux* par Haller ; *utérins,* par Astruc ; vers l'époque de l'accouchement, il représente un muscle analogue à celui du cœur ; on y trouve alors, d'après Charles Bell, de l'extérieur à l'intérieur, 1° *le péritoine,* 2° *une couche musculeuse membraniforme,* 3° *des fibres transversales au fond,* 4° *longitudinales au corps,* 5° *verticales près du raphé moyen.*

Ces changemens s'opèrent d'abord dans le corps du viscère, ensuite vers le col avec des particularités de situation d'autant plus utiles à noter qu'elles servent à déterminer, du moins approximativement, les principales phases de la grossesse. 1° *Pendant les deux premiers mois,* le col s'allonge quelquefois jusqu'à la mesure de deux pouces, et paraît ainsi descendre vers la vulve ; 2° *à trois,* il remonte un peu, se trouve à peu près dans la situation ordinaire, le fond répondant au niveau du détroit supérieur. Si quelque mouvement de bascule très-prononcé retient l'utérus dans l'excavation, il peut s'enclaver d'une manière funeste ; accident qui n'est plus à craindre après cette époque ; la vessie s'élève, l'urètre devient à peu près vertical ; 3° *à quatre,* le fond de la matrice franchit le détroit supérieur ; 4° *à cinq,* il répond à l'ombilic ; 5° *à six,* le dépasse de deux doigts ; 6° *à sept,* de quatre à cinq ; 7° *à huit,* s'élève dans la région épigastrique, gênant sensiblement l'ampliation de l'estomac et des poumons. Pendant tout ce tems, le col du viscère monte graduellement à mesure que le fond suit sa marche ascendante. 8° *A partir de ce terme*, le col de l'utérus participe au développement de l'organe qui cesse de s'élever et même commence à descendre pour offrir ce phénomène d'une manière trés-sensible dans les quinze derniers jours du neuvième mois. A cette époque, la matrice présente ordinairement les dimensions suivantes : *Longueur*, douze à quatorze pouces ; *épaisseur*, neuf à dix ; *largeur*, huit à neuf.

Pendant cette élévation progressive, l'utérus peut éprouver des inclinaisons en différens sens ; on les nomme *obliquités*. Cet organe présente alors un mouvement de bascule dirigeant le col et le fond en sens opposés. Les plus ordinaires se font en devant, après plusieurs grossesses ; à gauche, le rectum poussant le col à droite ; ces obliquités ne sont jamais graves comme celles des trois premiers mois, se trouvant dans l'impossibilité d'amener l'enclavement.

Vers le terme de la gestation, les symphyses pelviennes s'humectent, se relâchent quelquefois avec un écartement de six à dix lignes, comme l'ont observé Pineau, Bouvard, Smellie, Baudelocque, Desault, Bertin etc. Weidmann, Hofmeister ont prouvé par des faits que les os eux-mêmes deviennent flexibles dans cette occasion.

Modifications générales.—L'utérus, lors surtout qu'il est chargé du produit de la fécondation, entretient, avec les différens appareils organiques, des relations fondées sur les lois de la sympathie. L'estomac et les glandes mammaires éprouvent toujours l'influence plus particulière de cette action ; d'où résultent plusieurs phénomènes importans à noter. 1° *Relativement à l'estomac*, nous voyons s'éveiller des symptômes variables pendant les deux ou trois premiers mois, tels que le ptyalisme, les nausées, les vomissemens, les dégoûts, les appétits bizarres connus sous le nom d'*envies* ; constituant un véritable pica sympathique, faisant désirer très-impérieusement, et même digérer d'une manière étonnante, les substances de la plus mauvaise qualité; par exemple, du savon, de la craie, des viandes fumées crues etc. On doit contrarier ces goûts lorsqu'ils sont nuisibles, sans craindre, avec le vulgaire, les impressions qu'ils ne peuvent jamais exercer dans la constitution du fœtus, comme nous le verrons en étudiant les monstruosités. 2° *Relativement aux glandes mammaires*, la même cause produit leur gonflement quelquefois dès-les premiers tems de la gestation, mais surtout vers l'époque de l'accouchement où s'établit, dans ces organes, une sécrétion dont le produit est destiné par la nature à l'alimentation du nouvel être.

D'autres phénomènes sont encore effectués par l'accroissement et le poids de l'utérus comprimant, à leur passage dans le bassin, les veines, les vaisseaux lymphatiques, les nerfs, et déterminant ainsi des varices, des œdémacies, des crampes dans les membres pelviens.

Ces différentes modifications entraînées par les conséquences du phénomène que nous étudions en deviennent les symptômes caractéristiques au nombre desquels nous devons énumérer, comme plus positifs, la cessation des menstrues, le ptyalisme, les vomissemens, les envies, le développement de l'utérus, le ballottement, les mouvemens actifs de l'enfant qui seuls méritent le nom de *signes certains*. MM. Fodéré, Major, de Kergaradec ont ingénieusement appliqué le stéthoscope à l'investigation de la grossesse, indiquant au nombre des caractères positifs deux variétés acoustiques essentiellement différentes : 1° Bruit de *soufle*, analogue à celui d'une respiration faible, partant du placenta, se reproduisant d'une manière isochrone au pouls de la mère; 2° *bruit pulsatif*, produit par le cœur du fœtus et dès-lors en harmonie parfaite avec les battemens de ses vaisseaux artériels.

5° ACCOUCHEMENT.

L'accouchement, τοχος, des Grecs, *parturitio*, des Latins, mal compris par Astruc, Levret, Baudelocque, Maygrier, dans sa véritable signification, doit être défini : *L'expulsion du fœtus et de ses dépendances à leur maturité par les contractions de l'utérus et de ses muscles accessoires.*

L'époque de l'accouchement normal, ou si l'on veut, le terme de la grossesse naturelle varie d'une manière infinie, dès que l'on accorde ce titre à toute expulsion d'un ovule, depuis ces gestations de quelques heures présentées par les insectes éphémères, jusqu'à celles qui, dans leur marche, embrassent plusieurs années chez ces grands animaux dont les siècles mesurent l'existence active. L'homme, sous ce rapport comme sous beaucoup d'autres, semble présenter l'intermédiaire de ces deux extrêmes; dans son espèce, neuf mois servent ordinairement à compléter la durée des grossesses régulières. Toutefois l'époque de la parturition, même dans les circonstances normales, peut varier sensiblement chez les divers individus et chez un sujet déterminé; disposition à laquelle se rattachent *les naissances précoces et les naissances tardives* sur la théorie desquelles tous les auteurs ne sont pas d'accord.

Dans la naissance *précoce*, l'accouchement survient avant le terme de neuf mois, le fœtus ayant alors acquis son entier développement. On ne la confondra pas dès-lors avec *l'avortement* ou naissance *prématurée*, s'effec-

tuant toujours avant l'accroissement complet du nouvel
être, sous l'influence d'accidens variables, soit organiques, soit extérieurs, et relatifs, les uns au produit de
la fécondation, les autres à la mère.

Dans les naissances *tardives*, l'accouchement s'opère
après l'accomplissement du neuvième mois, l'enfant
n'offrant point encore à cette époque le perfectionnement qu'il doit présenter pour soutenir avantageusement les conditions de son existence isolée. Ces retards
d'accroissement peuvent dépendre des conditions défec-
tueuses de l'ovule ou d'un état valétudinaire chez celle
qui se trouve chargée d'en effectuer le développement.
Il ne faut pas non plus identifier ces résultats avec les
accouchemens *tardifs* ; les premiers dépassent le tems
ordinaire par la nécessité d'achever la maturation du
fœtus, les seconds par des obstacles plus ou moins prolongés et toujours fâcheux pour le produit de la gestation.

En se bornant à l'exposition du fait, à son explication naturelle, toute conjecture devient étrangère à ce
point fondamental ; mais il n'en est pas ainsi lorsque
nous cherchons à préciser les termes rigoureux des naissances *précoces* et *tardives*, question dans laquelle rentre directement celle de la *viabilité* de l'enfant.

Il est toujours difficile, dans l'espèce humaine, de
marquer assez positivement l'instant de la fécondation,
pour en inférer des conséquences bien certaines relativement au problême que nous examinons ; aussi les expériences faites sur les mammifères deviennent-elles
précieuses dans cette investigation. M. Tessier a constaté
pour les vaches qui portent neuf mois, comme la femme,
que, sur cent-soixante parturitions, *trois* seulement
ont mis bas au terme indiqué ; *quatorze*, du huitième
au neuvième mois ; *vingt*, à la fin du neuvième ; *cinq*,

du dixième au onzième; *toutes les autres*, dans cet intervalle compris entre les deux extrêmes se trouvant par conséquent de deux mois au moins. Les mêmes observations faites pour la jument qui présente une gestation de onze mois, ont offert les résultats suivans sur cent deux individus : *Trois*, au dixième mois, *une*, au treizième ; *les autres*, dans l'intermédiaire qui se rencontre alors de trois mois.

Désormaux, sur une femme en démence, et que l'on cherchait à guérir par le secours d'une grossesse, fit noter exactement les copulations qui s'effectuaient seulement tous les quatre-vingt-dix jours ; cette femme devint enceinte et n'accoucha qu'à neuf mois et demi. Blondell assure qu'il a vu des naissances même au-delà de cette époque ; Mérimau en cite plusieurs de dix mois passés ; d'autres auteurs en rapportent quelques-unes de douze mois, de deux, trois et quatre ans : nous aurions besoin des preuves les plus évidentes pour admettre ces faits merveilleux. Quant aux naissances *précoces* normales, auxquelles se rattache surtout la viabilité du fœtus, il est difficile de les admettre avant le septième mois. *Viabilité* ne signifie pas seulement faculté de conserver momentanément son existence, mais de la défendre ultérieurement contre les influences nombreuses qui viennent incessamment l'assiéger ; elle indique une maturité plus ou moins complète. On cite, en opposition à cette règle, quelques faits exceptionnels absolument incapables de la détruire. Brousset, Thebesius, Pleissmann, Cardan, Millot etc. rapportent qu'ils ont vu plusieurs fœtus de cinq mois vivre au neuvième comme les autres enfans, après avoir été jnsqu'à cette époque environnés des soins les plus minutieux. Si la vérité de ces histoires peut être suspectée, nous possédons le fait remarquable du fameux Publio Licéti, fils d'un médecin distingué. Cet enfant, né vers le cinquième mois et demi, fut enveloppé d'un duvet de coton, placé dans une étuve, nourri de lait affaibli par l'eau sucrée pendant les trois premiers mois, ensuite élevé comme les autres; il devint un homme célèbre et mourut dans un âge très-avancé. Au mois de janvier 1829, Mme J. B..., d'une forte complexion, enceinte *positivement de cinq mois et six jours*, après une course en voiture éprouve les symptômes de l'avortement ; appelé près d'elle, toutes les indications étant urgentes, nous terminons l'accouchement par les pieds. L'enfant, bien constitué, mais assez grêle, pesant deux livres et demie, soumis à tous les moyens qu'exigeait son état, parvient à respirer faiblement et ne jette aucun cri. La vie se prolonge quinze heures et finit avec les caractères d'une extinction graduée. Peut-être mieux secondé par la saison et par les personnes chargées des soins difficiles et continuels inséparables d'une position aussi délicate, eussions-nous conservé les jours de ce frêle individu ?

Si les naissances *tardives* et *précoces*, physiologiquement considérées, peuvent s'effectuer même d'une manière naturelle assez long-tems après, avant l'époque ordinaire, le législateur devait cependant fixer deux termes au-delà desquels ces naissances ne seraient plus envisagées comme légitimes; nous trouvons, à cet égard, très-sage, la disposition qui rejette les enfans nés avant sept mois, après trois cents jours. Sans doute elle peut, d'une part, ne pas comprendre tous les fœtus viables, de l'autre, toutes les fécondations licites ; mais comme il fallait opter entre l'inconvénient de reconnaître un grand nombre d'enfans bâtards comme légitimes, et celui de placer dans la première catégorie seulement quelques sujets appartenant à la seconde, la loi nous semble avoir posé des limites convenables, et que l'on ne changerait pas sans d'assez graves inconvéniens.

Nous n'entreprendrons pas de réfuter cette opinion vulgaire, absurde, bien qu'autorisée par le témoignage d'Hippocrate, établissant que le fœtus est plus viable à sept mois qu'à huit, les faits et le raisonnement ont depuis long-tems ruiné cette assertion imaginaire.

Pour bien comprendre le phénomène important de la parturition, nous devons en étudier *les causes*, *le mécanisme* sous leur véritable point de vue.

1° Causes de l'accouchement.—Elles se partagent naturellement en deux ordres, les unes *occasionnelles*, et les autres *efficientes*.

Causes occasionnelles.—Nous les plaçons dans les conditions qui sollicitent la parturition vers neuf mois chez la femme; à d'autres époques, également déterminées, chez les diverses familles des mammifères. Ici les auteurs ont encore inventé des hypothèses plus ou moins illusoires, au lieu de remonter à la vérité par une investigation simple et naturelle. Pithagore, dont le système est assez réfuté par une citation, invoque la puissance des nombres *trois*, *sept*, *neuf*. Hippocrate et la plupart des physiologistes anciens, ont attribué cette influence au fœtus en l'expliquant d'une manière différente. Les uns ont prétendu qu'il s'ennuyait dans sa prison ; les autres, qu'il s'entait le besoin de respirer, de prendre des alimens, de rendre le méconium etc. Presque tous ont affirmé qu'il rompait lui-même la poche des eaux, arc-boutait ses pieds contre la saillie sacro-vertébrale, et, poussant avec force, aidait avantageusement les autres agens de son expulsion ; celle de ce fœtus par l'extrémité pelvienne, d'un enfant mort, du placenta, d'une môle etc. , sous l'influence des mêmes lois, démontre assez toute l'erreur d'une hypothèse en contradiction avec les premières notions anatomiques et physiologiques relatives à cet objet. Les accoucheurs modernes ont cherché dans l'utérus la cause dont nous parlons, mais ils ne s'accordent pas sur la manière d'en interpréter les effets. Steinzel indique le *nisus* menstruel ; Loder, la réaction élastique de la matrice *distendue* par le produit de la conception ; Chaussier, Lobstein, l'achévement de l'organisation musculeuse de ce viscère ; Levret, Baudelocque, Désormeaux, la disposition relative des fibres, du col et du corps, théorie qui se rapproche beaucoup de *l'antagonisme*, admis entre ces deux parties du même organe par les accoucheurs d'une époque un peu plus reculée. Toutes ces hypothèses nous semblent essentiellement fautives et nous ne voyons pas d'après quel motif des auteurs si judicieux ont abandonné la voie naturelle des faits, de l'observation et de l'expérience, pour s'égarer dans le vaste champ des suppositions. *La cause occasionnelle* de l'accouchement normal, est une conséquence de cette loi générale et commune à tous les êtres vivans, de cette maturité qui provoque leur séparation du corps sur lequel s'est effectué le développement dont ils avaient besoin pour soutenir désormais les conditions d'une existence individuelle et particulière ; c'est elle qui détache graduellement et sans effort la feuille, par son pétiole, du rameau qui la soutenait ; la pétale de son calice propre ; le fruit, par son pédoncule, de la branche qui l'a nourri ; c'est encore cette même loi qui détruit les liens jusqu'alors maintenus entre le fœtus et la matrice, par l'intermédiaire du placenta ; l'on reconnaît la puissance de cette *nature organisatrice* pour les former, voudrait-on lui refuser la possibilité de les anéantir ? Sans doute les violentes contractions utérines peuvent rompre des adhérences placentaires, mais c'est alors plutôt un accident, qu'un résultat physiologique ; c'est l'effort intempestif qui vient arracher le fruit avant son entier perfectionnement. Ainsi préparée, l'expulsion du fœtus rentre dans

les intentions de la nature, et dès-lors sa cause occasionnelle, commune à toutes les éliminations du même ordre
n'a plus besoin d'une autre interprétation.

Causes efficientes. —Absolument étrangères à l'enfant
auquel presque tous les anciens donnaient une part active, et que les modernes regardent comme entièrement
passif dans le phénomène de l'accouchement, elles sont
entièrement relatives à la mère. Déjà Galien, Fabrice,
Harvey, Levret, avaient reconnu cette vérité maintenant
établie d'une manière générale et sur des preuves assez
positives. Les contractions de l'utérus, comme agent
essentiel, celles des muscles abdominaux, pelviens, du
diaphragme etc., comme instrumens accessoires, telles
sont les véritables causes efficientes que nous cherchons.

2° MÉCANISME DE L'ACCOUCHEMENT.—L'accomplissement de ce phénomène est annoncé depuis quelques
jours, par la dépression de l'abdomen et la disparition
du col utérin qui *s'efface*, comme le disent les accoucheurs, et se réduit aux conditions d'une membrane
épaisse, tendue, présentant une ouverture centrale déjà
notablement agrandie. Sans reproduire ici toutes les divisions hypothétiques de ce travail, indiquées par les auteurs, nous le réduirons à quatre actions principales, en
prenant pour bases la variété des effets à produire et des
moyens employés par la nature pour arriver à ces résultats ; expulsions : 1° *Des eaux de l'amnios* ; 2° *du fœtus* ;
3° *du placenta* ; 4° *des lochies.*

1° *Expulsion des eaux de l'amnios.*—Au terme de la
gestation, les parties génitales de la femme se gonflent,
se relâchent et s'humectent ; l'excitation dont elles deviennent le siége y produit une sécrétion plus active et
bientôt l'écoulement des glaires sanguinolentes, mal à propos attribuées, dans cette période, à la déchirure du col
et des vaisseaux utérins. L'œuf à son état de maturité se

décolle par degrés, abandonne les parois de la matrice vers ses adhérences placentaires qui ne sont jamais brus= quement rompues dans la marche régulière de l'accou- chement, la nature prévoyant les obstacles qu'il peut éprouver, et la nécessité d'assurer l'existence du fœtus pendant toute la durée de ce travail. Dans les conditions normales, ce décollement du placenta devient le signal des efforts que doit faire l'utérus pour se débarrasser du produit de la conception. Comme dans tous les actes importans de l'économie, l'organisme paraît se recueillir et se disposer avec une sorte d'inquiétude, à celui qu'il doit effectuer ; la femme semble même fréquemment tour- mentée par une anxiété profonde et par les plus sinis- tres pressentimens ; dispositions qui font assez connaître à l'accoucheur le genre de médecine morale dont il doit alors s'occuper. Quelques douleurs d'abord vagues se manifestent particulièrement dans l'hypogastre vers les ré- gions lombaires ; on les appelle *mouches* en termes de l'art. Les contractions utérines s'éveillent, on sent, en plaçant la main sur l'abdomen, l'organe se durcir et former un sphéroïde plus ou moins régulier pendant chacun de ces mouvemens ; la nature des douleurs qui les accompagnent toujours, et que les accoucheurs ont souvent confondues avec les contradictions elles-mêmes, ne permet pas de leur donner un autre siège que la matrice, un autre motif que l'état spasmodique passager de ce viscère, pour les physiologistes observateurs qui ne les confondent pas avec celles dont la pression de la tête sur les nerfs pel- viens offre ultérieurement la principale occasion. Secondé par le diaphragme poussant de haut en bas, par les mus- cles du bassin, résistant de bas en haut, par les muscles abdominaux agissant d'avant en arrière et latéralement, l'utérus presse toutes les parties qu'il contient, du corps vers le col ; aussitôt les eaux de l'amnios, les mem.

branes de l'œuf ne trouvant pas la même résistance à
vaincre dans ce point, s'y portent naturellement, s'engagent par l'orifice utéro-vaginal, en forme de cône à base
antérieure et dès-lors très-propre à favoriser la dilatation
déjà commencée. Les contractions des muscles accessoires
sont tellement instinctives et synergiques dans cette occasion que nous les voyons s'effectuer spontanément et sans
l'influence de la volonté. Les efforts de la matrice ne se
développent jamais d'une manière continue ; leurs intervalles paraissent en général d'autant moins prolongés
que l'accouchement approche davantage de sa terminaison. Quelques auteurs ont recherché sérieusement la
cause de ces intermittences, les expliquant par des hypothèses qu'ils serait insignifiant d'énumérer. Si la nécessité de réparer la contractilité musculaire après une
marche, un exercice prolongés se fait sentir dans les
organes actifs du mouvement et leur commande le repos
qui les place ultérieurement dans la possibilité de renouveler des phénomènes analogues, pourquoi n'applique-
rait-on pas cette loi naturelle et commune à la fibre motrice de l'utérus, au lieu de poursuivre dans le vague de
l'imagination ce que l'on trouve aisément dans la réalité
des faits. La nature semble d'abord préluder à ce pénible travail, l'appareil d'expulsion se monte par degrés ,
et les symptômes primitivement locaux signalent bientôt
une insurrection générale ; dès-lors tous les mouvemens
réactionnels se précipitent, le pouls acquiert de la force
et de la vivacité, la chaleur se manifeste vers la périphérie, succédant à la concentration qui s'était opérée
pendant le début; les douleurs prennent une intensité
que rend assez bien le terme de *conquassantes* par lequel
on cherche à les exprimer ; les contractions utérines se
rapprochent, marchent avec une sorte d'impatience ,
entraînant tout l'appareil moteur dans leurs violentes

impulsions, avec roideur générale, craquemens articulaires, convulsion de l'organisme etc. ; cependant la poche formée par les membranes augmente la dilatation du col, s'allonge, se tend et se rompt pendant une forte contraction ; les eaux de l'amnios font irruption subite ; la matrice immédiatement débarrassée revient lentement sur elle-même ; le calme s'établit pour quelques instans, et l'économie fatiguée de ce premier effort semble déjà se préparer à celui qui doit suivre.

2° *Expulsion du fœtus.*—Sans nous arrêter à discuter sérieusement les opinions des auteurs anciens relativement aux positions du fœtus pendant la gestation, sans avoir besoin de combattre les idées de ceux qui le font asseoir sur la saillie sacro-vertébrale jusque vers les derniers mois, et culbuter ensuite au fond du bassin, nous ajouterons que, nageant librement dans les eaux de l'amnios, offrant par la flexion de tous ses articles un ovoïde général dont la tête forme l'extrémité la plus pesante, il doit naturellement, d'après les lois de la gravitation, présenter le crâne vers l'orifice vaginal. Cette considération puisée dans les faits nous explique aisément la fréquence des accouchemens par l'extrémité céphalique de l'ovoïde, constituant la règle, et leur petit nombre par l'extrémité pelvienne, établissant les exceptions. Ainsi, d'après M. Adelon, sur 20,517 accouchemens observés à la Maternité de Paris, on trouve les résultats suivans : Par la tête, 19,906 ; par les fesses, 373 ; par les pieds, 234 ; par les genoux, 4. Immédiatement après l'expulsion des eaux, le fœtus vient s'appliquer à l'ouverture utérine, et, dans ce moment que l'on doit choisir pour l'exploration, il est facile de constater qu'elle est la partie qui se présente, et dans quelle position cette partie vient s'offrir. Voulant simplifier le mécanisme de ce nouveau travail, nous supposerons l'enfant présentant le sommet du crâne dans la première position, circonstances les plus naturelles et les plus fréquentes. Pour ce phénomène que l'on peut réduire au passage de la tête par les détroits du bassin, puisque toutes les difficultés de l'accouchement normal se résolvent à peu près entièrement dans ce point essentiel, les grands diamètres du crâne doivent s'appliquer aux grands diamètres pelviens, de là ces rotations de la tête qui règlent son engagement diagonal. Toutes les situations de cette partie, relativement à son passage par la filière du bassin, se rattachent aux cinq mouvemens suivans dont il est désormais facile d'apprécier l'objet : 1° Flexion de la tête sur la poitrine ; 2° rotation de droite à gauche pour l'occiput qui se trouve antérieurement, de gauche à droite pour la face occupant la partie postérieure ; passage à travers le détroit supérieur ; 3° dans l'excavation, rotation de gauche à droite pour l'occiput, de droite à gauche pour la face ; passage à travers le détroit inférieur ; 4° extension de la tête faisant remonter l'occiput sous le pubis et favorisant le dégagement de la face ; 5° rotation de droite à gauche pour l'occiput, de gauche à droite pour la face. Les épaules, le tronc, les hanches font des mouvemens à peu près semblables en s'engageant d'une manière successive. Toutes ces parties, dans leur trajet complet, parcourent les axes des détroits, obliques de haut en bas et d'avant en arrière pour le supérieur, de haut en bas et d'arrière en avant pour l'inférieur. Ces dispositions fondamentales constituent la base de l'accouchement naturel, toutes les autres n'en sont que des modifications applicables aux différentes parties qui peuvent s'offrir, aux diverses positions dans lesquelles ces parties viennent se présenter et dont l'examen ne rentre pas dans notre objet. Pour ce travail le plus long et surtout le plus douloureux, l'utérus et les muscles accessoires se contractent par degrés avec plus de force et d'énergie ; la nature semble recueillir tous ses moyens dans cet instant décisif ; les angoisses produites par la compression ; le froissement des nerfs pelviens s'unissent au sentiment déjà si pénible des mouvemens de l'utérus, épuisant les facultés vitales d'une manière tellement rapide que l'on voit souvent la femme s'endormir dans le court intervalle de ses douleurs pour effectuer la plus urgente réparation. Enfin, débarrassée de l'enfant, la matrice opère lentement son retour et forme derrière le pubis une tumeur arrondie que les accoucheurs nomment *globe consolateur*, parce qu'alors on n'a plus à craindre les hémorrhagies foudroyantes qui surviennent quelquefois après la sortie du fœtus. Le nouvel être se trouvant dans l'état naturel, on fait la ligature et la section du cordon ombilical ; dès-lors toute communication circulatoire est détruite à jamais entre la mère et l'enfant qui doit trouver, dans l'établissement immédiat de la respiration, le seul moyen d'assurer actuellement son existence par le bienfait de la rénovation sanguine.

3° *Expulsion du placenta.* — Le décollement de ce corps vasculaire s'achève par les contractions et le resserrement gradués de l'utérus, les mêmes points du premier ne pouvant plus répondre aux mêmes points du second dont l'action se réveille pour éliminer, par un mécanisme toujours identique mais beaucoup moins violent et moins douloureux, cette masse vasculo-membraneuse, offrant les débris de l'œuf sous le titre d'*arrière-faix* ; on nomme *délivrance* l'accomplissement de ce troisième phénomène. Dans l'espèce humaine, l'impatience occasionnée par les lenteurs de ce travail et par la souffrance qui l'accompagne engage ordinairement à le terminer au moyen de plusieurs tractions méthodiques effectuées sur le cordon ombilical ; opération qui n'est pas toujours sans danger.

4° *Expulsion des lochies.*— Développé considérablement sous l'influence d'une augmentation nutritive dont le tems de la gestation marque les limites, l'utérus, désormais inutile dans l'économie jusqu'à la fécondation suivante, revient insensiblement à ses premières dimensions par des phénomènes opposés à l'action productrice de cette hypertrophie temporaire. Il se débarrasse, par une exhalation supérieure à l'absorption, du sang, de la sérosité, des autres humeurs dont son parenchyme est surabondamment pourvu ; c'est à l'ensemble de ces produits excrétés que l'on donne le nom de *lochies*. Cet écoulement, d'abord sanguin pendant deux ou trois jours, devient séro-sanguinolent, ensuite complétement séro-muqueux et se termine après un ou deux septénaires. Le sang, d'abord en caillots dans la cavité de la matrice, est chassé par les contractions de ce viscère avec des souffrances moins vives que celles de la délivrance, mais encore assez prononcées pour donner à cette expulsion les caractères d'un quatrième et dernier travail. Tout rentre enfin dans le calme et l'appareil génital va désormais se reposer jusqu'à la conception d'un nouvel être.

6° LACTATION.

L'allaitement ou lactation, τιθήνησις des Grecs, *lactatus* des Latins, est ce phénomène complémentaire de la génération qui nou-seulement fournit à l'enfant une substance nutritive proportionnée à ses besoins, à la faiblesse de ses organes digestifs, mais encore, par une véritable incubation prolongée, lui communique cette chaleur vitale dont il est alors peu susceptible d'effectuer le développement. Réduite à ses moyens individuels, cette frêle économie succomberait inévitablement dans la lutte inégale qu'elle vient d'engager avec toutes les causes destructives qui l'environnent. Mais la nature veille sur l'homme naissant et ne l'abandonne point dans une situation aussi critique ; les liens qui l'unissaient à sa mère ne se trouvent pas entièrement détruits, ils ne sont que relâchés ; les rapports de ces deux êtres naguère confondus par une véritable identification vont encore temporairement s'établir d'une manière assez intime.

La préparation d'un aliment dont les qualités sont appropriées aux fragiles dispositions de la première enfance, les précautions infinies sans lesquelles cet aliment réparateur n'arriverait pas convenablement à sa destination, l'exercice de la plus aimable sollicitude, les soins les plus délicats, telles sont les prérogatives et les obligations de celle que la nature paraît avoir formée pour éloigner de notre berceau les douleurs et les périls qui viennent incessamment l'assiéger. Combien nous voudrions que cette importante vérité fût profondément gravée dans le cœur de toutes les mères ! Elles comprendraient désormais les devoirs qu'un aussi beau titre leur impose, et si la voix du sentiment restait muette, au moins celle de la conscience leur apprendrait à ne pas rompre des engagemens sacrés pour des motifs souvent aussi frivoles !

Celle qui néglige volontairement et sans raison de nourrir son enfant, *n'est mère qu'à demi*, nous dit un philanthrope. Cette qualification est encore insuffisante : Avoir conçu par un attrait dont l'objet est la satisfaction instinctive, avoir porté pendant neuf mois le fœtus que l'on envisageait comme un fardeau pénible et dont on a compromis l'intégrité par des imprudences de tous les genres, avoir donné le jour au produit de cette conception lorsqu'il fallait obéir à l'impérieuse loi de la nécessité, le confier à des mains étrangères actuellement qu'il implore des secours affectueux, espérer de l'appas du gain l'accomplissement avantageux d'une tâche que l'amour maternel, ce moteur si puissant, n'a pas été capable de faire entreprendre, nous paraissent des titres sans valeur pour établir le droit et la qualification que l'on chercherait injustement à revendiquer. C'est au physiologiste qu'il appartient de frapper ces coups puissans de la vérité ; leurs atteintes n'arrivent point aux bonnes mères ; quant aux autres, quels ménagemens peuvent-elles exiger?

Sans doute nous admettons des exceptions à la règle générale. Plusieurs considérations importantes et notamment les vices de constitution, les maladies peuvent réduire une femme à la triste nécessité de renoncer au plus beau de ses droits, mais il faut craindre de s'abuser par des argumens spécieux.

En négligeant une obligation aussi naturelle, on trouve presque toujours dans un tems plus ou moins rapproché le juste châtiment de ces transgressions des lois primordiales; nous sommes fréquemment dispensés de chercher un autre origine aux altérations laiteuses variées dans leurs fâcheux effets, au squirrhe, au cancer des glandes mammaires etc.

Pour bien remplir toutes les conditions de cet acte fondamental, on doit en quelque sorte faire abnégation de soi-même ; apporter près de l'enfant des dispositions morales dont la patience, la résignation, avant tout, *l'amour maternel* doivent constituer les bases principales. Mais au milieu de ces fatigues, de ces privations quel charme indicible ne vient pas incessamment remplir toutes les facultés de l'âme ; il est des jouissances ressenties par le cœur d'une mère et que le plus persuasif des langages devient incapable d'exprimer !

Quelques jours avant le terme de l'accouchement normal, on voit se préparer l'élaboration lactée que nous avons décrite, avec son appareil, dans le chapitre des sécrétions glandulaires auquel nous renvoyons pour cet objet. Déjà les seins offrent un léger gonflement, une sensibilité plus vive. C'est particulièrement trente-six ou quarante-huit heures après l'expulsion du fœtus que s'établit cette nouvelle fonction avec mouvement du sang vers les mamelles, et réaction générale nommée *fièvre de lait*. Pendant les premiers instans, le produit de cette élaboration est jaunâtre séreux, on l'appelle *colostrum ;* ses propriétés laxatives ont l'avantage de favoriser l'expulsion du *méconium*, en signalant encore la prévoyance de la nature et l'utilité positive de l'allaitement maternel. Avec le tems il acquiert des qualités plus nutritives et proportionnées aux besoins croissans du nouvel être ; pris à la mamelle, encore doué de sa chaleur vitale, il promet des avantages qui ne peuvent jamais être compensés par les moyens artificiels.

Au milieu de ces dispositions, l'enfant saisit le mamelon, exerce la succion *par action de la langue*, et promenant ses mains agiles sur le sein de la nourrice lui fait éprouver une sensation qui n'est pas sans quelque volupté, sans influence pour augmenter l'action sécrétoire de la glande et favoriser l'excrétion du lait.

En supposant des obstacles insurmontables à l'allaitement par la mère, on doit le remplacer autant que possible, en employant avec précaution les moyens suivans que nous rangeons ainsi d'après la préférence qu'ils nous semblent mériter. Allaitemens : 1° *Par une nourrice, dans la maison paternelle ;* 2° *par le pis d'un animal ;* 3° *par le lait d'un animal pris avec le biberon ; 4° par une nourrice, loin de la surveillance des parens.*

Suivant les besoins de l'enfant et les forces de la mère, l'allaitement peut être continué six, huit ou douze mois; il est plus nuisible qu'utile au-delà de cette époque chez la grande majorité des individus. Là se termine le dernier phénomène générateur. L'enfant n'est cependant point encore séparé de sa mère; des nécessités relatives à ses dispositions morales et physiques réclament impérieusement les soins de cet ange tutélaire, qui doit veiller long-tems encore sur l'objet de ses plus tendres affections.

§ **VI.** INFLUENCE DE L'HABITUDE SUR LA GÉNÉRATION.

Le puissant modificateur que nous étudions exerce un empire incontestable sur les phénomènes accessoires de cette grande fonction, mais son acte essentiel en paraît à peu près complétement affranchi. Pour mieux apprécier ces résultats, nous les examinerons dans *l'excitation, la copulation, la fécondation, la gestation, l'accouchement et l'allaitement.*

Excitation.—Sous l'influence de l'habitude, ses effets deviennent plus impérieux, plus faciles et plus promptement déterminés chez le sujet qui fait un usage fréquent des organes génitaux, sans fatiguer profondément sa constitution. Au contraire pour l'homme dont l'existence est moins animale, plus intellectuelle, dont la continence devient une obligation, un devoir, les stimulations vénériennes sont plus difficiles à provoquer, moins despotiques dans leurs impulsions. Chez les individus abandonnés depuis long-tems aux pratiques les plus brutales et les plus abusives, l'économie se trouve dégradée ; l'appareil génital flétri par la débauche ne répond désormais que très-imparfaitement aux excitations érotiques, sans pouvoir acquérir les conditions indispensables à la copulation. C'est alors que l'on voit trop souvent ces victimes de la plus dégoûtante lubricité chercher dans certaines pratiques dont le nom seul fait horreur un dernier aliment à leurs monstrueux désirs.

Copulation.—La répétition habituelle de cet acte fait acquérir à l'appareil générateur une vitalité supérieure à celle des autres, une véritable hypertrophie. Le sujet vit alors sous l'empire des appétits vénériens ; tous ses désirs, toutes ses facultés semblent concentrées vers ce point ; la dégradation du moral prélude ordinairement à celle du physique et le satyriasis conduit presque toujours de l'idiotisme plus ou moins stupide aux funestes résultats d'une caducité prématurée. La continence absolue détermine au contraire l'étiolement des organes reproducteurs, et, plaçant l'homme dans une sphère supérieure aux besoins animaux, lui communique une existence plus morale, plus intellectuelle et plus digne de sa véritable nature.

Fécondation. — Ce phénomène, sur lequel repose la propagation des espèces, devant s'exercer d'abord avec toute sa perfection, ne pouvait pas être positivement influencé par l'habitude, aussi le voyons-nous à peu près entièrement étranger à son domaine. Chez la femme cependant l'usage modéré du coït favorise la fécondation, tandis que l'abus des jouissances vénériennes et la continence rigoureuse deviennent souvent des causes de stérilité.

Gestation.—Dans cette circonstance, le modificateur que nous étudions reprend ses droits ; plusieurs gestations heureuses présentent la première de toutes les garanties pour celles qui doivent suivre ; de même qu'un certain nombre d'avortemens consécutifs prédispose de la manière la plus fâcheuse à des avortemens ultérieurs. Nous avons souvent observé des femmes chez lesquelles, sans autre mobile appréciable que la force de l'habitude, l'utérus, à des époques déterminées, se débarrassait entièrement du produit de la conception. Au milieu de ces faits nous citerons celui de Mme la baronne de L** comme l'un des plus remarquables. D'un tempérament nerveux ganglionaire très-prononcé, mariée depuis cinq ans, cette jeune dame fait une première fausse couche au deuxième mois de la gestation. Depuis cette époque *six avortemens successifs* arrivent précisément au même tems de la grossesse, nonobstant le repos, la diète, les saignées et les autres moyens conseillés à Lion, à Bordeaux, à Paris où Mme de L*** se trouva dans ses voyages. Consulté par cette malade, en 1828, aussitôt qu'elle se crut enceinte, nous pensons que la diète, les saignées, le repos absolu présentent plus d'inconvéniens que d'avantages pour un sujet de cette constitution ; que le point essentiel consiste à rompre l'habitude vicieusement contractée depuis long-tems, à diminuer l'irritabilité générale et locale, pour vaincre *l'impatience utérine* et prévenir les réactions de cet organe sur l'embryon ; nous prescrivons en conséquence l'habitation à la campagne, un régime nutritif sans abus, des exercices modérés, à pied, des bains, l'usage habituel d'une potion faiblement opiacée, des injections narcotiques, matin et soir, sur le col de la matrice etc. Ces moyens réussissent au-délà même de notre attente ; Mme de L*** après avoir perdu l'espoir de jamais devenir mère, franchit l'époque fatale, présente une grossesse très-heureuse, accouche au terme de neuf mois, d'un très-bel enfant du sexe masculin. Ces effets de l'habitude nous semblent assez positifs et

surtout bien importans à connaître pour le médecin observateur.

Accouchement.—Ici les modifications que nous avons
à considérer sont facilement appréciées. Sous l'influence des parturitions antérieures et naturelles, employés
dans ce phénomène important, soit en raison de leur
activité, soit d'une manière passive, les organes d'expulsion présentent les uns une extensibilité plus marquée,
les autres, des facultés motrices plus favorables à l'émission du nouvel être. On sait qu'en général, toutes choses
égales, un premier accouchement est beaucoup plus
long, plus laborieux et plus pénible que ceux dont il
peut être suivi. La liaison de ces effets à leurs causes
nous paraît si palpable qu'elle n'a pas besoin d'explication.

Allaitement.—La quantité, les qualités du lait fourni
par la nourrice, les soins qu'elle accorde à l'enfant
acquièrent des avantages positifs sous l'influence que
nous étudions. Celle qui devient mère pour la première
fois ne présente pas ordinairement un lait abondant et
parfaitement élaboré, du moins pendant quelques jours ;
d'un autre côté, devant se former à toutes les précautions
exigées par la condition native de l'enfant, ce n'est
qu'après un véritable noviciat qu'elle peut s'acquitter
avec perfection d'une tâche aussi noble dans son objet,
que minutieuse et difficile dans ses nombreux détails.

§ VII. SYMPATHIES DE LA GÉNÉRATION.

Des liens sympathiques bien positifs unissent la génération aux autres phénomènes de l'économie vivante ;
l'importance, le nombre et la variété de ces rapports

sont en raison de l'énergie, de l'exercice et des développe-
pemens relatifs de l'appareil générateur. A peu près nulle
avant la puberté, après l'âge critique, leur influence
exerce, dans cet intervalle, sur toute la constitution du
sujet, un empire dont les résultats ne doivent pas être
ignorés du médecin physiologiste. Nous verrons, en faisant l'histoire de la vie, les effets de la première menstruation chez la femme, des désirs vénériens naissans
chez les deux sexes, de l'impuissance caduque pour l'un
et l'autre ; nous sentirons alors quelle est, dans tout l'organisme, la puissance des sympathies de la génération.
Pour en préciser les faits, examinons leur action spéciale relativement à la sécrétion adipeuse, aux phénomènes intellectuels, aux mouvemens volontaires.

Sécrétion adipeuse. — Il existe une opposition incontestable, surtout chez l'homme, entre la sécrétion de la
graisse et l'abus des phénomènes générateurs. Aussi toutes
les fois que l'on voit se manifester la polysarcie dans un
sujet, on peut en général affirmer que ses facultés repro-
ductrices ne présentent pas un grand développement,
ou du moins ne sont pas très-fréquemment exercées.
D'un autre côté les déperditions abondantes et réitérées
par cette voie, surtout avant l'établissement complet de
la virilité ne tardent pas à produire non-seulement l'épuisement physique, le *tabes dorsalis*, mais encore le dernier degré du marasme et de la décrépitude.

Phénomènes intellectuels. — Un antagonisme assez prononcé règne également entre ces phénomènes et ceux
de la génération ; ainsi les hommes de génie, lors surtout qu'ils exercent beaucoup leur esprit à la solution
des problêmes abstraits, aux travaux difficiles du cabinet
deviennent moins enclins et peut-être moins favorablement disposés à la procréation. Il serait assez physiologique de résoudre en partie de cette manière la question

de savoir pourquoi les sujets d'un grand mérite ont presque toujours des enfans dont la nullité forme un pénible contraste avec les talens qu'ils auraient pu choisir pour modèles. D'un autre côté, les individus qui provoquent abusivement des excitations génitales, perdent chaque jour leurs dispositions natives et tombent rapidement dans l'idiotisme et l'abrutissement complets.

Mouvemens volontaires. — Il n'est aucun obstacle aussi positif au développement de la force motrice, à la précision de son emploi régulier que les excès de la copulation et de la masturbation plus spécialement encore. Cette vérité physiologique était bien connue des anciens peuples, aussi voyait-on les coureurs, les athlètes et les gladiateurs se préparer, dans la continence, à disputer le prix aux jeux olympiques. Les sujets qui se livrent à ces excès destructeurs, agités par des tremblemens habituels, courbés sous le poids d'une vieillesse anticipée, sans énergie, sans équilibre et sans aplomb, marchent la tête basse, les articulations demi-fléchies, de telle sorte qu'il est facile de reconnaître au premier aspect les masturbateurs et les débauchés sans interroger d'autres phénomènes que ceux de la locomotion. De ces faits positifs nous devons naturellement inférer la conséquence beaucoup trop généralement oubliée : *que la continence est un des premiers secrets pour développer et conserver la force morale et physique.*

§ VIII. ALTÉRATIONS DE LA GÉNÉRATION.

Comme toutes les autres fonctions elle peut offrir, dans ses divers phénomènes, les quatre modifications pathologiques : 1° *Augmentation*, 2° *diminution*, 3° *sus-*

pension, 4° *perversion* ; chacune de ces maladies s'accuse par des résultats particuliers aux principaux actes générateurs.

1° AUGMENTATION. — Toujours nuisible à la conservation du sujet et même à la propagation de l'espèce, elle produit des effets différens en raison du phénomène compromis d'une manière plus spéciale.

Excitation. — Son exaltation habituelle entraîne ces monomanies génératrices désignées, pour l'homme, par le terme de *satyriasis*, pour la femme, par ceux d'*hystérie*, *de fureur utérine*, *de nymphomanie*, portant les individus à des excès provoqués par l'instinct, réprouvés par la raison ; à d'insatiables désirs consumant en secret lorsqu'ils ne sont pas accomplis , entraînant la ruine de l'organisme dans l'hypothèse contraire. Hallé conseilla l'excision du clitoris, pour une altération de ce genre.

Copulation.—Cette augmentation peut devenir le symptôme d'une autre altération morbifique ou se développer sous l'influence des médicamens aphrodisiaques, des cantharides plus spécialement. Les sujets ainsi disposés répètent le coït sans discrétion , jusqu'à l'épuisement, et, comme l'a dit l'écrivain sacré : *Sicut equus et mulus quibus non est intellectus.*

Fécondation.—Dans l'état normal, pour notre espèce, la fécondation est unique ; lorsqu'elle devient double et surtout plus composée, l'on doit envisager ce développement excessif de la faculté prolifique, dans l'un et l'autre sexe, comme une véritable anomalie contraire à la propagation des races, puisque les produits en sont d'autant plus frêles et moins viables, qu'ils sont plus nombreux.

Gestation.—Sa prolongation au-delà du terme naturel offre toujours d'assez graves inconvéniens. En effet, tient-elle à des obstacles relatifs à la mère? ses dangers , ses accidens sont en proportion de leur cause? est-elle occasionnée par le défaut de maturité du fœtus? elle indique chez ce dernier une faiblesse originaire qu'il est souvent impossible de racheter ultérieurement.

Accouchement. — Toutes les fois qu'il précipite sa marche, l'utérus et les muscles accessoires agissant avec violence, on doit craindre des accidens plus ou moins fâcheux, et particulièrement: D'abord l'expulsion *en bloc*, le renversement, les déchirures de la matrice, l'hémorrhagie; ensuite, la métrite, la cystite, la péritonite etc. Nous avons observé plusieurs accouchemens de ce genre, et lorsqu'il n'a pas été possible d'entraver cet excès d'activité, plusieurs des résultats que nous venons de signaler ont toujours contrebalancé désavantageusement la simplicité de ces parturitions en apparence favorables par la rapidité de leur accomplissement.

Allaitement. — La sécrétion lactée, devenant trop abondante, peut offrir plusieurs inconvéniens graves; d'une part, le lait perd alors en qualité ce qu'il gagne en quantité; aqueux, ténu, peu nutritif, il ne fournit à l'enfant que des matériaux alimentaires incomplets, fatigant ses organes digestifs sans résultat suffisant pour l'économie; de l'autre, une déperdition aussi considérable entraîne l'épuisement de la nourrice avec tous les accidens qui se rattachent nécessairement à cette altération. Ces fâcheux effets sont ordinairement produits par l'habitude qu'ont les femmes de présenter le sein, à des intervalles rapprochés, pour calmer les cris du nouveau né dont elles remplissent incessamment l'estomac sans discrétion et sans besoin.

2° DIMINUTION.—Moins généralement fâcheuse, elle présente cependant encore, dans plusieurs phénomènes générateurs, des résultats souvent assez nuisibles.

Excitation, copulation, fécondation.—Lorsque l'appétit vénérien se trouve notablement affaibli par défaut d'exercice, de sensibilité, par usure des organes génitaux, il en résulte une indifférence plus ou moins prononcée pour cette fonction, et la garantie donnée par la nature au maintien, à la propagation de l'espèce, est frappée dans ses bases fondamentales. D'un autre côté, l'appareil copulateur n'offre point cette érection, cet éveil indispensables à la fécondation régulière dont le but n'est qu'imparfaitement rempli.

Gestation.—La diminution de sa durée naturelle peut devenir funeste à la mère, et cause presque toujours la mort du fœtus lorsqu'un accident étranger à la maturité provoque son expulsion avant l'accomplissement du septième mois. On désigne cette lésion par le terme d'*avortement*. D'après les faits nombreux que nous avons recueillis, les deux premiers mois et le cinquième nous paraissent offrir les époques de la grossesse les plus exposées à cet accident fâcheux ; dans le premier cas, en raison de la faiblesse des liens embryonaires ; dans le second, en conséquence du développement presque subit alors présenté par le nouvel être.

Accouchement.—Si l'utérus et les muscles accessoires, par lassitude ou par toute autre cause, tombent dans l'inertie, le travail diminue, l'expulsion languit avec des inconvéniens majeurs pour la mère et surtout pour l'enfant ; de telle sorte qu'en supposant l'inutilité des moyens appropriés à ce genre de lésion, le praticien se trouve obligé de recourir aux procédés artificiels et mécaniques pour effectuer ce phénomène que la nature est désormais incapable d'achever dans un tems convenable.

Allaitement. — Une diminution considérable dans la sécrétion du lait, surtout lorsqu'elle coïncide avec l'altération des qualités essentielles de cette humeur, devient toujours très-nuisible à l'enfant, souvent même à la nourrice, et, dans l'intérêt de l'un et l'autre, indique positivement la nécessité du sévrage.

3° SUSPENSION.—La génération peut devenir temporairement ou pour toujours impossible sous l'influence des causes les plus variées et les plus nombreuses. Nous donnons à cette condition le titre d'*impuissance*, chez l'homme ; de *stérilité*, chez la femme. Le seul moyen d'en préciser les raisons, d'en fixer le traitement, consiste à remonter, dans chacun des organes, aux dispositions anormales capables d'entraîner cette nullité reproductrice. Pour l'*excitation*.—Les paralysies des organes génitaux, plusieurs autres maladies ét notamment les gastrites, les entérites chroniques; les atonies ganglionaires etc. *Pour la copulation.*—L'étroitesse, l'oblitération du vagin ; les bifurcations, les monstrueux développemens de la verge etc. *Pour la fécondation.*—Le défaut d'élaboration des germes , l'oblitération, les adhérences des trompes, empêchant leur application à l'ovaire ; l'absence de ces organes, de la matrice ; l'imperforation, le spasme, l'occlusion du col utérin etc. , chez la femme ; l'hypospadias, l'absence, l'atrophie des testicules , une mauvaise confection du sperme, chez l'homme etc. *Pour la gestation.*—L'irritabilité de l'utérus tendant incessamment à l'expulsion du produit fécondé; la nymphomanie , l'hystérie etc. provocant les réactions de cet organe etc. *Pour l'accouchement.*— Les vices de conformation du bassin, de la matrice , l'inertie, les déchirures de cet organe etc. *Pour l'allaitement.* — L'impossibilité de former les mamelons , les inflammations, les ulcères dont ils peuvent devenir le siége, l'engorgement, les abcès des glandes, la suppression du travail sécrétoire ou ses altérations profondes etc.

4° PERVERSION. — La reproduction est susceptible d'offrir un grand nombre d'anomalies que nous devons envisager sous deux principaux aspects : Relativement, 1° à l'*utérus*, 2° au *produit de la fécondation*.

1° *Relativement à l'utérus.* — Dans l'hypothèse où la série des actes particuliers à la fécondation, au transport de l'embryon vers l'organe gestateur se trouve complétement entravée, nous voyons se manifester des accidens variés dont les plus graves ont reçu le nom de *grossesses extra-utérines*. D'après les siéges différens que peut occuper l'œuf ainsi détourné de sa destination, nous rattachons ces anomalies à quatre chefs essentiels : Grossesses, 1° de *l'ovaire*, la cicatrice des parois de cette glande s'opérant avant le passage de l'embryon dans la trompe ; 2° *abdominale*, ce conduit érectile abandonnant l'ovaire sans avoir saisi le germe fécondé ; 3° *tubaire*, la trompe n'offrant pas, du côté de la matrice, un conduit assez large pour laisser passer l'ovule dans ce réservoir ; 4° *interstitielle*, d'abord signalée par Mayer, ensuite observée par Albers, Carus, MM. Bellemain, Lartet, Breschet etc. , elle paraît se développer dans l'épaisseur même des parois utérines, au milieu des fibres charnues, sans que lon puisse regarder comme satisfaisantes les explications qu'en ont données jusqu'ici MM. Breschet, Baudelocque et plusieurs autres physiologistes. Dans la plupart de ces cas, l'existence du fœtus et même celle de la mère sont inévitablement compromises dès le troisième ou quatrième mois de la gestation. D'après les faits cités par Meckel, Chaussier, Levret, Bertrandi etc., l'utérus, même pour les grossesses de l'ovaire, de la trompe, de l'abdomen, s'accroît d'abord comme dans la grossesse normale, circonstance qui peut induire en erreur sous le rapport du toucher, et qui, d'un autre côté, prouve la réalité des principes que nous avons émis dans la théorie du développement nutritif présenté par cet organe pendant les gestations naturelles.

2º *Relativement au produit de la fécondation.* — L'embryon, dans tous les êtres vivans, depuis la plante jusqu'à l'homme, peut éprouver un nombre infini de modifications anormales désignées par le terme générique de *monstruosités*. L'importance de cet objet, les considérations nombreuses qui viennent s'y rattacher, nous obligent à l'exposer avec quelques détails.

MONSTRUOSITÉS.

La monstruosité, τερατεια des Grecs, *monstrorum deformitas*, des Latins, en prenant ce terme dans son acception physiologique la plus étendue, nous offre une *perversion notable dans les dispositions originelles de l'être vivant.* Ainsi constitué, ce produit, soit végétal, soit animal, est appelé *monstre*, πέλωρ, *monstrum*, surtout quand l'anomalie qu'il présente l'éloigne beaucoup de son type naturel. On ne confondra plus dès-lors avec ces difformités primordiales celles qui sont occasionnées après la naissance par des accidens et des mutilations ; les premières seules méritent le titres de *vices de conformation*, de *monstruosités* ; les secondes rentrent dans la catégorie des *vices de configuration.* Les premières vont exclusivement nous occuper sous le point de vue de leurs *causes, de leur classification et des variétés nombreuses* qu'elles offrent surtout dans l'espèce humaine.

CAUSES DES MONSTRUOSITÉS.

Si nous consultons les anciens relativement aux influences qui peuvent occasionner des monstruosités chez les animaux et chez l'homme plus spécialement encore, nous trouvons des idées bizarres, des systèmes et des théories sans aucun fondement. Un grand nombre d'écrivains, Malbranche lui-même, attribuent cette influence pertubatrice à l'imagination de la mère ; de là sans doute les termes d'*envies*, de *nevi materni* par lesquels on a désigné plusieurs des altérations que nous étudions.

Jacob avait la prétention d'obtenir des chevreaux marquetés, en présentant plusieurs bâtons blancs à ses chèvres pendant la copulation. Haller nous rapporte sérieusement que la femme d'un Éthiopien eut plusieurs enfans blancs pour avoir fixé très-attentivement, pendant sa grossesse, une statue de marbre de Paros. Enfin de nos jours, dans le beau siècle des lumières, une société savante a conseillé, pour se procurer des agneaux bleus de teindre la toison des mâles de cette couleur avant l'accouplement !

Maupertuis attribue ces lésions aux mouvemens désordonnés, produits dans les humeurs par des passions violentes, et surtout par la frayeur, le désespoir, la colère etc. Lavater, sans expliquer davantage sa pensée, les fait naître des circonstances qui peuvent modifier désavantageusement les trois conditions indispensables au développement de tout corps organisé : *L'espace, l'humidité, la température.* Haller admet, « l'absorption « des particules subtiles du sperme, qui devaient former « les organes en défaut » retombant ainsi dans les illusions de l'épigénésie.

Un grand nombre d'auteurs anciens et même quelques modernes, ont reconnu pour cause des monstruosités les envies de la mère, non satisfaites pendant la gestation. Ruinée dans le monde savant, cette opinion fautive existe encore dans le monde vulgaire. Un enfant naît avec une excroissance moriforme sur le nez, un second avec des taches rouges à la nuque en forme de pétales, un troisième avec une dégénération noirâtre et velue de la peau qui couvre l'une des pommettes etc. La mère du premier, dira le vulgaire, a convoité des *mures ;* celle du second, *des fleurs ;* celle du troisième, un jambom, et dans l'impatience d'obtenir ces objets, elles ont touché sur elles-mêmes la partie qui se trouve marquée chez leurs enfans. D'autres seront accouchées *d'un bec de lièvre,* *d'un monopode, d'un acéphale, d'un bicéphale* etc. pour avoir fixé, dans quelque moment d'émotion, un lièvre, un amputé de la jambe, une grenouille, un monstre à deux têtes etc.

Sans nous croire obligé de combattre; de réfuter sérieusement chacune de ces théories purement imaginaires et même dépourvues de probabilité, nous ferons seulement observer que les végétaux , chez lesquels il n'existe point *d'imagination , d'envies, de passions* etc. offrent ces *vices de conformation,* ces *monstruosités* aussi bien que les animaux et l'homme.

En revenant à des idées plus saines, plus physiologiques, il nous paraît évident que ces anomalies, qu'elle que soit leur diversité, viennent se rattacher à cinq causes fondamentales : 1° *Disposition vicieuse de l'ovule,* dont l'élaboration sécrétoire n'a pas été parfaite. 2° *Mauvaise constitution du sperme,* en conséquence de la même altération. 3° *Perversion de l'acte fécondant,* susceptible de lésions analogues à celles des autres phénomènes vitaux. 4° *Confusion de plusieurs embryons.* 5° *Maladies du fœtus.* En résumé, nous pensons que le principe des monstruosités, considérées d'une manière générale, peut se rapporter à *la sécrétion de l'ovule , à sa fécondation, à son développement ultérieur.* Cette explication est si naturelle et si positive, qu'elle convient également à tous les êtres animés. Lorsque nous semons une graine parfaite en apparence, au milieu des conditions les plus favorables et qu'elle produit un monstre, nous sommes bien forcés d'en attribuer la cause aux dispositions primitives du germe ; en voyant, sur une autre, les circonstances extérieures développer cette perversion, nous ne devons plus en chercher le principe dans le germe ainsi détérioré. Pourquoi les mêmes faits, également palpables chez les animaux et chez l'homme, ne seraient-ils pas soumis aux mêmes interprétations, lorsque nous observons la nature offrant autant d'unité dans sa marche que d'ensemble dans ses lois et dans les résultats de leur concours.

CLASSIFICATION DES MONSTRUOSITÉS.

Les anomalies originelles sont tellement diversifiées et nombreuses qu'il est impossible de s'en former une idée précise, avant de les avoir groupées dans un ordre méthodique. Les auteurs ont proposé différentes classifications qu'il nous est impossible d'admettre, leurs bases n'étant point assez naturelles, assez largement établies. Celle que nous allons présenter offrira du moins ce double avantage, en supposant qu'on lui refuse la perfection à laquelle nous sommes loin de prétendre. Nous comprenons toutes les monstruosités en deux grandes classes : 1° *Confusion de plusieurs embryons* ; 2° *perversions d'un embryon isolé*. Chacune de ces classes renferme plusieurs divisions.

1° CONFUSION DE PLUSIEURS EMBRYONS.

Dans toute la série des êtres vivans, deux ou même un plus grand nombre de germes, peuvent s'identifier plus ou moins étroitement 1° *A l'état d'ovule*, *même avant la fécondation*; 2° *à l'état d'ovule fécondé*; 3° *à l'état d'embryon distinct*. En général, ces identifications sont moins profondes et moins intimes dans la troisième condition que dans la seconde, et dans la seconde que dans la première. Sous le rapport de leur mode, nous en formerons trois ordres: 1° *Adhérence au moyen des parties molles*; 2° *confusion des squelettes*; 3° *emboîtement des fœtus*. Chacun de ces ordres va nous présenter des caractères essentiels.

1° ADHÉRENCES AU MOYEN DES PARTIES MOLLES.—Ce premier mode peut offrir des intermédiaires nombreux depuis l'union des deux enfans par une seule bride, une simple adhésion cutanée jusqu'à cette identification plus ou moins étendue, plus ou moins profonde que les autres parties molles présentent chez certains individus. En général dans cet ordre, les sujets offrent toutes leurs parties, sont complétement isolés excepté dans le point de l'identification. Ils peuvent exister, pour les circonstances les moins compliquées, sans autre mutualité que celle des actes relatifs à la locomotion générale.

Il n'est pas rare d'observer cette monstruosité dans l'homme, chez les animaux et même pour le règne végétal. Nous avons actuellement sous les yeux un produit anormal dans lequel on voit positivement la confusion d'une *poire* et d'une *nèfle*; ces deux fruits entièrement identifiés par le tiers au moins de leur épaisseur, dans tout le reste, sont parfaitement distincts et bien caractérisés. Le groupe soutenu par un pétiole commun vient d'être cueilli sur un poirier voisin d'un néflier. Cette confusion de deux individus appartenant à des espèces différentes nous paraît assez remarquable et digne de fixer l'attention des physiologistes sous divers rapports.

Parmi les faits nombreux de cette catégorie, nous

citerons spécialement, pour notre espèce : 1° *Les deux filles dont parle Buffon*. Nées à Troni, dans la Hongrie, en 1701, accolées par la face dorsale du tronc, offrant un anus commun, isolées par tous les autres points, différant sous le rapport du caractère et du tempérament ; nommées *Hélène* et *Judith*, vendues par leur père à l'âge de neuf ans, elles eurent la rougeole et la variole en même tems ; réglées à seize ans, d'abord ensemble, puis séparément ; elles moururent en 1723 à quelques minutes d'intervalle, Judith ayant été prise d'une fièvre comateuse. 2° *Les deux frères Siamois*, offerts dans ces dernières années à la curiosité parisienne. Originaires du royaume de Siam, ils sont actuellement âgés de quinze à seize ans ; adhérens par la ligne blanche depuis l'appendice xiphoïde jusqu'à l'ombilic au moyen d'une bande cutanée de cinq pouces de hauteur. D'une taille au-dessus de la moyenne, ils offrent les caractères physiques de la race chinoise ; leur intelligence est développée, leur moi distinct et leurs facultés dans une harmonie si parfaite, que la volonté de l'un entraîne immédiatement celle de l'autre. Dans l'état de repos, les mouvemens de leurs cœurs sont isochrones et peuvent devenir inégaux par les diverses causes d'excitation. Ces enfans sont très-gais, très-heureux ; se meuvent de côté, marchent, courent même avec assez de vitesse. On les a nommés *Eng*, *Chang*. Voyez planche IX la représentation de ce couple intéressant.

2° CONFUSION DES SQUELETTES. — Les monstruosités de cet ordre sont peut-être les plus fréquentes pour notre espèce ; les cabinets d'histoire naturelle en renferment à peu près toutes les variétés. Nous trouvons dans celui de la Faculté de Médecine de Paris :

Un fœtus à terme, bicéphale, présentant deux colonnes rachidiennes séparées jusqu'à la région lombaire où

Eng.
Chang.
Pelletier, del.
Lith. de Duperray.

s'effectue l'identification. Il n'existe qu'un seul bassin.

Deux enfans confondus par le sternum et les cartilages costaux de manière à n'offrir qu'une poitrine, du moins si l'on juge par l'apparence extérieure.

Un autre bicéphale avec identification des deux faces, des cavités abdominales et thoraciques. Chaque sujet a ses quatre membres complétement isolés.

Un fœtus analogue avec réunion plus intime des faces, confusion à peu près entière des yeux correspondans, ce qui lui donne l'aspect des fabuleux cyclopes; il existe seulement quatre membres.

En février 1827, naquit à Paris, rue Charonne, un enfant du sexe féminin présentant une double face, deux cerveaux en devant, un seul crâne en arrière. Il a vécu seize minutes.

Un monstre à peu près semblable reçut le jour en janvier 1775 à Montéalègre, dans le royaume de Murcie, prenant le sein de la nourrice par l'une et par l'autre bouche. Il mourut à dix mois. C'est à ce genre de perversion fœtale que M. Geoffroi Saint-Hilaire donne le nom de *polyops*.

Nous possédons un enfant double, né en 1828 à neuf mois, ayant vécu deux heures, du sexe féminin, offrant les dispositions suivantes : Deux têtes bien distinctes, seulement adhérentes par l'oreille droite de l'un et gauche de l'autre qui se trouvent identifiées; confusion des deux troncs par toute la face antérieure jusqu'à l'hypogastre inclusivement; un seul cordon ombilical; deux bassins isolés; membres pelviens bien constitués; en devant, les membres thoraciques droit de l'un et gauche de l'autre sont libres et dans l'état normal; les deux opposés, en arrière, sont entièrement confondus à l'épaule, au bras, à l'avant-bras jusqu'au poignet, donnant naissance aux deux mains régulièrement conformées pour le métacarpe et les phalanges.

L'un des monstres les plus remarquables de cette espèce naquit le douze mars 1827 à Sassari en Sardaigne, d'une mère saine, ayant eu sept autres enfans ordinaires; l'accouchement très-laborieux s'effectua par la tête. Ce bicéphale, du sexe féminin, appelé *Ritta* et *Cristina*, mourut à Paris à l'âge de dix-huit mois, offrant les caractères suivans : Deux sujets entièrement libres et bien constitués jusqu'au bassin; le buste gauche semble mieux nourri ; deux volontés se manifestent séparément; Ritta paraît d'un caractère plus fâcheux. Le bassin est unique; il n'existe qu'une vulve et deux membres pelviens à l'état naturel. Sous l'influence du froid Ritta devient malade, succombe; Cristina jaunit aussitôt, pousse un cri, meurt presque en même tems ; son cadavre paraît immédiatement froid et roide; celui de Ritta ne présente ces phénomènes que huit heures après. A la nécropsie M. Géoffroi Saint-Hilaire obtient les détails suivans : Deux cœurs isolés dans la même enveloppe ; leurs pulsations étaient isochrones pendant la vie ; celles de Ritta présentèrent plus de fréquence par le développement de l'altération que nous avons indiquée ; un seul foie, deux lobes de Spigel signalant une confusion ; le tube digestif double jusqu'au cœcum exclusivement , ensuite unique dans le reste de son trajet ; deux utérus ; un seul diaphragme, circonstance expliquant la simultanéité de la mort; onze côtes pour chaque partie latérale ; deux colonnes vertébrales bien isolées jusqu'à la terminaison du coccyx. Voyez planche X l'image de ce curieux bicéphale.

3° EMBOITEMENT DES FOETUS.—Pour les monstruosités de cet ordre, l'un des embryons ayant primitivement enveloppé l'autre plus tardif à s'accroître, en devient l'utérus au moyen des adhérences placentaires fournies par ses organes intérieurs. Il n'est pas rare d'observer dans les amphithéâtres des cadavres présentant une ou

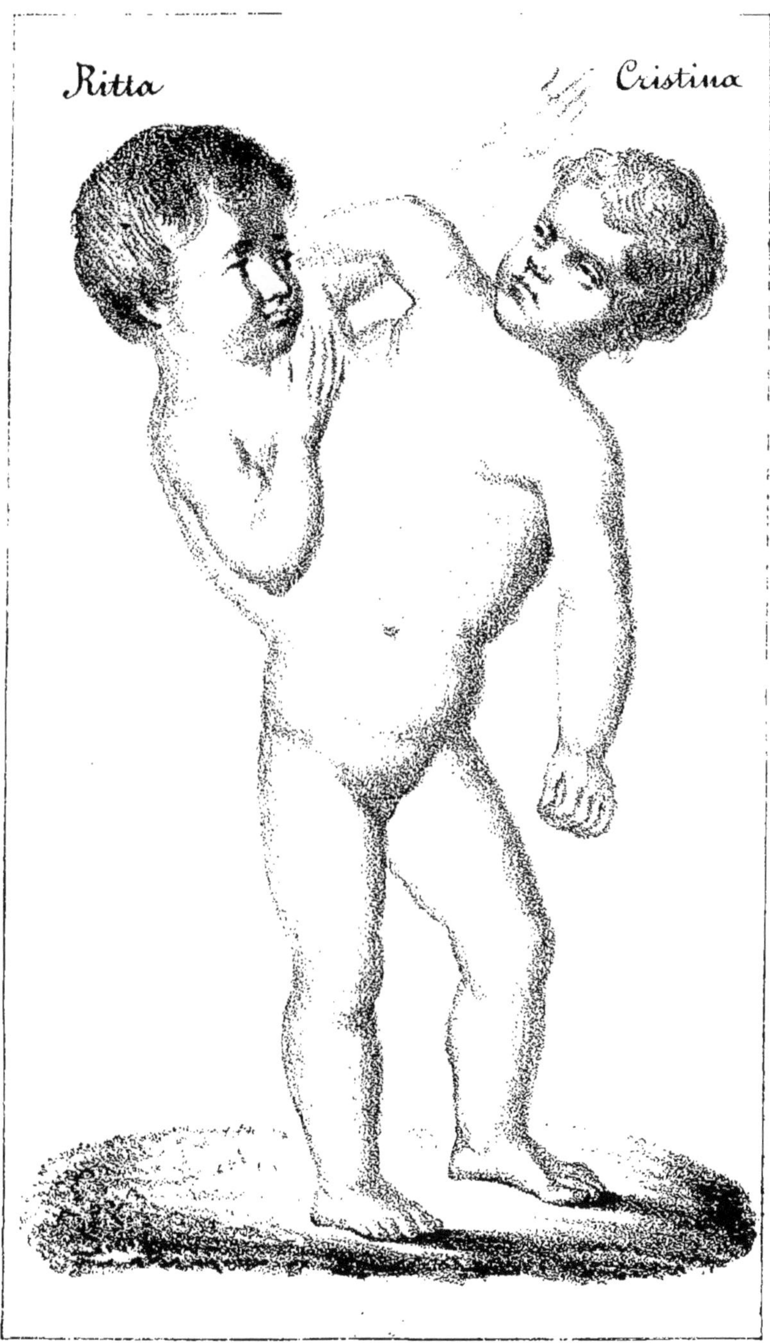

Pelletier, del.   Lith. de Duperray

plusieurs tumeurs abdominales au milieu desquelles on trouve des cheveux, des os du crâne, des maxillaires avec leurs dents etc.; vestiges, débris les plus réfractaires d'un produit d'âge égal à celui du sujet, et dont les autres parties ou n'avaient pas été formées, ou s'étaient trouvées détruites par l'absorption.

Aucun phénomène de ce genre n'est aussi remarquable dans ses particularités que le monstre décrit par M. Dupuytren auquel nous empruntons cette analyse. Bissieu, âgé de treize ans, éprouvant depuis son enfance une douleur obtuse dans la région lombaire gauche avec tuméfaction progressive, est pris subitement d'une fièvre violente accompagnée de souffrance plus vive et d'augmentation du gonflement indiqué; cinq à six jours après, excrétions alvines purulentes et d'une odeur infecte; marasme gradué pendant trois mois.; expulsion, par l'anus, d'une masse de cheveux assez longs; fièvre hectique; dévoiement colliquatif, mort. *Nécropsie.*—Poche accidentelle située dans le mésocolon transverse, adhérente au colon, offrant avec cet intestin une communication ulcéreuse de nouvelle origine; renfermant un corps organisé qu'il est impossible de ne pas reconnaître pour le type anormal du fœtus humain, d'après les caractères suivans : Cerveau, moelle rachidienne, vestiges de quelques organes sensitifs, nerfs volumineux, muscles dégénérés, squelette présentant la tête, la colonne vertébrale, un bassin, des membres incomplétement ébauchés; cordon ombilical très-court, s'attachant au mésocolon, offrant une artère, une veine disposées de manière à bien expliquer l'existence prolongée de ce monstre parasite. Du reste, aucune trace des appareils digestif, respiratoire, génital, urinaire. Il est évident que nous rencontrons dans cet exemple deux êtres jumaux et contemporains, dont le germe de l'un s'est trouvé primitivement enveloppé daus le germe de l'autre qui, dès cet instant, a fait tous les frais de leur accroissement commun au milieu des conditions analogues à celles de la *grossesse abdominale*; et que l'inflammation survenue dans le kyste, vers la cloison *ovo-colique*, a déterminé son ulcération, l'ouverture de l'intestin et tous les accidens précurseurs de la mort inévitable du jeune Bissieu.

2° PERVERSION D'UN EMBRYON ISOLÉ.

Le nouvel être actuellement envisagé seul, indépendamment d'aucun autre, peut offrir un grand nombre de modifications anormales rattachées, dans leur principe, à la sécrétion de l'ovule, à sa fécondation, au développement du fœtus, et quelle que soit leur variété rentrant dans l'une ou l'autre de ces trois catégories, monstruosités : 1° *Par excès*, 2° *par défaut*, 3° *par anomalies diverses.*

1° PAR EXCÈS.—On peut rapporter cette perversion à trois objets principaux : 1° *Au développement de tout le sujet* ; 2° *à l'hypertrophie d'un organe, d'un appareil* ; 3° *à l'augmentation du nombre des parties.*

1° *Développement excessif de l'individu.* — Là viennent se placer naturellement ces fœtus d'une taille ou d'un volume tellement démesurés qu'il en résulte nécessairement impossibilité de l'accouchement par les voies ordinaires. On trouve quelques faits de ce genre dans les archives de la science.

2° *Hypertrophie d'un organe, d'un appareil.* — Ces anomalies beaucoup plus fréquentes entraînent ordinairement, dans l'économie, des désordres fonctionnels plus ou moins graves en rompant cet équilibre des actions physiologiques sur la conservation duquel repose le maintien de la vie. Dans cette espèce viennent se grouper : L'hydrocéphale, l'hydro-rachis, l'ascite, l'hydrothorax, mais surtout les hypertrophies du cerveau, du cœur, de la langue, des poumons, des organes génitaux, d'un ou plusieurs membres etc., comme nous en avons observé beaucoup d'exemples. Ces monstruosités et particulièrement celles qui portent sur la tête peuvent devenir assez considérables pour s'opposer à l'accouchement naturel, et nécessiter l'emploi de certaines opérations le plus souvent mortelles pour l'enfant.

3º *Augmentation du nombre des parties.* — Ces conditions anormales ne sont pas rares ; on les rencontre plus souvent dans les appareils des phénomènes de relation que dans ceux des fonctions vitales, nutritives et génitales où nous les voyons cependant quelquefois avec des inconvéniens proportionnés à l'importance des organes affectés, aux perversions entraînées dans l'exercice de sactes qni leur sont confiés. Cette variété comprend les individus offrant des oreilles, des yeux, des paupières, des cils, des nez, des dents, des langues, des bouches, des membres, des doigts, des pénis, des vulves, des testicules, des ovaires, des vessies, des reins etc. surnuméraires ; les sujets réunissant d'une manière imparfaite, sous le titre fautif d'*hermaphrodisme*, les organes générateurs des sexes différens. Nous connaissons trois enfans de la même famille offrant deux pouces très-bien caractérisés à chacun des pieds, à chacune des mains.

2º **PAR DEFAUT.** — Cette anomalie peut amener trois résultats essentiels : 1º *Le développement incomplet de tout l'individu ;* 2º *l'atrophie d'un organe, d'un appareil ;* 3º *la diminution du nombre des parties.* Ces monstruosités, suivant la nature et l'importance des organes lésés, produisent des perversions dans les phénomènes vitaux ou même rendent l'existence du nouvel être absolument impossible après la naissance.

1° *Développement incomplet de tout l'individu.* — Nous renfermons dans cette catégorie les fœtus grêles et ténus, soit en conséquence d'un vice primitif dans le germe, soit par l'effet de l'étiolement ultérieur compromettant plus ou moins positivement l'existence de l'enfant ainsi constitué.

2° *Atrophie d'un organe, d'un appareil.* — Cette perversion assez commune entraîne l'affaiblissement ou même l'impossibilité des phénomènes relatifs aux parties lésées, avec des résultats d'autant plus fâcheux, que ces phénomènes sont plus essentiellement vitaux. A cette variété se rattachent les atrophies congénitales du cerveau, de la moelle rachidienne, des oreilles, des yeux, de la langue, des membres, des organes reproducteurs etc. avec idiotisme, faiblesse musculaire, imperfections auditives et visuelles, difficulté de parler, claudication, stérilité, impuissance etc.

3° *Diminution du nombre des parties.* — Dans cette modification, nous rangeons l'absence des organes simples et la diminution numérique des organes multiples. Pour le premier cas, la monstruosité supprime complétement une fonction avec des inconvéniens divers et relatifs, soit à la conservation de l'individu, soit à la propagation de l'espèce ; pour le second, elle affoiblit toujours plus ou moins dangereusement l'activité, la perfection des phénomènes compromis dans l'altération native de leur appareil. Toutefois, si la suppression porte sur l'un des organes pairs, il ne faut pas estimer la diminution fonctionnelle d'après celle des instrumens physiologiques, la nature accordant à ceux qui restent chez le sujet une grande partie des facultés destinées aux viscères qui ne s'y rencontrent pas. Nous rattachons à cette

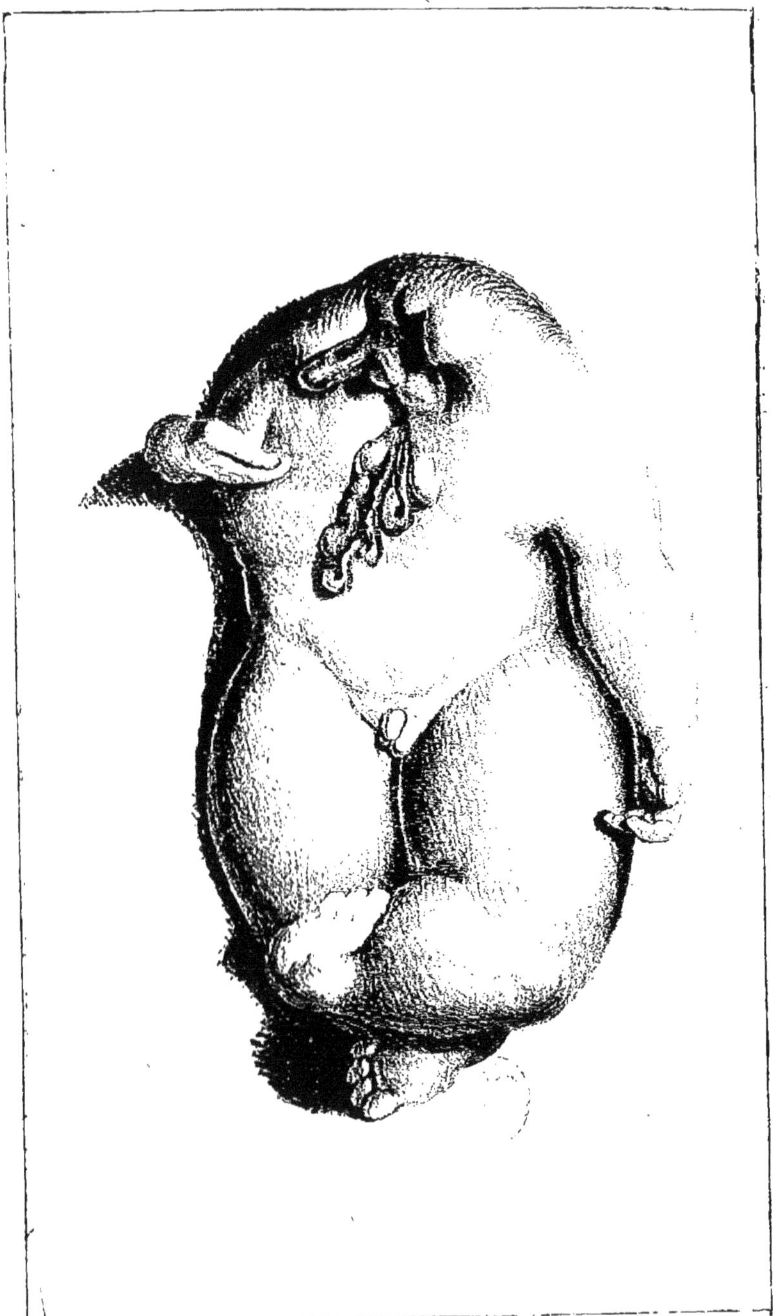

Lith. de Duperray   Pelletier del.

catégorie tous les individus offrant une diminution plus ou moins considérable dans le nombre des doigts, des membres, des organes multiples ; ceux qui sont entièrement privés de ces parties ou des organes uniques, tels que le pénis, le vagin, l'utérus, la vessie, le rectum etc. ; enfin les monstres *anencéphales* qui n'ont point de cerveau ; les *acéphales* chez lesquels on trouve à peine quelques faibles rudimens de la tête. Ces derniers sont assez rares. Il n'existe peut être aucun exemple aussi complet, aussi curieux que celui dont nous présentons l'image dans la planche XI, et que nous avons actuellement sous les yeux. Mlle B...., d'un forte constitution, célibataire, accouche, le 3 novembre 1832, à huit mois de gestation, de deux fœtus mâles dont l'un est bien constitué tandis que l'autre, entièrement acéphale, nous présente les caractères suivans : L'ensemble du sujet figure un ovale assez régulier, de sept pouces dans son grand diamètre, de quatre dans le plus petit ; le poids est d'une livre six onces. La tête manque entièrement ; on observe, dans la petite extrémité de l'ovoïde qu'elle devrait occuper, une peau très-épaisse couverte par des cheveux noirs, quelques points osseux, des rudimens informes et cartilagineux du maxillaire supérieur, une excavation antérieure de laquelle naissent plusieurs prolongemens polypiformes et vésiculeux. L'ombilic répond au tiers moyen du sternum ; le cordon présentant deux ou trois lignes de longueur porte un fragment du placenta déchiré pendant l'accouchement. Le membre thoracique, du côté gauche, est atrophié ; la main, absolument analogue, pour la forme, à la patte antérieure d'une écrevisse, offre deux doigts seulement ; le membre thoracique, du côté droit, est plus développé, mieux conformé ; sa main présente le pouce, l'indicateur et le médius ; les cuisses, les jambes et les pieds sont naturellement contournés et croisés tels que nous les avons rendus sur la copie; le sexe masculin est exprimé, comme chez l'embryon de trois mois , par une petite verge non fistuleuse. Aucune trace d'organes sensitifs ; de bouche et d'anus.

3° Par anomalies diverses. — Nous comprenons dans cet ordre les nombreuses monstruosités occasionnées par la perversion congéniale des organes, sous divers rapports que nous réduisons à six principaux : 1° *Position*; 2° *couleur*; 3° *forme*; 4° *structure*; 5° *réunion*; 6° *division*. Ces anomalies produisent des effets très-différens suivant les parties qu'elles affectent.

1° *Position*. — Les organes peuvent éprouver des modifications importantes , natives et désormais invariables dans leur direction et leur situation individuelles; ceux du côté gauche sont quelquefois placés du côté droit *et vice versâ* ; nous en connaissons plusieurs exemples pour le cœur, le foie, l'estomac , la rate etc. Un jeune homme de Rouen, un autre sujet observé par Bichat présentaient cette inversion pour les différens appareils des fonctions vitales et nutritives. On conçoit aisément que, dans les anomalies de cette espèce, tous les rapports organiques sont changés avec des inconvéniens plus ou moins graves pour les phénomènes que ces appareils ont la faculté d'effectuer. On peut également rattacher à cette catégorie le strabisme, les déviations du nez , des oreilles, de la bouche, des os etc.

2° *Couleur*. — C'est particulièrement à ce genre de monstruosités que l'on a donné le nom d'*envies* ; on ne doit pas y voir autre chose que des maladies organiques de la peau. Cette anomalie se manifeste par des taches de largeur et de forme diversifiées , offrant toutes les nuances intermédiaires entre le violet noirâtre et le blanc laiteux ; se couvrant quelquefois de poils rudes et foncés dans le premier cas ; jaunes et soyeux dans le second ; figurant la lie du vin rouge, la couenne du sanglier, du porc domestique etc., se rattachant, dans le plus grand nombre des circonstances au *fongus hémathodes*, à *l'hyperthrophie lymphatique des albinos* etc.

3° *Forme.* — Il existe pour chaque partie naturelle un type fondamental duquel ne s'écartent jamais beaucoup nos organes sans tomber dans les inconvéniens d'une disposition monstrueuse. Nous observons ces altérations surtout pour les parties extérieures telles que la tête, les yeux, le nez, les oreilles, la bouche, les membres etc. ; plus rarement dans les viscères intérieurs ; cependant la nécropsie nous en fournit quelquefois des exemples pour le cœur, le foie, les reins etc.

4° *Structure.*—Chaque tissu, chaque viscère présente son organisation propre, et toute modification essentielle qui s'éloigne notablement de cette condition normale devient une monstruosité plus ou moins nuisible aux fonctions de l'appareil affecté. Nous avons observé en 1809 deux jeunes gens de seize à dix-huit ans que l'on faisait voyager dans tous les pays pour les montrer à la curiosité publique, et dont la peau se trouvait presque partout écailleuse comme celle des poissons. Une mulitude d'excroissances moriformes, fongiformes etc., comparées à des mûres, à des champignons etc., ne sont pas autre chose que des altérations substantielles du derme. Il est peu d'organes dans l'économie qui n'aient offert des exemples de ce genre d'altération congénitale.

5° *Réunion.* — Dans cette catégorie viennent se placer toutes les oblitérations anormales complètes ou partielles, comme on l'observe surtout pour les ouvertures palpébrales, nasales, buccales, auriculaires, génitales, urinaires, anales etc. On comprend toutes les anomalies fonctionnelles que ces perversions peuvent entraîner,

et le danger qui les accompagne suivant le degré d'occlusion et l'importance de l'orifice compromis. Il existe
plusieurs opérations susceptibles de rétablir, dans certaines circonstances, les conditions naturelles en détruisant l'obstacle qui jusqu'alors s'était opposé à l'accomplissement des actions physiologiques dans les appareils
lésés; nous possédons plusieurs faits de ce genre pour
les imperforations de l'anus, de l'urètre, du vagin, de
la bouche, des paupières et du nez.

6° *Division.* — Nous rapportons à cette espèce la séparation or'ginelle des parties qui naturellement doivent
être identifiées. Le plus ordinairement cette perversion
se rencontre sur la ligne médiane ; cependant nous en
avons observé plusieurs sur les points latéraux, circonstance qui ne permet pas d'attribuer exclusivement, d'après
les lois de l'*organogénie* reconnues par M. Serres, la
cause de ces monstruosités à des arrêts que présenterait
la marche du développement. Dans leur nombre on doit
spécialement noter l'*hypospadias*, le *spina-bifida*, le *bec
de lièvre* avec toutes ses variétés, les *bifurcations du nez* ;
un enfant naquit à Bâle en 1556, offrant la séparation
si profondément opérée dans cette partie que l'on aper-
cevait les battemens du cerveau ; P. Borelli rapporte
que de son tems il existait en Normandie un charpentier
présentant le nez double dans toute son étendue. Ces
anomalies, plus ou moins graves, sont devenues l'occasion de rapprochemens fautifs entre les sujets de l'espèce
humaine et les animaux dont on voulait retrouver les
types naturels dans les monstruosités qui s'y rapportent.
Celles des organes génitaux ont fréquemment occasionné
les plus profondes erreurs dans la détermination du sexe
et dans l'établissement des spécieuses illusions d'un hermaphrodisme purement imaginaire.

L'étude raisonnée de ces bizarres jeux de la nature

présente un intérêt d'autant plus positif qu'elle peut éclairer beaucoup les investigations physiologiques en les dirigeant avec ordre et d'après les grandes lois fondamentales de l'organisation et de la vie.

Telle est l'histoire générale et particulière des actes au moyen desquels tous les êtres animés, depuis le végétal jusqu'à l'homme, doivent assurer la conservation des individus et la propagation des espèces. L'exercice de ces actes, ou *fonctions*, ne peut jamais être continu; les appareils, les organes qui les exécutent, bientôt épuisés dans leurs facultés, ont besoin d'un repos suffisant pour en effectuer la réparation. L'examen de ce repos, que nous allons envisager dans toutes ses modifications sous le titre de *sommeil*, devient donc le complément indispensable des nombreuses considérations que nous avons présentées relativement aux phénomènes vitaux.

SOMMEIL

Le sommeil, ὕπνος, des Grecs, *somnus*, des Latins, doit être défini: *Suspension temporaire de l'activité d'un appareil, d'un organe, pour effectuer la réparation de leurs propriétés vitales.* Sans le bienfait de cette réparation, *la sensibilité*, *la contractilité* seraient bientôt épuisées. Aussi, comme nous le verrons, ce besoin du repos devient d'autant plus impérieux que la dépense des facultés s'est effectuée d'une manière plus abondante et plus rapide.

Au nombre des fonctions de l'organisme vivant, les unes accessoires, ou moins directement liées à la conservation de l'existence active, peuvent offrir des intermittences prolongées, un sommeil évident et complet; les autres sont tellement indispensables à l'entretien de cette existence, que le repos des organes qui les exécutent ne dure qu'un moment. Ainsi le cœur, les poumons, le cerveau, sous le rapport de l'innervation, semblent au premier aspect entièrement privés des avantages du sommeil. En observant avec plus d'attention, l'on s'aperçoit qu'ils offrent des alternatives de repos et d'activité ; que d'une part si chaque sommeil n'est pas très-prolongé, de l'autre, il se répète assez fréquemment pour établir la compensation. Enumérant ensuite ces tems d'inaction à peu près égaux à ceux du mouvement, dans l'espace de vingt-quatre heures, on trouvera, même pour ces organes, la mesure du sommeil aussi considérable que dans les appareils semblant d'abord la présenter avec beaucoup plus d'étendue.

D'un autre côté, pendant le repos général des phénomènes de relation, les autres éprouvent une diminution notable dans l'activité, la précipitation des mouvemens, la déperdition des propriétés vitales. Ainsi, l'innervation est alors moins énergique, la circulation moins active, la respiration moins fréquente.

Le sommeil n'appartient pas exclusivement à l'homme, tous les êtres vivans depuis la plante simple jusqu'à l'animal compliqué, jouissent de cette condition de l'existence avec des modifications appropriées aux diversités des catégories; et, chose bien digne d'observation, avec des intervalles d'autant plus longs, entre le repos et l'activité, que l'on descend davantage l'échelle des êtres, de l'homme au dernier des végétaux.

Ainsi la plupart des graines peuvent rester plusieurs années dans un sommeil profond, dans un état de mort apparente, et lorsqu'ensuite on les place au milieu d'un terreau chaud, humide, offrant les conditions nécessaires à la germination, elles développent des êtres d'une taille plus ou moins colossale, d'une vitalité plus ou moins active.

Les arbres, les arbustes, les plantes embellissant, animant nos campagnes offrent, dans le printems et l'été, sous l'influence d'un soleil bienfaisant, leurs plus grandes manifestations d'énergie ; c'est alors qu'ils travaillent puissamment à la propagation de l'espèce, au développement de l'individu, ce tems est pour eux celui de la *veille*. Progressivement engourdis par le froid des hivers, perdant, sous les frimas glacés, leurs fleurs et leurs feuilles, ces mêmes végétaux paraissent ensevelis dans la plus profonde inaction, cette période est pour eux celle *du sommeil*. Nous les verrons se réveiller au printems, jeter un nouveau charme sur toute la nature, annoncer, avec le chant des oiseaux, ce retour d'une saison favorable à tous les développemens de la vitalité. Ainsi les végétaux dorment et leur sommeil est très-prolongé, par cela même que les efforts de leur activité sont entretenus pendant long-tems sans interruption. Chez eux l'accomplissement de la grande fonction génératrice occupe la majeure partie de cette phase d'exaltation vitale, constituant son époque la plus brillante, et, par les déperditions qu'elle occasionne, faisant particulièrement naître le besoin du repos.

Si l'on compare actuellement ce feuillage gracieux, ces fleurs brillantes, ces mouvemens extraordinaires des humeurs, cette exubérance vitale, cet accroissement rapide qui distinguent le végétal pendant la belle saison, à ces branches dépouillées de leurs ornemens, à cette apparente immobilité circulatoire, au silence profond de cette vie stagnante, ne sentira-t-on pas aussitôt que dans le premier cas il existe activité, mouvement du centre à la circonférence, *éveil* temporaire ; dans le second, repos, concentration vitale, *sommeil* profond. C'est en raison de ces modifications importantes que l'on choisit les approches de l'hiver pour effectuer des transplantations ;

les liens du végétal au sol, étant alors moins indispensables, peuvent-être momentanément détruits sans danger, et l'arbre s'habituer aux nouvelles conditions de son existence avant le développement des nombreux phénomènes qui nécessiteront une réparation beaucoup plus abondante. En conséquence des mêmes lois, ces transplantations, pour la plupart des espèces, deviennent impossibles ou très-chanceuses lorsqu'elles sont opérées après l'invasion du printems.

Le sommeil est nécessaire aux végétaux comme à tous les êtres vivans, aussi lorsqu'un hiver chaud prolonge incessemment leur activité, lorsqu'un retour prématuré de la belle saison, les éveille avant la réparation nécessaire à leurs facultés vitale et génératrice, n'ayant point acquis l'énergie suffisante aux frais de la période qui va s'effectuer, leur floraison est moins brillante et leur fructification moins parfaite ; lorsque soumis à l'influence de notre civilisation, enfermés dans ces réceptacles où l'on entretient artificiellement la chaleur du printems, au milieu des hivers les plus rigoureux, ces végétaux privés du sommeil, dans un état permanent d'action, partageant les conditions de l'homme environné du faste accablant de nos grandes cités, épuisé par les veilles et l'agitation, ne produisent que des fruits insipides et sans durée, se trouvent précipités rapidement vers les funeste résultats d'une caducité factice.

Les mêmes lois sont imposées à toute la nature organique, les mêmes considérations sont applicables à tous les êtres vivans. D'un autre côté, le sommeil peut être prolongé, bien au-delà du besoin, par des circonstances en opposition avec celles que nous venons d'indiquer, on en trouve des exemples nombreux dans le règne végétal, chez les animaux et chez l'homme. Bonnet a vu des charançons ne donner aucun signe de vie pendant plusieurs années ; Scluckey, des limaces, engourdies pendant le même intervalle, se réveiller ensuite avec toutes les conditions de l'existence active, sous l'influence des stimulans appropriés. Si nous appliquons actuellement à l'espèce humaine, ces principes avec leurs conséquences, nous observerons des résultats beaucoup plus nombreux et plus importans encore.

Les anciens envisageaient le sommeil comme une mort apparente : *Somnus mortis est imago* ; cette idée ne présente aucune vérité. Non-seulement l'homme qui dort ne ressemble pas au sujet privé de la vie, mais il diffère encore essentiellement du malade, offrant actuellement la suspension d'un ou plusieurs grands phénomènes, comme on le voit dans l'apoplexie, la syncope, l'asphyxie etc. En effet chez le premier il n'existe qu'abaissement des fonctions nutritives et vitales, repos des appareils de relation, encore est-il bien souvent incomplet. D'autres ont voulu rapprocher, sans plus de réalité, cette condition de celle du fœtus existant au milieu de circonstances physiques et morales tellement opposées qu'elles ne permettent naturellement aucune comparaison. D'autres enfin ont été jusqu'à regarder le sommeil comme une fonction, par cela seul qu'il ne se manifeste pas immédiatement après les grandes lassitudes. Le plus simple raisonnement suffit pour démontrer l'erreur d'une opinion semblable. En effet tout exercice pénible laisse dans les organes du mouvement un sentiment douloureux qui maintient l'éveil de l'économie, jusqu'à l'établissement d'un calme suffisant obtenu par le repos de ces organes ; c'est alors que se manifeste le sommeil, absence d'activité qu'il est impossible de confondre avec l'exercice des facultés vitales.

Tel que nous allons actuellement l'envisager dans notre espèce, le sommeil doit être défini : *Modification de l'exis-*

tence caractérisée par la suspension plus ou moins entière des phénomènes de relation, et la diminution du plus grand nombre des fonctions vitales, nutritives et génitales. Pour donner à son histoire l'intérêt et la précision qu'elle exige, nous la partagerons en cinq divisions principales. 1° *Causes*, 2° *effets*, 3° *durée*, 4° *réveil*, 5° *phénomènes du sommeil.* Chacun de ces points nous offre des considérations importantes, applicables à la pathologie.

1° CAUSES DU SOMMEIL.

Les auteurs anciens et même quelques modernes ont longuement et vaguement disserté sur les causes du sommeil. Gorter admet surtout « le mouvement du sang abandonnant le cerveau pour se concentrer dans l'abdomen »; Cabanis, « le reflus des puissances d'innervation « vers leur source »; « d'autres la concentration, dans le « cerveau, des principes les plus actifs de la sensibilité; » « la compression du nerf moteur oculaire, commun entre « les artères cérébrale postérieure et cérébelleuse supérieure dans un état d'engorgement d'où résulte l'abaissement de la paupière; » « la diminution notable des « mouvemens respiratoires et de l'hématose, le sang alors « moins oxygéné devenant plus stupéfiant; » « la compression du cerveau, du cervelet, par l'accumulation « du sang dans les artères, les veines, les sinus; » etc. Confondant ainsi, dans ces diverses théories imaginaires et dont la réfutation est désormais sans utilité, les résultats avec la cause, le sommeil naturel avec l'asphyxie, l'apoplexie, le sommeil anormal etc.

Considérant cet objet d'une manière générale nous réduirons à trois modifications essentielles toutes les in-

fluences capables d'effectuer cette condition de l'économie
vivante : 1° *Epuisement des propriétés vitales* ; 2° *concentration sur un organe important* ; 3° *neutralisation
de ces mêmes propriétés* ; chacun de ces agens d'un
même résultat lui communique des caractères diamétralement opposés, et dès-lors très-utiles à bien apprécier dans leurs dispositions particulières.

1° *Epuisement des propriétés vitales.* — Toutes les
circonstances capables d'entraîner une forte déperdition
de la sensibilité, de la contractilité doivent être placées
dans cette catégorie. L'on conçoit en effet que, diminuant la somme de ces propriétés, exigeant leur indispensable réparation elles provoquent le sommeil pendant
lequel ce résultat peut convenablement s'effectuer. Dans
les conditions d'une dépense naturelle et graduée, comme
on le voit par les exercices moraux et physiques ordinaires, cette cause devient le principe normal d'un repos toujous avantageux ; dans l'hypothèse contraire, le
sommeil appartient plus ou moins directement à la série
des altérations pathologiques.

Dans la première variété, nous comprenons les mouvemens généraux et partiels faits avec discrétion et sans
épuisement ; les travaux intellectuels modérés, les émotions légères et variées. Plus les uns et les autres sont
diversifiés, actifs et fréquens, plus le sommeil est profond et durable. Nous en trouvons les preuves positives
en comparant, sous ces deux rapports, celui de l'enfant
à celui du vieillard. L'un dépense beaucoup en vitalité,
dort long-tems et profondément ; l'autre sent très-peu,
se meut encore moins, chez lui le sommeil est léger et
seulement de quelques heures.

Dans la seconde, nous rangeons les passions violentes,
les travaux intellectuels opiniâtres et prolongés, les
douleurs très-vives, les marches, les exercices portés

jusqu'à l'excès etc. Ainsi, nous voyons le génie créateur, après avoir lutté contre les impulsions de la nature, incliner sa tête puissante et la reposer sur des chefs-d'œuvres ! l'homme agité par les plus pénibles angoisses morales oublier un instant ses chagrins dans les illusions d'un sommeil bienfaisant ; le malade, soumis à des opérations sérieuses, la femme entre les douleurs insupportables de l'enfantement s'endormir avec assez de facilité. Dans les siècles de barbarie des malheureux ont été signalés présentant les apparences du sommeil au milieu des tortures de la question ! Pour ces divers individus, le repos, ordinairement agité par des rêves effrayans ou pour le moins importuns, n'est jamais essentiellement réparateur ; le sujet, au réveil, se trouve souvent plus fatigué, plus brisé qu'avant ce repos incomplet. Toutes les fois que l'exercice des facultés vitales a dépassé la mesure naturelle des forces, le sommeil, d'abord interrompu sous l'influence du sentiment pénible inséparable de cette condition, ne se manifeste positivement qu'après un tems indispensable au rétablissement du calme parfait.

2° *Concentration des propriétés vitales sur un organe important.*— Les agens susceptibles de concentrer la vitalité sur un appareil étranger à l'encéphale, privant celui-ci de l'excitation nécessaire à l'état d'éveil entretenu dans toute l'économie, déterminent l'assoupissement plus ou moins profond. C'est à ce genre d'influence qu'il faut attribuer le sommeil que nous observons après un repas copieux, surtout chez les vieillards lymphatiques et d'un moral obtus ; sous l'influence du froid très-intense refoulant tous les mouvemens innervateurs et circulatoires dans les appareils centraux des cavités abdominale et thoracique ; enfin pendant les violentes congestions pulmonaires, hépatiques, intestinales etc., consécutives aux phlegmasies des organes affectés. Dans ces fâcheuses dispositions, le sommeil devient morbifique, et toujours plus ou moins nuisible ; dans le premier cas, en retardant la digestion et favorisant les embarras encéphaliques ; dans le second, en rendant l'invasion du froid plus générale et souvent destructive ; dans le troisième, en assurant les funestes effets des apoplexies organiqnes ; c'est alors que ce calme apparent est bien souvent le sinistre précurseur de la mort, et qu'après les déplétions suffisantes il devient essentiel de porter ailleurs, par des dérivatifs appropriés, la tendance anormale du mouvement circulatoire.

3° *Neutralisation des propriétés vitales.* — Tous les modificateurs physiologiques et pathologiques dont l'effet principal est caractérisé par la neutralisation ou même l'abaissement instantané des facultés et de l'excitation vitales produisent encore le sommeil. C'est ainsi qu'agissent les saignées abondantes en affaiblissant toute la constitution ; l'ennui, l'engourdissement organique en constituant l'indifférence et le dégoût des relations ; les compressions mécaniques de l'encéphale surtout à la voûte crânienne ; l'usage des narcotiques et particulièment de l'opium dont les belles expériences de M. Flourens ont bien fait apprécier l'influence en prouvant qu'elle offre, comme premier résultat, la congestion circulatoire et la pression apoplectique du cerveau, d'où l'on infère aisément la condition temporaire dont nous recherchons les agens essentiels. Cette condition factice, de même que la précédente, ne produit jamais des effets très-avantageux à la réparation ; souvent encore elle offre des conséquences funestes en précipitant la marche des fâcheuses dispositions qui l'occasionnent ; aussi l'art ne doit-il en provoquer le développement que dans les cas extrêmes, et lorsqu'il est absolument impossible d'obtenir le sommeil naturel.

2° EFFETS DU SOMMEIL.

Dans leurs brillantes métaphores, les poètes anciens ont envisagé le sommeil comme un baume consolateur versé dans la plaie du malade et répandu sur le cœur ulcéré par les chagrins ; comme un bienfait de la nature pour soulager du moins les peines et les souffrances dont rien ne peut tarir la source trop féconde ! Ce fleuve Léthé présentant, par ses eaux merveilleuses, le magique pouvoir d'effectuer aussitôt l'oubli du passé, n'est lui-même qu'une image figurée du sommeil. Si dormir n'est pas une jouissance, au moins c'est l'absence de la douleur. Combien de malheureux, déchirés par les plus cruelles anxiétés physiques et morales, voudraient, en descendant au calme de ce repos temporaire, ne jamais éprouver les nouvelles angoisses du réveil affreux qui les attend ! Jetons un voile épais sur ces modifications les plus pénibles de l'existence humaine, et considérons le sommeil comme délassement indispensable aux organes fatigués par l'exercice des phénomènes qui leur sont naturellement départis.

Toutes choses égales, on voit le sommeil se manifester d'autant plus promptement que le sujet est placé dans un calme plus profond, dans un éloignement plus complet de toutes les excitations morales et physiques ; tandis que la veille se prolonge davantage au milieu des circonstances opposées, comme on l'observe sous l'influence de la marche, des bals, des spectacles, d'une forte contension intellectuelle, de tout ce qui peut entretenir l'activité des sens, de l'imagination et des organes du mouvement. Enfin l'épuisement des facultés vitales augmente, le besoin de la réparation commande impérieusement, le sommeil se manifeste pendant l'exercice, au milieu des cercles bruyans, à l'aspect même des plus grands dangers. Il n'envahit pas simultanément l'économie toute entière, c'est par degrès que les phénomènes de relation se trouvent compris dans son domaine. La vision s'obscurcit insensiblement, les rayons lumineux frappent en vain le globe oculaire, d'ailleurs en grande partie recouvert par l'abaissement de la paupière supérieure, et l'image des objets qui les derniers ont excité la rétine s'évanouit comme une ombre légère. L'odorat s'émousse, le goût s'affaiblit ; l'ouie, d'abord vague, incertaine, se trouve entièrement suspendue ; le toucher lui-même qui jusqu'alors avait paru survivre aux autres sens devient également incapable de recueillir aucune impression. Les facultés de l'intelligence disparaissent dans un ordre assez constant et que nous déterminons ainsi : Jugement, raisonnement, perception, mémoire, imagination. Les organes du mouvement sont définitivement embrassés dans ces dispositions et le sommeil atteint sa perfection normale, réduisant l'existence individuelle aux fonctions vitales et nutritives. Il est rare que la suspension des actes physiologiques soit aussi complète ; souvent un ou plusieurs appareils, une ou plusieurs facultés ne la partagent pas avec les autres, et, de ces veilles partielles, résultent plusieurs phénomènes intéressans que nous étudierons bientôt sous les noms de *rêves*, de *somnambulisme*.

Au milieu de ces intermittences des actions d'impression, de combinaison intellectuelle et d'expression, les phénomènes plus spécialement nutritifs et vitaux éprouvent une diminution d'activité. Mangili nous assure qu'une marmotte endormie sous la cloche qui servait à l'expérience, au lieu de 1,500 inspirations par heure,

en offrit constamment 14. L'absorption paraît seule augmentée, les impulsions du centre à la circonférence étant
alors dominées par les mouvemens de la circonférence
au centre. Hippocrate exprime bien cette vérité d'observation lorsqu'il dit : *Motus in somno intrò vergunt ;
somnus labor visceribus.* Delà cet inconvénient grave de
s'abandonner au sommeil dans les lieux humides et
marécageux, sous l'influence d'un air chargé de miasmes épidémiques et pestilentiels. Au rapport des voyageurs l'on peut traverser impunément la campagne de
Rome pendant les chaleurs du jour, tandis que le soir
on ne s'endort pas, dans les brouillards qui s'y manifestent, sans éprouver l'invasion d'une fièvre de mauvais
caractère.

3° DURÉE DU SOMMEIL

Il est impossible de la déterminer d'une manière absolue, mais on peut avancer en thèse générale, qu'elle
se trouve ordinairement, dans le sommeil naturel, mesurée sur la dépense des facultés vitales dont ce repos
est chargé d'effectuer la réparation. C'est en conséquence
d'un principe aussi vrai dans ses applications normales,
que les enfans, excités par des impressions nouvelles,
toujours en mouvement, en agitation, faisant, dans un
tems donné, des pertes considérables sous le rapport de
la sensibilité, de la contractilité, sont dans l'obligation
de prolonger beaucoup leur sommeil ; tandis que le
vieillard, en quelque sorte indifférent pour tout ce qui
l'environne, très-borné dans ses phénomènes de relation,
ne présentant qu'une faible dépense de vitalité, pourvoit
aux besoins qu'elle fait naître par un sommeil court,
léger, souvent même assez imparfait.

C'est encore d'après cette loi que la femme, le sujet nerveux doivent dormir plus long-tems que l'homme et l'individu lymphatique. Le tempérament sanguin, l'âge viril deviennent intermédiaires entre ces extrêmes. Pour eux, il faut accorder les trois quarts de l'existence à l'activité, un quart seulement au repos. L'école de Salerne consacre positivement ce principe lorsqu'elle dit, relativement à la durée du sommeil, dans ses conseils hygiéniques : « *Sat est dormire sex horas; septem pigris,* « *nulli concedimus octo.* »

Quant au sommeil anormal, souvent il offre une durée que l'on aurait peine à concevoir si des faits positifs ne constataient sa réalité. Sans admettre le merveilleux état d'Épiménides, sans même ajouter une confiance entière aux observations citées par Haller, telles que celles d'une fille pieuse d'Avignon, s'endormant tous les ans au commencement du carême pour ne se réveiller qu'à Pâques, nous pensons, d'après l'expérience, que cette modification vitale peut exister pendant plusieurs jours sans inconvénient grave, à moins qu'elle ne se rattache directement à la compression morbifique de l'encéphale.

4° RÉVEIL.

Nous désignons par ce terme le retour des organes et des appareils à leur activité naturelle dont les développemens ont été suspendus ou diminués pendant le sommeil.

Les causes de cette nouvelle disposition se trouvent diversement interprétées. Les uns attribuent le réveil à l'action des rayons lumineux excitant l'œil par l'intermédiaire des voiles palpébraux semitransparens. Sans doute le sommeil est plus promptement interrompu dans un endroit éclairé, mais on s'éveille également au milieu de l'obscurité la plus profonde. Les autres pensent qu'il faut spécialement indiquer ici le besoin de prendre des alimens ; cette impulsion organique peut agir dans certains cas particuliers ; il serait erroné de l'admettre pour les circonstances ordinaires ; en effet, l'appétit ne se fait pas sentir immédiatement après le retour de l'activité ; presque toujours un peu d'exercice est nécessaire à sa manifestation. D'autres enfin désignent l'impatience de l'âme sollicitant les appareils aux mouvemens qui leurs sont confiés ; supposer un fait n'est pas en démontrer la réalité. L'excitation produite par l'urine, les matières fécales dans les reservoirs de ces excrémens, entraîne aussi quelquefois le réveil sans qu'il soit possible d'en expliquer ainsi l'occasion habituelle. Pourquoi d'ailleurs chercher dans les exceptions une cause qu'il est si facile de trouver parmi les dispositions physiologiques naturelles et communes.

Le besoin de la réparation des facultés vitales amène le sommeil ; le sentiment instinctif de cette réparation doit seul effectuer le réveil normal. Toutes les fois qu'il survient avant l'entière satisfaction de cette nécessité physiologique, on doit l'envisager comme prématuré, la cause qui le détermine comme accidentelle. Une volonté bien déterminée peut l'assujettir à sa puissance. On sait généralement qu'il suffit de s'endormir avec la ferme résolution de s'éveiller au moment que l'on a marqué d'avance, pour que le sommeil soit interrompu dans cet instant précis. Il est alors incomplet, à peine réparateur, la volonté maintient son activité, celle de plusieurs autres facultés intellectuelles ; de là ces rêves, ces agitations plus ou moins pénibles signalant un défaut de calme et d'abandon général.

Quelle que soit la cause du réveil, de même que le

sommeil, il n'envahit pas instantanément l'organisme. Les sensations, les combinaisons mentales et les fonctions d'expression reviennent à leur exercice par une gradation à peu près contraire à celle de leur enchaînement. Ainsi nous les voyons presque toujours se rétablir dans cet ordre : Le tact, les mouvemens, l'ouïe, le goût, l'odorat, la vue, la perception, le raisonnement, le jugement, la mémoire, l'imagination, la conscience. Les divers phénomènes vitaux semblent préluder à cette activité par des essais ; les bâillemens, pour la respiration, les pandiculations, pour les mouvemens volontaires etc. , nous en fournissent des exemples.

5° PHÉNOMÈNES DU SOMMEIL

Sans adopter entièrement les opinions émises par M. Ch. Nodier dans son article très-spirituel et très-imaginaire *sur quelques phénomènes du sommeil*, sans dire avec l'auteur, que Numa, Socrate et Brutus « ont rap-« porté toute leur sagesse instinctive aux inspirations « de ce dernier état ; .... que toutes les religions excepté « la vraie ont dû leur origine au sommeil, » nous ajouterons que cette modification vitale peut offrir des actes bien importans à simplifier dans leur étude, par cela même qu'ils semblent presque toujours environnés des prestiges et des illusions du merveilleux. Nous rassemblons tous ces actes sous un titre unique, celui de *rêves*, auxquels vient se rattacher le *somnambulisme* comme leur plus étonnante modification. Ces phénomènes pouvant exercer des influences très-positives sur les dispositions physiques et morales de l'homme, doivent être étudiés avec soin dans leurs principes et dans leurs plus importantes variétés.

RÊVES.

Le rêve, ὀνειρος, des Grecs, *somnium*, des Latins, *est l'ensemble des phénomènes de relation qui s'exercent encore pendant un sommeil incomplet.* On lui donne suivant ses modifications et ses degrés, les noms de *somnolence, rêverie, songe, rêvasserie, somnambulisme* etc. Les anciens en ont fait une divinité, sous les dénominations de *Morphée, Phobétor, Phantase* etc.

Pour développer avec ordre et précision, les notions fondamentales relatives à la nature des rêves, aux variétés innombrables qu'ils peuvent offrir, nous devons établir, d'après les faits et l'expérience, deux lois essentielles devenant les principes généraux d'où nous ferons découler toutes nos inductions particulières. 1° *Le sommeil peut être général; embrasser les sensations, les combinaisons intellectuelles et les actions d'expression; réduire par conséquent toutes les fonctions de relation au silence le plus parfait.* 2° *Le sommeil peut être partiel, comprendre seulement un certain nombre de ces phénomènes, et laisser les autres dans un état d'éveil permettant des rapports incomplets avec les objets extérieurs.* En partant de ces axiomes invariables, nous arriverons facilement à la théorie naturelle des rêves les plus compliqués.

Le sommeil, pour mériter le titre de *général*, doit envahir sous le rapport : 1° *Des sensations*, le sens interne, le sens externe commun, les sens particuliers : la vue, l'ouïe, le goût, l'odorat et le toucher; 2° *des combinaisons*, la perception, le jugement, le raisonnement, la mémoire, l'imagination, la volonté, la conscience; 3° *des expressions*, la prosopose, la voix, la parole, les gestes et la locomotion. Maîtrisant tous ces actes, il suspend la série des relations étrangères et réduit temporairement l'organisme à l'exercice modifié des fonctions nutritives et vitales. On ne voit alors se manifester aucun rêve.

Le sommeil, pour devenir *partiel*, doit laisser une ou plusieurs de ces actions physiologiques dans un état d'éveil, pendant que toutes les autres sont momentanément assoupies. Dans cette occasion, la chaîne des phénomènes de rapport n'est pas entièrement détruite, elle se trouve seulement rompue dans un ou plusieurs points. Les facultés, les organes veillans produisent les actes qui leur sont naturellement départis, avec une perfection un développement d'autant plus considérables que l'énergie de ceux qui dorment paraît se concentrer sur eux, en augmentant ainsi la somme de leurs moyens et de leur vitalité. C'est d'après cette autre loi que nous pouvons expliquer comment certains sujets effectuent, pendant le sommeil, des œuvres mécaniques, des combinaisons intellectuelles, des produits de l'imagination dont ils n'auraient jamais été susceptibles pendant la veille. Pour mieux apprécier encore ces merveilleux résultats des songes, nous en étudierons : 1° *les causes*, 2° *la théorie naturelle*.

1° CAUSES DES RÊVES.—Galien s'imagine, pendant le sommeil, que l'une de ses jambes est en pierre ; à son réveil il trouve ce membre paralysé. Quelques amis du merveilleux s'appuyant d'un fait semblable et de plusieurs autres analogues, regardent les *prévisions instinctives*, comme l'occasion des songes, et, nouveaux ministres de Pharaon, cherchent, dans ces perversions du repos, les interprétations assurées de l'avenir. Craignant de nous engager dans cette voie, des illusions et de l'erreur nous laisserons à d'autres le soin d'éblouir l'imagination par de

vains prestiges, nous renfermant toujours dans le domaine de l'expérience et de la vérité. Parmi les circonstances qui favorisent le développement des rêves, les unes
deviennent *prédisposantes*, les autres *efficientes*.

Causes prédisposantes.—Nous plaçons dans cet ordre
l'adolescence, le sexe féminin, la délicatesse de constitution; mais avant tout, la vivacité de l'imagination, le
tempérament nerveux ganglionaire. Les sujets de ce tempérament sont en effet presque tous rêveurs et la plupart
somnambules ; c'est aussi parmi des individus semblables
que les magnétiseurs choisissent les adeptes qu'ils desti-
nent à leurs expériences.

Causes efficientes.—Au nombre de ces dernières, nous
devons particulièrement indiquer les travaux de l'esprit,
les passions ardentes, l'ambition, l'inquiétude, l'émulation, l'envie, la jalousie, l'espérance, l'amour etc.,
qui maintiennent l'irritabilité nerveuse, dans un état
d'éveil et d'excitation ; les impulsions instinctives d'un
viscère intérieur perpétuant ses réactions vers les ganglions et l'encéphale, provoquant des rêves ordinairement dans l'ordre du besoin indiqué ; ainsi la réplétion
des vésicules séminales occasionne des songes érotiques ;
celle de la vessie nous transporte en imagination dans
les lieux où l'émission de l'urine peut commodément s'effectuer ; cette excrétion et celle du sperme s'opèrent entièrement lorsque l'illusion est assez prononcée. La faim
non satisfaite, nous offre, dans le sommeil, une table bien
servie, des arbres couverts de fruits ; la soif, des ruis-
seaux, des sources limpides ; le désir de la fortune, des
trésors immenses ; l'espoir d'un succès, la chose désirée etc.

Nous ne parlons point ici des rêvasseries fréquentes
pendant le cours du plus grand nombre des phlegmasies
digestives, pulmonaires, encéphaliques etc. ; symptôme

assez alarmant de l'irritation qui les détermine, elles rentrent dans le domaine de la pathologie.

Le caractère de ces causes, les dispositions individuelles règlent ordinairement la nature des songes. Ainsi l'homme dont tout l'organisme est dans un équilibre parfait, dont le physique est libre de souffrance; le moral, d'inquiétude et d'agitation, fait ordinairement des rêves animés par une gaieté qu'il exprime avec les plus bruyans transports. Les sujets mélancoliques, valétudinaires, hypocondriaques, présentant une irritation habituelle du système nerveux ganglionaire et des organes digestifs, éprouvent le plus souvent des songes pénibles et fatigans; pour l'un, c'est un monstre affreux dont il est impossible d'éviter les funestes atteintes; pour l'autre, un épouvantable précipice dans lequel s'effectuent les chutes les plus douloureuses. On connaît généralement, par expérience, les illusions de ces angoisses nocturnes que le réveil peut souvent à peine dissiper.

De toutes ces anomalies du sommeil, la plus remarquable est celle que l'on désigne sous les termes d'*incube*, de *cauchemar*, presque toujours occasionnée par une indigestion chez les sujets prédisposés aux névroses ganglionaires. C'est le *vampirisme* admis par les Hongrois; le *smarra* des Dalmates; l'ἐφιάλτης des Grecs; le *macherick* des Celtes, le *nachtmaar* des Allemands; le *night-mare* des Anglais; le *nacht-marrie* des Hollandais et des Flamands; le *mara* des Polonais etc.; expressions qui toutes indiquent des êtres *fantastiques*, une *vieille cavale*, *un fouleur*, un *cheval de nuit* etc., tourmentant les malheureux soumis à leur influence par la succion du sang, la pression de l'épigastre et les tortures dont l'imagination fait tous les frais en partant d'un malaise réellement éprouvé. Nous sommes assurément très-loin d'admettre les ridicules mystifications du bénédictin Dom Calmet, de ses délirans continuateurs, mais il nous est impossible de méconnaître la réalité de *l'incube* et des souffrances cruelles éprouvées par les sujets qui s'en trouvant affectés avec oppression, suffocation imminente, se lèvent brusquement et ne parviennent qu'après un tems assez long, même dans l'état de veille, à dissiper les terreurs et les angoisses qui les ont violemment et profondément affectés. Les Morlaques sont tellement sujets à ces visions nocturnes que l'on pourrait en quelque sorte les envisager comme endémiques dans ces contrées. Ceux qui les éprouvent habituellement y sont désignés par le nom de *Vukodlacks*.

Le cauchemar n'est pas toujours accablant et pénible, dit M. Ch. Nodier; « il sème des soleils dans le ciel; il » bâtit pour en approcher des villes plus hautes que la « Jérusalem céleste; il dresse pour y atteindre des ave- » nues resplendissantes aux degrés de feu; il peuple « leurs bords d'anges à la harpe divine, dont les inex- « primables harmonies ne peuvent se comparer à rien « de ce qui a été entendu sur la terre; il prête au « vieillard le vol de l'oiseau pour traverser les mers et « les montagnes; auprès de ces montagnes, les Alpes « du monde connu disparaissent comme des grains de « sable, et dans ces mers, nos océans se noient comme « des gouttes d'eau. » Sans doute nous trouvons ici la brillante peinture d'un très-beau songe, mais nous n'y voyons aucun des caractères essentiels du *cauchemar*.

2° THÉORIE NATURELLE DES RÊVES. — Si nous recherchons actuellement, d'après les faits et les raisonnemens déduits d'une expérience positive, de quelle manière sont produits les rêves et leurs nombreuses modifications, nous verrons à quels prodigieux résultats les diverses combinaisons des facultés éveillées peuvent donner naissance. Nous sentirons en même tems que les actes dont ils sont accompagnés doivent s'éloigner d'autant plus des phénomènes de l'état normal qu'un nombre moins considérable d'organes et de fonctions se trouve actuellement affranchi des influences du sommeil, et s'en rapprocher au contraire davantage à mesure que d'autres fonctions et d'autres organes conservent également leur activité. Nous observerons par conséquent des rêves sans liaison, à peu près confondus avec le sommeil parfait ; d'autres assez rapprochés des conditions de la veille pour indiquer une entière similitude, en exceptant la *conscience*, fondement essentiel de la moralité, qui seule n'agit point dans cette occasion. Entre ces deux extrêmes viendront se placer les modifications intermédiaires, et, dans leur investigation, nous procéderons avec avantage du simple au composé.

Si toutes les facultés des phénomènes de relation sont plongées dans un profond sommeil, nous l'avons déjà dit, aucun rêve ne se manifeste. Aussitôt qu'un de ces phénomènes, une de ces facultés se maintient dans l'état d'activité, la production des songes commence. Alors s'établit, par degrés, cette belle distinction que M. Ch. Nodier admet dans l'existence intellectuelle de l'homme sous les noms de vies : 1° *Positive*, pendant la veille ; 2° *imaginative*, durant le sommeil. C'est dans la seconde particulièrement que l'homme forme les plus vastes conceptions et paraît s'élever dans une sphère surnaturelle. J. J. Rousseau nous apprend lui-même que ses pages les plus brillantes ont été conçues dans l'état intermédiaire à ces deux modifications, et rédigées au moment du réveil.

Mettons actuellement en scène toutes les facultés et tous les phénomènes de rapport, en suivant une gradation naturelle et méthodique, nous simplifierons de cette manière l'une des études les plus compliquées et les plus difficiles de la physiologie.

Perception , mémoire. — On observe alors des rêves sans enchaînement et sans vérité dans la succession des faits. Les impressions des objets qui nous ont occupés dans la veille se reproduisent par la mémoire, et, saisies par la perception, s'offrent à notre esprit en formant des composés indigestes et bizarres dont nous conservons le souvenir.

Perception , imagination. — Les songes deviennent plus extraordinaires encore. Ils peuvent être de pure création sans aucun rapport avec les événemens qui nous ont naguère affectés, ou que nous prévoyons dans l'avenir ; se composer des élémens les plus hétérogènes et les moins susceptibles d'association. Si la *mémoire* veille en même tems., nos réminiscences viennent se présenter avec des incidens et des épisodes qui les écartent plus ou moins entièrement de leur objet. C'est probablement en conséquence de ces rapports vagues, imparfaits des rêves avec les choses passées, présentes et futures que, dans les sciècles de superstition et d'ignorance, on a considéré ces anomalies du sommeil comme des moyens assurés de prédire l'avenir en déchirant le voile qui dérobe à nos yeux les destinées des hommes et des empires ! La saine raison à fait justice entière des augures, des sybiles et de toutes les autres jongleries de la divination. Toutefois, dans la seconde modification de ces rêves , nous avons le souvenir des impressions qui les ont constitués ; dans la première, nous en apprenons l'existence par les témoignages étrangers des phénomènes expressifs qu'ils ont occasionnés pendant leur durée.

Imagination , raisonnement , jugement. — Les rêves sont alors entièrement fabuleux et romanesques, mais leurs faits peuvent être liés et coordonnés d'une manière assez exacte. Si la mémoire vient remplacer l'imagination , souvent ils offrent les caractères historiques , se rapprochant assez positivement de la réalité. Comprenant la série des objets de nos rapports les plus habituels, ils présentent quelquefois une vérité qui nous poursuit encore même après le réveil. C'est alors surtout que l'organe de la pensée, jouissant d'un développement de perspicacité d'autant plus considérable qu'il est maintenant presque seul en action, pénètre les probabilités de l'avenir, et fait naître des pressentimens qu'il n'aurait jamais déterminés dans l'état normal. C'est exclusivement sous ce point de vue que les songes peuvent concourir aux prédictions, mais seulement dans l'ordre des moyens susceptibles d'établir un ensemble de présomptions plus ou moins fondées. Cette concentration de la puissance vitale sur quelques-unes des facultés intellectuelles donne à ces dernières une force productrice tellement considérable qu'elles font naître des chefs-d'œuvre alors que, dans la répartition commune de l'état d'éveil, elles n'auraient enfanté que des ouvrages ordinaires. Il n'est personne qui ne se rappelle des discours éloquens ou des vers heureux composés dans ces dispositions favorables. C'est dans les mêmes circonstances que des mathématiciens sont arrivés à la solution d'un problème qui les avait découragés ; c'est au milieu de ces conditions mentales que des poètes ont achevé les tirades sublimes devant lesquelles avait pâli leur génie !

Sens, perception, raisonnement — Les songes prennent alors beaucoup plus d'extension et donnent la faculté d'entretenir directement certains rapports avec les objets extérieurs, surtout lorsque plusieurs phénomènes d'expression veillent en même tems. Ainsi nous observons des individus qui répondent avec plus ou moins de précision aux questions qu'on leur adresse, d'autres qui voient les corps, les goûtent, les flairent, les palpent etc.

Sens, perception, raisonnement, jugement, phéno-

mènes d'expression.—C'est alors que les rêves acquièrent leurs derniers développemens depuis les communications simples jusqu'au somnambulisme complet, dans lequel nous voyons le sujet exerçant toutes ses facultés souvent avec beaucoup plus d'aptitude que dans l'état de veille, à l'exception de la conscience, de la mémoire qui sommeillent et constituent la différence. En indiquant seulement les actes expressifs qui s'unissent aux phénomènes intellectuels, nous suivrons plus facilement ces modifications progressives.

Prosopose.—Le sujet exprime avec une vérité remarquable, par les traits de la physionomie, les idées et les passions dont il est affecté pendant le sommeil, on voit alors se manifester alternativement le sourire du plaisir, de l'ironie, du mépris ; les froncemens sourciliers de la haine, de la jalousie, de l'envie ; l'abaissement angulaire labial de la tristesse, de la douleur etc. ; ajoutons les modifications respiratoires propres à ces divers états de l'âme.

Gestes. — Les nuances des perceptions et des sentimens sont manifestées avec énergie. Cette expression, comme celle du visage, prend une partie des caractères positifs qui la distinguent chez le sourd-muet.

Voix, parole.—L'homme endormi récite quelquefois d'assez longs morceaux de prose ou de poésie ; chante avec expression des romances ou d'autres compositions musicales ; répond aux questions ; discute, fait des observations quelquefois bizarres, quelquefois étonnantes par le sens et la profondeur, suivant que l'imagination, la mémoire, le raisonnement et le jugement dirigent ces relations particulières.

Locomotion. — Cette faculté s'exerçant avec toutes celles que nous venons d'énumerer, constitue le *somnambulisme parfait* ; différent de la veille seulement par le défaut de *conscience* et *de mémoire*. Condition qui nous explique naturellement la précision avec laquelle un somnambule accomplit, sous nos yeux, les entreprises les plus difficiles et les plus périlleuses, jouissant alors de l'immense avantage d'appliquer tous ses moyens sans distraction, surtout sans crainte et sans effroi du danger; le défaut complet de réminiscence après les actes les plus longs et les plus diversifiés. En effet, le sujet se lève, marche, exécute avec adresse et précision des travaux manuels difficiles ; avec une audace imperturbable, des excursions impossibles à l'homme éveillé ; devenant, sous le rapport du physique, supérieur à lui-même, comme nous l'avons vu, relativement au moral, dans les concentrations intellectuelles. Dégagé des préoccupations du *moi*, par conséquent libre de toute inquiétude, ne trouvant désormais d'autre obstacle dans les relations extérieures que la mesure de ses facultés, sachant les employer avec ordre, il parcourt impunément les bords praticables d'un abyme, le toit des édifices les plus élevés ; analogue aux êtres surnaturels que la fable nous représente en mouvement dans les airs, et soutenus par une force magique ; prouvant d'ailleurs positivement que la principale cause des accidens observés pendant la veille, au milieu des périls analogues, se trouve essentiellement dans la conscience du danger, permettant de l'apprécier avec toute son étendue, souvent même l'exagérant par des illusions imaginaires.

Toutefois il ne faut pas croire, à l'exemple de certains auteurs, que ces excursions nocturnes des somnambules s'achèvent toujours d'une manière aussi merveilleuse ; l'expérience démontre que plusieurs d'entre eux ont fait des chutes graves et toujours d'autant plus funestes que leur imprévoyance les avait davantage exposés. Dans ces instans du danger, il existerait beaucoup d'inconvenient à les éveiller ; le retour instantané de la conscience et de la mémoire, leur faisant apprécier avec effroi le péril qui les environne, et les livrant sans défense à des catastrophes qu'ils eussent probablement évitées, en continuant, jusqu'à la fin, d'en ignorer la possibilité.

Les recueils d'observations fournissent un grand nombre de faits qui démontrent la réalité de tous les principes que nous avons émis relativement à cet objet. Nous citerons seulement les suivans, dont nous garantissons la vérité. D'une époque récente, ils suffiront d'ailleurs aux différentes applications de la théorie des rêves et du somnambulisme.

M. M..... négociant à Nantes, marié depuis quelque tems, vivait, avec son épouse, dans la meilleure intelligence. Au mois de juillet, M. M.... se lève, s'habille, vers minuit, rentre deux heures après. Même excursion les nuits suivantes. Mme M....conçoit des soupçons jaloux, suit son mari, le voit se diriger vers la rivière, se deshabiller et se jeter à l'eau. Vivement effrayée d'un tel spectacle, et d'une action qu'elle rapporte au plus mauvais dessein, la jeune femme pousse des cris perçans, M. M....qui savait très-peu nager se réveille, s'épouvante et se noie. Il fut démontré que cet homme était somnambule, qu'il sortait chaque nuit pour prendre un bain et rentrait sans accident ; que ce réveil subit, l'effroi de son étrange position, en troublant l'ordre des mouvemens qui le soutenaient à la surface du fleuve, présentèrent la seule cause de cette fin tragique.

M. Ladame, négociant suisse, habitant alors Amiens, préoccupé d'un voyage important, se lève à minuit, appelle ses gens, gronde, se plaint de leur inexactitude et de l'oubli qu'il ont fait de tenir tout prêt pour le matin, d'après sa recommandation de la veille ; fait mettre les chevaux, charge lui-même plusieurs paquets, transmet ses derniers avertissemens , recommande avec détail les soins de la maison, monte en voiture, ordonne au cocher d'avancer ; le mouvement , le bruit du pavé dissipent entièrement les restes du sommeil ; M. Ladame s'étonne d'être en route avant le jour ; ne voulant partir qu'à cinq heures , il examine sa montre, fait des reproches à ceux dont la précipitation a troublé son repos avant le tems indiqué ; ce n'est qu'avec beaucoup de peine qu'on parvient enfin à lui persuader qu'il a réveillé tout le monde sans se réveiller lui-même.

Plusieurs domestiques d'un château de Montbrison, département de la Loire, se plaignaient il y a quelques années, de ne pas retrouver divers objets à la même place que la veille. Claudine, cuisinière de cette maison, assurait que très-souvent, le matin, elle voyait les fourneaux allumés, le pot au feu, les viandes et les légumes préparés, sans avoir pu jusqu'ici découvrir l'officieux génie qui s'empressait à l'aider si discrètement. Claudine en conçoit de l'ombrage, pense que Mme R... sa maîtresse, en faisant elle-même toutes ces choses, veut lui témoigner son mécontentement d'un service que sans doute elle ne trouve pas satisfaisant. Mme R... ne concevant rien aux réclamations de la pauvre Claudine, cherche à la tranquilliser sans y parvenir, et la croit définitivement affectée de quelque aliénation mentale. Cette fille , remplie d'attachement pour ses devoirs, pour ses maîtres , imagine tous les moyens d'arriver à la solution d'un problême aussi difficile. Pendant quelque tems elle se couche la dernière, ferme les portes et cache les clefs en différens endroits ; les mêmes résultats se manifestent. Leur cause eût été pour toujours ignorée, si quelque circonstance fortuite n'avait pas dévoilé ce mystère en apparence impénétrable. Pendant une belle nuit d'été M. R...se lève à deux heures du matin pour goûter le frais extérieur ; quel est son étonnement, de voir Claudine au milieu de la cour, écossant des petits pois. Il s'approche et lui demande la raison d'un zèle aussi extraordinaire ? sans se réveiller, Claudine répond : « Monsieur je suis pressée, nous avons » du monde à dîner, il faut que j'avance un peu mon « ouvrage. » Saluant respectueusement , elle continue. Quelques instans après M. R...., sans avoir pénétré la véritable nature de cette action, rentre au château ; la cuisine était fermée soigneusement et Claudine dans son lit. Plusieurs jours après, vers minuit, le bruit des portes se fait entendre, M. R...accourt précipitamment, croyant surprendre un malfaiteur , et voit Claudine entrer dans la boulangerie, confectionner , dans son état de somnambulisme, près de trois cents livres de pain que l'on avait coutume de faire, chaque semaine, pour les pauvres et les ouvriers. Dès-lors tout se découvre, la bonne cuisinière est ce génie merveilleux dont elle avait jusqu'alors si vainement poursuivi les traces. On prend toutefois, dans la maison, des précautions suffisantes pour qu'un somnambulisme aussi complet ne devienne pas l'occasion d'accidens fâcheux.

Nous ne devons pas terminer cette histoire du sommeil sans étudier physiologiquement un phénomène qui, sous le titre de *magnétisme,* s'y rattache de la manière la plus positive, et dont il est essentiel d'établir les caractères naturels, en le dégageant des prestiges et du merveilleux dont on voudrait encore l'environner aujourd'hui.

MAGNÉTISME.

A ce nom trop fameux et depuis long-tems oublié s'éveillent des sentimens bien différens. Les uns par quelque mouvement d'indignation, laissent apercevoir la haine, le mépris dont ils sont animés ; n'est-ce pas évidemment beaucoup trop se fâcher ? Les autres par un sourire malin expriment leur décourageante incrédulité ; mais il ne faut jamais condamner sans un examen suffisant. D'autres enfin, avec les apparences de l'enthousiasme et de l'inspiration, professent ou feignent la croyance la plus profonde et la plus inébranlable. Cette confiance irréfléchie, pour une doctrine dont les fondemens sont incompréhensibles, indique souvent la superstition, l'ignorance ou la précipitation.

Parler à des esprits aussi diversement affectés, modérer l'antipathie des premiers, éclairer l'opposition des seconds, ramener les derniers à des idées plus saines, devient une tâche délicate et difficile à remplir. Nous y parviendrons en évitant les allusions, les personnalités qui nous sembleraient déplacées, en abordant la question franchement et sans partialité.

Nous lisons dans un journal assez récemment publié cette assertion remarquable : « La médecine avait tué « jadis le magnétisme ; aujourd'hui la médecine le res- « suscite ; » jugement erroné dans ses deux parties. En effet le magnétisme était mort naturellement d'inanition et de faiblesse ; aujourd'hui nouveau phénix, il renaît de ses cendres plus éclatant et plus merveilleux encore. Est-il plus positif dans sa théorie, plus puissant dans ses effets ? Cette question ne restera pas long-tems indécise.

Loin d'imiter ces auteurs exclusifs qui rejettent la réalité d'un principe dès-lors que ses conséquences ne sont pas toutes rigoureusement démontrées, nous procéderons dans l'investigation du magnétisme avec ordre et précision en considérant : 1° *Sa réalité* ; 2° *ses effets sur les somnambules* ; 3° *ses prévisions* ; 4° *son efficacité médicale.* Chacun de ces points offre des faits curieux et dont les interprétations doivent être sagement établies.

1° *Réalité du magnétisme.* — Le magnétisme, du grec μαγνήτης, du latin *magnes*, aimant, indique une attraction, un rapport sympathique entre deux corps. Lorsque ce rapport, cette attraction s'exercent par exemple entre l'aimant naturel et les métaux sensibles à son action, on donne à l'agent qui les détermine le nom de *magnétisme minéral*; on le désigne au contraire par celui de *magnétisme animal*, toutes les fois que les sujets qui s'y trouvent soumis appartiennent à notre espèce. Les effets du premier sur le fer, le cobalt, le nikel, le chrôme n'ont jamais été révoqués en doute; ceux du second n'offrent pas la même évidence pour les observateurs affranchis des prestiges de l'imagination. Un fait aussi-positif attaque profondément l'opinion de ceux qui regardent le magnétisme comme un agent spécial répandu par tout l'univers. Quelques écrivains ont admis nne identité parfaite entre cet agent et l'électricité; mais tandis que celle-ci porte aussi fortement sur les animaux que sur l'homme, nous voyons le magnétisme impuissant relativement aux premiers. La raison de ce phénomène est facile à trouver. Les animaux sont affranchis du pouvoir de l'imagination; l'homme sans cesse maîtrisé par son influence devient accessible à toutes les illusions du merveilleux. Il nous paraît dès-lors certain que le *mesmérisme* n'est point un corps, un être distinct, une cause première, et qu'il faut seulement l'envisager comme un moyen d'agir sur le moral et consécutivement sur le physique des individus prédisposés à cette action.

2° *Effets du magnetisme sur les somnambules.*—Nous reconnaissons trois causes dans la production des résultats magnétiques : 1° *Le pouvoir de l'imagination.*— Aussi plusieurs conditions relatives, les unes au *magnétiseur*, les autres au *magnétisé*, deviennent-elles indispensables. Le premier doit offrir une volonté ferme, une supériorité morale positive, un air plus ou moins inspiré ; s'environner de tous les prestiges capables d'enivrer les sens et d'électriser l'âme. Le second a besoin d'une constitution faible, d'un système nerveux susceptible d'ébranlemens, d'une croyance facile, d'un esprit ami du merveilleux. Aussi les magnétiseurs choisissent préférablement, pour sujets, des femmes passionées, des individus *mystiques*, valétudinaires etc. ; aussi les forts magnétisent les faibles sans pouvoir être magnétisés par eux. Le mesmérisme ne remonte point vers sa source, nous en savons actuellement la raison. Pour ce qui nous concerne, possédant un certain degré d'énergie magnétique, nous défions tous les mesmériens d'opérer sur notre économie, d'après les expériences auxquelles nous avons eu la bonne volonté de nous soumettre sans aucun résultat, mais non sans beaucoup d'ennui. Les magnétiseurs nous ont donné pour toute raison « *que nous n'a-* « *vions pas la foi nécessaire.* » Mais c'est précisément avouer que le magnétisme animal n'est qu'une illusion. 2° *La concentration des mouvemens innervateurs sur le foyer ganglionaire.* — Elle s'établit au moyen des rapports de l'acteur et du sujet, et par l'ennui qu'entraîne bientôt une série de mouvemens uniformes, dirigés dans le même sens, et dont la vertu magique appartient à peu près entièrement au savoir faire du magnétiseur. Le sommeil ne tarde pas à se manifester absolument comme dans toutes les concentrations analogues effectuées par des causes différentes, et notamment par l'accumulation des alimens dans les cavités digestives ; par les embarras intestinaux etc. Si l'on nous objecte que l'on obtient ce résultat, sur quelques sujets, au moyen d'une bague magnétique, du toucher, d'un simple regard ; en accordant même à ces faits une confiance illimitée, nous répondrons qu'un disciple de Mesmer ne peut arriver que par degrés à cette perfection, et que ces effets de l'habitude sont encore moins étonnans que ceux auxquels parvient un écuyer habile en amenant, avec un signal, à toutes les attitudes possibles, son coursier jusqu'alors indompté. 3° L'*hébétitude*, *l'engourdissement extérieurs*, occasionnés par le silence du lieu, par toutes les manœuvres indiquées tendent constamment vers le même but au milieu d'influences qu'il est également facile d'expliquer.

Voudrait-on maintenant rejeter l'intervention de ces trois causes, notamment celle de l'imagination, nous assurant de bonne foi que l'on est allé jusqu'à magnétiser des arbres désormais capables de transmettre les effets de cette vertu merveilleuse! Nous sommes dispensés de répondre à des allégations de cette nature, et si l'on a trouvé des hommes assez enthousiastes pour exprimer d'aussi folles prétentions, nous avons l'espérance qu'il ne s'en rencontrera pas d'assez crédules pour les admettre comme des vérités.

D'après ces considérations, nous reconnaissons l'influence magnétique dans la production du sommeil, des rêves et du somnambulisme chez quelques sujets privilégiés; mais nous faisons remarquer en même tems que cette influence n'a rien de surnaturel, et que l'explication de ses effets rentre tout entière dans le domaine de la physiologie.

Si les disciples de Mesmer avaient eu le bon esprit de s'arrêter à ces premiers résultats, le magnétisme, relégué dans les boudoirs, eût innocemment amusé les oisifs et les femmes vaporeuses, loin d'exciter la dérision, la censure des esprits raisonnables. Cette marche ne pouvait convenir à des sectateurs illuminés, beaucoup moins occupés de rechercher des vérités positives que d'abu-

ser la multitude par un système dont l'imagination seule
a fait tous les frais.

3° *Prévisions du magnétisme.*— Nous pénétrons actuellement dans le sanctuaire merveilleux de la magie, des opérations cabalistiques. C'est là que des *sujets en crise*, des somnambules connaissant le présent, le passé, l'avenir, offriront à notre esprit les résultats variés de leur science infuse. Rassurons-nous cependant, guidés par la raison, nous verrons, à l'aspect d'un aussi puissant talisman, se dissiper, comme des ombres mensongères, tous ces vains farfadets, tous ces prestiges de l'erreur.

Ici nous opposerons aux mesmériens leurs propres aveux. Ils conviennent qu'un très-petit nombre de sujets, même parmi ceux que le magnétisme peut endormir, sont propres à leurs expériences divinatoires. La cause de cette exception est facile à trouver ; c'est précisément parce qu'ils ne peuvent déterminer le somnambulisme que chez ceux qui s'en trouvent naturellement affectés. Par les manœuvres que nous avons indiquées, ils provoquent un sommeil pénible, forcé, pendant lequel cette modification des rêves ne tarde pas à se manifester. Que ces sujets *en crise*, comme le disent les magnétiseurs, fassent des choses très-surprenantes, et dont ils n'auraient jamais été capables pendant la veille, rien n'est moins extraordinaire, et nous avons signalé tous ces faits chez les somnambules naturels, en les expliquant avec simplicité d'après les lois physiologiques.

Les mesmériens ne se bornent point à la prétention évidemment illusoire de former des somnambules d'un ordre particulier, ils soutiennent que ces individus à l'état d'*illumination*, c'est ainsi qu'ils appellent ce dernier degré de perfectibilité magnétique, sans avoir besoin des sens externes, apprécient les odeurs, les saveurs ; dissipent l'opacité des corps, lisent aisément des billets

fermés, par la seule intervention du sens interne. « En-
« fin, s'écrie dans son enthousiasme le magnétiseur
« Pététin : Notre somnambule, supérieur aux magiciens
« de tous les âges, devinera vos pensées même avant que
« vous ayez pris la peine de les former ! » Tant que
nous verrons les trésors de la loterie soustraits aux calculs de ces nécromanciens prétendus, nous soutiendrons
avec assurance que les partisans de Mesmer prennent
aujourd'hui, comme autrefois, les illusions pour des
réalités.

4° *Efficacité médicale du magnétisme.* — Si le mesmérisme n'avait d'autre objet que l'illumination de ses
adeptes, d'autre résultat que l'aliénation mentale de ses
dupes, il ne mériterait pas une réfutation sérieuse. Mais
outre les atteintes assez directes qu'il porte nécessairement à la décence, aux mœurs, chaque jour marquant
ses victimes dans les applications qu'en font, à l'art de
guérir, des néophites enthousiastes ou spéculateurs, il
doit encourir le blâme de la philanthropie, la réproba-
tion du savoir.

Une femme inspirée, véritable sybile de nos tems modernes, sans instruction, et souvent dans un état voisin
de l'idiotisme, professe impudemment toutes les difficultés
de la science d'Hippocrate. Pour cette pythonisse le corps
du malade offre la transparence d'un cristal, et tous les
organes viennent se présenter sans intermédiaire à son
investigation. Quelques mots techniques appris sans intelligence, répétés sans à propos, un diagnostic hazardé,
l'assemblage monstrueux des médicamens les plus anti-
pathiques, plusieurs scènes modifiées par les plus ridicules jongleries, telles sont les conditions obligées de
ces oracles imposteurs, mais si propres à séduire la crédulité vulgaire.

Mesmer qui le premier conçut la pensée de ce bizarre

et dangereux système, ne l'eût jamais accrédité partout ailleurs qu'à Paris. Avant les brillans résultats obtenus dans cette patrie du charlatanisme, ses tentatives avaient été vaines en Allemagne, en Prusse et dans plusieurs autres pays septentrionaux où le jugement a plus d'empire que l'imagination.

Le procès du magnétisme était jugé depuis-long-tems; cet enfant du merveilleux et de l'erreur, mort dès sa naissance, reposait en paix dans le séjour des nullités et des erreurs. Quels avantages nous promet sa résurrection ? Jadis placé comme panacée universelle au rang *des grains de santé, des poudres d'Ayeau, des perles d'Hygie,* nous le voyons aujourd'hui marcher de pair avec *l'élixir anti-glaireux, l'acuponcture et le vomi-purgatif!* Plus débile et plus frêle encore depuis sa renaissance, il ne finira jamais de vieillesse parmi nous. Comment en effet oublier cette expression remarquable de Doppet, approuvée par M. de Leuze qui fut cependant l'une des principales colonnes du magnétisme : « *Ceux qui savent* « *le secret de Mesmer en doutent plus que ceux qui* « *l'ignorent !* »

Après avoir étudié les phénomènes vitaux dans leurs nombreuses modifications de repos et d'activité, nous devons terminer l'histoire physiologique de l'homme, par des considérations relatives à son existence envisagée dans toutes les phases depuis l'animation du germe qui doit le former, jusqu'à la dissociation de ses élémens organiques.

FIN DE LA 2ᵉ PARTIE.

TROISIÈME PARTIE.

COMPLÉMENT DE LA PHYSIOLOGIE.

Sous ce titre général, nous réunissons toutes les considérations qui deviennent le corollaire et l'objet essentiel de celles que nous avons déjà présentées. L'importance du sujet, la précision qu'il exige dans ses développemens, nous engagent à suivre la marche naturelle de son exposition, dont l'ensemble comprendra quatre chapitres principaux avec les désignations suivantes : 1° *Histoire de la vie* ; 2° *considérations sur la mort* ; 3° *décomposition chimique de l'organisme* ; 4° *théorie naturelle des races humaines.*

CHAPITRE PREMIER.

HISTOIRE DE LA VIE.

La vie, βίος, des Grecs, *vita* des Latins, est devenue depuis long-tems l'objet des méditations philosophiques, des plus brillantes productions de la prose et de la poésie, des investigations habiles de la physiologie raisonnée. Cependant, si nous cherchons au milieu de ces innombrables écrits, une idée positive, une définition exacte et précise de ce phénomène complexe, nous ne rencontrons le plus souvent que vague, incertitude, obscurité. Sans nous arrêter, pour en fournir la preuve, à toutes les aberrations antiques, nous rapporterons seulement les opinions des meilleurs physiologistes et des plus habiles philosophes de nos jours.

Kant définit la vie : « Principe intérieur d'action, de changement et de mouvement. » *Schmidt* : « Activité de la matière dirigée par les lois de l'organisation. » *Béclard* : « L'organisation en action. » *M. Adelon* : « Mode d'acti-
« vité, d'existence dans lequel on commence par une
« naissance, on croît par intus-susception, on finit par
« une mort ; et pendant la durée de cette existence qui
« est limitée, on se conserve comme individu par nutri-
« tion ; comme espèce, par reproduction, et l'on passe
« par divers âges. » *M. de Blainville* : « Un corps vivant
« est un foyer où il y a, à tous momens, apport de mo-
« lécules nouvelles et départ des anciennes ; où la com-
« binaison n'est jamais fixe, mais toujours *in nisu* d'un
« mouvement continuel plus ou moins lent , et quelque-
« fois chaleur. » *Cuvier* : « Faculté qu'ont certains corps
« de durer pendant un tems et sous une forme déter-
« minée, en attirant sans cesse, dans leur substance
« une partie des substances environnantes , et en ren-
« dant aux élémens une partie de leur propre substance. »
« Il ajoute : « La vie est un tourbillon plus ou moins ra-
« pide et compliqué dont la direction est constante, et
« qui entraîne toujours des molécules de même espèce,
« mais où les molécules individuelles entrent et d'où elles
« sortent continuellement, de manière que la forme du
« corps vivant lui est plus essentielle que la matière. »
« *Bichat* : « Ensemble des fonctions qui résistent à la
« mort. » etc. Il suffit d'examiner ces définitions pour se

convaincre de la réalité du principe que nous avons émis. Sans parler des autres dont les défauts sont palpables, celle de Bichat ne présente également aucune exactitude, aucune vérité lorsqu'elle nous offre, d'une part, *un ensemble d'actions physiologiques*, ne constituant pas davantage la vie que chacune de ces actions en particulier; de l'autre, *la mort* comme un agent positif luttant contre les fonctions, tendant à les enrayer, lorsqu'elle n'est autre chose qu'une abstraction, le néant, l'absence de la vie.

Un ancien auteur a dit : *Vita est quasi comedia* etc. La vie représente une scène de théâtre où chacun des organes jouant un rôle différent, concourt à l'ensemble dans une proportion relative à son degré d'importance. Nous trouvons cette idée beaucoup plus rapprochée de la vérité, mais elle est encore bien insuffisante pour déterminer positivement les caractères de la vie.

Quelques écrivains modernes l'envisagent comme le résultat de l'influence d'une émanation divine répandue sur tous les êtres de la nature en proportions variables; rattachant, à ce principe exclusif, les propriétés physiques, chimiques et vitales ; attribuant cette existence active même aux corps inertes, et rapportant ses divers degrés d'activité particulière à la proportion dans laquelle cette émanation leur est dévolue. Pour donner plus de précision à leur système, ils descendent ainsi l'échelle des êtres animés par ce principe : 1° L'homme blanc ; 2° le nègre ; 3° le hottentot ; 4° le singe ; 5° les autres mammifères; 6° les oiseaux ; 7° les reptiles ; 8° les poissons ; 9° les mollusques ; 10 les crustacés ; 11° les autres insectes ; 12° les zoophites ; 13° les plantes vivaces ; 14° les lithophites ; 15° les minéraux. D'après eux, tous ces corps, indistinctement, reçoivent le principe de leur existence de cette émanation céleste qui devient alors, dans toute la force de l'expression, le *mens agitans molem* des anciens.

Admettre la vie chez les minéraux, la regarder comme une émanation divine, renfermer cette émanation dans une pierre aussi bien que dans l'homme, nous paraît la conception la plus étrange dans un sciècle où tout se raisonne, s'approfondit, et d'ailleurs incapable de fournir les premières notions relatives aux caractères essentiels de l'abstraction dont nous recherchons la nature.

Envain interrogerons-nous d'autres autorités; la question ne sera pas résolue d'une manière plus satisfaisante. La plupart des hommes entraînés loin d'eux-mêmes, semblent vivre dans un monde étranger ; ils étudient toutes les sciences, mais ils négligent celle qui leur apprendrait à se bien connaître. Ils suivent les astres dans l'immensité, savent comment se forme, s'entretient et se détruit un minéral, ignorent de quelle manière eux-mêmes se détruisent, s'entretiennent et se forment. C'est au milieu de ce cahos des pensées, des opinions et des systèmes que nous devons procéder à l'investigation d'un objet aussi difficile. Pour mieux arriver à cette idée fondamentale de la vie, pour l'établir sur une base fixe, nous procéderons du simple au composé, nous développerons les lois de l'existence pour tous les êtres, en nous élévant, par degrés, des corps qui se rapprochent davantage de l'unité fondamentale, à ceux chez lesquels cette existence offre le plus de complication. Si nous jetons en effet un regard sur les innombrables individus constituant l'univers par leur ensemble, et sur l'harmonie qui les unit réciproquement, nous verrons chacun d'eux être à sa manière, et cette comparaison des existences diverses, nous fera mieux apprécier celle qui nous devient propre.

Les corps, quelle que soit leur figure, leur volume et

leur position, sont naturellement divisés en deux catégories : 1° *Inorganiques*, 2° *organisés*.

Les premiers, tels que ces masses complétement inertes formant la partie solide et principale de notre globe, tels que cet élément liquide baignant ses vastes confins, tels que cette atmosphère gazeuse dont il est par tout enveloppé, sont exclusivement doués des propriétés de la matière, absolument régis par les lois physiques. Ne possédant qu'une existence passive, ils n'opposent, avec le titre de *force d'inertie*, que leur cohésion, leurs affinités etc. à l'action destructive des modificateurs qui les entourent.

Les seconds, au milieu desquels nous remarquons plus spécialement ces plantes gracieuses dont les fleurs émaillent nos praieries, ces arbustes flexibles qui décorent nos campagnes, ces arbres antiques et majestueux dont la tête séculaire paraît défier les tempêtes, ces oiseaux qui répandent le charme et la variété dans nos bocages, ces animaux divers qui peuplant l'air, la terre et les eaux, impriment du mouvement à toute la nature, cet homme-roi, chef-d'œuvre de la création, unissent les propriétés de sentir et de se mouvoir, aux propriétés de la matière. En même tems régis par les lois physiques et vitales dans un équilibre parfait, ils opposent une résistance qui leur est propre à l'influence des causes destructives dont ils sont environnés, ils jouissent d'une existence active, *et cette existence est la vie.*

D'après ces principes fondamentaux, simples et puisés dans l'ordre naturel des choses, nous définirons la vie considérée chez tous les êtres animés, quelle que soit leur espèce : *Résultat de l'exercice normal des fonctions propres aux corps organisés, développées dans la mesure convenable pour lutter avantageusement contre l'agression des agens destructeurs.*

La vie n'est donc point un être doué de propriétés spéciales, pas même une fonction, mais un simple résultat du concours harmonieux des phénomènes physiologiques, une abstraction, et le mot qui l'exprime un terme collectif désignant une idée complexe qu'il serait difficile de signaler autrement.

Les auteurs qui considèrent la vie comme une émanation divine, comme l'âme animant tous les organismes, comme la somme des facultés vitales etc., se trouvent donc bien éloignés de la vérité, puisqu'ils prennent la cause pour l'effet, et qu'ils identifient deux objets essentiellement différens.

Un corps mort, en d'autres termes privé de la vie, obéit exclusivement aux lois physiques. Dans le corps vivant, ces lois sont modifiées par des lois d'un autre ordre et qui n'offrent absolument rien de commun avec les propriétés de la matière. Ces lois sont vitales par essence et jamais elles ne peuvent rester entièrement inactives dans l'être qui s'y trouve soumis. Action dès corps extérieurs sur le corps vivant, réaction du corps vivant sur les corps extérieurs, tel est le mobile, tels sont les alimens de la vie. Si les corps extérieurs n'agissent plus sur le corps vivant, la vie présente un flambeau qui s'éteint par défaut de combustible ; si le corps vivant ne réagit plus sur les corps extérieurs, la vie devient une flamme qui s'anéantit par défaut de principe comburant. *Action, réaction* tel est donc tout le secret, tout le mécanisme de la vie.

Ces deux mouvemens dont l'harmonie constitue l'équilibre vital, physiologique, la santé parfaite, offrent des proportions respectives bien différentes pour les principales phases de l'existence active : 1° Dans l'enfance, prédominance de *la réaction* du corps vivant sur *l'action* des corps extérieurs ; *surabondance vitale.* 2° Dans l'âge viril, équilibre entre *l'action* des corps extérieurs et *la réaction* du corps vivant ; *vie normale*. 3° Dans la vieillesse, prédominance *de l'action* des corps extérieurs sur *la réaction* du corps vivant, *défaillance vitale*, tendance à la destruction. Nous verrons bientôt quel est, pour les différentes espèces, le terme ordinaire de cette existence active ; les circonstances qui peuvent en rallentir, en précipiter le cours, en diminuer, en augmenter la durée.

La vie, quelles que soient ses limites, est toujours temporaire ; ses deux termes, *commencement* et *fin*, se trouvent marqués, l'un par *l'animation du germe*, passage de la matière, de l'état physique à l'état physiologique ; l'autre par *la mort*, passage de la matière, de l'état physiologique à l'état physique. L'existence intermédiaire à ces deux extrêmes est *la vie* ; l'intervalle qui les sépare est la mesure de sa durée.

Si nous cherchons actuellement à préciser les conditions du passage de la matière inerte à la matière animée, si nous voulons saisir les premiers rudimens, les premières manifestations de la vie, nous sentons aussitôt les difficultés d'une pareille entreprise, même en appliquant l'expérience aux transformations qui s'effectuent sous nos yeux, chez les êtres où leurs dispositions sont plus simples et plus élémentaires.

Lamark, Geoffroi, croient aux générations spontanées, constituant le premier degré des êtres vivans ; sans doute sous l'influence des conditions d'électricité, de chaleur et d'humidité convenables.

Spallanzani prétend avoir vu la vie se réveiller ou se produire onze fois dans le rotifère soumis à la dessiccation.

Frey nous assure qu'en plaçant des matières animales et végétales, avec l'eau distillée, dans un vase clos, on obtient des végétaux et des animaux vivans, par le concours de la chaleur et la lumière.

Wiegmann dépose une certaine quantité de corail dans un vase demi-clos, et voit, après quinze jours, se produire successivement, avec l'influence solaire, même en agitant par intervalles : 1° *De la matière verte;* 2° *des conferves;* deux mois après, 3° *des monocles, cyprides delectæ;* quelquefois, 4° *des alves* et des *daphniæ longispinæ.*

D'après M. Dutrochet, il suffit de l'établissement d'une disposition vésiculeuse, constituant le tissu fondamental des êtres vivans, pour que les fluides qui s'y trouvent renfermés, circulent sous l'influence des lois de l'endosmose et de l'exosmose, que ce physiologiste envisage comme la base des actes vitaux.

M. Bachoué pense que les phénomènes de la vie peuvent se rattacher, dans leur établissement, « aux ac-« tions chimiques produisant un développement d'élec-« tricité. »

M. Fourcault, admettant cette idée sans aucune réserve, considère la vie comme une « succession des phénomènes » physico-chimiques, dont la variété, la durée, l'inten-» sité sont en rapport avec le développement de l'orga-« nisation, l'activité des causes physiques de ces phéno-» mènes, ou l'action des fluides impondérables. »

M. Bory de Saint-Vincent, ne craint pas d'avancer que « certaines particules organiques, sont disposées à pas-» ser, avec la même facilité, aux états d'animal et de » végétal. »

M. Rouzé, dans un opuscule dont le titre ainsi conçu : *Point du départ animé,* semblait promettre la solution, ou du moins l'examen du problème, se borne, après quelques attaques aussi fausses que peu mesurées envers notre immortel Bichat, à nous apprendre « que « la génération varie par la seule opportunité, quand, « par ailleurs, le minéral naît avec une vitesse incom-

» mensurable, par rapport aux végétaux et à l'animal....
Que son mémoire développe trois maximes importantes :
» la première nous montre les conditions indispensables
« de l'existence, dans la juste plénitude des seules ori-
» gines premières ; leur balancement assigne la seconde
» dans une cause motrice intérieure ; et son fait absolu,
» rejette en troisième lieu toute espèce de prépondé-
» rance externe. »

C'est ainsi que parlent MM. Fourcaut et Rouzé ! voilà, de nos jours, le système du principe électro-moteur, le jargon pour le moins inintelligible que l'on voudrait encore opposer à la saine doctrine du vitalisme raisonné !

Toutefois ces opinions diverses, relativement au principe de la vie considérée dans sa nature, dans son association à la substance matérielle, nous prouvent, de la manière la plus évidente, que les investigations dirigées vers cet objet n'ont offert qu'un même résultat, celui de bien faire sentir, pour aujourd'hui, comme pour toujours, l'insuffisance des recherches qui s'adressent aux causes premières. Sans vouloir grossir la somme de ces inutilités plus ou moins spécieuses, nous laisserons à d'autres le soin de poursuivre des illusions chimériques, nous renfermant dans l'examen des faits rigoureusement appréciables.

Si nous étudions physiologiquement les divers tissus d'une même économie, les différens sujets de la série des êtres animés, nous y trouvons l'énergie, les moyens de la vitalité dans une proportion constante avec le nombre et la complication des élémens constituans. D'un autre côté, nous savons que la décomposition chimique des corps est d'autant plus imminente et plus facile que leurs principes formateurs sont plus hétérogènes et plus multipliés. Ces deux faits essentiels, ainsi rapprochés, conduisent à cette conclusion nécessaire : *Que la vie*,

dans les organismes, est la raison fondamentale du main-
tien de ces principes, de ces élémens dans leurs combi-
naisons temporaires chez les êtres actuellement doués de
l'existence active.

Plus l'organisation, plus la vie sont compliquées dans
eurs dispositions et dans leurs modes, plus les altérations sont fréquentes, plus la mort accidentelle est à
craindre.

Dans les économies supérieures, la vie s'entretient
surtout par l'action réciproque des systèmes nerveux et
circulatoire; du balancement de leurs influences, résultent la plupart des phénomènes physiologiques.

Chez les animaux élevés dans l'échelle progressive,
l'innervation est plus immédiatement nécessaire que la
circulation. Les expériences de Legalois prouvent que
l'activité de l'encéphale est moins indispensable que celle
de la moelle épinière. Ainsi des lapins décapités ont pu
vivre pendant cinq heures au moyen de l'insufflation
pulmonaire ; trois à quatrre minutes seulement, après
la destruction de la moelle rachidienne.

Pour les êtres d'un ordre inférieur, l'appareil nerveux ne joue pas un rôle aussi généralement développé
que celui de l'appareil circulatoire. On sait à quelles
mutilations il est possible de soumettre un végétal sans
y détruire le principe de la vie, par cela même que ce
dernier est moins centralisé, que le foyer d'innervation est moins indispensable au maintien de l'existence
active. Les mêmes considérations sont applicables à la
série des animaux rudimentaires.

Quelques physiologistes, et notamment Grimaud,
Bichat etc. ont distingué deux vies dans le même sujet:
1° *Organique, intérieure,* commune à tous les êtres
animés ; 2° *animale, extérieure,* propre aux animaux
supérieurs. C'est une idée fausse. La vie se trouve indi-

visible dans tous les êtres qui la présentent ; seulement elle diffère par ses moyens, de telle sorte qu'il deviendrait tout au plus possible d'établir entre ses phénomènes une séparation aussi peu naturelle.

Sans admettre ces révolutions quintennales, signalées par quelques auteurs comme pouvant modifier entièrement notre économie, nous partagerons en six époques fondamentales, chez l'homme, toute la durée de la vie naturelle : 1° *État de fœtus*; 2° *enfance*; 3° *adolescence*; 4° *virilité*; 5° *vieillesse*; 6° *caducité*. Véritables voyageurs, à mesure que nous avançons dans cette carrière, son point de vue change complétement à nos yeux. Parcourons ces phases remarquables en indiquant les grands caractères qui servent à les distinguer.

1° ÉTAT DE FŒTUS.

Cette première période comprend l'existence intra-utérine du nouvel être depuis l'animation du germe ovulaire jusqu'à la naissance. La durée de cette même période est ordinairement de neuf mois dans l'espèce humaine ; elle peut offrir des variations de huit à dix indépendamment d'aucune altération, ce qui constitue les grossesses *précoces* et *tardives*.

Les physiologistes partagent cette époque en deux phases : 1° *État d'embryon*; 2° *état de fœtus*; renfermant, sous le premier titre, le tems nécessaire à la constitution de l'organisme dans toutes ses parties ; et sous le second, l'intervalle indispensable aux développemens, aux perfectionnemens de ces mêmes parties dans un degré suffisant pour effectuer le maintien de la vie normale abandonnée, après la naissance, aux seuls moyens de l'économie individuelle. On pourrait, sans inconvénient grave, négliger cette sous-division; nous la conserverons cependant afin de préciser davantage les caractères principaux des importantes modifications éprouvées par l'être vivant dans cette première condition de la vitalité.

1° ETAT D'EMBRYON.—L'embryon, ἔμβρυὸν, des Grecs, de ἐν dans et βρύω, je crois, *fœtus*, des Latins, est le nouvel être depuis l'instant indivisible de son animation, par le contact du sperme et de l'ovule, jusqu'a l'achèvement de son ébauche rudimentaire.

Une petite masse gélatineuse, homogène, amorphe, sans facultés apparentes, sans mouvemens appréciables tels sont les élémens primitifs de cet être superbe destiné par le créateur à gouverner l'univers !

Une puissance inconnue dans sa nature pénètre, sous le voile du mystère, ces premiers germes de l'organisation, les anime par degrés en leur communiquant les propriétés de la vie ; en les embrâsant, pour nous servir d'une expression métaphorique, de ce feu divin que la main audacieuse de Prométhée ne craignit pas d'arracher au ciel. Tant que cette flamme céleste rencontre un aliment, le flambeau de la vie s'entretient; cet aliment vient-il à manquer, le flambeau de la vie s'éteint pour toujours ; cette émanation surnaturelle que nous avons désignée par le terme d'*âme*, cette essence immatérielle qui forme le plus bel apanage de l'homme abandonne la matière dont elle avait effectué l'animation pendant toute la durée de cette existence active. Suivons avec une attention profonde la marche et les progrès de ces merveilleux développemens.

Pendant quinze à vingt jours l'ovule, fécondé sans adhérence à l'utérus, sans communication circulatoire par conséquent entre l'enfant et la mère, doit trouver, dans ses dispositions propres, les moyens d'entretenir individuellement son existence. Les vésicules allantoïde, ombilicale paraissent, comme nous l'avons déjà dit, renfermer et fournir les matériaux de la nutrition dans cette phase d'isolement. Plusieurs physiologistes habiles, et surtout MM. Dutrochet, Rolando, Pander, Cuvier etc., voulant éclairer ce point obscur de l'évolution embryonaire chez l'homme, ont eu recours à des expériences faites avec beaucoup de soin sur l'œuf des oiseaux, et notamment du poulet, pendant l'incubation, afin de pouvoir fortifier les preuves directes par des inductions analogiques.

Cet œuf présente une coquille solide, poreuse pour l'évaporation du blanc et le renouvellement de l'air; une membrane bifoliée; vers la grosse extrémité, un espace contenant ce gaz en proportion d'autant plus considérable que l'œuf est plus vieux; le blanc; le jaune; la cicatricule ou germe. A partir de l'incubation, d'après Cuvier et M. Dutrochet : 4me *heure*, aucun changement. 7me, la cicatricule grossit; à la partie supérieure du jaune apparaît un petit sac renfermant les eaux de l'amnios et l'embryon, se portant à l'extrémité la plus volumineuse pour se mettre en contact avec l'air. 30me, cet embryon a la forme et le volume d'un petit ver. 40me, on distingue trois sacs particuliers, ceux : 1° du jaune, 2° de l'amnios et du poulet, 3° de l'allantoïde; le premier diminue, le second augmente. 120me, on aperçoit l'intestin qui se confond avec le jaune dans lequel plongent également les vaisseaux omphalo-mésentériques; l'allantoïde environne l'œuf, communique avec le cloaque par l'ouraque. Les auteurs que nous venons de citer, admettent les mêmes dispositions dans l'espèce humaine, avec la différence que, chez l'oiseau, le développement s'achève, jusqu'à l'éclosion, par ce mécanisme; tandis que, chez l'homme et les mammifères, ce genre de nutrition est seulement établi provisoirement et bientôt remplacé par la production d'un placenta, servant à la communication circulatoire de la mère à l'embryon qui dès-lors acquiert, par cette voie, ses élémens de réparation et d'accroissement.

Afin de présenter, d'une manière positive, la marche que suit, dans son développement, l'organisme du nouvel être, nous prendrons le moyen terme des observations nombreuses que nous avons faites, de celles qui se trouvent consignées dans les meilleurs auteurs, en indiquant, par époques, depuis l'animation du germe, les modifications qu'il éprouve jusqu'à l'établissement complet de toutes ses parties.

Quinzième jour. — L'ensemble du nouveau produit offre le volume d'un œuf de passereau, la cicatricule est partagée en deux zones, une extérieure plus épaisse, nommée *champ opaque*; une intérieure plus mince, plus diaphane, appelée *champ transparent.* Au centre, on aperçoit un trait blanchâtre d'une ligne, rudiment de l'embryon et spécialement de son appareil nerveux encéphalo-rachidien.

Vingtième jour.—L'ensemble présente le volume d'un œuf de fauvette; l'embryon, sous la forme d'une tige creuse, renflée par l'une de ses extrémités, recourbée de manière à parcourir les deux tiers d'un cercle, se compose d'une enveloppe déjà plus résistante, logeant une humeur limpide, au milieu de laquelle on voit un filament jaunâtre, première manifestation de la moelle vertébrale. Cet embryon offre deux lignes d'épaisseur, trois à quatre de longueur.

Trentième jour.—L'ensemble acquiert le volume d'un œuf de colombe; l'embryon, dont la tête vésiculeuse présente un grand développement, relativement au reste du sujet, offre deux à trois lignes d'épaisseur, cinq à six de longueur. Aristote y voit l'image d'une fourmi ; Burton, celle d'un grain d'orge ; Baudelocque, du marteau de l'appareil auditif ; quelques autres, du têtard etc. Déjà plusieurs organes apparaissent ; tous vont se manifester sur la face concave de l'embryon. MM. Geoffroi Saint-Hilaire, Meckel, Serres, Tiedemann pensent que cette évolution s'opère des côtés vers la ligne médiane ; expliquant ainsi toutes les monstruosités par division de parties naturellement identifiées. M. Velpeau n'admet point cette hypothèse et fait observer que, dès le principe, cette ligne médiane est déjà formée. Le rachis paraît être le premier point de l'appareil nerveux qui se manifeste, et cet appareil semble devancer tous les autres dans son établissement ; d'après M. Rolando, le développement des nerfs précède constamment celui des autres tissus. M. Serres pense au contraire que les artères préparent la formation des nerfs et des différens systèmes ; il en donne pour preuve que la masse encéphalo-rachidienne se développe dans l'ordre suivant : 1° La moelle épinière ; 2° le cerveau ; 3° le cervelet ; la marche étant analogue pour les artères spinales, cérébrales et cérébelleuses ; que le même rapport se trouve dans tous les organismes, dans tous les appareils entre le volume de l'artère et l'ampliation du tissu qui la reçoit. N'est-ce point prendre ici l'effet pour la cause ? Ne voyons-nous pas dans l'hypertrophie des viscères, occasionnée par une influence qui leur est propre, les vaisseaux artériels acquérir progressivement un calibre dont l'augmentation ultérieure est en proportion de cette hypertrophie ? des résultats aussi contradictoires, obtenus par des expérimentateurs également habiles, en les rapprochant des conditions fondamentales de la vitalité, nous démontrent positivement que l'on ne doit pas isoler, avec les attributions de cause et d'effet, les dispositions qui rentrent dans l'intention commune des lois primordiales de l'organisation. Toutefois, relativement aux deux systèmes fondamentaux, *innervateur* et *circulatoire,* si l'on infère par analogie des oiseaux à toutes les autres espèces, les canaux circulatoires ne sont d'abord que de simples vésicules isolées qui communiquent et s'allongent en vaisseaux ramifiés. L'axe cérébro-spinal figure un cordon aplati, presque aussi volumineux inférieurement que supérieurement. M. Serres prétend que les nerfs se développent avant le centre. La bouche est la première cavité sensitive apparente; on la voit quelquefois dès-le vingtième jour sous la forme d'une petite dépression sans manifestation des lèvres. Les yeux latéralement dirigés offrent chacun un point circulaire, formé d'une tache centrale jaunâtre, qu'environne un disque plus ou moins noir, élément de la choroïde ; la tache centrale représentant la sclérotique et la cornée ; du reste aucune trace de paupières; l'ouverture nasale, d'abord simple, est également sans opercule ; quelquefois cependant on voit une petite éminence imperforée même avant l'indication de cette ouverture. Les oreilles sont figurées par des orifices analogues à ceux des cryptes. On aperçoit au centre de la masse gélatineuse un point rougeâtre, agité par des mouvemens sensibles, *ponctum saliens,* et non *primum vivens,* comme l'observe judicieusement Charles Bonnet ; ce point rougeâtre est le cœur. Des filamens de même couleur en partent sous forme de rayons divergens et ramifiés, ce sont les gros vaisseaux à l'état rudimentaire.

Quarantième jour. — L'ensemble présente le volume d'un œuf de faisan , l'embryon, la longueur de dix lignes. Formation de l'ombilic, dont part le cordon infondibuliforme d'un demi-pouce. Établissement de l'ouverture anale et des organes génitaux sans distinction positive des sexes. Les membres thoraciques, ensuite les membres pelviens pullulent sous l'apparence de bourgeons surmontés de cinq papilles dessinant déjà les doigts ; circonstance qui, sous ce rapport, donne au sujet l'apparence de la taupe. La face et le crâne cessent d'être confondus.

Cinquantième jour.—L'ensemble offre la grosseur d'un œuf de bondrée, l'embryon un pouce de longueur ; les organes indiqués se prononcent davantage. D'après Béclard, on observe alors plusieurs traces d'ossification dans les clavicules, les mâchoires, l'humérus, le fémur, le tibia etc.

Deuxième mois. — L'ensemble atteint le volume d'un œuf de poule, et l'embryon, la longueur de dix-huit lignes ; le type de l'espèce humaine se caractérise ; le col s'allonge, la tête se dégage des épaules ; d'abord confondues, les cavités nasale et buccale s'isolent graduellement ; le nez, les paupières, les lèvres se forment ; la distinction des sexes commence à s'établir. Ackermann, Autenrieth pensent qu'ils sont primitivement neutres. Tiedemann prétend que le sexe femelle n'est autre chose que le mâle arrêté dans son développement. M. Geoffroi Saint-Hilaire, assure que cette même distinction tient exclusivement à la manière dont les deux branches de l'artère spermatique vont se distribuer. C'est expliquer, par les modifications accidentelles, des faits qui rentrent dans les lois primordiales de la nature. L'enveloppe dermoïde commence à prendre ses caractères fondamentaux ; elle est gélatineuse, offre quelques indices de l'épiderme.

Troisième mois.—L'ensemble présente les dimensions d'un œuf d'oie ; l'embryon, deux pouces et demi. Les paupières sont rapprochées, les narines apparentes et la bouche fermée par les lèvres. Les membres s'allongent très-sensiblement, les ongles se trouvent alors pulpeux et rouges ; la peau devient plus consistante. La moelle, formée d'une lame renversée par degrés intérieurement, offre un canal qui disparaît ensuite. L'encéphale se prononce. D'après Tiedemann il est d'abord très-simple et passe graduellement par les conditions propres aux quatre principales classes d'animaux vertébrés, en commençant par les poissons. Il suffit, pour démontrer l'erreur d'une pareille hypothèse, de faire observer que ces derniers offrent des tubercules que l'on ne rencontre jamais chez l'homme. La cloison des cavités du cœur s'établit de manière à les isoler, si le trou de Botal n'entretenait, jusqu'à la naissance, leur communication par les oreillettes ; on aperçoit déjà sur cette ouverture les premiers linéamens de la valvule d'Eustache. Au complément de ce troisième mois, toutes les parties sont formées, et l'embryon est complet. Afin de préciser les conditions de cette première phase de la vie intra-utérine, dans ses véritables caractères, nous allons décrire un sujet de trois mois, que nous avons actuellement sous les yeux, et dont l'âge nous est parfaitement démontré, d'après les renseignemens les plus positifs.

Cet embryon, expulsé par la femme Saint-Paul, au troisième mois révolu, présente deux pouces dix lignes de longueur ; le milieu de cette mesure tombe exactement sur l'articulation de l'apophyse xyphoïde avec le reste du sternum. La tête forme le tiers à peu près de la masse totale ; et le crâne, entièrement vésiculeux, au moins les quatre cinquièmes de la tête. Les yeux offrent deux points noirs volumineux, saillans, recouverts par des paupières tellement rapprochées, qu'on les prendrait pour un prolongement continu de la peau. Le nez est très-proéminent, sans apparence de narines. Les oreilles, à l'état gélatineux, sont bien conformées ; un orifice à peine visible indique le conduit auditif. La bouche assez largement ouverte présente bien distinctement toutes ses parties ; la langue, le voile du palais sont caractérisés dans leur configuration ; le maxillaire inférieur allongé, les lèvres suffisamment développées. Sur le col, existent plusieurs points cartilagineux, rudimens du larynx. La poitrine largement constituée, laisse voir les clavicules et les côtes résistantes, en travail d'ossification ; le sternum seulement indiqué par des noyaux gélatineux élémentaires. L'abdomen offre peu de capacité, surtout dans sa partie pelvienne dont la ligne tranversale équivaut à peine à la moitié de celle qui mesure le tronc au niveau des épaules. On voit le sexe masculin bien exprimé dans le pénis que termine un petit gland gélatineux encore imperforé. Le scrotum est indiqué par un renflement. Derrière les parties génitales, on aperçoit distinctement l'extrémité du coccyx ; l'ouverture anale se trouve à peine marquée. La colonne rachidienne présente quelques points indicateurs des os, qui doivent ultérieurement la constituer. Les membres sont exactement conformés. Les thoraciques offrent un tiers en sus de la longueur des pelviens. L'extrémité digitale répond au milieu de la cuisse ; les saillies musculaires se trouvent déjà modelées sensiblement aux épaules, aux bras, aux avant-bras, aux éminences thénar, hypothénar etc. Les doigts très-bien isolés donnent, en miniature, précisément la forme ordinaire ; les ongles sont encore peu caractérisés ; les os à peu près entièrement cartilagineux, paraissent assez résistans. Les membres pelviens, moins avancés dans leur développement, indiquent aussi les dispositions de leur type fondamental ; les rotules sont dessinées, les orteils moins bien séparés que les doigts, les os plus mous qu'aux membres thoraciques. L'enveloppe dermoïde rappelle assez bien l'aspect d'une membrane muqueuse, elle est un peu plus lisse ; on y voit des ramifications vasculaires prononcées.

Tel est le prototype de l'embryon complet, offrant les rudimens de tous ses organes et n'ayant désormais besoin que d'en effectuer le développement dans la phase qui va suivre, pour arriver à la maturité de l'existence intra-utérine.

2° ÉTAT DE FŒTUS.—— Cette phase commence à l'instant où s'achève l'ébauche de toutes les parties, et se termine à la naissance. Le tems de sa durée qui, dans l'état ordinaire embrasse un intervalle de six mois, sert au développement progressif des organes, à leur perfectionnement pour l'existence individuelle qu'ils devront alors entretenir dans un état d'indépendance et d'isolement complets. Nous devons également suivre la marche de la nature dans ce nouveau travail.

Quatrième mois.——L'ensemble présente les dimensions d'un œuf d'autruche, le fœtus une longueur de cinq à six pouces. La peau devient plus ferme, les follicules sébacées apparaissent. Le foie prend un volume assez considérable ; son réservoir est encore filiforme, circonstance qui ne permet pas d'admettre actuellement la sécrétion biliaire. La rate offre comparativement peu d'ampliation. Les os reçoivent du phosphate calcaire ; les muscles commencent à se contracter, et la mère ne tarde pas à sentir les mouvemens du nouvel être. De cette époque à la suivante, le fœtus acquiert un développement subit et considérable dont l'utérus éprouve quelquefois très-vivement l'influence ; disposition qui nous explique assez bien les avortemens qui peuvent alors se manifester.

Cinquième mois. — La longueur du fœtus est de sept à neuf pouces ; un léger duvet couvre la peau, des poils incolores et soyeux s'y manifestent ; les ongles durcissent ; les mouvemens se prononcent davantage ; il devient alors impossible de méconnaître la grossesse d'après cet indice qui présente le seul caractère certain que l'on puisse invoquer.

Sixième mois. — La longueur du fœtus est de neuf à douze pouces ; il peut alors devenir viable en le supposant environné de toutes les circonstances appropriées. Déjà la peau se couvre de la matière grasse dans plusieurs points.

Septième mois. — La longueur du fœtus est de douze à quinze pouces. Les cheveux prennent leur couleur distinctive ; la membrane pupillaire est détruite ; en admettant son existence comme disposition normale. Jusqu'alors contenus dans l'abdomen au-dessous des reins, derrière le péritoine, les testicules franchissent l'anneau, descendent vers le scrotum, soutenus par un ligament que les auteurs ont nommé *gubernaculum testis* ; quelquefois ce passage ne s'opère qu'après la naissance, ou même ne s'effectue jamais. Toutes les parties ont acquis le développement indispensable à l'existence individuelle, aussi le fœtus est-il, à cette époque, légalement déclaré viable.

Huitième mois. — La longueur du fœtus est de quinze à dix-huit pouces ; les organes se fortifient et se perfectionnent ; les cheveux sont très-longs, toutes les parties du squelette ont pris beaucoup plus de fermeté ; l'intestin grêle contenant le méconium, offre alors plus de volume que le gros intestin.

Neuvième mois. — C'est l'époque ordinaire de la maturité. La longueur du fœtus est de seize à vingt pouces ; le poids, de six à huit livres, terme moyen. Sur 4,000 accouchemens observés à la Maternité, dans un tems donné, Mme Lachapelle n'a pas rencontré un seul enfant de douze livres ; Beaudelocque n'en cite qu'un exemple de treize livres.

Tels sont, dans notre espèce, les progrès du nouvel être depuis l'animation du produit fécondé jusqu'à la naissance. On voit s'appliquer ici la plupart des lois que

Meckel assigne au développement de tous les organismes, et que nous pouvons réduire aux six termes suivans :

1° Tout corps organisé paraît d'abord fluide avant d'acquérir la solidité.

2° Les premiers rudimens de ce corps n'offrent d'abord aucune texture déterminée.

3° La forme paraît ordinairement avant l'organisation.

4° Tous les tissus élémentaires sont primitivement incolores.

5° Les organes et les appareils se developpent d'une manière successive.

6° Les êtres les plus compliqués sont d'abord homogènes, et n'arrivent à leur état normal qu'après avoir parcouru tous les degrés intermédiaires entre les organismes les plus simples et les dispositions qui leur sont propres.

En résumant les conditions naturelles du fœtus dans les principales phases de son accroissement, sous le rapport *de la longueur, de la pesanteur et du point central*, nous formerons un tableau synoptique intéressant, non-seulement pour la physiologie, mais encore pour la médecine légale obligée de préciser, dans certaines circonstances graves, l'âge d'un enfant qui vient de naître.

MOIS.	LONGUEUR.	PESANTEUR.	POINT CENTRAL.
1.	5 à 6 lignes.	9 à 15 grains.	à l'union de la tête et du tronc.
2.	18 à 20 lignes.	6 à 8 gros.	à la partie supérieure du sternum.
3.	2 à 3 pouces.	2 à 3 onces.	à l'extrémité supérieure de l'appendice xiphoïde.
4.	5 à 6 pouces.	10 à 16 onces,	au milieu de l'appendice xiphoïde.
5.	7 à 9 pouces.	1 à 2 livres.	à l'extrémité inférieure de l'appendice xiphoïde.
6.	9 à 12 pouces.	2 à 3 livres.	à plusieurs lignes au-dessous de l'appendice xiphoïde.
7.	12 à 15 pouces.	3 à 4 livres.	à distance égale de l'appendice xiphoïde et de l'ombilic.
8.	15 à 18 pouces.	4 à 6 livres,	à un pouce au-dessus de l'ombilic.
9.	16 à 20 pouces.	6 à 8 livres.	à l'ombilic.
	Extrêmes.	*Extrêmes.*	
	12 à 25 pouces.	2 à 16 livres.	
	(Millot.)	(Voistel.)	

Pendant cette première époque, renfermé dans l'utérus, le nouvel être acquiert insensiblement les caractères propres à son espèce, et les conditions nécessaires de l'indépendance qu'il va désormais présenter. Alors tout entier aux fonctions vitales et nutritives, il existe pour lui seul, complétement étranger à ces relations multipliées qu'il offrira bientôt avec l'univers. Son économie particulière, comme celle du végétal, s'entretient par l'exercice d'un petit nombre de phénomènes au milieu desquels on doit spécialemeut noter : *l'absorption, l'exhalation, la nutrition, la circulation et l'innervation.* En effet, si le fœtus exécute plusieurs mouvemens sensibles, étrangers au végétal, celui-ci présente une respiration aérienne, périphérique, des phénomènes générateurs dont le fœtus n'est point encore en possession. Dans toute la durée de cette phase, depuis l'établissement des adhérences placentaires, en quelque sorte identifié à l'organe gestateur maternel, c'est de lui qu'il reçoit entièrement les principes de son existence, comme on voit le fruit s'accroître par les sucs de l'arbre dont il est sorti; mais avec cette importante modification que le fruit, séparé de la branche sur laquelle il reposait, se trouve dans l'impossibilité de se conserver et de croître ultérieurement, tandis que le fœtus, après avoir atteint le complément de sa maturité, verra se briser impunément les communications par lesquelles il recevait l'aliment et la vie.

Des idées aussi naturelles, aussi positives sembleraient devoir exclure toute supposition, toute hypothèse relativement à la nutrition du fœtus ; mais il n'en est point ainsi ; les auteurs ont émis diverses théories que nous sommes forcés d'examiner avant de continuer notre marche dans le sentier de la raison et de la vérité.

Nutrition du fœtus. —Pendant les trente ou quarante premiers jours, ou plus exactement, jusqu'à l'établissement complet des adhérences utéro-placentaires , le nouvel être se nourrit par une sorte d'imbibition ou d'absorption rudimentaire au moyen des fluides mis à sa disposition. D'après Chaussier, la matière sécrétée pour former la caduque présenterait cet élément réparateur. Les recherches de MM. Moreau et Velpeau démontrent que cette membrane est déjà constituée lorsque l'ovule descend dans l'utérus. M. Velpeau dit que l'on pourrait tout au plus admettre ce mode alimentaire pendant les quinze premiers jours. Rouhaut , Lobstein , Warthon , Béclard parlent de la gélatine du cordon ; source nutritive aussi peu démontrée que la première. L'allantoïde et la vésicule ombilicale semblent mieux appropriées à cet usage, et leurs fluides émulsifs paraissent fournir à l'embryon son aliment essentiel , comme les cotylédons de la graine le donnent à la plantule, et comme l'humeur vitelline , chez les oiseaux, le présente au nouvel être jusqu'à l'époque de son éclosion.

Lorsque tous ces moyens temporaires et provisoirement établis ont disparu, la nutrition du fœtus, exigeant par degrés des frais plus considérables, avait besoin d'élémens plus abondans et plus substantiels. C'est pour expliquer l'accomplissement de cette indication que les auteurs ont imaginé des théories que nous réduirons à trois principales. Nutrition : 1° *Par les eaux de l'amnios* ; 2° *par la lymphe du placenta*; 3° *par le sang de la mère*. Chacune de ces hypothèses doit fixer notre attention.

1° *Par les eaux de l'amnios.*—Plusieurs jeunes animaux, immergés dans cette humeur, ont vécu plus longtems que d'autres, plongés simultanément dans l'eau commune ; Harvey, Diemerbroëck, prétendent que le fluide amniotique est essentiellement nutritif. Partant de ces principes, un assez grand nombre d'auteurs ont pensé que le fœtus puise dans ce fluide les matériaux de son accroissement. Des théories différentes sont admises pour expliquer cette importation.

Absorption cutanée.—Boerhaave, Alcméon, Buffon, Osiander soutiennent que les vaisseaux absorbans de la peau, saisissent les eaux de l'amnios poùr les introduire dans le torrent circulatoire du fœtus. L'enduit gélatineux qui recouvre cette membrane, l'absence des excrétions pour entretenir l'équilibre entre les élémens de composition et de décomposition ; le défaut de respiration aérienne pour effectuer l'hémathose d'un fluide purement lymphatique , les faits rapportés par Morlanne et Bartholin présentant des fœtus dont la vie s'est continuée dans la matrice pendant deux mois encore après l'entier écoulement des eaux etc. ne permettent nullement d'admettre une pareille supposition.

Déglutition. — Hippocrate , Harvey, Diemerbroëck, Haller , Darwin , Rudbeck, Lacourvée disent que la liqueur amniotique est prise par succion , introduite par déglutition dans l'estomac et soumise à l'influence digestive. L'absence d'un conduit alimentaire chez l'embryon, le développement tardif de cet appareil , l'impossibilité physique de la succion , de la déglution pendant l'existence intra-utérine du nouvel être, la vacuité de l'estomac et même de l'intestin grêle chez l'enfant naissant, la présence du méconium dans le gros intestin sans communication avec l'estomac chez un fœtus à terme dont Piet rapporte l'observation, le développement de ceux qui présentent les ouvertures naturelles à l'état d'imperforation complète ,enfin l'accroissement des acéphales ruinent entièrement cette hypothèse.

Importation bronchique.—Rœderer, Scheèle, Winslow, David , Béclard admettent l'introduction des eaux de l'amnios dans la trachée-artère, les bronches, et leur absorption ultérieure. Les faits que nous venons d'énumérer détruisent également cette idée. Lobstein pense que ces eaux pénètrent par les organes génitaux ; Oken Muller, par les mamelles, éprouvant, dans ces organes, des modifications appropriées à leur fonction réparatrice. Des opinions semblables n'ont plus besoin de réfutation.

2° *Par la lymphe du placenta.*—Schréger, anatomiste Allemand, prétend que le nouvel être se nourrit au moyen des fluides blancs saisis dans le placenta par les vaisseaux lymphatiques, et que dès-lors il opère l'hématose de ces fluides par les organes supplémentaires des poumons. Il nous semble absolument impossible d'adopter une pareille supposition. D'abord, l'existence des vaisseaux lymphatiques dans le cordon ombilical, en nombre suffisant pour effectuer un transport de cette nature, est loin d'être convenablement démontrée ; ensuite, nous ne voyons pas, dans l'économie du fœtus, quels pourraient être les instrumens d'une hématose provisoire. En supposant avec certains auteurs que le foie, avec M. Velpeau, que le placenta remplissent alors cette fonction, où se trouverait l'oxygène atmosphérique indispensable à son accomplissement? Prétendrait-on comparer, sous ce rapport, le fœtus plongé dans les eaux de l'amnios au poisson, nageant dans celle des fleuves ? il serait aisé d'attaquer la vérité de ce rapprochement, et d'ailleurs des analogies ne sont pas des preuves positives. D'un autre côté, pourquoi vouloir ainsi plier les faits sous les exigeances des hypothèses, lorsque nous trouvons dans la théorie suivante une explication naturelle et basée, pour tous ses points, sur la disposition même des organes ?

3° *Par le sang de la mère.* — Aristote, Hippocrate, Galien, Vesale, Colombus, Haller et la plupart des physiologistes modernes pensent que le fœtus reçoit de la matrice, par l'intermédiaire du placenta, le sang tout formé qui doit fournir aux frais de son développement. Le défaut de connaissances relatives à l'anatomie de l'appareil circulatoire avait privé les anciens des observations confirmatives sur lesquelles cette vérité repose aujourd'hui. MM. Dubois, Williams, Deneux, Biancini, Dugès, Béclard etc. ont fait pénétrer des injections différentes, par leur composition, des artères aorte, hypogastrique de la mère dans les vaisseaux du fœtus. M. Ribes cite une rupture du cordon ombilical après laquelle on a rencontré l'enfant sans vie, le cordon cicatrisé du côté du placenta dont l'accroissement n'avait pas discontinué. M. Magendie, nourrissant plusieurs femelles d'animaux avec la garance et le camphre, dit avoir trouvé, chez leurs fœtus, la couleur de l'une et l'odeur de l'autre. Chaque jour les compressions, les gangrènes, les sections du cordon produisent la mort du nouvel être ; les décollemens du placenta, des hémorrhagies utérines plus ou moins graves ; le défaut de ligature du côté de la mère, après la sortie du premier enfant, pour le cas de gestation double, l'anémie du second, encore enfermé dans la matrice ; etc. Tous ces faits n'ont pu convaincre MM. Autenrieth, Velpeau etc., soutenant que le sang ne passe point en nature de la mère au fœtus et que le placenta fait ce même sang avec les matériaux qui lui sont apportés, comme le rein forme l'urine ; le foie, la bile etc., avec les élémens de ces élaborations sécrétoires. Ils se fondent particulièrement sur la nature des adhérences utéroplacentaires, et sur les différences que présentent le sang de la mère et de l'enfant. Ainsi, chez ce dernier il est plus séreux, d'après Tiedemann ; ses globules sont beaucoup plus petits, au rapport de MM. Prévost et Dumas. M. Denis, qui vient de publier une très-bonne monographie sur le sang, prétend au contraire que, dans

le fœtus, la matière en suspension abonde, et que le véhicule est en proportion moins considérable qu'à toute
autre époque de la vie. Du reste, il admet la transmission
directe. Ainsi les faits sur lesquels on voudrait fonder la
théorie contraire ne sont pas même établis d'une manière
positive. Dans l'état actuel de la science, nous considérons la circulation sanguine, temporairement établie
de la mère au fœtus, comme seule théorie que l'on puisse
convenablement assigner à la nutrition de ce dernier.
L'échange du fluide réparateur entre les deux êtres que
la nature semble avoir identifiés, s'opère d'une manière
très-simple et très-facile à préciser. Les artères utérines
versent le sang rouge dans le placenta ; la veine ombilicale s'en empare et le conduit au fœtus pour ses besoins ;
les artères ombilicales rapportent dans le placenta le
sang à peu près noir ; il est saisi par les veines uterines
qui le rendent à la mère, afin d'en effectuer la rénovation
par l'hématose pulmonaire. Ce mouvement, que nous
avons décrit dans le chapitre de la circulation sanguine,
sous le titre particulier de *circulation chez le fœtus*, auquel nous renvoyons, offre des considérations d'un intérèt
majeur sous le double rapport de la médecine légale et
de la physiologie.

Nous ajouterons seulement que, dans cette commu-
nauté de circulation, la mère et l'enfant conservent l'indépendance de leurs battemens artériels. Il suffit de
comprendre cette fonction dans ses véritables caractères
pour sentir d'avance la réalité nécessaire de ce fait, et
surtout pour n'y pas trouver un objection à la théorie
naturelle que nous venons d'exposer. Diemorbroeck l'avait
déjà fait observer ; M. dè Kergaradec a prouvé par
l'auscultation que le pouls du fœtus est beaucoup plus
vif que celui de la mère. Plusieurs expériences de M. Bauer
ont donné les résultats suivants : Pendant un travail de

trois heures : pouls de la mère, 70 ; de l'enfant, au cordon, 140. Température de l'utérus 42, c. ; à l'état naturel, 37. Sur une autre femme, pendant un travail de trente huit-heures, qui nécessita l'application du forceps : pouls de la mère, 100 ; de l'enfant, 120. Température de l'utérus, 48 ; après la délivrance, 43, 33 ; placenta, *idem*.

RESPIRATION DU FŒTUS.—Plusieurs auteurs ont prétendu que le fœtus respire dans la matrice et chacun d'eux a présenté sa théorie particulière. MM. Meckel, Lobstein et Muller faisant revivre une ancienne hypothèse disent que le placenta change l'hydrogène et le carbone du sang fœtal pour l'oxygène du sang utérin ; supposition gratuite que ces auteurs n'appuient sur aucune preuve de fait ! Quelques physiologistes modernes et surtout M. Geoffroi-Saint-Hilaire, invoquant les analogies, pensent que le fœtus absorbe l'oxygène des eaux de l'amnios, les uns, par l'enveloppe dermoïde au moyen de véritables trachées, à la manière des insectes; les autres, par les divisions du conduit aérien, représentant les branchies des poissons. Cette hypothèse, encore plus imaginaire que la précédente, n'a pas même en sa faveur un premier degré de vraisemblance. Du reste Wrisberg, Osiander et M. Velpeau, dans les observations qu'ils ont faites sur des fœtus humains expulsés avant terme, et renfermés au milieu des membranes de l'œuf, n'ont pas aperçu le plus faible mouvement respiratoire. Cette fonction ne s'exerce donc pas chez le fœtus et nous en concevons alors toute l'inutilité, puisque celui-ci reçoit, de sa mère, un sang revivifié, dans les conditions nécessaires aux phénomènes qu'il doit entretenir. Parlerons-nous *des vagissemens utérins* ou cris poussés par l'enfant encore dans la matrice ? Sennert, Camérarius, Needham, Bartholin, MM. Lesauvage, Henri, Jobert, Hesse etc. disent avoir entendu ces cris de la manière la plus positive. L'écoulement des eaux étant effectué, la bouche du fœtus paraissant à l'ouverture du col utérin, la matrice n'étant pas encore suffisamment revenue sur l'enfant pour le serrer, nous aurions déjà beaucoup de peine à comprendre l'exécution de ce phénomène respiratoire et vocal ; nous le déclarons absolument impossible avant la rupture des membranes de l'œuf.

Dans cette première époque de la vie, les facultés intellectuelles sont tellement rudimentaires, qu'elles ne s'accusent jamais alors pas des manifestations positives. Cabanis et Gall demandent si l'on ne pourrait pas admettre leur prélude aux grands développemens dont elles offriront bientôt les résultats? En appréciant les conditions de l'existence fœtale, nous répondons négativement à cette question.

Maladies du fœtus.—Beaucoup trop négligées dans leur étude, même par les médecins de notre époque, ces altérations morbifiques sont assez nombreuses, leur ensemble comprenant d'ailleurs celles du placenta, des membranes, du cordon ombilical et du fœtus, avec des conséquences plus ou moins fâcheuses pour le nouvel être. Quelques faits soigneusement recueillis mettront sur la voie des investigations utiles, dirigées vers cet objet important. Ainsi M. Patrick Russel nous a transmis l'observation d'une fièvre intermittente, affectant une femme d'Alep actuellement dans l'état de grossesse. Les accès de la mère et ceux du fœtus, parfaitement isolés, se développaient à des heures différentes ; on distinguait facilement, chez le premier, le tremblement et l'invasion de la chaleur. Schulert assure qu'une autre femme sentit vers le septième mois, pendant les mouvemens de son enfant, une piqûre assez vive, précédée par un bruit qu'elle comparait à celui de la rupture d'un bâton. A la naissance, on trouva le fémur gauche fracturé, sur l'un des jumeaux, la gestation étant double. Cette histoire nous semble présenter un fait important relativement à la médecine légale. Espérons que les observateurs judicieux de notre siècle combleront progressivement cette lacune fâcheuse de la science pathologique.

2° ENFANCE.

L'enfance, παιδιά, des Grecs, *infantia*, des Latins, de *in*, particule négative et *fari*, parler, est cette époque de la vie comprise entre la naissance et le développement de la puberté.

Le cri de la souffrance, tel est ordinairement le signal par lequel nous est manifestée l'origine de l'homme naissant; le cri de la souffrance, tel sera bientôt le signal qui nous annoncera son dernier soupir. Quel rapprochement pénible entre les deux termes de la vie! Ne semblerait-il pas légitimer cette exclamation d'un philosophe hypocondriaque : *Naître, vivre, souffrir, mourir, voilà toute l'existence de l'homme !* »

Jusqu'alors étroitement enchaîné pour son développement à celle qui lui donna l'être, cet homme fait le premier pas dans la carrière d'une indépendance qui bientôt va devenir l'objet de ses vœux, le mobile de son ambition, l'idole de toute sa vie. Mais c'est par degrés seulement que la nature lui permettra d'arriver à cette liberté si désirée.

Au moment de la naissance, quelle délicatesse dans les tissus, quelle fragilité dans les organes, quelle faiblesse dans les appareils et quelle impuissance dans toute la constitution ! Comment, avec des instrumens à peine ébauchés, pourra-t-il avantageusement lutter contre les influences destructives qui l'environnent ? Comment pourra-t-il assimiler à sa propre substance les alimens grossiers que lui fournit la nature? Plus malheureux que les animaux sauvages, affranchis de ces graves inconvéniens par une organisation robuste, l'enfant, dans sa nudité, dans sa faiblesse, périrait inévitablement si les bras d'une tendre mère ne devenaient alors son réfuge protecteur. Mollement appuyé sur le sein de cet ange tutélaire, il y trouve en même tems la chaleur et la vie. Ce rapprochement, si naturel et si touchant paraît les identifier encore, en exprimant les difficultés de leur séparation.

L'homme se trouve actuellement isolé sur la scène du monde, engageant une lutte ouverte avec tous les élémens, avec toutes les causes destructives, et trop souvent avec les chagrins et la douleur qui viendront probablement un jour désenchanter sa vie ! C'est au milieu des périls nombreux, menaçant désormais sa chétive existence, qu'il va maintenant *croître, demeurer stationnaire, décroître et mourir* ! C'est environné de semblables écueils, que nocher sans boussole et sans expérience, il va braver les aquilons sur un océan si fécond en naufrages !

La faculté vitale, ce principe d'activité qui lui devient commun avec tous les êtres animés, qui donne à son économie le pouvoir d'exister en opposition avec toutes les lois physiques, cette faculté le conduira positivement à sa destruction ; il doit mourir par cela même qu'il jouit actuellement de la vie. Cette idée profonde nous semble exactement rendue par l'expression de Guy Patin : « *Infantes mori possunt, senes verò vivere non possunt.* On peut en effet succomber avant la caducité, mais on ne vit point au-delà du terme fixé par la nature ; c'est un tribut qu'il faut payer à la nécessité.

Pour bien apprécier les particularités de l'existence active dans cette seconde période, examinons le nouvel être, depuis l'instant de sa naissance, jusqu'à la puberté, suivons le développement progressif de toutes ses fonctions.

Jusqu'ici, le fœtus a reçu, par les communications qui l'unissent à sa mère, un sang approprié à tous les besoins de l'organisme primitif. Dès qu'il se trouve expulsé du réceptacle temporaire, et que ces communications sont rompues, une fonction nouvelle pour lui, *la respiration*, s'établit nécessairement avec des modifications importantes et relatives à sa manière d'exister. C'est alors qu'il prend le nom *d'enfant* et que l'on peut, sans danger, effectuer son isolement définitif par la section du cordon ombilical. Dans quelques instans la circulation éprouvera des changemens profonds exigés par l'exercice de l'hématose; la digestion commencera ses élaborations successives, entraînant le besoin des sécrétions et des excrétions diversifiées qui doivent naturellement l'accompagner et la suivre. Les phénomènes de relation, à peine indiqués avant la naissance, vont se développer insensiblement et se perfectionner par degrés, en donnant à l'économie des caractères essentiellement différens de ceux qu'elle offrait dans la première époque. Étudions ces changemens essentiels et fondamentaux, en suivant la marche naturelle de leurs manifestations.

Le premier besoin de l'enfant naissant est *l'hématose*, la première fonction insolite qui doit se manifester est la *respiration*. Les physiologistes ont long-tems cherché la cause occasionnelle de cette importation aérienne dans les divisions bronchiques, et c'est par une erreur de fait qu'ils ont admis la pression de l'atmosphère sur les ouvertures nasales et buccale, puisqu'une pression

identique s'exerce en même tems sur les parois thoraciques en la contrebalançant de manière à détruire toute
possibilité d'une inspiration par cette influence exclusive. Il est aujourd'hui positivement démontré que les
contractions du diaphragme, des muscles élévateurs
costaux, agrandissant la capacité pectorale, tendant à
produire un vide gradué dans les poumons qui suivent
ce mouvement avec précipitation de l'air extérieur par
la trachée artère, présente la cause essentielle de cette
première inspiration dont les phénomènes consécutifs, de
même que ceux de l'expiration, s'effectuent comme nous
l'avons indiqué dans l'histoire de cette fonction vitale.
Nous inférons d'un fait aussi positif la conséquence
nécessaire et souvent très-utile dans ses applications,
que les moyens employés par la nature ou par l'art, dans
l'intention de solliciter l'établissement des phénomènes
respirateurs ou de réveiller ultérieurement leur exercice
momentanément suspendu par l'asphyxie, doivent s'a-
dresser particulièrement au diaphragme, aux principaux
muscles dilatateurs du thorax, de manière à développer suffisamment leurs contractions. Telles sont, pour
le premier cas, l'action de l'air et des corps extérieurs
sur la peau, l'excitation intérieure par le méconium,
par l'urine, toutes les influences capables d'occasionner
la douleur et d'en provoquer l'expression par des cris;
pour le second, les titillations de la luette, de la pitui-
taire, les frictions pectorales etc. Ne devons-nous pas
également signaler ici, comme dans toutes les fonctions
importantes, cette impulsion instinctive qui préside à
leur développement, à leur exécution, avec un empire
dont il est impossible de méconnaître la puissance ?

La pénétration aérienne, d'abord incomplète, envahit
par degrés toutes les ramifications bronchiques. C'est
pour cette raison que la docimasie pulmonaire offre des

résultats différens, avant la première inspiration, après quelques essais de l'appareil d'hématose, lorsque cette fonction se trouve entièrement développée ; circonstances d'un intérêt majeur dans leurs applications à la médecine légale, relativement aux asphyxies.

L'établissement de la respiration amène, chez l'enfant, des modifications importantes surtout dans la circulation sanguine. Les poumons devenant perméables, appelant une grande proportion du sang noir dans leur système capillaire où doit s'effectuer la rénovation, détournent la majeure partie de celui qui traversait le canal artériel, dont l'oblitération s'opère graduellement. D'un autre côté le sang rouge, affluant dans l'oreillette gauche, par les veines pulmonaires, empêche celui de la veine cave inférieure d'y pénétrer, dans la même proportion, par le trou de Botal qui se ferme insensiblement avec réduction considérable, quelquefois disparition entière de la valvule d'Eustache, ayant jusqu'alors favorisé les premières dispositions circulatoires. C'est avec gradation que se manifestent ces changemens essentiels, que l'on voit le sang rouge et le sang noir s'isoler dans leur cours, avec cette précision qui distingue les caractères physiques, chimiques et vitaux particuliers à ces fluides circulatoires.

Si, dans les premiers instans de la naissance, les poumons offraient un obstacle insurmontable au passage du sang, alors celui de l'artère pulmonaire suivrait sa route primitive, par le canal artériel, et celui de la veine cave inférieure, par le trou de Botal, aucune déviation vers les organes respiratoires n'ayant lieu pour le premier, le second ne trouvant plus l'oreillette gauche remplie par le sang des veines pulmonaires. C'est un fait positif de physiologie légale démontré par les expériences répétées sur des animaux, par la nécropsie des enfans asphyxiés, et que peuvent exclusivement contester ceux qui sont étrangers aux premières notions d'anatomie.

La veine et les artères ombilicales se convertissent plus tard en prolongemens fibreux. Cette oblitération ne s'effectuant jamais immédiatement, on trouve indispensable de lier le cordon par son extrémité fœtale. Après six ou huit jours, il se détache précisément à son point d'insertion, comme le pétiole d'un fruit, à sa maturité, se trouve séparé de la branche qui l'a nourri. La cicatrice à laquelle on donne le nom *d'ombilic*, et dont la bonne ou mauvaise conformation n'offre aucun rapport avec la ligature indiquée, présente la seule trace des communications qui naguère existaient entre l'enfant et la mère.

Plusieurs organes et notamment, *le thymus*, *les capsules rénales* disparaissent ultérieurement, par la décomposition nutritive et l'absorption moléculaire. Il est aisé d'en comprendre la raison d'après l'usage que nous avons assigné, dans l'histoire de la circulation, à ces différens corps, de servir chez le fœtus, comme *réservoirs temporaires*.

L'appareil génital n'offre jusqu'à la puberté qu'un développement lent, incomplet. La distinction des sexes paraît alors à peine établie sous le point de vue des habitudes et des impulsions instinctives. Les testicules ayant le plus ordinairement franchi l'anneau depuis deux ou trois mois, occupent le scrotum. Lorsque cette expulsion s'effectue plus tardivement l'anneau, conservant ainsi beaucoup de largeur, prédispose au bubonocèle congénial, d'ailleurs favorisé par les cris de l'enfant. Les organes sécréteurs du sperme, restent quelquefois dans l'abdomen, pendant toute la vie sans aucun inconvénient pour la génération, à moins que l'inexpérience, prenant les tumeurs formées par ces glandes pour des hernies qu'il faut maintenir au moyen d'un bandage, n'en produise l'atrophie complète sous l'influence d'une pression toujours douloureuse et fréquemment suivie d'accidens graves. Nous avons plus d'une fois rectifié de semblables erreurs, et, tout récemment, délivré d'une application aussi contraire, un jeune garçon de douze ans que l'on menaçait déjà d'une opération sérieuse pour faire cesser, disait-on, l'étranglement d'un bubonocèle.

Dans l'enfance, nous voyons se manifester les deux éruptions dentaires, que nous avons décrites à l'article *appareil masticateur*, sous les titres *de première et seconde dentition*, marquant plusieurs divisions de cette époque, et s'accompagnant, chez la plupart des sujets, de réactions et de complications plus ou moins dangereuses.

Chacune des alvéoles contient ordinairement deux germes, dont l'accroissement doit s'effectuer à des époques différentes et de manière que le plus profond expulse le plus superficiel, d'où résultent naturellement les deux éruptions que nous venons d'indiquer. Ces germes dentaires sont des follicules muqueux, dans lesquels se distribuent un nerf, une artère, une veine, et dont les parois s'encroutent par degrés d'une proportion considérable de phosphate calcaire. Un double travail accompagne toujours leur évolution ; le premier, plus douloureux, est la dilatation de l'alvéole par l'accroissement du germe ; le second moins pénible et moins dangereux, la perforation des gencives.

La première dentition commence de six à huit mois ; finit de quatre à six ans, se complète par vingt quatre os ; la seconde s'annoncede sept à neuf ans, et se termine de quatorze à seize. Les quatre dernières molaires nommées *dents de sagesse* paraissent quelquefois dans un âge beaucoup plus avancé ; nous avons observé plusieurs femmes chez lesquelles cette éruption ne s'est effectuée qu'à cinquante ans. L'anatomiste Ferrein était dans sa soixante cinquième année, lorsque les deux dernières sortirent avec des douleurs très-vives. En général cette seconde évolution est moins orageuse que la première ; les dents qu'elle fournit, plus fortes, plus longues et plus solidement implantées, arrivent au nombre de trente-deux qui peut varier accidentellement, soit en moins, une ou plusieurs alvéoles n'offrant point de germe ; soit en plus lorsqu'il se trouve des follicules surnuméraires, ou qu'il est resté plusieurs dents de la première formation. Il existe à Laigle une famille, nommée Germain Girou, dans laquelle on voit les dents manquer entièrement ; la mère, les deux enfans n'en présentent point, et n'offrent même aucune trace de germe.

Si nous jetons actuellement un regard sur les phénomènes de relation, nous les trouvons rudimentaires à la naissance par défaut de perfection dans leurs appareils, et d'exercice dans les facultés sur lesquellesre posent leurs manifestations. Sous l'influence du tems et de l'éducation, ils vont s'agrandir insensiblement dans un ordre à peu près déterminé.

Les organes d'impression jusqu'alors peu développés, sans aucune expérience, abandonnent le sujet à des illusions sensitives plus ou moins diversifiées ; aussi le toucher se trouve-t-il incessamment en activité pour en effectuer la rectification, et voyons-nous le jeune enfant promener, avec une sorte d'avidité , ses mains agiles et délicates sur tous les objets qui se trouvent à sa portée. Palper les corps devient son premier besoin, relativement aux phénomènes que nous indiquons. Privé des moyens de réaction par lesquels il doit compléter ses rapports, l'homme futur n'avait pas alors besoin d'organes explorateurs parfaits ; ces développemens prématurés eu lui donnant la faculté de sentir beaucoup , lorsqu'il n'a pas celle de se mouvoir dans la même proportion , l'eussent rendu malheureux par constitution et par essence.

Les passions , les facultés intellectuelles et les actions de combinaison se manifestent, chez l'enfant d'une manière lente et graduée, d'après un ordre constant et régulier.

La perception s'éveille la première comme devant servir de base à toutes les notions que le sujet est capable d'acquérir. Elle prend un rapide essort, l'enfant nous étonne bien souvent par la finesse et la vivacité de ses conceptions.

La mémoire paraît immédiatement ; elle est alors purement locale, et s'exerce par la seule intensité des réminiscences. En évitant les abus , on peut l'utiliser dans cette époque de la vie, beaucoup plus que dans toutes les autres. Les images , les perceptions s'y reproduisent avec leur fraîcheur première, les impressions conservant alors toute la nouveauté de leurs manifestations originelles.

L'imagination s'annonce bientôt , mais le sujet n'est point encore assez riche de son propre fond, pour lui donner un grand développement. Elle se trouve alors plutôt secondée par la mémoire que par le génie ; aussi les poètes-enfans sont-ils plus imitateurs qu'originaux dans leurs productions.

Le raisonnement et le jugement demeurent long-tems imparfaits. Aussi lorsque nous voyons les enfans livrés, dans leurs premières années, à l'étude prématurée des sciences mathématiques, il nous semble envisager des fœtus que l'on contraint à marcher avant qu'ils aient un appareil musculaire indispensable pour effectuer les phénomènes locomoteurs. Dans cette période, il faut au contraire exercer la perception afin d'orner et d'enrichir l'intelligence ; la mémoire, pour conserver les impressions reçues, toutefois en craignant les fâcheux abus de cette culture. Mais on doit attendre avec patience la maturité du génie pour l'obliger à créer ; celle du raisonnement et du jugement, pour leur faire saisir et coordonner tous les anneaux dont l'ensemble constitue la chaine des vérités démontrées.

Les passions naissent plutôt qu'on ne le pense généralement dans le cœur du jeune sujet. Le premier sentiment appréciable, est celui de justice et d'égalité ; ses manifestations paraissent innées, instinctives. Par une conséquence à peu près nécessaire, la première passion dangereuse est la jalousie, dont quelques parens injustes, ou pour le moins imprudens, fomentent les germes destructeurs, source commune des inimitiés, les plus implacables et les plus terribles entre des frères ?

L'enfant naturellement observateur, enclin à l'imitation, se forme tellement à l'exemple des personnes qui l'environnent dans toutes ses relations, qu'avec des traits physiques et moraux différens, il prend les attitudes et la physionomie de ceux qui se trouvent chargés des soins de sa première enfance. Confiant, expansif, reconnaissant, il s'y livre désormais sans partage ; eux seuls deviennent les arbitres de ses volontés, les dépositaires de ses affections. « L'éducation de la nourrice fait l'homme tout entier, » nous dit un philosophe. En supposant un peu d'exagération dans ce principe, du moins nous offre-t-il une vérité fondamentale, beaucoup trop ignorée des gens du monde qui sacrifient l'affection, souvent même l'avenir de leurs enfans aux prétextes frivoles qui les éloignent de l'accomplissement des devoirs les plus sacrés. Voulez-vous trouver en effet la cause ordinaire et naturelle des vices de l'adolescent, de sa froideur, de son indifférence quelquefois même de son éloignement pour les auteurs de ses jours, ne la cherchez point ailleurs que dans ces défauts et dans ces négligences de la première éducation.

En résistant avec dureté, sans mesure et sans raison, à tous les désirs de l'enfant, on aliéne sa confiance, on fait un sujet rétif et dissimulé dans ses moindres actions. En cédant aveuglément à ses caprices les plus bizarres, on élève un petit despote qui ne connaît bientôt plus d'autre mobile que son égoïsme, d'autre loi que sa volonté. C'est entre deux écueils aussi dangereux qu'il faut parcourir cette carrière difficile en marchant avec discernement et circonspection.

Les phénomènes expressifs offrent également leurs développemens gradués. La prosopose, alors obligée de remplacer les gestes et la parole dont les manifestations n'existent point encore, présente une mobilité native qui semble diminuer ultérieurement, au moins dans ses rapports comparatifs. Chez l'enfant, alors étranger à l'art de feindre, les pensées et les sentimens se trouvent constamment rendus avec autant d'énergie que de sincérité. La langue, après avoir balbutié des sons mal articulés, devient aussi leur interprète merveilleux avec la même franchise et la même expansion. Pourquoi faut-il que des circonstances liées aux progrès de la civilisation et des rapports sociaux, l'obligent plus tard à composer sa physionomie, ses gestes, son maintien, son langage ? Vérité naïve de l'enfance pourquoi n'es-tu pas la vérité de tous les âges ?

Les organes locomoteurs acquièrent insensiblement plus d'activité, de force et d'habileté. L'homme-enfant s'irrite alors de ce repos, de cette inertie qui contrastent si directement avec la vivacité de ses impressions. Se tenir debout et marcher, tel est actuellement l'objet de toute son ambition ; le défaut de perfection de ses appuis, la faiblesse de ses muscles volontaires, la crainte, l'inexpérience etc., tels sont les obstacles qu'il doit surmonter pour y parvenir. D'abord quadrupède par nécessité, non point par nature, comme l'ont prétendu quelques philosophes dans leurs aveugles rêveries, il se dresse avec peine, s'érige avec effort sur ses membres vacillans, chancèle, tombe, se relève, tombe de nouveau, se relève encore et prend enfin cette attitude sublime, qui, dirigeant son front vers les cieux, lui dévoile toute la noblesse de son origine, toute la grandeur et la perfection de ses destinées futures, laissant entre les animaux et lui cet intervalle immense que rien ne peut combler !

Jusqu'ici, l'homme est encore étranger aux véritables peines, aux violentes agitations de l'âme, aux cruels chagrins du cœur; il ne connaît de la douleur que les anxiétés physiques ; les angoisses morales glissent faiblement à la surface de son être, et le même instant voit bien souvent en lui tous les éclats bruyans d'une gaieté sans nuage succéder aux larmes d'un apparent désespoir.

Tems heureux de l'enfance, pourquoi ne mesures-tu pas la vie tout entière? Mais non, les destins s'opposent à l'accomplissement d'un rêve aussi délicieux. Nous verrons bientôt l'homme naissant entraîné par le torrent des passions loin de ses habitudes naturelles et paisibles; heureux encore s'il pouvait découvrir d'un regard certain le rivage protecteur où doit enfin le jeter une aussi redoutable tempête !

Maladies de l'enfance. — Une considération du plus grand intérêt domine toute l'histoire pathologique de cette époque. La tête présente évidemment alors comme le foyer central des altérations les plus graves et les plus fréquentes. Nous en trouvons la raison positive dans la prédominance organique et vitale de cette partie de l'encéphale et du système nerveux plus spécialement encore. Dans le double travail de la dentition qui maintient vers le crâne et la face un état d'éveil et d'excitation favorables au développement des phlegmasies. L'appareil digestif est encore souvent affecté consécutivement à toutes les agressions insolites qu'il éprouve, et dont on augmente presque toujours le nombre et les dangers par la surabondance alimentaire. Aussi l'énumération des maladies de l'enfance les plus ordinaires et les plus fâcheuses comprend-elle surtout : *l'encéphalite, l'arachnitis, l'hydrocéphale aiguë, les convulsions, l'otite, l'ophthalmie, les croûtes laiteuses, l'odontalgie, le coryza, l'angine, la gastrite, l'entérite, la colite* etc.

Tels sont les caractères de l'enfance, la marche ordinaire qu'y suit la nature dans le développement des organes, des fonctions et des altérations morbifiques. Plusieurs exceptions particulières viennent se manifester ici mais sans détruire la règle générale.

ANOMALIES DE L'ENFANCE.—Haller parle d'un enfant qui marchait à six mois ; d'un autre qui présentait quatre pieds d'élévation avant l'accomplissement de sa première année. Borelli cite l'histoire d'un sujet de huit ans, offrant la stature d'un adulte ; d'un garçon de trois ans, pesant quatre-vingt-deux livres ; d'une fille de quatre ans, pubère et bien menstruée ; d'un autre garçon du même âge soulevant un poids de cinquante livres, présentant de la barbe, une voix forte, les autres conditions de la virilité, beaucoup de propension au sexe féminin.

Jacques Viola, né dans les environs d'Alais, département du Gard, paraît d'abord *noué* vers l'âge de quatre ans ; il est tourmenté d'un appétit insatiable ; à cinq ans offre quatre pieds trois pouces ; à six ans, cinq pieds ; il est gros en proportion, pubère et velu comme un homme ordinaire de trente ans ; il porte un poids de cent cinquante livres ; son moral est peu développé ; sa voix présente une basse-taille assez pleine. Cet enfant périt quelques années après sous l'influence du rachitis et d'un épuisement gradué.

Noël Fichet, né le 10 mars 1729, à Fresnay-le-Busson, en Normandie, était pubère à trois ans, un an plus tard, offrait quatre pieds huit pouces ; à douze ans, il ne présentait que la taille ordinaire.

Chrétien, Henri, Heineckein, né à Lubeck, le 6 février 1721, mort le 25 juin 1725, après avoir examiné d'une manière très-attentive, le mouvement des lèvres chez les personnes qui l'entourent, parle à dix mois pour demander l'explication de plusieurs figures de géométrie ; sait, à un an, les événemens du Pentateuque ; à treize mois, l'Ancien Testament ; à quatorze, le Nouveau ; à deux ans, l'Histoire Ancienne et Moderne, la Géographie, parle exactement latin, ensuite français ; à trois ans et demi, harangue le roi de Danemarek ; et, d'une constitution très-délicate, sevré seulement depuis quelques mois, périt après sa quatrième année.

3° ADOLESCENCE.

L'adolescence, νεότης des Grecs, *adolescentia* des Latins, *adolescere*, croître, est la période vitale comprise entre le développement de la faculté génératrice et le terme naturel de l'accroissement. Quelques auteurs la désignent encore par le nom de *puberté* ; du latin, *pubes*, duvet, poil naissant. Quelle que soit la dénomination adoptée, cette période nous présente une révolution plus importante et plus remarquable dans ses effets que celles de toutes les autres phases de la vie.

Le tems heureux de l'enfance a déjà fui pour toujours ! Une époque plus brillante sans doute, mais en même tems plus orageuse, doit lui succéder. La durée de cette nouvelle période, comprise entre les deux limites que nous venons de signaler, chez la plupart des sujets, de six à huit ans, peut offrir des variétés nombreuses d'après les manifestations tardives ou précoces de l'accroissement et de la puberté.

En donnant au sujet le pouvoir de se reproduire, cette modification déterminera des changemens profonds dans les mœurs, les habitudes et les facultés des sexes différens ; la sphère de leur commerce et de leurs besoins se trouvera notablement agrandie.

Plus tardive, moins impérieuse dans les pays froids et tempérés que sous les feux brûlans de l'équateur, au milieu des campagnes où les impulsions instinctives sont plus calmes, l'éducation plus mâle, plus naturelle que dans nos magnifiques cités où le faste, la mollesse, la lecture des romans, la vue des tableaux érotiques, les bals, les spectacles et tous les abus d'une civilisation destructive échauffent, exaltent l'imagination déjà si passionnée, la révolution pubère se manifeste rarement avant la seizième année, dans l'un de ces cas, tandis qu'elle survient dès la dixième dans l'autre ; si nous en croyons plusieurs historiens, Cadisja, femme de Mahomet, était mère à huit ans. Ordinairement plus précoce chez les jeunes filles que chez les garçons, elle s'opère, terme moyen, pour les premières, à quatorze ans, et, pour les seconds, à seize. Tous les faits qui s'éloignent beaucoup de cette régle générale appartiennent aux exceptions.

M. Decurel a rapporté, dans le Journal de Médecine,

l'histoire d'une dame qui fut menstruée pour la première fois à deux ans et demi ; à huit ans, les glandes mammaires offrirent le gonflement de la puberté ; plusieurs gestations normales ont eu lieu ; cette même dame âgée de cinquante-trois ans est encore exactement réglée.

Les cas de menstruation tardive sont assez fréquens. Mme de L..., à laquelle nous donnons des soins, est actuellement dans la soixante-septième année de sa vie, sans avoir présenté la plus faible irrégularité dans ce flux périodique.

La puberté, même chez l'homme, peut quelquefois se faire attendre long-tems. Aucun fait n'est plus remarquable, sous ce rapport, que celui dont le célèbre et courageux voyageur de la Haye présente le sujet : il devint apte à la génération, seulement à cinquante ans ; se maria vers soixante-dix ; fut père de cinq enfans, et mourut à cent vingt ans révolus.

Sans donner trop d'importance à des citations qui nous offrent plutôt les écarts de la nature que sa marche commune, étudions les modifications physiques et morales déterminées, dans les deux sexes, par la révolution pubère.

Quel inconcevable changement ! qu'elle métamorphose admirable dans cet être qui jusqu'alors ne semblait vivre que pour lui seul, et qui, désormais agrandissant la sphère de ses rapports et de ses affections, payant à la nature un tribut nécessaire, transmettant l'existence qu'il a reçue, va concourir actuellement à la propagation de l'espèce, à l'accomplissement des desseins éternels !

Les deux sexes, jusqu'alors unis par la conformité de leurs goûts, de leurs habitudes et de leurs jeux, maintenant isolés, vont présenter un contraste frappant dès que les attributs particuliers à chacun d'eux auront acquis leur développement complet.

CHEZ L'HOMME, — nous voyons les organes génitaux

acquérir un accroissement presque subit et dont la transition ne semble pas ménagée. Depuis l'âge de six ans jusqu'à cette révolution, l'appareil générateur ne présente en effet aucune différence notable. Dès l'instant où la sécrétion du sperme s'établit, l'enfant qui devient pubère offre immédiatement tous les attributs de la virilité. Ses formes se dessinent avec plus d'énergie ; les manifestations locales du système pileux ombragent le pénil, les joues, les lèvres, le menton et semblent s'étendre de ces points vers toutes les autres parties de l'enveloppe dermoïde. Un effet sympathique bien remarquable se trouve produit au larynx dont la glotte paraît doubler ses dimensions dans un tems à peine appréciable. Le timbre vocal indique aussitôt ce changement. Jusqu'alors grêle, efféminé, perçant, moelleux, il devient mâle, sonore, grave et souvent assez rauque, du moins pendant quelque tems. La voix perd alors sa justesse et la recouvre seulement, lorsque les muscles intrinsèques du larynx et les agens expirateurs de l'air, ont eu le tems et la faculté de s'accommoder à ces nouvelles dispositions dont l'accomplissement reçoit le nom de *mue.*

Cet agrandissement considérable de la glotte, affranchit ordinairement le sujet des imminences de suffocation entrainées par le croup ; altération dont les graves dangers se trouvent ainsi réservés à l'enfant et même à la femme chez laquelle cette modification laryngée paraît à peine sensible.

Envain l'on voudrait nier l'action sympathique des organes génitaux sur l'appareil vocal, en attribuant, aux seuls progrès du tems, les changemens fondamentaux éprouvés par cet appareil ; l'expérience viendrait aussitôt s'élever contre une telle prétention. Il suffit en effet d'opérer la castration chez l'homme, avant l'époque de la puberté, de prévenir par conséquent les développemens de la faculté génératrice, pour s'opposer non-seulement à l'apparition des caractères extérieurs de la virilité, mais encore à l'établissement des conditions laryngiennes que nous venons de signaler. Les eunuques des harems et les castrats, victimes de la barbarie d'un peuple qui se croit civilisé, dégradés par les coupables mutilations qui dépouillent l'homme de ses plus beaux attributs, viennent témoigner en faveur du principe que nous établissons par la pusillanimité de leur caractère, les habitudes féminines qui sont leur partage, la bassesse, la flatterie, l'esprit d'intrigue dont leur existence morale est composée, l'ennui, le dégoût de la vie qui les assiégent, la voix douce, aiguë, mélodieuse du premier âge etc. ; démontrant alors jusqu'à l'évidence qu'il est impossible, sans détruire l'homme tout entier, de le priver ainsi des premiers mobiles de sa force physique et de sa puissance morale.

Chez la femme. — Les organes génitaux et surtout les glandes mammaires offrent également une augmentation remarquable, sans toutefois imprimer à la constitution des changemens aussi profonds. L'appareil vocal n'est point modifié d'une manière sensible dans son organe principal, dans son timbre et dans ses inflexions ; la voix conserve des caractères qui la rapprochent beaucoup de ses dispositions primitives ; à moins que des habitudes grossières, des conditions viriles ne lui communiquent ce timbre mâle, cette rudesse pénible qui contrastent si désagréablement avec l'organisation frêle et distinguée du sexe le plus grâcieux.

Si la révolution pubère ne se manifeste pas extérieurement chez la femme, d'une manière aussi positive que chez l'homme, nous la voyons caractérisée plus évidemment encore par l'établissement d'une perspiration sanguine, s'effectuant périodiquement sous le titre de *men-*

struation. Ce phénomène jouant un rôle très-important au milieu des actions physiologiques, mesurant par l'intervalle de sa première et de sa dernière manifestation le tems précis de la fécondité, réclame un examen spécial sous le rapport de ses causes, de sa nature et de ses effets.

MENSTRUATION.— Les menstrues, ἔμμηνα, des Grecs, de ἐν, dans, et μὴν, μηνὸς, mois ; *menstrua*, des Latins, règles, ménorrhagies, flux catamenial, de quelques auteurs, offrent cette perspiration sanguine effectuée périodiquement tous les vingt-cinq ou trente jours par la muqueuse utéro-vaginale, depuis la puberté jusqu'à l'âge de retour. Les physiologistes ont longuement discuté sur *la nature*, *le siége*, *les causes*, *l'objet essentiel* de ce phénomène temporaire ; chacun de ces points doit être convenablement établi.

Nature. — Quelques auteurs ont envisagé la menstruation comme une hémorrhagie produite par la déchirure d'un grand nombre de petits vaisseaux utérins. D'après cette opinion absolument inadmissible, il serait difficile d'expliquer la régularité de ce phénomène qui deviendrait alors accidentel ; et, d'un autre côté, l'on devrait trouver chez les femmes qui l'ont présenté pendant long-tems, les cicatrices muqueuses de ces ulcérations multipliées. Il est au contraire évidemment démontré que ce même phénomène est une perspiration sanguine effectuée par les vaisseaux exhalans de la membrane intérieure des cavités génitales chez la femme. La marche suivie par cette évacuation normale suffit pour mettre dans tout son jour le principe que nous venons de poser. En effet, l'écoulement est d'abord séreux en conséquence de l'excitation éveillée dans l'appareil générateur ; il paraît ensuite sanguinolent, puis sanguin, les vaisseaux perspiratoires se trouvant, par degrés, altérés dans leurs propriétés vitales ; enfin il redevient sanguinolent, puis séreux, sous l'influence des modifications inverses, disparaît alors complétement, dès que cette excitation utérine est entièrement anéantie. Quant au sang des menstrues Aristote, Hippocrate assurent qu'il ressemble à celui d'une artère, d'une plaie simple ; Dionis prétend qu'il ne se coagule point et né donne, par le lavage, aucune proportion de fibrine. C'est une erreur ; il contient seulement plus de sérosité que le sang ordinaire, se trouvant associé à la perspiration muqueuse. Les anciens le considéraient, même dans les dispositions naturelles, comme une humeur âcre, irritante et vénéneuse. Plusieurs écrivains ont prétendu qu'il suffisait d'en verser une petite quantité sur les racines d'un végétal pour le faire périr, et que l'homme assez dépravé pour cohabiter avec une femme ainsi disposée, pouvait en éprouver les accidens les plus graves. C'est en conséquence de ces préjugés que, dans certaines contrées de l'Afrique et de l'Amérique, les femmes sont isolées ou recluses pendant toute la durée de chaque retour périodique. Sans doute, nous trouvons beaucoup d'exagération dans ces idées, mais il n'en est pas moins démontré que le sang des règles offre une acrimonie constatée par l'expérience. Nous avons observé chez plusieurs sujets des blennorrhagies occasionnées par le coït opéré dans cette occasion ; les cuisses de la femme deviennent souvent érysipélateuses après avoir été mouillées par le sang menstruel ; nous savons que des tumeurs enkystées, rebelles aux moyens rationnels, ont été guéries par exfoliation, sous l'influence de ce même topique.

Siége. — Les anciens et la plupart des modernes l'ont placé dans l'utérus ; Bohn, Colombo, Pineau, Desormeaux, dans le vagin. L'expérience démontre qu'il peut s'établir dans l'une et l'autre de ces cavités; il est difficile de ne pas l'admettre pour la seconde, lors surtout que les règles continuent pendant la gestation. Des anomalies plus ou moins bizarres peuvent se manifester sous le rapport que nous examinons; parmi les nombreux malades confiées à nos soins, il s'est trouvé des femmes dont les menstrues s'écoulaient périodiquement par les mamelons, la langue, l'un des angles oculaires, par des excroissances moriformes de la peau etc. Vésale plaçait la source de la ménorrhagie dans les veines; Ruisch, dans les artères; Astruc, dans les sinus; Lister, dans les glandes; Winslow, Meïbomius, dans les capillaires; l'expérience et l'observation indiquent positivement les vaisseaux perspiratoires de la muqueuse génitale.

Causes. — Quelques physiologistes et notamment Emmert, Roussel, Aubert ont prétendu que la menstruation n'était pas naturelle chez la femme, et qu'elle se rattachait constamment, soit aux habitudes sociales plus ou moins capables d'éveiller l'irritabilité des organes reproducteurs, soit aux maladies utéro-vaginales. Ils donnent en preuves de leur assertion l'état des animaux et même des peuples sauvages qui n'en présentent pas d'exemples.

Cette opinion est erronée dans ses principes, dans ses conséquences, dans les faits sur lesquelles on a cru pouvoir la fonder. Ainsi, d'après Aristote, les animaux à sang rouge et chaud sont fréquemment sujets à des flux périodiques; la chauve-souris, plusieurs singes paraissent dans ce cas. Les voyageurs et notamment le célèbre et courageux Levaillant nous assurent que les Namaquois, les Ouzouanas, les Gonaquois et la plupart des hordes sauvages de l'Afrique sont également soumis à ce tribut de la nature; ils ajoutent que pendant cette époque les femmes vivent retirées dans les huttes éloignées du Kraal, afin de se trouver soustraites à tous les regards jusqu'au terme d'une condition que ces hordes sauvages considèrent, sous l'influence de leurs préjugés, comme honteuse pour le sujet qui la présente, et nuisible pour les autres individus.

Si les maladies particulières de l'utérus avaient été la première cause de cette évacuation dont l'habitude aurait ensuite propagé les développemens, comment tous les flux sanguins morbifiques, tels que les hémorrhoïdes, les hématémèses, les hémophthisies etc, une fois bien établis chez une femme, ne seraient-ils pas également communiqués avec les caractères d'une véritable périodicité? Des faits aussi positifs sont plus que suffisans pour démontrer qu'une évacuation offrant la régularité, la généralisation des menstrues, chez les sujets du sexe féminin dont elle caractérise la faculté reproductrice, n'est point un résultat morbifique, artificiel, mais un phénomène rentrant, surtout pour notre espèce, dans les dispositions primitives de la génération normale.

D'autres ont attribué les règles à la position déclive de l'utérus chez la femme, et sont partis de ce principe mécanique pour expliquer leur absence chez les animaux. Nous nous bornerons à répondre que, sous l'influence indiquée, le sang trouverait, pour s'échapper, des parties plus déclives encore, telles que le vagin, le rectum, les membres pelviens etc; que ces règles ne devraient plus se manifester chez les sujets obligés, par la goutte, le rhumatisme, la paralysie etc., de conserver la situation horizontale pendant plusieurs années.

Mead, Van Helmont regardent l'influence lunaire comme la cause occasionnelle de la menstruation; mais le défaut de correspondance de cet acte physiologique avec les phases de la lune dont il est impossible d'établir d'après les faits une action positive sur l'économie de la femme , d'un autre côté , les époques différentes auxquelles apparaît cette évacuation dans les divers sujets ne permettront jamais d'admettre une cause dont les effets devraient être communs , bien que cette hypothèse astrologique , autrefois en réputation , se trouve encore aujourd'hui profondément enracinée dans l'esprit du vulgaire.

Sylvius, de Graaf , Paracelse et les chimistes n'ont pas manqué de supposer dans l'utérus un ferment particulier dont rien ne démontre l'existence , et d'attribuer à la présence de cet être imaginaire la manifestation des règles qu'ils envisageaient comme le produit d'une véritable fermentation.

Aristote , Galien , Simson , Astruc , Lobstein ont vu, dans la menstruation , un effet de la pléthore locale ou générale , un moyen employé par la nature pour en prévenir les funestes résultats. Mais l'expérience nous apprend que les femmes d'un tempérament sanguin , d'une constitution athlétique n'éprouvent pas en général des ménorrhagies aussi considérables que celles dont l'organisme est irritable et nerveux. Pourquoi d'ailleurs les mêmes besoins n'entraîneraient-ils pas l'établissement des mêmes précautions chez l'homme ? Pourquoi verrait-on , dans la circonstance indiquée, se manifester le flux hémorrhoïdal chez le second, et même chez la première indépendamment du flux menstruel ?

Stahl , M. Duges attribuent les règles à l'action d'un *molimen* , d'un *irritamentum* spécial ; Osiander , à la surabondance de l'azote et du carbone dans le sang de l'utérus ; Clifton à la faiblesse relative des parois véneuses etc. Au milieu de toutes ces hypothèses plus ou moins imaginaires inventées pour expliquer la cause occasionnelle de la menstruation, nous ne voyons pas un point fixe, pas un raisonnement qui puisse nous conduire à la vérité; revenons donc vers l'examen des faits.

Pendant le tems de la fécondité, chez la femme, l'appareil générateur présente une énergie vitale qu'il n'offrait pas avant la révolution pubère, qu'il ne conservera plus après l'âge de retour; modification faisant déjà, de l'utérus, un centre d'innervation et de fluxion sanguine beaucoup plus marquées durant cette phase de l'existence active. D'un autre côté, la matrice chargée du produit de la conception recevra nécessairement une proportion plus considérable encore de ce fluide circulatoire, alors obligé, non seulement de fournir aux frais de la réparation de l'organe gestateur, mais encore d'en effectuer le grand développement, d'accorder les matériaux indispensables à l'accroissement du fœtus et de ses dépendances. Pour bien équilibrer un pareil état de choses, la nature devait ou ne donner à l'utérus que la quantité de sang nécessaire à sa réparation normale, pour ne pas l'exposer incessamment aux fâcheuses conséquences de la pléthore; ou lui transmettre surabondamment cette humeur avec l'attention d'en évacuer l'excédent par un flux périodiquement établi pendant l'état de vacuité, cet excédent, au contraire, ayant une application suffisante, pendant la grossesse, aux différens besoins que nous avons indiqués; ou bien enfin, créer un organe supplémentaire, un véritable *diverticulum* pendant le premier état, et l'anéantir, pour le second, à chaque réproduction d'un nouvel être; disposition dont l'emploi n'eût pas été facile en raison des complications inséparables d'un état aussi peu physiologique. Dans cette circonstance la nature a donc choisi la voie la plus simple, en même tems la plus positive ; l'établissement de la menstruation.

Tous les faits semblent venir à l'appui de cette interprétation des lois primordiales ; en effet , les ménorrhagies physiologiques se manisfestent seulement pendant le règne de la faculté réproductrice ; elles disparaissent aussitôt que la fécondation est effectuée, pour se rétablir ensuite après l'expulsion du fœtus ; on observe même fréquemment leur suspension pendant toute la durée de l'allaitement, le sang en excès étant alors utilisé pour les frais de cette élaboration temporaire.

On n'objectera pas sans doute, à cette loi générale , quelques faits exceptionnels absolument incapables d'en attaquer la réalité. M. Velpeau rapporte l'histoire d'une femme devenue mère sans avoir jamais été menstruée ; nous en avons observé dont les règles ont continué durant la gestation : Deventer , Baudelocque en citent plusieurs qui les présentaient seulement pendant la grossesse. Dans la plupart de ces modifications, l'écoulement anormal du sang tient presque toujours soit au décollement partiel du placenta , soit aux dispositions morbifiques de l'utérus ou du vagin. Ces vicieuses ménorrhagies, en opposition avec les intentions de la nature, produisent pour effet commun l'épuisement de la mère et l'atrophie de l'enfant.

Objet essentiel. — D'après les considérations précédentes nous croyons pouvoir , sans forcer les inductions , envisager le flux menstruel comme la dérivation naturelle, pendant l'état de vacuité, du sang indispensable aux besoins de la grossesse. Toutefois, il présente, pour nous servir d'une expression heureuse , le thermomètre de la santé chez la femme. Dérangé dans un grand nombre de maladies que cette perversion vient alors compliquer d'une manière plus ou moins fâcheuse, il peut, à son tour, par des anomalies qui lui sont particulières, entraîner le développement d'un grand nombre d'altérations graves. Les époques de sa première invasion et de son absence définitive deviennent ordinairement les plus orageuses. La première est quelquefois très-difficile, entretient, pendant plusieurs années, un état pénible caractérisé par *l'anorexie*, *le pica*, la bouffissure du visage, la couleur verdâtre de la peau etc; symptôme qui fait donner à cette condition morbifique le nom de *chlorose*. La seconde offre également des accidens plus ou moins fâcheux, au nombre desquels on doit surtout énumérer, les métrorrhagies, les squirrhes, les cancers du col utérin, des glandes mammaires etc.

Les physiologistes ont voulu préciser la quantité du sang évacué dans chaque menstruation ; Hippocrate l'estime à neuf onces ; Galien, à dix-huit ; Haller, à dix ou douze ; Baudelocque, à trois ou quatre. Il suffit de noter des résultats aussi différens pour sentir l'impossibilité dévaluer une émission dont le produit varie nécessairement, dans sa mesure, d'après l'âge, le tempérament et les autres dispositions particulières du sujet.

Tel est ce phénomène important et caractérisque de la puberté chez la femme. D'autres signes moins positifs, mais également remarquables accompagnent le développement de cette brillante révolution.

Les organes genitaux acquièrent une vitalité plus considérable, avec tuméfaction des parties érectiles ; c'est ainsi que le vagin paraît moins large dans un sujet de seize ans pubère, que dans un autre de huit encore à l'état d'enfant. L'utérus, comme l'a fait observer M. Duméril, ne présente alors aucune modification organique bien appréciable. Toutefois l'appareil générateur prend, dans l'économie vivante, un rang temporaire au nombre des appareils importans ; il devient un centre de fluxion plus active et de réaction habituelle qui le met sympathiquement en rapport avec toutes les autres parties de l'organisme. Le tissu cellulaire acquiert plus d'expansion, de turgescence et d'élasticité ; les formes se développent, s'arrondissent en contours gracieux ; la physionomie s'anime et brille sous un nouveau reflet ; elle est plus communicative et plus touchante. Avant cette époque on voyait avec plaisir, dans le sujet, les traits naïfs de l'enfance ; on y contemple actuellement, avec admiration, ceux de la femme dans tout l'éclat de sa beauté.

Après avoir considéré les modifications organiques et vitales imprimées aux deux sexes par la révolution pubère, examinons actuellement celles qui vont se manifester dans l'intelligence et les passions.

L'enfant qui devient homme, jusqu'alors occupé des hochets de son âge, avait passé des jours tranquilles dans l'innocence et la paix. Aujourd'hui ses jouets l'ennuient ; les amusemens du premier âge n'ont plus aucun attrait pour lui ; son sang bouillonne, son imagination s'échauffe ; incessamment agité par une vague inquiétude, entraîné par l'impulsion de ses désirs naissans, il médite, avec l'enthousiasme de l'inexpérience, des projets pour l'avenir, s'élève dans une sphère nouvelle au milieu d'objets inconnus. Ce n'est plus ce ruisseau tranquille dont on pouvait suspendre ou diriger le cours, c'est un torrent impétueux renversant avec violence tous les obtacles établis sur son passage !

Chez l'enfant qui prend les caractères de la femme, on voit s'opérer des modifications essentiellement opposées. Une rêverie légère et sans idée fixe, les caractères de la plus douce mélancolie, remplacent immédiatement cette gaieté vive et brillante où les variétés et l'expression du plaisir n'admettaient ni calcul ni réserve. Cet être presque divin, qui jusqu'alors avait partagé, sans émotion et sans embarras, les jeux de l'autre sexe, éprouve maintenant en sa présence une sorte de gène, de contrainte, un sentiment vague de bonheur et d'anxiété. Ses yeux animés d'une céleste et brillante étincelle, imparfaitement cachés sous les voiles que leur donna la pudeur, cherchant et fuyant tour à tour l'objet de tant d'impressions inconnues, expriment éloquemment le combat de la nature et de la vertu, dans cette âme naïve et sans expérience. Le merveilleux coloris de l'innocence donne encore une fraîcheur nouvelle à cette jeune beauté déjà si touchante et si persuasive. Etonnée de ces nouvelles impulsions, elle sent tout son être s'élever, son âme s'agrandir et s'étendre, elle se croit transportée dans un séjour magique; ce tems est pour elle celui des enchantemens et des plus brillantes illusions !

Dans l'un et l'autre sexe, les facultés intellectuelles participent à ce mouvement de la nature. L'imagination acquiert bientôt une prédominance marquée sur toutes les autres. C'est alors seulement que se développent avec énergie ce désir de la gloire, ces élans du génie, ces audacieuses conceptions, qui font surmonter les plus grands obstacles en assurant ultérieurement la célébrité.

Les passions jusqu'alors si calmes, si fugitives, maintenant semblables à l'aquilon impétueux, maîtrisé par une digue impuissante, entraînent avec violence tout ce qui vient s'opposer à leurs efforts. Mais ces impulsions sont nobles et généreuses dans leur objet et dans leurs applications. Au milieu des commotions morales qu'il vient d'éprouver, l'homme conserve encore cette aimable simplicité de l'enfance. Egalement sincère dans ses affections et dans ses inimitiés, il met souvent obstacle, par excès de franchise, à l'accomplissement des projets qu'il a formés. Sa loyauté n'a point encore fait la triste expérience de la dissimulation, de la perfidie, des haines secrètes, de cette envie dont l'aspect devient si repoussant lorsqu'elle cherche à derober ses traits hideux sous le voile transparent de l'intérêt et de la bienveillance. Il n'a point encore éprouvé ces faux amis qui le recherchent moins par sentiment que par besoin, et dont la secrète jalousie n'hésiterait pas à le sacrifier impitoyablement, pour établir la compensation d'un succès, d'un bonheur qui les offusque. Étranger aux coteries, aux intrigues, défenseur constant de la justice et de la vérité, toujours ennemi du mensonge et de la flaterie, cet homme sorti sans expérience des mains de la nature, s'aperçoit enfin qu'il figure sur la scène du monde comme l'habitant du désert au milieu d'un peuple que l'on nomme civilisé. Devenant par degrés moins confiant, moins expansif, plus circonspect, il étudie les autres hommes avant de leur accorder son amitié, son estime ; heureux lorsque ses rapports n'ont pas trop à souffrir des entraves qu'il n'avait pas d'abord aperçues, et des résultats d'un examen pénible mais indispensable à son bonheur, à sa tranquillité !

MALADIES DE L'ADOLESCENCE.—Dans les deux sexes, les appareils de l'hématose et de la circulation prennent alors, sur tous les autres, une prédominance marquée, s'accusant non-seulement par le développement de leurs actes physiologiques, mais encore par la fréquence et la gravité des altérations qui les affectent. Cette considération importante nous explique naturellement pourquoi *l'hypertrophie* du cœur, des gros vaisseaux, les inflammations parenchymateuses, notamment *la pneumonie,* sont très-communes dans cette période. Elles nous indiquent également les précautions à prendre pour éviter au milieu de ces fâcheuses prédispositions, les dévelop-

pemens de *la phthisie pulmonaire*, en quelque sorte inhérente, à la plus belle phase vitale. Chez la femme, en
raison de l'importance acquise par les organes génitaux,
et de l'établissement du flux menstruel, on voit se manifester un grand nombre de maladies nouvelles et de complications insolites.

4° VIRILITÉ.

La virilité, ἀνδρότης, des Grecs, *virilitas*, des Latins,
est cette époque de la vie, comprise entre l'adolescence
et la vieillesse ; pour l'homme, de dix-huit à soixante
ans ; pour la femme de quinze à quarante-cinq.

Parvenu, dans les premières années de cette phase,
au terme de son accroissement, du moins en hauteur,
l'homme parcourt les autres degrés dans un état à peu
près stationnaire. Ses constitutions physique et morale
sont alors définitivement réglées ; aussi les avons-nous
choisies pour types essentiels dans l'histoire des caractères et des tempéramens. L'organisme jouit actuellement
de la plénitude entière de son être et du développement
de toutes ses facultés. Riche de son propre fonds, par les
acquisitions de l'étude ou par les inventions du génie,
l'intelligence, encore embrâsée des premiers feux de la
jeunesse, peut enfanter d'immortels chefs-d'œuvres, seuls
capables d'imprimer profondément le véritable sceau de
la réputation. Avant cette période, l'homme n'occupait encore dans le monde qu'une place éventuelle et
précaire ; mais si l'âge viril s'écoule sans avoir établi son
rang d'une manière invariable, sa carrière est man-
quée, par cela même qu'il perd incessamment les moyens
essentiels pour la fournir. Étudions d'abord le dévelop-

pement physique du sujet, nous indiquerons ensuite les dispositions morales qui lui sont propres.

Accroissement. — Chez l'homme et chez tous les êtres organisés vivans, ce développement du physique ne suit pas sans doute une marche invariable, uniforme et rigoureuse, mais il est cependant soumis à des règles assez positives pour que nous ayons la faculté d'en indiquer les résultats normaux. Ainsi nous pouvons établir en thèse générale, toutes choses égales d'ailleurs, que, chez l'homme, cet accroissement va toujours en augmentant d'activité, de l'animation du germe à la naissance, en diminuant, de cette époque à la virilité. Les exceptions relatives à cette loi, sont en nombre peu considérable. On a cherché dans la première enfance un type capable de faire préciser, par anticipation, qu'elles doivent être les dimensions ultérieures du sujet. Quelques auteurs ont pensé qu'à trois ans révolus il offrait positiment la moitié de sa taille future. Ce moyen d'estimation n'est point infaillible; cependant, après l'avoir vérifié sur plusieurs individus appartenant aux deux sexes, nous le croyons approximativement assez juste.

L'accroissement, diminué progressivement jusqu'à la puberté, s'arrête bien souvent à cette époque. Dans quelques circonstances moins ordinaires, la nature imprime alors une impulsion générale à tout l'organisme, sollicite et produit un développement jusqu'ici comme enchaîné par une puissance intérieure, en donnant à des adolescens, qui semblaient ne devoir présenter qu'une taille au-dessous de la moyenne, toutes les conditions d'une élévation gigantesque.

Quel que soit le mode particulier de cet accroissement, il offre des différences multipliées, relativement aux individus, aux sexes, aux familles, aux climats, aux peuples.

Individus.—Il suffit d'examiner un certain nombre de sujets environnés des mêmes influences, pour voir aussitôt combien de variétés les distinguent, sous le rapport de la stature, sans autre cause appréciable que les dispositions particulières de l'organisme.

Sexes. — On peut établir, en thèse générale, que la taille de l'homme, comparativement à celle de la femme, est supérieure de trois à quatre pouces. De telle sorte qu'en France, où la mesure du premier se trouve communément de cinq pieds un ou deux pouces, l'élévation de la seconde paraît de quatre pieds neuf ou dix pouces.

Familles.—La taille, comme le tempérament, le caractère, les maladies, est héréditaire dans certaines familles où l'on voit le plus grand nombre des individus, soit d'une stature minime, soit d'une élévation remarquable. Ces faits sont trop généralement observés pour avoir besoin d'être appuyés par des exemples.

Climats.—En général on trouve la stature plus développée dans les régions tempérées et modérément froides, que dans les pays brûlans ou constamment glacés ; la chaleur trop forte énervant la constitution, le froid trop violent enrayant son expansion naturelle. C'est ainsi que les Ouzouanas et les Lapons se touchent comme extrêmes, n'offrant, pour terme ordinaire, qu'une mesure de quatre pieds deux ou trois pouces. Tandis que les Russes, les Allemands, les Hongrois etc. nous présentent fréquemment des sujets de cinq pieds six ou huit pouces.

Peuples. — Si le climat exerce une influence positive sur la taille des hommes, le genre de vie, les habitudes pacifiques ou guerrières, l'état de misère ou d'opulence, la nature des institutions politiques, les divers degrés de civilisation etc. sont pour le moins aussi capables d'effectuer des modifications analogues. Ici les extrêmes se touchent également dans leurs effets. La pénurie, la surabondance, la barbarie, l'excès d'éducation etc. enchaînent, par des actions opposées, le développement de la stature et les perfectionnemens de la constitution physique; tandis que la prospérité sans faste, la civilisation sans abus, les institutions également éloignées du despotisme et de l'anarchie etc, sont les conditions les plus favorables à l'établissement d'un beau type. C'est d'après le concours de ces influences réunies que nous trouvons la moyenne proportionnelle de la taille ainsi réglée chez les différens peuples : *Esquimaux*, quatre pieds ; *Norwégiens*, quatre pieds six pouces ; *Français*, cinq pieds ; *Anglais*, cinq pieds deux pouces ; *Polonais*, cinq pieds trois pouces ; *Russes*, cinq pieds quatre pouces etc. Quant à cette moyenne de la stature, envisagée dans ses rapports avec tous les peuples rassemblés, on peut l'établir à cinq pieds.

Si nous considérons l'accroissement dans ses anomalies opposées, nous le verrons tantôt rester bien au-dessous de la mesure générale, tantôt s'élever beaucoup au-dessus. Dans le premier cas, les sujets s'appellent *nains*; dans le second, on les désigne par le terme de *géans*. Examinons chacune de ces modifications extraordinaires.

NAINS.—Le nain, νάνος, des Grecs, de νανναρις, délicat, *nanus* des Latins, est un sujet tellement inférieur à la mesure commune de son espèce, qu'il se montre, sous ce rapport, dans un état essentiellement anormal.

On ne doit pas confondre, avec un nain véritable, ces individus rachitiques et scrophuleux dont le défaut d'élévation tient particulièrement aux courbures de la colonne vertébrale et des membres pelviens; il s'agit en effet, dans ce dernier cas, plutôt d'une maladie réelle que d'un simple défaut d'accroissement.

La tête chez les nains, semble, au premier aspect, dépasser *absolument* la mesure commune; ce grand volume n'est que *relatif* aux dimensions peu considérables du sujet tout entier. Plusieurs de ces individus sont vifs, passionnés, entreprenans, doués d'une perception fine, d'une intelligence assez développée ; d'autres paraissent au contraire impropres à la génération, froids, stupides, jaloux, envieux etc. Ces hommes en miniature, offrent souvent les défauts de l'enfant sans en avoir les qualités ; pubères avant l'âge commun, ils arrivent promptement à la décrépitude absolue.

Dans l'estimation des facultés intellectuelles, chez les nains, il faut éviter une illusion dont les prestiges ne manquent jamais de nous influencer. Chez ces individus, l'encéphale, ayant à mouvoir des muscles beaucoup moins volumineux proportionnellement que ceux d'un géant, peut accorder aux facultés mentales, un développement d'action bien supérieur. C'est une vérité physiologique dont l'expérience nous fournit chaque jour la démonstration. Mais il faut ajouter que les moyens moraux de ces petits êtres nous étonnent d'autant plus que nous exigeons moins d'un sujet que sa taille minime rapproche, à nos yeux, des conditions physiques de l'enfance. Par un examen plus scrupuleux, nous dissipons ces prestiges et ces illusions dont l'intelligence des nains se trouve ordinairement environnée.

Les causes d'un pareil défaut d'accroissement sont difficiles à trouver ailleurs que dans la disposion particulière de l'organisme et dans la mesure de sa tendance au développement général. Il est impossible de l'attribuer aux influences des pères et mères, puisque l'on voit assez fréquemment des parens d'une taille colossale produire des nains, *et vice versâ*. L'état primitif de l'individu n'offre pas une explication plus satisfaisante;

ainsi nous observons chaque jour des sujets pesant deux ou trois livres à la naissance, acquérant ensuite, à dix-huit ans, une corpulence énorme; d'autres de dix à douze livres dans la première circonstance, et d'une taille minime dans la seconde. Le genre de vie, le climat, le sexe, le tempérament etc., ne sont pas des raisons plus solides, puisque l'on trouve des nains et des géans dans tous les pays, chez tous les peuples et pour toutes les conditions de la vie ; c'est par conséquent aux anomalies physiologiques et non point aux conditions naturelles qu'il faut demander un compte précis de ces modifications opposées.

Sans admettre avec plusieurs écrivains de l'antiquité les *Troglodytes*, les *Pygmées*, les *Spithamiens* et tous ces individus fabuleux que l'on représente avec autant d'exagération que notre moderne *Tom Pouce*, nous ajouterons que plusieurs sujets, dont l'existence est constatée par des preuves certaines, ont offert les caractères essentiels des nains. Parmi les faits assez nombreux de ce genre, nous rapporterons les suivans:

Nicolas Ferry, surnommé *Bébé*, naquit à Plaisance, principauté de Salins, dans les Vosges, d'un père et d'une mère bien constitués. Ce nain, l'un des plus fameux de l'histoire moderne, présente à la naissance, huit pouces de longueur, pèse douze onces; on le porte à l'église dans une assiette, un sabot lui sert de berceau. Sa bouche est trop petite pour téter, on le nourrit avec le lait d'une chèvre. Il éprouve la petite vérole à six mois, parle à dix-huit, marche à deux ans ; son premier soulier n'a que dix-huit lignes dans la principale dimension. A cinq ans, il offre la taille de vingt-deux pouces, un organisme frêle, mais du reste assez bien constitué. Stanislas, roi de Pologne, le fait venir à Lunéville, l'adopte et le nomme *Bébé*. On cherche vainement à développer son intelligence relativement au jugement, à la raison. Il sent la mesure, danse par imitation. Il est colère, jaloux et ne s'élève pas sensiblement au-dessus des manifestations instinctives communes à tous les animaux supérieurs. Mme de Talmont fait des efforts infructueux pour cultiver son esprit. Il s'égare un jour dans les herbes d'une prairie, se croyant alors au milieu d'un bois. A quinze ans, sa figure est assez agréable, il atteint vingt-neuf pouces; les signes de la puberté s'y prononcent. Il croît de quatre pouces dans un tems assez court, en éprouve un épuisement général; quelques signes de rachitis viennent se manifester dans la colonne vertébrale et dans les membres abdominaux. Sa taille définitive est de trente-trois pouces; déjà vieux à vingt-un ans, il meurt à vingt-trois, le 9 juin 1764, dans un état de caducité prononcée.

Anne-Thérèse Sauvray, dont l'observation est rapportée dans le Dictionnaire des Sciences Médicales, originaire d'Adul, dans les Vosges, atteint également une élévation de trente-trois pouces. Vive, gaie, ne présentant aucune trace de rachitis et de scrophules, elle est fiancée à Bébé, en 1761, dans le palais du roi Stanislas. M. Comte l'amène ensuite à Paris. Elle vit jusqu'à soixante-treize ans. Barbe Sauvray, sa sœur aînée, présente la taille de quarante-un pouces.

Les frères Borwslaski, gentilshommes polonais, étaient pleins de force et d'agilité; l'aîné présentait trente-quatre pouces d'élévation, le cadet vingt-huit.

P. Danilow, qui nous a transmis sa propre histoire, avait seulement vingt-neuf pouces.

M. Virey put observer, en 1828, une Allemande âgée de huit ans, offrant la taille de vingt pouces. Elle était aimable, active, légère, et présentait l'intelligence ordinaire d'un enfant de quatre ans. Sa mère avait cinq pieds, son père cinq pieds cinq pouces.

Pierre Dantlow, fils d'un cosaque du régiment de Labrie, appartenant également à la catégorie des monstres et des nains, âgé de trente-trois ans, porte la taille de vingt-neuf pouces, mesure anglaise. Il est sans bras; sa tête paraît s'identifier avec ses épaules. Son esprit est vif et développé. Ses jambes très-courtes n'offrent point l'articulation fémoro-tibiale; présentant seulement quatre orteils pour chacun des pieds, il écrit, dessine, exécute avec adresse, au moyen du gauche, la plupart des actes mécaniques dont peut s'acquitter un homme régulièrement conformé. Sa marche est assez rapide.

Demaillet rapporte avoir observé, au Caire, un nain de dix-huit pouces. Birch assure qu'il en a trouvé un autre de seize pouces.

Jadis les princes, les souverains avaient, comme objet d'étiquette, leur nain qui souvent jouait un grand rôle dans le palais, soit pour les intrigues de cour, soit même pour les affaires majeures de l'État. Auguste, au rapport de Suétone, possédait *Lucien*, dont la taille était de dix-neuf pouces; le poids, de dix-sept livres. Tibère se laissait guider par le sien, dans la plupart des occasions. Celui de Marc-Antoine, qu'il avait ironiquement nommé Sysiphe, n'avait que vingt pouces. Domitien fit de ces petits hommes une tronpe de gladiateurs. Catherine de Médicis en maria plusieurs, mais sans résultat. Alexandre Sévère chassa les nains de sa cour, et la mode cessa dans l'empire.

Le même défaut d'accroissement peut se rencontrer chez tous les êtres organisés vivans. On trouve également des nains chez les animaux et chez les végétaux. Il suffit d'observer la nature pour en apprécier toutes les étonnantes modifications.

Géans. — Le géant, γίγας, des Grecs , de γἠ, terre, et γάω , j'engendre; enfant de la terre ; *gigas* , des Latins , est un individu qui s'élève beaucoup au-dessus de la taille commune à son espèce. Ici , comme dans l'histoire des nains , l'exagération et le merveilleux ont pris la place de la vérité , sous l'influence d'observations incomplètes ou d'interprétations erronées.

M. L. Freycinet trouve à la terre d'Edels , vers la rivière des Cygnes , des traces de pieds humains d'une étendue considérable. D'autres voyageurs croient apercevoir des hommes d'une taille démesurée dans la presqu'île de Péron ; Sebald les porte, en 1598, à dix pieds, pour la Baie-Verte ; Lemaire à douze pieds , d'après les ossemens des Patagons. Habicot rapporte qu'en 1613 , M. de Langeon, faisant creuser à quelque distance de son château , rencontre, vers la profondeur de dix-huit pieds, une tombe de trente pieds de long , sur douze de largeur, huit de hauteur , avec cette inscription , en caractères romains , *Theutobocus rex*. Plusieurs des pièces du squelette sont apportées à Paris , et l'on ne craint pas d'estimer , *à vingt-cinq pieds* , la taille entière de cet énorme géant. Nous pourrions citer un grand nombre de relations plus étonnantes encore, où l'on verrait des hommes , prodigieux par leur développement, rivaliser avec les Titans, les Cyclopes et Gargantua lui-même ; abandonnons plutôt ces conceptions imaginaires à l'insatiable avidité des amis du merveilleux, et rentrons dans la voie positive de l'observation.

Les erreurs de ce genre, commises par quelques écrivains, tiennent surtout aux inductions fautives qu'ils ont tirées, pour le squelette en général , des proportions d'un ou plusieurs os monstrueusement développés. Telle fut probablement la cause du calcul exagéré dont la fouille entreprise par M. de Langeon devint l'origine.

C'est ainsi que des recherches analogues ayant fait découvrir, dans plusieurs endroits, des portions de crâne d'une dimension considérable, on a pris cette échelle d'une estimation entièrement illusoire pour établir comparativement la mesure de autres os et la taille entière du sujet ; en admettant, par exemple, qu'un pariétal, un frontal de telle dimension, devaient appartenir à des vertèbres, à des fémurs, à des tibias, de telle autre etc. Or nous savons que les os crâniens prennent, dans l'hydrocéphale, des développemens extraordinaires, et surtout bien éloignés d'offrir actuellemement aucun rapport avec les autres parties du squelette, presque toujours bornées dans leur accroissement par le rachitis, les scrophules etc. Il est dès-lors facile de pressentir les conséquences mensongères auxquelles on arriverait en partant exclusivement de ce premier point d'estimation. Ainsi Morand parle d'une tête semblable trouvée dans les Vosges, dont le crâne offrait vingt-six pouces de circonférence. En comparant la petitesse de la face aux énormes dimensions de la cavité crânienne, on découvrit aisément que cette tête si volumineuse était celle d'un enfant hydrocéphale de dix ou douze ans.

La cause principale de l'accroissement des géans est encore individuelle et toute entière placée dans la force expansive de l'organisme. Sans doute, les exemples de cette anomalie sont plus fréquens chez certains peuples et dans certaines régions ; mais, d'un autre côté, nous l'observons pour les différentes nations, sous les diverses latitudes ; et si tel sujet de six pieds ne se trouve pas compris au nombre des géans en Saxe, en Pologne, en Suède, ne devra-t-il pas obtenir ce titre s'il est Samoyède, Lapon ou Bochisman. Distinguons par conséquent des géans absolus et relatifs, et concluons, d'après les faits, que s'il existe des agens extérieurs capables d'en favoriser le développement, ils deviennent à ce résultat ce que les influences contraires sont pour l'établissement des nains, c'est-à-dire seulement des modificateurs annexés à la cause principale de cette aberration.

Chez les géans, la tête paraît ordinairement très-petite, bien qu'elle soit réellement plus grosse que celle d'un sujet ordinaire. Ici, comme chez les nains, l'illusion tient à ce que notre estimation devient absolue, tandis qu'elle ne devrait être que relative. En général, dans ces individus, les passions et l'intelligence n'offrent pas un grand développement, l'encéphale étant distrait, des opérations mentales, par la nécessité d'entretenir le sentiment et le mouvement dans une masse organique trop considérable pour les proportions de cet agent central. Ajoutons cependant qu'un nouveau genre d'illusion vient exagérer ce défaut de proportion réelle entre l'extension du corps et celle de l'esprit; par la raison que nous exigeons davantage, sous le rapport du moral, de l'homme qui, d'après la richesse du physique, se rapproche des caractères imposans que nous assignons à la divinité personifiée. Les géans offrent naturellement peu d'activité, beaucoup d'apathie, recherchent les douceurs du repos; ils semblent faits pour obéir plutôt que pour commander. Aussi leur élévation, par les anciens peuples, à l'empire, à la royauté, nous indique-t-elle ces tems de barbarie où l'on ignorait la supériorité de la puissance morale sur la force physique, et les incalculables avantages du *petit* Alexandre sur le *grand* Porus. Les archives de la science contiennent un nombre de faits plus que suffisans pour établir, au moins d'une manière approximative, les extrêmes de cet accroissement anormal chez l'homme. Nous choisirons les suivans en raison de leur authenticité.

En 1826, nous observons Mlle Eliza Smith, anglaise, agée de dix-huit ans, offrant la taille de six pieds cinq pouces, un tempérament lymphatique, des formes grèles, une physionomie calme, un squelette bien constitué dans son ensemble. Le frère de cette géante présente six pieds trois pouces ; la mère, six pieds quatre pouces, le père sept pieds.

En 1824, nous examinons Louis Baglin, alors âgé de vingt-un ans, né à Chevagné, département de la Mayenne. Sa taille est de six pieds dix pouces ; il pèse trois cents vingt-cinq livres. En 1825, il atteint celle de sept pieds deux pouces. D'un tempérament lympha-tique prononcé, caigneux, mal construit, d'une grande apathie morale et physique, pouvant à peine soutenir, pendant quelques instans, la situation bipède et verti-cale, ce géant nous offre, pour le plus grand diamètre : de la tête, onze pouces ; de la main, dix pouces ; du pied, treize pouces. Son père, sa mère, ses frères sont d'une taille au-dessous de la moyenne.

En 1832 nous voyons J. Bihei, agé de vingt cinq ans, ayant servi comme tambour major en Belgique. Sa taille est de sept pieds ; sa physionomie noble et martiale ; son œil vif, animé, toutes ses parties bien proportionnées, ses muscles volumineux et très-durs pendant la contraction. Ses extrémités réunissent la grâce au développement de la force ; il parle plusieurs langues, s'exprime avec cha-leur. Cet homme remarquable est assurément l'un des plus beaux types que l'on puisse rencontrer.

Le célèbre Gilli, de Trente, avait huit pieds deux pouces. Un Suédois, garde du corps, faisant le service près Guillaume premier, roi de Prusse, offrait une taille de huit pieds six pouces. Pierre Tochan, mort à Posen, vers le milieu de 1825, à l'âge de vingt-neuf ans, présentait celle de huit pieds sept pouces.

Dans l'Annuaire Militaire Européen, imprimé à Copenhague pour 1825, on fait un rapprochement assez curieux des tambours-majors appartenant aux gardes impériales et royales des diverses nations ; tous se trouvent dans la classe des géans et présentent les tailles suivantes: Celui du roi de Suède, six pieds neuf pouces; du roi de Prusse, six pieds onze pouces; de l'empereur de Russie, sept pieds cinq pouces ; des gardes Hongroises, neuf pieds trois pouces.

La Gazette de France rapporte que l'on a trouvé en 1719, près Salisbury, un squelette de neuf pieds quatre pouces. C'est à peu près la taille que devait présenter le fameux Goliath.

Le plus remarquable de tous, est le géant Gabbare dont parle Pline, et qui vivait à Rome sous l'empereur Claude ; sa taille était de neuf pieds neuf pouces.

Les exemples de cet accroissement extra-normal, ne sont point exclusivement relatifs à notre espèce, on en trouve un assez grand nombre chez les animaux et chez les végétaux. Nous en connaissons peu, toutefois, d'aussi prodigieux que les suivans. Il existe à Fouillebec, Département de l'Eure, un if de vingt-un pieds de cinconférence, tellement affermi dans le sol, par ses volumineuses racines, qu'il soutient à lui seul tout le chœur de l'église, comme suspendu merveilleusement au-dessus d'un ravin profond. Il paraît avoir été planté sur le milieu d'une tombe; circonstance qui pourrait bien être l'une des causes de son énorme développement.

On voit, dans la Caroline, sur les bords du Brandniver, du côté d'Yorck, près du lac d'Howed, un sycomore dont le tronc présente soixante-douze pieds de circonférence ; creux dans son intérieur, il offre une chambre de dix-huit pieds de diamètre, pouvant contenir sept hommes à cheval. Pendant la révolution américaine, cet arbre, le plus extraordinaire que l'on connaisse, est devenu l'asile de plusieurs familles errantes sous la terreur des proscriptions.

Tels sont les exemples les plus remarquables, et les caractères les plus généraux de ces accroissemens extraordinaires chez les êtres organisés vivans.

Au milieu des circonstances relatives à l'âge viril, dès qu'il a cessé de gagner en élévation, le corps acquiert insensiblement son développement en épaisseur. Sous ce nouveau rapport, il existe encore des intermédiaires nombreux entre la constitution grèle du sujet nerveux encéphalique, et l'obésité considérable du lymphatique et et du sanguin. Ici la nature peut également s'éloigner de la mesure commune en parcourant les degrés de ces deux extrêmes. L'opposition des faits suivans deviendra la meilleure preuve à l'appui des principes que nous établissons.

Claude, Ambroise Seurat, né à Troyes en Champagne, le vingt avril 1798, semble d'abord promettre une constitution assez robuste. Vers l'âge de quatre ans, il tombe, sans maladie notable, dans un état de marasme général et d'atrophie musculaire, dont on rencontre peu d'exemples. Cet état persiste comme disposition essentielle de l'organisme. Aujourd'hui premier novembre 1832, nous l'observons avec attention, dans sa trente-cinquième année, présentant les caractères suivans : taille, cinq pieds trois pouces ; poids général, quarante-trois livres ; physionomie douce, mélancolique, analogue à celle d'un convalescent ; col très-long, formant, avec les épaules, un triangle équilatéral sur le sommet duquel est placée la tête ; maigreur extrême de toutes les parties ; enfoncement considérable du sternum, réduisant à trois pouces le diamètre antéro-postérieur du thorax ; allongement consécutif des poumons ; abaissement du diaphargme et du cœur de deux pouces au moins, la respiration devenant ainsi presqu'entièrement abdominale ; pouls faible, cinquante battemens par minute ; atrophie remarquable des muscles. Les bras sont réduits à l'humerus ; aucune fibre charnue sous l'enveloppe extérieure ; aussi le sujet ne peut-il soulever et mouvoir ces membres dans l'articulation scapulo-humérale ; au point même que devrait occuper le deltoïde, le bras n'offre que deux pouces et demi de circonférence. Les avant-bras, les mains, les cuisses, les jambes, les pieds, conservent encore quelques rudimens de l'appareil moteur, et cet être véritablement extraordinaire, que l'on nommerait avec raison, *le squelette vivant*, peut se tenir de bout, agir et marcher pendant un quart d'heure sans se reposer. La peau blanche, étiolée n'est pas terreuse. Il prend douze onces d'alimens chaque jour ; se nourrit surtout de légumes, de viandes rôties etc. ; boit de l'eau rougie ; dort paisiblement. Son moral, doué defacultés ordinaires, est assez cultivé par la lecture et les voyages. Il n'éprouve aucune impulsion vers l'acte générateur.

Edouard Brigth, épicier, mort à Molden, le 12 mars 1750, vers l'âge de trente ans, pesait, à deux, 144 livres ; à vingt, 336 ; à trente, 616. Sa taille était de cinq pieds dix pouces. La circonférence du tronc offrait, à la poitrine, cinq pieds six pouces, à l'abdomen, sept pieds ; celle du bras, deux pieds deux pouces ; de la jambe, deux pieds huit pouces. Sept hommes ordinaires entraient dans ses habits ; il fallut douze personnes pour le conduire au cimetière, par le moyen d'un chariot. Nonobstant cette extrême corpulence, il présentait une force musculaire assez considérable pour exécuter la marche, la course et les différens exercices gymnastiques, avec beaucoup de précision et de légèreté.

Dans la virilité, les facultés intellectuelles arrivées à leur entier développement, se perfectionnent par l'exercice et la culture. Le raisonnement et le jugement prennent alors, plus spécialement, un empire avantageux sur toutes les autres. Il en résulte, pour les productions de l'esprit, ce cachet de la raison et de la maturité, qu'il est difficile d'offrir avant l'âge. Moins prompt, moins audacieux dans la conception d'un projet, l'homme est plus prudent, plus sage, plus constant dans son exécution. Les discours n'ont pas, comme dans l'adolescence, le brillant et la fougue d'imagination qui séduisent au lieu de persuader, mais ils sont mieux élaborés, plus forts et surtout plus vrais d'expression.

Notre voyageur est au milieu de sa course, lorsqu'il jette en arrière un coup d'œil sur la route qu'il a déjà parcourue, c'est quelquefois avec satisfaction, plus souvent avec peine et regret ! S'il mesure d'un regard la carrière qui lui reste à fournir encore, c'est avec une espérance mêlée d'anxiété ! Pour lui, le tems des enchantemens, des chimères n'existe plus et la magique puissance du charme dont ses yeux étaient fascinés s'est évanouie sans retour ! Il voit maintenant les hommes, les événemens tels qu'ils sont, non point tels qu'ils devraient être. Dans sa naïve et crédule inexpérience, il a pris bien souvent, pour des sentimens affectueux, les vaines démonstrations de l'intérêt et du calcul ; pour l'expression d'une amitié sincère, les mensongères protestations de l'intrigue et de la perfidie ; pour des pratiques vertueuses, les jongleries de l'hypocrisie, de la bassesse ; mais aujourd'hui, le voile des prestiges et des illusions est déchiré pour toujours ; il a fait la triste et malheureuse épreuve des hommes, il s'éloignera désormais par degrés de la multitude, il renfermera son existence et ses affections dans le cercle étroit de quelques amis sincères.

MALADIES DE LA VIRILITÉ.—Cette phase, où toutes les facultés arrivées à leur complément sont dans un équilibre parfait, n'offrirait pas des altérations aussi graves, aussi nombreuses que les autres, en supposant le physique et le moral du sujet dans les conditions de la nature. Mais les passions fortes et concentrées qui s'éveillent alors, développent notablement l'irritabilité du système nerveux ganglionaire, et, consécutivement, des appareils dans lesquels se ramifient ses nombreuses divisions. Les viscères abdominaux sont par conséquent, à cette époque, les plus fréquemment affectés. Aussi trouvons-nous surtout, pour l'énumération des maladies relatives à l'homme fait, *la gastrite*, *la duodénite*, *l'hépatite*, *l'entérite*, *la péritonite*, *la néphrite*, *la cystite*, *le satyriasis* etc.; de plus, pour la femme, *la métrite*, *l'hystérie*, *la nymphomanie* etc. En résumant ces considérations générales et relatives aux altérations morbifiques des trois principales phases de la vie, nous ajouterons que ces altérations affectent spécialement, pour chacune de ces phases, les organes renfermés dans l'une des trois grandes cavités splanchniques ; ainsi, dans l'enfance, *l'encéphalique*; dans l'adolescence, *la thoracique* ; dans l'âge viril, *l'abdominale*.

5° VIEILLESSE.

La vieillesse, γῆρας, des Grecs, *senectus*, des Latins, est cette période embrassée par l'intervalle de la virilité complète, et de la caducité dans son invasion ; c'est-à-dire, pour les deux sexes, de soixante à quatre-vingts ans. La diminution progressive du volume des organes, de

TOME IV

leur souplesse, de leur énergie vitale, de l'intelligence et des passions forment le caractère essentiel de cette même période.

Arrivé dans l'apogée de sa vie, l'homme verra ses facultés physiques et morales, comme les plus longs jours de l'année, décroître, d'abord d'une manière insensible, ensuite, avec une effrayante rapidité. Déjà nous l'avons observé montant difficilement vers l'un des points élevés de cette gradation vitale, bien rarement parcourue dans son entier ; nous le suivrons désormais la descendant plus péniblement encore, au milieu detout es les infirmités qui le détacheront des attraits de l'existence, en supposant qu'elles ne viennent pas accélérer sa chute.

Dans l'enfance, le mouvement de composition prédomine sur le mouvement de décomposition ; les organes se développent, les fonctions s'agrandissent et l'économie semble reculer chaque jour ses limites naturelles. Dans l'âge viril, un équilibre plus ou moins parfait s'établit entre ces deux mouvemens ; les pertes sont réparées sans accroissement notable. Dans la vieillesse, le mouvement de décomposition acquiert de plus en plus, sur le mouvement de composition, l'empire de sa funeste prépondérance ; les organes s'affaiblissent et s'atrophient, les fonctions diminuent leur développement, et la sphère de l'économie vivante resserre, par degrés, les bornes de son expansion normale.

Si l'on considère individuellement tous les actes physiologiques, on les voit entraînés dans une ruine générale et commune qu'il n'est plus possible de prévenir et dont les soins hygiéniques raisonnés doivent seulement entraver la marche. En effet, dans l'adolescence et dans l'âge viril, un sujet abuse quelquefois de ses facultés et de ses forces avec une apparente impunité; mais dans la vieillesse, les imprudences même les plus légères deviennent

presque toujours l'occasion d'accidens graves et souvent
irrémédiables ; c'est alors surtout qu'il importe essentiellement de seconder la nature par la raison. Pour mieux
apprécier les résultats différens de cette époque, sur les
diverses fonctions de l'organisme, nous les examinerons
d'une manière isolée.

FONCTIONS NUTRITIVES.—Elles offrent une diminution
graduée, s'accompagnant d'un premier degré de perversion ; le mouvement de décomposition prédomine, le
mouvement de composition devient incomplet ; toutes les
perspirations languissent. De ces lésions fondamentales,
résultent naturellement un grand nombre d'altérations
secondaires et variées. Ainsi, les développemens du calorique se trouvent insuffisans, le vieillard frileux, surtout
aux extrémités, ressent le besoin des liqueurs alcoholiques et des vêtemens plus chauds. Les tissus éprouvent
une atrophie précédée par l'amaigrissement ; lorsque
l'individu conserve de l'embonpoint, la graisse est alors
molle et jaunâtre. Les cicatrices, les réparations substantielles sont lentes, imparfaites. La peau s'amincit, devient
pâle, sèche, terreuse. Les systèmes fibreux, cartilagineux, osseux perdent leur élasticité ; les articulations,
d'ailleurs moins lubrifiées par la synovie, tendent constamment à l'immobilité ; des soudures nombreuses viennent s'établir, comme si toutes les parties du squelette
ne devaient bientôt former qu'une seule pièce. Les os
plus durs, plus calcaires se cassent alors facilement, et,
par la même raison, ne se consolident qu'après un tems
parfois incalculable. Tous les muscles, perdant la tonicité,
semblent trop longs pour l'intervalle qui sépare leurs insertions. Les cheveux, par défaut d'élaboration réparatrice et de sécrétion de la matière huileuse colorante,
blanchissent, tombent, surtout au front qui se dégarnit
le premier. L'ouverture naturelle du sommet des racines

dentaires se rétrécit, étrangle insensiblement les vaisseaux et nerfs qui la traversent pour animer et nourrir les dents. Celles-ci meurent, deviennent des corps étrangers, vacillent dans les alvéoles et tombent successivement, lorsqu'elles n'ont pas été détruites par la carie. La mastication alors incomplète, rend la digestion plus difficile ; déjà sensiblement diminuée par le défaut d'action du tube digestif, cette fonction importante n'amène que des résultats incapables de fournir aux frais de l'organisme ; la constipation est presque toujours opiniâtre.

Fonctions vitales. — Plus indispensables à l'entretien immédiat et continuel de l'existence active, leurs phénomènes sont moins promptement et moins profondément altérés.

Circulation. — Elle diminue sensiblement d'activité ; les pulsations deviennent plus rares, plus faibles, souvent irrégulières ; anomalie qui se rattache fréquemment aux ossifications de la membrane interne des cavités à sang rouge, surtout dans les valvules qu'elle sert à former. Le système capillaire, oblitéré dans les points les plus éloignés du centre, notablement resserré dans tous les autres, présente un obstacle circulatoire dont les résultats sont importans à noter. Ainsi, la pâleur générale de l'enveloppe dermoïde, la plénitude habituelle des artères qui se débarrassent difficilement du sang fourni par le ventricule gauche ; disposition particulière *au pouls des vieillards*, et dont ils ne faut pas confondre la cause, les caractères avec ceux du pouls symptomatique de la pléthore locale ou générale ; c'est une observation essentielle en pathologie. Le retour du sang par les veines est plus difficile, tous ces vaisseaux n'offrant plus la même contractilité pour vaincre les résistances, notamment celle de la gravitation ; le système lymphatique partage ces dispositions, et l'on voit se manifester, en conséquence, les varices, l'œdème, l'engorgement des membres pelviens.

Respiration. — Les côtes en partie soudées, les fibro-cartilages ossifiés, les muscles moteurs affaiblis par degrés ne permettent plus aux phénomènes d'inspiration et d'expiration, les développemens qu'ils offraient d'abord ; ces phénomènes se trouvent insensiblement réduits aux mouvemens du diaphragme et des muscles abdominaux. Si le vieillard agit avec effort pour obtenir une large ampliation bronchique, la poitrine semble se déplacer en masse par le concours des grands mobiles de son élévation. Les influences vitales et chimiques sont également imparfaites, la rénovation du sang n'est pas entière et ce fluide ne prend plus, en traversant les poumons, toute la chaleur, la vie, la couleur vermeille dont il portait naguère, dans l'organisme, les utiles et brillantes manifestations ; de-là cet engourdissement général, cette empreinte violacée des muqueuses vers leurs origines, cette haleine glacée etc. qui caractérisent la dégradation physiologique.

Innervation. — Elle s'abaisse d'après une mesure analogue, en frappant ainsi la sensibilité, la contractilité dans leur source, la vie toute entière dans l'une de ses bases fondamentales.

Fonctions de relation. — C'est plus spécialement encore sur l'accomplissement des phénomènes employés par l'homme à l'entretien de ses rapports avec les objets dont il est environné, que le tems fait sentir les funestes influences d'après lesquelles nous voyons s'anéantir progressivement l'attrait qui nous rapproche de ces mêmes objets.

Sensations.—Les sens *général externe*, *intime*, *extérieurs particuliers* aliénent, chaque jour, quelque chose de leur finesse et de leur perfection. *La vue* s'affaiblit et

n'aperçoit les objets qu'à distance plus considérable ;
altération qui prend le nom de *presbytie* ; quelquefois la
faculté visuelle est détruite par la cataracte, le glaucôme,
l'amaurose etc. *L'ouie* présente une dysécie remarquable,
souvent même une entière surdité, le plus ordinairement,
d'après la remarque de Pinel, par l'absence de la lymphe
de Cotunni. *Le toucher* perd ses avantages en raison des
callosités de la pulpe digitale et de la roideur des mouvemens de la main. *L'odorat* et le goût s'altèrent moins
promptement, sans doute parce qu'ils offrent une liaison
plus intime avec les fonctions nutritives qui doivent s'entretenir jusqu'au dernier instant. Aussi le vieillard, souvent alors inaccessible et même indifférent aux jouissances
que peuvent occasionner les autres sens, cherche-t-il à
concentrer les siennes dans les impressions olfactives et
gustatives dont il peut encore apprécier les modifications.
C'est ainsi qu'il trouve une dernière source de plaisir
dans l'usage du tabac et des alimens sapides. Le système
nerveux ganglionaire, l'instinct sans chaleur et sans expansion, portent le sujet à se renfermer dans un égoïsme
plus ou moins complet ; alors toutes les voies, jusqu'ici
largement ouvertes à des impressions variées, semblent
graduellement se fermer sans retour. D'un autre côté, les
sensations éveillées par ces modificateurs, n'ont plus la
force, le charme et la vérité qu'elles présentaient d'abord.
Jugeant les objets avec des organes dont l'imperfection
s'accroît par degrés, le vieillard, qui ne s'aperçoit pas
du changement effectué dans tout son être, ne trouvant
plus à ces objets les mêmes qualités qu'autrefois, leur
attribue l'imperfection dont il est individuellement la
cause. Comparant les sensations éloignées, aux sensations
actuelles, il accuse l'univers de perversion lorsque lui
seul a changé. Peu satisfait du moment, il voudrait vivre
de souvenirs, en justifiant cette expression du poète

latin : « *Laudator temporis acti*, » si bien imitée par le poète français : « Toujours plaint le présent et vante « le passé. »

Combinaisons intellectuelles.—Incapable d'apprendre, l'homme vit alors de réminiscences ; tous ses discours, surchargés de citations, sont instructifs mais par fois ennuyeux. Le Nestor d'Homère fait éprouver ce dernier sentiment au lecteur cherchant avec impatience le terme de ses longues digressions. Chez le vieillard, comme chez l'enfant, le jugement n'offre pas une grande sûreté ; le second manque de sensations passées à comparer aux sensations présentes : le premier n'a plus de sensations présentes qu'il puisse opposer aux sensations passées. Les affections morales deviennent puériles, superficielles et peu diversifiées. L'homme est alors grondeur et fâcheux ; dépourvu des moyens d'assurer sa puissance par l'énergie morale et par la force musculaire, il est impatient, craintif, suppliant, jaloux de son autorité défaillante ; les lamentations et les pleurs sont des moyens qu'il emploie volontiers pour assurer l'accomplissement de ses désirs.

Expression. — *La station* est difficile et vacillante par défaut d'énergie musculaire. Plusieurs incurvations alternatives se manifestent sur le grand levier de la sustentation avec imminence de projection en devant, et nécessité d'employer un appui, dans ce dernier sens, pour la prévenir. De telle sorte qu'en suivant l'homme dans les trois grandes phases de sa vie, nous expliquons naturellement cette fameuse énigme du sphinx : *Quel animal dès le matin marche sur quatre pieds, sur deux au milieu du jour, sur trois vers le soir ? La progression* devient de plus en plus difficile par les mêmes causes, et par la roideur générale des articulations. *La voix* perd sa force et même sa justesse, elle est *grêle et chevrotante.*

La prosopose devient inexpressive ; des rides profondes et multipliées sillonnent le front découvert ou blanchi par la vieillesse.

FONCTIONS GÉNITALES. — Elles suivent une marche bien différente par ses progrès chez l'homme et chez la femme. L'époque remarquable de leur extinction, nommée communément *âge de retour*, exerce une influence tellement positive sur tout l'organisme que nous devons l'examiner en particulier.

AGE DE RETOUR.—On le désigne encore sous les termes *d'époque*, *d'âge critique*, sans doute parce qu'il devient, pour les deux sexes, le dénouement de cette brillante phase vitale, pendant laquelle s'exerce la génération, et qu'il s'accompagne, chez plusieurs sujets, d'accidens que l'on a peut-être exagérés pour la femme, puisque Finlaison Moret, MM. Chateauneuf et Lachaise, on constaté, par leurs observations de statistique plus spécialement dirigées vers cet objet, que la mortalité, dans les deux sexes, est à peu près égale de quarante à cinquante ans. Voyons, pour l'un et l'autre, les changemens qui vont alors se manifester dans l'organisme.

Chez l'homme. — Un affaiblissement progressif des organes génitaux et de l'appétit qui veille à l'accomplissement des actes reproducteurs amène insensiblement l'impuissance de cette grande fonction. L'instant de la révolution critique n'est jamais précis, aucun signe positif ne le caractérise. Nous voyons des hommes perdre, avant l'âge, cette prérogative de la virilité, par cela même qu'ils ont abusé de ses développemens, ou sont tombés dans la dégradation vitale que peuvent entraîner la misère, les chagrins, les maladies profondes etc. ; d'autres, conserver cette faculté jusqu'à l'extrême vieillesse, par le bienfait des conditions opposées. Ainsi, Massinissa fut père à quatre vingt-seize ans ; Jacob, dans un âge très-avancé; quelques centenaires, d'après Haller, offrirent le même avantage. En supposant plusieurs de ces faits douteux, il en existe un assez grand nombre dont la réalité devient incontestable, pour établir positivement que la génération, chez l'homme, n'est jamais circonscrite, relativement à la durée de son exercice, par des limites étroites et rigoureusement fixées; qu'il est dès-lors impossible de préciser le terme au-delà duquel cette fonction doit s'anéantir complétement. Toutefois, pour s'effectuer avec des résultats favorables, elle exige : 1° La sécrétion d'nn bon sperme; 2° l'orgasme suffisant de l'appareil génital ; 3° l'éjaculation facile pendant l'érection du pénis. Chez le vieillard, la liqueur séminale est aqueuse, ténue, mal élaborée; l'érection imparfaite; l'éjaculation faible et vicieuse ; dispositions consacrant la sagesse de cette loi romaine qui, d'après Zachias, interdisait le mariage à soixante ans.

Chez la femme. — L'apparition temporaire des règles a précisé le premier développement de la faculté génératrice; la cessation du flux périodique signale actuellement l'extinction de cette faculté, dont l'exercice est mesuré, comme nous l'avons déjà dit, par l'intervalle de la première et de la dernière menstruation. Cette modification fait perdre à la femme ses plus beaux titres, ses plus riches ornemens pour la disposer par degrés à quitter la vie dont elle a naguère parcouru les brillantes époques.

Vers l'âge de quarante cinq à cinquante ans, quelquefois plutôt, rarement plus tard, le flux catamônial, qui jusqu'alors s'était reproduit plus ou moins régulièrement tous les vingt-cinq ou trente jours, éprouve des variations, des anomalies relatives aux qualités à la quantité du sang, aux époques de ses manifestations, enfin disparaît sans retour. Donnant à cette fonction temporaire, une durée semblable chez les différens individus, plusieurs physiologistes ont pensé que les règles devaient cesser plutôt, lorsque leur apparition avait été plus précoce. Les observations nombreuses que nous avons recueillies, en opposition avec ces théories imaginaires, démontrent que les femmes, dont la menstruation est plus hâtive, sont précisément celles qui nous en présentent plus tardivement la suppression. Il est aisé de trouver l'explication naturelle de ce phénomène. En effet, la disposition génératrice qui sollicite, avant l'âge ordinaire, cette évacuation sanguine, doit encore l'entretenir après son terme normal. Cette condition spéciale, assez commune dans le tempérament nerveux ganglionaire est une vitalité plus active de l'utérus, une irritabilité plus considérable de l'appareil génital, dont les facultés se trouvent dès-lors plus promptement éveillées, et moins rapidement détruites que chez la majorité des sujets ; tandis que les tempéramens lymphatiques, sous les influencés contraires, nous offrent des résultats opposés. Cette loi n'est pas absolue, mais les exceptions qu'elle présente n'en détruiront jamais la réalité.

A l'époque de ces changemens, les organes reproducteurs deviennent le siége d'un érétisme passager, et, tels que la flamme à son déclin, jetant une lueur brillante, semblent resaisir avec énergie la faculté dont ils vont se trouver bientôt privés. La femme est alors plus passionnée, plus lassive, et l'on voit quelquefois se manifester, comme à la première menstruation, des symptômes souvent assez violens de nymphomanie, d'hystérie, de mélancolie etc. Ces dispositions, jointes à la suppression d'un flux périodique nous expliquent encore la fréquence, vers l'âge critique, du squirrhe, du cancer à l'utérus, aux glandes mammaires etc.

Pendant cette importante révolution, les seins diminuent de volume, de fermeté, s'affaissent graduellement, à moins qu'ils ne soient encore soutenus par un assez grand développement du système cellulaire graisseux. Les formes perdent cette grâce élégante qui les distinguait, pour s'atrophier ou s'empâter avec mollesse. Quelquefois les lèvres, le menton s'ombragent de poils apparens ; la femme acquiert des caractères de virilité, faisant disparaître les derniers charmes qui naguère encore la rendaient séduisante et persuasive. A l'aspect de l'autre sexe, elle n'éprouvera point désormais le sentiment instinctif qui lui parlait autrefois avec tant d'éloquence. L'homme de son côté ne la recherchera plus, par le seul attrait de sa fraîcheur ; en s'évanouissant pour toujours, les prestiges de la beauté passagère ont fait place à la réalité ! La bonté du cœur, l'amabilité de l'esprit, tels sont les moyens qui la feront survivre à ces injures du tems, et lui promettront encore des succès moins brillans peut-être, mais plus positifs et plus durables.

On s'habitue beaucoup trop généralement, dans le monde, à considérer l'âge de retour comme une maladie qu'il faut soumettre à des traitemens, à des médications, tandis qu'on devrait y voir une marche naturelle et physiologique, dont la bonne direction réclame seulement, chez la grande majorité des individus, les secours appropriés d'une hygiène raisonnée ; chez quelques sujets pléthoriques, des saignées du bras, et des précautions de régime, pour éviter les accidens que pourrait occasionner la suppression du flux menstruel. Si nous avions pour objet de remonter à l'origine des causes productrices d'un grand nombre d'altérations auxquelles cette période emprunte son apparente gravité, nous les trouverions également dans l'abus des plaisirs vénériens, la continence absolue, les imprudences de tout genre, et l'administration intempestive des médicamens les plus contraires.

Jusqu'ici l'un et l'autre sexe ont en quelque sorte appris à vivre, maintenant ils doivent apprendre à mourir en parcourant tous les points de la dégradation physique et morale.

Avec ces imperfections progressives, combien un vieillard aimable, tolérant et vertueux, possède encore d'influence et d'empire sur les êtres sensibles, dont il se trouve alors entouré. La jeunesse obéit respectueusement à ses volontés ; écoute avec fruit ses conseils ; avec intérêt, le récit de ses aventures passées ; avec attendrissement, celui de ses malheurs ! Il offre pour tous les âges, dans tous les peuples civilisés, mêmes chez les hordes barbares, le régulateur, l'arbitre des plus grands intérêts, devient l'objet d'une vénération, d'un culte religieux, qui semblent momentanément l'élever entre l'homme et la divinité !

Maladies de la vieillesse. — Dans les premières phases de la vie, les altérations morbifiques offraient, pour caractère fondamental, une augmentation positive des facultés organiques ; l'inflammation y marchait presque toujours à l'état aigu ; dans cette période, au contraire, l'abaissement de la sensibilité, de la contractilité forme le trait essentiel et distinctif du plus grand nombre des lésions pathologiques, et la chronicité présente le type ordinaire de la majorité des phlegmasies. La dégradation progressive des tissus, des organes, des appareils, des propriétés, des phénomènes et des fonctions fait assez pressentir les altérations qui doivent assiéger le vieillard. Ainsi, mettant de côté les anomalies produites chez la femme par la suppression du flux menstruel, nous trouvons particulièrement, dans l'énumération des désordres morbides communs aux deux sexes, les inflammations chroniques des viscères digestifs, urinaires ; la goutte, le rhumatisme, la pierre, la gravelle, toutes

les dégénérations organiques, les ossifications, les varices, les anévrismes passifs, les apoplexies, les œdèmes,
les paralysies etc.

6° CADUCITÉ.

La caducité, παρήλικία, des Grecs, *caducitas*, des
Latins, *de cadere* tomber, encore nommée *décrépitude*,
est cette période extrême de la vie, comprise entre la
vieillesse et la mort naturelle ; ou, d'une manière plus
positive, entre quatre-vingts ans et la cessation de l'existence physiologique. Ses caractères essentiels ne se bornent plus à l'abaissement gradué des fonctions, ils portent sur la destruction progressive des phénomènes,
préludant à la mort générale, par ces extinctions loca-
lisées.

Opposerons-nous à ces lois invariables quelques faits
exceptionnels indiquant une rétrogradation de la vitalité
défaillante vers ses premières manifestations ? Haller dit
qu'un centenaire, dont les yeux se trouvaient à peu près
éteints, abandonna ses lunettes et recouvra spontanément
la vue ; que chez un autre les cheveux, ayant blanchi
complétement à quatre-vingts ans, reprirent, à cent, leur
couleur naturelle ; enfin qu'un troisième, ayant perdu la
totalité de ses dents, à soixante dix ans, les vit repousser à quatre-vingt-quinze etc. Ces résultats, en les supposant bien démontrés, loin d'infirmer la règle générale,
nous offrent des modifications extraordinaires, sans doute
favorisées par quelques changemens avantageux dans le
régime, le climat et les habitudes primitives du sujet.

L'homme avait jusqu'alors entretenu des relations avec
tous les objets qui l'environnent ; plus ou moins remarquable par la vivacité de son imagination dans l'adoles-

cence, par la force et la maturité de son esprit dans l'âge viril, par la sagesse de ses déterminations dans la vieillesse, il nous offrait encore hier les précieuses qualités de l'être intelligent et sensible ; aujourd'hui, dans cette période, véritable passage de l'existence active à la mort, il devient un sujet nul pour les autres, pour lui-même; rentre, sous ce rapport, dans les conditions embryonaires ; mais il se trouve opposé par ses dégradations à la marche progressive de cette première modification vitale.

C'est avec des transitions régulières, sagement combinées par la nature, qu'il marche dans cette voie d'anéantissement, et resserre de plus en plus les bornes de son foyer d'expansion. L'ouie, la vue, le toucher, l'odorat, le goût se ferment successivement aux impressions extérieures ; l'âme comme isolée, dans cette écorce inaccessible, de tout ce qui pourrait l'affecter, semble étrangère aux changemens de la nature, aux renversemens des sociétés, aux bouleversemens des empires, à la mort des amis et des proches. Les muscles commandés par un cerveau débile, n'exercent plus aucun mouvement précis et déterminé; les membres sont agités d'un tremblement involontaire, ou pour jamais condamnés à l'immobilité; l'homme tout entier descend, par degrés, à cette nullité physique et morale désignée par le terme *d'enfance*, comme pour indiquer le rapprochement qui paraît alors s'établir entre les deux extrêmes de la vie.

Changement déplorable, métamorphose affligeante! Cet être puissant, qui naguère commandait à la nature, et, dans ses téméraires excursions, visitait les bornes du monde, actuellement fixé comme un végétal sur le sol qui doit engloutir ses restes mortels, n'a pas même les facultés indispensables pour satisfaire à ses premiers besoins. Péniblement courbé sous le poids des ans et des infirmités, chaque jour il incline vers la tombe son front blanchi par le tems ! Son imagination s'éteint, sa mémoire l'abandonne , son jugement s'égare , son intelligence ne présente plus que des clartés passagères. Ses contemporains, ses amis ont disparu de la scène du monde, il se trouve maintenant comme un étranger au milieu de ceux qui les ont remplacés et dont il s'est naturellement éloigné , ne trouvant point , dans leur commerce habituel, cette conformité de mœurs, de goûts et d'opinions seule capable de provoquer et de fonder l'intimité de nos rapports. Les liens qui l'attachaient à la vie se relâchent d'abord, se brisent ensuite sans effort et par degrés inapréciables; il succombe en détail. Dans sa prévoyance infinie, celui qui l'anima du feu celeste voulut en même tems l'affranchir des horreurs de la destruction, en faisant marcher la cessation de l'homme moral avant celle de l'homme physique. Le flambeau de la vie ne brille déjà plus que d'une lueur pâle, incertaine ; il jette un dernier éclat; *s'éteint !* cette extinction est *la mort !....*

L'homme n'est plus ! Ses organes dépouillés des propriétés vitales , désormais exclusivement soumis à l'empire des lois de la matière, vont se décomposer et s'anéantir. Dans quelques instans il ne restera plus aucun vestige de cet être supérieur, nous étonnant par l'élévation de ses pensées , par la perfection de ses talens , par la noblesse de son caractère ; de cet être aimable et gracieux qui nous attirait par le pouvoir de ses charmes et plus encore par celui de ses vertus ! Épouvantable idée !.... Mon âme se resserre, mon cœur frémit et se brise à l'aspect de cet affreux néant que vient m'offrir le matérialisme comme terme de nos destinées !

Qu'ai-je dit ?.. La raison puissante qui malgré nous porte sa vive lumière dans les derniers replis d'une conscience obscurcie par les passions, cette raison victorieuse, repoussant avec l'ascendant et la force de la vérité les conceptions du mensonge et de l'erreur, nous montre, dans l'homme, un principe indépendant de la matière et de ses lois, ne pouvant jamais finir avec elle, devant au contraire survivre à cette apparente et vaine destruction ! Ici commence, d'un côté, l'empire exclusif de la psycologie ; de l'autre, le domaine de la physique ; là finit celui de la physiologie.

Tels sont les attributs temporaires de l'homme ; d'abord faible, soumis ; plus tard puissant, commandant en maître ; plus tard encore déchu de ce pouvoir éphémère, ne conservant d'autre ascendant que celui de la réputation et des vertus !

Vous, qui dans la force de l'âge étonniez l'univers par l'énergie de vos conceptions, par la supériorité de votre génie, offrez-nous, dans la vieillesse, des qualités et des vertus aimables, soyez indulgent pour nos erreurs comme on le fut pour les vôtres, et loin d'aliéner des droits acquis, chaque jour vous en obtiendrez de nouveaux à nos respects, à notre vénération !

Vous, qui dans la saison du printems, avec autant d'art que de naturel, saviez couvrir de fleurs tous les sentiers de la vie ; qui, dans la période suivante, avez donné des fruits précieux, des gages certains d'une propagation indéfinie ; vous, qui régnez par des charmes et des vertus paisibles, dont l'empire est bien plus assuré que celui de la force et de la puissance, lorsque viendront les hivers conservez cette gaieté franche et naïve, confiez-vous de bonne heure à cette sage philosophie qui vous permettra de contempler sans envie, sans regret, dans les compagnes d'une époque moins avancée, la grâce, les avantages auxquels vous ne devez plus prétendre ; dès-lors vous n'offrirez à nos yeux ni

vieillesse ni caducité, vous serez toujours cet ange
tutélaire que la bienveillance du créateur voulut associer à l'homme pour adoucir les chagrins, partager les
plaisirs et les ennuis dont sa vie présente naturellement
le constant et bizarre assemblage.

Après avoir étudié les principales phases de la vie
normale, dans leurs caractères fondamentaux, nous devons actuellement, sous le titre *de longévité*, considérer les termes les plus remarquables de la durée
qu'elle peut atteindre chez les différens êtres organisés
actuellement soumis à ses manifestations.

LONGÉVITÉ.

La longévité, μακροβιότης, des Grecs, de μακρὸς,
long, et βιος, vie, *longævitas*, des Latins, indique la
prolongation de l'existence active, chez certains individus, au-delà des bornes généralement imposées à leur
espèce.

La durée naturelle de cette existence est, pour tous
les êtres qui la possédent, le tems compris entre l'animation de la matière et le retour de celle-ci vers l'état
purement physique, par l'extinction des propriétés
vitales. Si nous l'envisageons dans l'innombrable série
des corps organisés, nous trouvons des différences palpables et multipliées sous le rapport : 1° *des espèces* ;
2° *des individus.*

1° RELATIVEMENT AUX ESPÈCES. — Les différences
de ce premier ordre sont dans la nature essentielle des
êtres et réglées par les lois fondamentales de la création.
Combien d'intermédiaires ne rencontrons-nous pas entre l'insecte éphémère que le même soleil voit naître,
périr, et le baobab dont six à huit siècles ne suffisent

TOME IV. 33

pas toujours pour mesurer l'existence ? Ainsi, l'abeille vit un an, le polype deux ; le coq, le chat, dix ; la tortue, le porc, la vache, le bœuf domestique, vingt ; le serin, vingt-deux ; le paon, le chien, vingt-quatre ; le taureau, le cheval, le dauphin, trente ; l'oie, le ramier, cinquante ; l'ours, le lion, l'âne, soixante ; le mulet, quatre-vingt ; l'aigle, le cigne, le perroquet, le chameau, cent ; l'éléphant cent-cinquante, deux et jusqu'à trois cents.

La nature qui, sous le rapport de l'intelligence, a placé l'homme au premier rang, l'avait également partagé d'une manière très-avantageuse relativement à la longévité. Mais l'abus qu'il fait de ses moyens, son intempérance, la violence de ses passions, les vices nombreux de ses habitudes sociales et les maladies continuelles qui l'affligent, réduisent bien souvent en problême une existence dont ils abrégent et précipitent le cours, à tel point qu'un centenaire est aujourd'hui placé dans la catégorie des phénomènes étonnans. Sans rechercher, avec quelques auteurs, si la longévité de nos premiers pères est une conséquence de leur bonne constitution, de leurs vertus et de leurs mœurs patriarcales, ou si dans l'estimation de leurs années il existe erreur de calcul, modification dans la manière de diviser les tems, nous croyons pouvoir affirmer que nos exemples de vies très-prolongées ne sont pas aussi fréquens, aussi nombreux que dans les premiers âges du monde ; nous en indiquerons bientôt les raisons qu'il est déjà facile de pressentir.

2° RELATIVEMENT AUX INDIVIDUS. — Les disparités de ce deuxième ordre se trouvent, pour le plus grand nombre, en dehors de la nature ; elles ont leurs occasions dans le domaine de l'art et des circonstances accidentelles. Frappés des énormes différences que l'on observe quelquefois, sous le rapport de la longévité, chez plusieurs sujets d'une même espèce, les physiologistes ont voulu remonter aux causes de ces précieux résultats; leurs travaux ont été souvent incomplets ou fondés sur des hypothèses. Prenant l'expérience, les faits et l'observation pour guides exclusifs, nous réduirons aux huit chefs suivans les modificateurs essentiels qu'il s'agit ici d'apprécier : 1° *Bonne constitution*; 2° *harmonie du physique et du moral*; 3° *lenteur de l'accroissement*; 4° *équilibre entre les appareils et les fonctions*, 5° *élévation de la taille*; 6° *habitation d'un climat tempéré*; 7° *calme de l'âme*; 8° *éloignement des surexcitations vitales*. Pour faire apprécier toute l'importance de ces considérations il suffit d'ajouter : qu'avoir établi sur des bases positives les conditions artificielles de la longévité, c'est précisément avoir trouvé le secret de reculer sans effort les bornes de la vie.

1° *Bonne constitution*. — Deux élémens concourent à la formation de l'homme, *l'esprit* et la *matière*. Il est aisé de comprendre que la première condition de longévité réside naturellement dans la *perfection essentielle* de ces deux élémens fondamentaux. En observant une masse de sujets au milieu des mêmes circonstances, nous trouvons aussitôt les applications de cette loi. *Sous le rapport du physique*, les individus que nous voyons atteindre un âge très-avancé présentent constamment des organes sains, bien élaborés, d'une texture en même tems souple, vigoureuse et dans une harmonie remarquable avec les fonctions qui leur sont départies; jamais nous ne rencontrons, au nombre des centenaires, les scorbutiques, les cancéreux, les rachitiques, les scrophuleux etc., dont les tissus offrent des perversions substantielles notables. *Sous le rapport du moral*, une intelligence débile, incapable de communiquer à l'économie l'expansion dont elle a besoin ; des impulsions instinctives, dépravées, bizarres, imprimant aux fonctions des mouvemens tumultueux et désordonnés sont contraires à la prolongation de l'existence, qui se trouve garantie par un esprit fort sans violence; par un caractère sage, heureux sans bienveillance abusive.

2° *Harmonie du physique et du moral.* — Il ne suffit pas que ces deux principes offrent isolément des caractères parfaits, il faut encore, pour assurer la longévité, qu'ils s'unissent dans un certain degré d'équilibre. La prédominance marquée de l'un ou l'autre abrège toujours la durée commune de la vie. Si le physique est exubérant, il étouffe le moral et suffoque l'activité dans son foyer ; c'est le fourreau, comme on l'a dit en style vulgaire, qui rouille et détruit l'épée ; si le moral est excessif, il énerve et consume le physique ; c'est l'épée qui vient user et détruire le fourreau. L'examen d'un grand nombre d'individus prouve toute la réalité de cette loi, nous montrant l'idiotisme et le génie rapprochés dans les morts naturelles prématurées, sous l'influence de ces modifications contraires.

3° *Lenteur de l'accroissement.* — Nous établissons en thèse générale : toutes les fois qu'un être vivant exige pour se développer un tems considérable, sa vie normale offre, par cela même, une assez longue durée, *et vice versâ.* En effet, réduisant l'existence active à trois périodes fondamentales : 1° *Accroissement*, 2° *état stationnaire*, 3° *décroissement*, on peut affirmer que ces périodes sont à peu près égales entre elles ; de manière que la première une fois connue sert à mesurer, du moins approximativement, les deux autres. Cette loi dont les exceptions offrent peu d'exemples, se trouve positivement établie sur la marche uniforme de la nature ; si nous voyons ses progrès lents dans la première phase de la vie, nous sommes à peu près certains de les trouver avec ces caractères dans la seconde et la troisième ; les applications viennent précisément confirmer la règle. Ainsi, chez l'homme, dans les conditions ordinaires, l'accroissement paraît à son terme de vingt à vingt-cinq ans ; la durée commune de la vie naturelle est alors de soixante à soixante-quinze ; tandis que chez l'insecte qui se développe, dans quelques heures, un seul jour mesure toute sa révolution ; et que deux ou trois siècles deviennent indispensables pour la compléter dans le chêne de nos forêts, n'arrivant qu'après cent ans à son extension définitive.

Ces considérations appliquées, non seulement aux espèces, mais encore aux individus, nous offriront presque toujours des résultats assez positifs dans l'estimation de la longévité. L'homme dont l'accroissement aura présenté beaucoup de lenteur et d'uniformité dans ses progrès devra, toutes les autres conditions étant favorables, espérer une carrière prolongée.

4° *Équilibre entre les appareils et les fonctions.* — Chaque jour, dans le monde, on confond la force musculaire et la force organique. La première, susceptible de vaincre des résistances matérielles très-considérables, n'est jamais une garantie contre les infirmités et la mort prématurée. Nous voyons souvent en effet des colosses, des hercules, défiant en apparence toutes les maladies, fréquemment affectés par des lésions graves, ou succombant, avant le terme commun, dans toutes les dispositions de la caducité. La seconde, au contraire, n'offre aucun rapport avec l'énergie motrice ; elle tient spécialement à l'harmonie de toutes les fonctions, de tous les appareils. Dans cet accord unanime, l'économie trouve une puissance remarquable pour lutter avantageusement contre les causes destructives qui l'environnent, et cette force que nous appelons *d'organisme ou de synergie*, parce qu'elle siége dans l'ensemble des instrumens physiologiques sans aucune prédominance locale, nous présente constamment l'une des assurances les plus positives de longévité. C'est ainsi que tel sujet après s'être acquis la réputation d'un lutteur formidable, ne supporte pas aussi bien que tel autre, grèle et faible en apparence, la faim, la soif, les privations du sommeil, l'intempérie des saisons, les marches forcées et toutes les fatigues de la guerre. Il suffit de lire attentivement les relations impartiales de nos mémorables et désastreuses campagnes pour savoir que les corps d'élite, les plus ménagés, les mieux pourvus, composés par les hommes les plus beaux et les plus robustes, ne furent pas ceux qui bravèrent avec le moins d'accidens et de mortalité les glaces des pôles et les feux des tropiques. En observant avec attention, l'on ne tarde pas également à s'apercevoir que les individus les plus forts en apparence ne sont pas toujours les plus forts en réalité; ou si l'on veut, que l'énergie musculaire et la résistance organique se trouvent absolument indépendantes. La seconde, basée particulièrement sur l'équilibre des appareils et sur l'activité morale, soutient l'économie physique, offrant seule une influence marquée relativement à la longévité; la première n'en présente pas même la plus faible garantie. C'est ainsi que les sujets dont on admire la taille et les formes athléliques, dans l'adolescence et la virilité, passent immédiatement de cette période à la décrépitude, semblables à ces masses colossales qui, soutenues par un ressort puissant, tombent de tout leur poids lorsque cet appui vient à manquer.

5° *Élévation de la taille.* — Une stature au-dessus de la moyenne, présente ordinairement des chances favorables de longévité ; sans doute en raison de la prolongation de l'accroissement, sans doute, plus spécialement encore, parce que les hommes d'une taille élevée, moins turbulens, moins emportés dans leurs phénomènes, d'un moral plus calme, s'usent avec moins de précipitation ; tandis que les hommes très-petits, sans cesse en mouvement, toujours dans une inquiète activité, semblent vouloir gagner en vitesse, une partie de ce qui leur manque dans l'espace, et, sous l'influence de ces continuelles agitations, dépensent rapidement la vie, sans pouvoir la conserver long-tems, à moins que cet inconvénient grave ne soit racheté par des avantages plus positifs encore.

6° *Habitation d'un climat tempéré.* — Ces latitudes favorables à l'exercice complet et régulier des phénomènes vitaux deviennent par cela même l'une des causes extérieures de longévité. Les glaces des régions polaires, et l'air embrasé de la zone torride, sont au contraire des obstacles positifs à la prolongation de l'existence active; les premières, en abâtardissant les espèces, en réprimant les développemens de l'organisme, en le fatigant par des concentrations habituelles et plus ou moins funestes ; le second, en surexcitant l'économie d'une manière continuelle et destructive, en maintenant les appareils dans une permanence d'action qui doit bientôt en amener l'épuisement complet.

7° *Calme de l'âme.* — Si l'influence du moral sur le physique est appréciable pour toutes les modifications de la vitalité, c'est plus particulièrement encore dans celles qui peuvent établir diversement les bornes de l'existence active; que cette influence devient incontestable. Une conscience tranquille, des passions douces, réglées par la raison, des facultés intellectuelles modérément exercées paraissent irradier, dans tout l'organisme, ces impulsions bienfaisantes qui favorisent l'accomplissement des actes physiologiques en garantissant la longévité. D'un autre coté, l'abus des travaux de l'esprit, les angoisses d'une âme incessamment agitée par l'ambition, la jalousie, la haine, l'envie etc. ; les tortures d'une conscience déchirée par le remords, jettent les phénomènes vitaux dans un état continuel de trouble et d'imperfection, en réunissant toutes les causes d'une fin prématurée. Voyez l'homme indépendant, sage et vertueux il paraît encore jeune, même dans la vieillesse ; observez au contraire le courtisan vicieux et passionné, vous le trouverez déjà caduc, même dans l'âge de la force et de la vigueur.

8° *Éloignement des surexcitations vitales.*—Déjà nous avons comparé la vie, dans ses effets relativement au corps qu'elle anime, à la flamme qui s'attachant au combustible, par une attraction particulière, le fait briller d'un éclat passager, en détruisant sa propre substance.

Tout corps organisé vivant peut-être considéré, d'après cette analogie, comme doué d'une certaine proportion de cet élément combustible dont la dépense entière marquera le terme de l'existence active pour ce même corps. Si la combustion est trop ménagée, trop faible, un léger soufle peut l'éteindre ; circonstance qui fait sentir la nécessité d'un certain degré d'excitation organique, pour l'entretien de la vie dans ses dispositions de force, de resistance normales, sans lesquelles on verrait bientôt l'économie tomber dans un état de torpeur et d'engourdissement favorables à l'empiétement destructeur des puissances physiques et chimiques. Cette combustion est-elle au contraire excessive, consumant avec rapidité la proportion donnée du combustible, elle diminue la durée naturelle de l'existence ; le sujet vit plus dans un tems déterminé, mais il vit moins long-tems. Ces rapprochemens sont applicables à tous les êtres animés, depuis le végétal jusqu'à l'homme.

Par la culture, on détermine des prodiges de végétation, sous le rapport de l'accroissement, tandis qu'on diminue, dans une mesure proportionnelle, chez les plantes, les arbustes et les arbres soumis à l'expérience, le tems d'une vie dont la nature a cédé la direction au pouvoir de l'art.

Modifiés par notre civilisation, par les influences de la domesticité, les animaux vivent beaucoup moins longtems que leurs analogues en liberté dans les conditions de l'état sauvage. Il suffit d'observer comparativement les uns et les autres, pour sentir la vérité de cette loi.

C'est plus spécialement encore chez l'homme que ces modificateurs font éprouver leur puissance. Jamais il ne peut sortir impunément des bornes de l'activité normale; plus son existence manifeste d'expansion, de brillant et d'éclat, plus elle devient courte et précaire. L'abus des liqueurs alcoholiques, des alimens excitans, des plaisirs vénériens, du mouvement, des impulsions instinctives, des efforts intellectuels etc. précipitent nécessairement le cours de la vie, détruisent toutes les chances de sa prolongation. Consultez en effet les annales de la longevité, vous y trouverez à peine quelques célébrités acquises par le génie, par la science, par la réalisation d'un vaste projet etc. ; et vous y verrez citer comme exceptions à cette règle générale Buffon qui mourut à quatre-vingt-un ans; Ducis, à quatre-vingt-trois; Voltaire à quatre-vingt-quatre ; Hippocrate à cent-quatre etc. ; ouvrez au contraire les archives des morts prématurées, vous y rencontrerez un grand nombre d'hommes que d'immenses travaux, de grandes passions, une ardeur infatigable pour l'étude, ont fait périr dans la force de l'âge, souvent au milieu des plus brillantes manifestations de la jeunesse, et dont les sciences, les arts en deuil pleurent encore aujourd'hui la perte à jamais irréparable ! Ainsi, dans la musique, Mosart ; dans la peinture, Raphaël ; dans la poésie, le Tasse ; dans la philosophie, Pascal ; dans la guerre, Napoléon ; dans les sciences médicales, Bichat ! quels noms ! quels talens !...Ces prodiges vinrent éblouir, étonner le monde ; ils vécurent trop dans un jour. Leur durée ne pouvait être qu'éphémère !...Le génie connaît-il des entraves ? la mort doit-elle inspirer des regrets en laissant après soi d'aussi beaux souvenirs ?

Quelques auteurs ont voulu placer encore au nombre des causes de la longévité, plusieurs dispositions qui nous semblent offrir assez peu d'importance. Ainsi : 1º *Le sexe féminin.* — Mais s'il est moins exposé que l'autre, aux agens destructeurs que nous avons signalés, n'offre-t-il pas une compensation bien positive par les dangers de l'établissement et de la suppression du flux menstruel ; par la délicatesse de sa constitution, les inquiétudes, les fatigues de la maternité, le développement excessif des affections mentales etc.? 2º *Le volume du sujet.*—Mais le coq ne vit que dix ans ; le serin, vingt-deux ; l'oie quarante, le perroquet, cent etc. ; dans notre espèce, les hommes d'une ampleur colossale n'atteignent jamais un âge très-avancé. 3º *La densité des tissus.*—Mais le mulet vit quatre-vingts ans, et le cheval seulement dix-huit ou vingt, sans qu'il existe une différence proportionnelle entre la fermeté respective de leurs organes. Pour notre catégorie, nous voyons des sujets dont la fibre est sèche, arriver promptement à la caducité ; d'autres, assez remarquables par la succulence de leurs tissus, parcourir toutes les phases de l'extrême vieillesse. 4º *Les alimens très-nourrissans et les commodités de la vie.* — Mais nous trouvons des exemples de longévité dans toutes les classes, dans toutes les conditions ; les plus extraordinaires sont même présentés par des hommes dont l'existence a parcouru ses degrés au milieu de l'esclavage, de la misère, du travail et des privations. Tels furent, entre beaucoup d'autres, Etienne Baquet, mort à Estadens, arrondissement de St-Gaudens (Haute-Garonne), le vingt deux août 1824, alors âgé de cent-vingt-quatre ans. Né dans le département de l'Arriége, il avait passé toute sa vie sous l'influence des mortifications et de la pauvreté. Ce nègre dont on a parlé beaucoup en 1819 ; lequel vendu aux Anglais, à vingt-trois ans, fait prisonnier à quarante trois par les Français, conduit aux Etats-Unis d'Amérique, mourut à cent-trente-cinq ans, après avoir compté plus d'un siécle d'esclavage.

Les physiologistes ont entrepris des recherches statistiques nombreuses, diversifiées, pour trouver quelques lois positives, relativement à la durée probable de la vie dans ses différentes périodes , à la proportion naturelle des longévités remarquables ; ces travaux n'ont fait que démontrer combien il est difficile d'établir ici des règles fondamentales, et combien sont éventuelles et variables dans ces déterminations, les influences du sexe, du climat, des habitudes etc. Tous les pays, tous les peuples, toutes les constitutions , tous les tempéramens etc. nous présentant, sous ce rapport, la réunion des extrêmes les plus opposés.

Haller a pu réunir un assez grand nombre de longévités dans les proportions suivantes : De 110 à 120 ans, soixante-deux ; de 120 à 130, vingt-neuf ; de 130 à 140, quinze.

Sussmilch prétend que l'on voit un centenaire pour 1,400 individus.

Sur 21,028 sujets, morts à Londres, en 1751 , on en trouve : A 90 ans, cinquante huit ; à 100 , treize ; à 109, un. Ce qui donne un centenaire pour 1,502.

Sur 26,326 individus, morts en 1762, dans la même ville, on en rencontre : A 90 ans, quatre-vingt-cinq ; à

100, deux. Résultat qui présente un centenaire seulement pour 13,163, au milieu des circonstances analogues, pour ne pas dire absolument identiques, en prouvant combien toutes ces estimations deviendraient illusoires, si l'on voulait en former la base d'un système général et précis.

D'après les tableaux de mortalité composés, pour la France, par M. Duvillard, on voit périr sur 1,000,000 de sujets, à 80 ans, trente-quatre mille sept cent-cinq ; à 90, trois mille huit cent trente ; à 100, deux cent-sept ; à 101, cent trente-cinq ; à 102, quatre-vingt-quatre ; à 103, cinquante-un ; à 104, vingt-neuf ; à 105, seize ; à 106, huit ; à 107, quatre ; à 108, deux ; à 109, un ; à 110, aucun. La proportion est ici d'un centenaire sur 4,830, 83 centièmes.

Les calculs de Buffon, sur différentes probabilités de la vie, nous fournissent comme, principaux résultats, les données suivantes : Sur un nombre déterminé de sujets, il en meurt *le quart*, avant cinq ans ; *le tiers*, avant dix ; *la moitié*, avant trente-cinq ; *les deux tiers*, avant cinquante-deux ; *les trois quarts*, avant soixante-un. Sur sept enfans d'un an, aucun ne parvient à 70. Il en arrive un seulement, à 75, sur onze ; à 80, sur dix-sept ; à 85, sur soixante-treize ; à 90, sur deux cent-cinq ; à 95, sur sept cent-trente ; à 100, sur huit mille cent soixante-dix-neuf. La vie moyenne pour le sujet d'un ou de vingt-un ans est de 33 ans ; pour celui de cinquante-un, de 16 ; pour le vieillard de soixante-six ans, comme pour l'enfant naissant ; de sept ans à vingt-un, les chances deviennent plus favorables que dans toute autre époque. D'après le même auteur, il nous reste encore d'existence probable : à dix ans, 40 ans ; à vingt, 33 ; à trente, 28 ; à quarante, 22 ; à cinquante, 16 1|2 ; à soixante, 11 ; à soixante dix, 6 ; à soixante

quinze, 4 1|2 ; à quatre-vingt, 3 1|2 ; à quatre-vingt
cinq, 3.

Il est aisé de sentir que toutes ces estimations ne peuvent être qu'approximatives. Les exemples de longévité
que nous allons rapporter prouveront, actuellement,
comme nous l'avons établi d'abord en principe, que
l'homme peut franchir les bornes communes de l'existence au milieu des modificateurs les plus essentiellement
différens.

M. Longueville, qui contracta dix mariages, a vécu
plus de cent ans.

On voyait encore, vers l'année 1826, dans Amesfort,
en Hollande, deux époux formant ensemble 207 ans ; le
mari comptait 105 ans, la femme 102. L'un et l'autre
jouissaient d'une très-bonne santé.

Hippocrate est mort à 104 ans ; Saint-Antoine, à 105,
Démocrite, à 109 ; Saint-Paul, ermite, à 113, dans un
désert ; François Guibeau, à 104, dans la ville de
Rochefort, en 1825, n'offrant aucune infirmité. Ce vieillard avait travaillé toute sa vie sur le port, en qualité
d'ouvrier.

M. Robion, curé d'un village du diocèse de Vienne
en Dauphiné, mourut l'année 1758, à 108 ans. Il des-
servait cette paroisse depuis quatre-vingts ans, avait
baptisé tous ses fidèles à l'exception d'un seul. De mœurs
paisibles, il conserva toujours la même domestique.
Celle-ci lui survécut alors âgée de 104 ans.

Il existait en 1825, aux environs de Pérouse, dans
les états pontificaux, un homme appelé Hyppolite Joseph Bindo, âgé de 119 ans, aimant à boire, d'une
gaieté remarquable, conservant l'usage des organes sensitifs, des facultés intellectuelles et même des principaux
moyens locomoteurs. Le pape l'ayant fait visiter par l'é-
vêque diocésain, on le trouva sur une mauvaise natte

en paille à peine abrité par sa cabane ruineuse qu'il ne voulut pas abandonner, y trouvant un bonheur dont son ambition était complétement satisfaite.

En 1760, moururent, à Philadelphie, dans l'Amérique septentrionale, Claude Cottrell et sa femme, le premier âgé de 120 ans, la seconde, de 115. Ils comptaient 90 ans de ménage.

Simon Clophas, évêque de Jérusalem, fut martyrisé à 120 ans.

Éléonore Spicer, mourut en Virginie, l'an 1773, à 121 ans.

Jean Bayles, pauvre marchand de boutons, à 130.

Marguerite Forster, en 1771, dans le comté de Comberland, à 136.

Marguerite Potters, en Angleterre, à 138.

James Laurence, en Ecosse, à 140.

La comtesse de Desmond, en Islande, à 140.

James Sonds, dans le Staffordshire, à 140.

A. Goldsmith, en France, dans le mois de juin 1776, à 140.

Simon Sack, à Trionia, le 30 mai 1764, à 141.

La comtesse Ecleston, dans l'Islande, en 1691, à 143.

Jean Effingham, en 1757, dans le Comté de Cornouailles, à 144.

Evan Williams, en 1782, à Cœrmorthen, à 145.

J. Drakemberg, en Norwège, le 4 juin 1770, à 146. Il avait été voyageur, soldat, enfin esclave en Barbarie.

Le colonel Thomas Winslow, mourut en Islande, le 26 août 1766, à l'age de 146 ans.

Le roi Arganthonius vécut, au rapport de Pline, dans l'Espagne méridionale, jusqu'à 150.

Francis Coasist mourut dans le Yorkshire, en janvier 1768, à 150.

Thomas Parre, le 14 novembre 1635, à 152. Il aurait

peut être existé plus long-tems, si la pension qui lui fut accordée par Charles 1er, ne l'eût conduit à changer sa vie frugale pour un régime plus abondant. Son cadavre fut disséqué par Harvey.

James Bowels mourut, le 15 juin 1636, à 152 ans.

Joseph Surrington, dans l'année 1797, près Bergen, en Norwège, à 160. Laissant deux fils, l'un, de 103 ans, l'autre de 9.

Henri Jenkins, mourut le 9 décembre 1670, dans le Yorkshire, à 169 ans; six moins qu'Abraham. Il était pauvre pêcheur; et, même déjà centenaire, traversait encore les fleuves à la nage. On le fit appeler en témoignage pour un fait passé depuis 140 ans; il comparut avec ses deux fils, l'un de 100, l'autre de 102.

Louisia Truxo, mourut en 1780, à 175. Elle était négresse, esclave du Tucumore, dans l'Amérique méridionale.

Enfin, parmi les histoires de longévités authentiques, la plus remarquable est celle d'un vieillard Livonien, rapportée par la Gazette Française de Pétersbourg, du 8 juin 1825. Cet individu se rappelait très-bien la mort de Gustave Adolphe, tué à la bataille de Lutzen en 1632; il avait 86 ans, à celle de Pultava en 1709, il y a 116 ans, qui, ajoutés à 86, forment pour la durée totale de sa vie 202 ans.

Telles sont les limites, jusqu'ici les plus reculées, de l'existence humaine soumise à tant de vicissitudes, à tant de chances funestes, surtout chez les peuples civilisés. Étudions actuellement les terminaisons variées de cette existence, dont nous allons envisager le dénouement final sous le titre de *mort*. Voyons par qu'elles modifications l'économie vivante pourra descendre à l'état passif, en rentrant dans l'économie générale dont l'animation d'un germe, l'avait temporairement fait sortir.

CHAPITRE DEUXIÈME.

CONSIDÉRATIONS SUR LA MORT.

La mort, νεκρὸς, des Grecs, *mors* des Latins, *est la cessation irrévocable des fonctions qui donnaient à l'être organisé vivant, le pouvoir de résister aux influences destructives dont il est environné.* L'on ne doit pas, dès-lors, confondre *la mort avec l'asphyxie, la syncope, la lypothimie*, suspensions révocables de ces mêmes fonctions.

Nous contractons involontairement l'habitude vicieuse de regarder *la mort* et *la vie*, comme deux entités que l'on peut opposer l'une à l'autre. Mais avec un peu de réflexion, nous découvrons bientôt l'erreur de cette pensée. La mort n'est qu'une abstraction, l'absence de ces conditions organiques, auxquelles nous avons donné le titre de propriétés vitales ; elle est à la vie ce que le froid devient au calorique ; c'est le passage de l'état physiologique à l'état physique, de l'existence active à l'existence passive, *mourir*, *cesser de vivre*, sont deux expressions entièrement synonymes.

La vie commence à l'instant de l'animation ; sa durée n'est qu'un point dans l'éternité. Si nous supposons d'autres mondes, d'autres sphères cultivées, peut être cette fraction temporaire qui nous paraît assez considérable, n'est-elle, pour leurs habitans, que la plus faible partie d'une existence bien plus étendue. La mort définitive n'offre jamais ces modifications, quels que soient les profluence, comme celle de l'animation, est toujours instantanée ; c'est le projectile qui frappe et disparaît, ne laissant d'autres vestiges que les résultats de son action.

Sous le rapport de la période vitale qu'elle atteint, des causes qui la déterminent, des circonstances qui l'accompagnent, la mort présente nécessairement deux variétés : 1° *accidentelle*, 2° *naturelle*; disposition qui nous explique sa fréquence dans un nombre déterminé de sujets. Admettons approximativement, neuf cent millions d'habitans sur notre globe, et, d'après les données statistiques les plus exactes, une naissance sur vingt-neuf à trente individus, une mort sur trente-trois, nous obtiendrons pour le moins, une mort, une naissance par seconde, plus de soixante par minute, trois à quatre milles par heure.

1° MORT ACCIDENTELLE.

Nous désignons, par ce titre, l'extinction des propriétés et des fonctions vitales, sous l'influence d'une cause étrangère à la décrépitude. Lorsque cette modification affecte seulement un point de l'organisme, on la nomme *gangrène* pour les parties molles, *nécrose* pour les os.

La mort accidentelle, moins ordinaire chez les végétaux que chez les animaux, chez les animaux que chez l'homme, est beaucoup plus fréquente au milieu des peuples civilisés dont les causes physiques et morales d'altération se multiplient chaque jour, en raison de leurs nécessités factices, que parmi les hordes sauvages dont les maladies sont en proportion inverse des besoins naturels ; dont la vieillesse constitue la principale, nous pourrions presque dire la seule infirmité.

Les causes les plus générales et les plus positives de cette mort prématurée peuvent se réduire aux six types suivans : 1° *Défaut d'excitation vitale et de réparation organique.* — L'existence d'un minéral est d'autant plus assurée qu'il est plus isolé ; celle d'un végétal, d'un animal, d'un homme devient au contraire absolument impossible dans cette abstraction individuelle ; il faut en effet l'action des corps extérieurs pour solliciter la réaction des corps animés, une matière étrangère et nutritive pour fournir aux frais des pertes que fait incessamment la matière vivante. C'est nne grande vérité dont Brown a formé la base de son illusoire et dangereux système en confondant les abus de ce principe avec ses justes applications ; et dont M. Broussais a méconnu l'importance, négligé l'emploi dans un système opposé, plus physiologique, moins nuisible sans doute, mais dont tous les axiomes et toutes les conséquences ne sont pas également admissibles. 2° *Défaut, accumulation de calorique intérieur, importation excessive de calorique extérieur.* — La vie, chez tous les êtres organisés, s'entretient au milieu de certaines conditions thermométriques indispensables, et dont la mesure varie, pour les différentes espèces, d'une manière prononcée ; dans les divers sujets, avec des nuances beaucoup moins sensibles ; chez l'homme, cet intervalle est marqué de 26° à 44° c. Toutes les circonstances extérieures, toutes les dispositions individuelles susceptibles d'abaisser notre température au-dessous du premier point, de l'élever au-dessus du second, doivent occasionner la mort. 3° *Empoisonnemens.* — Leur source peut être *intérieure*, comme on le voit pour la résorption des matières sanieuses, ichoreuses développées dans l'économie sous l'influence de la perversion nutritive des humeurs, des tissus ; *extérieure*, comme on l'observe relativement aux substances corrosives , neutralisantes , narcotiques etc. appliquées sur les organes, introduites par l'absorption, dans le torrent circulatoire. *4° L'altération profonde et la destruction matérielle d'un organe indispensable au maintien de la vie.* — Cette cause est une des plus fréquemment en action dans le résultat que nous examinons, comme on le voit, pour les congestions inflammatoires des viscères principaux, les compressions du cœur dans l'hydropéricarde , la destruction ulcéreuse des poumons dans la phthisie etc. *5° Violences mécaniques.* — Dans cette catégorie viennent se ranger les commotions, les contusions, les plaies avec leurs conséquences plus ou moins immédiatement destructives de la vie. *6° Extinction de la sensibilité par la douleur et les passions violentes.*—La mort se manifeste alors sous l'influence d'un épuisement instantané des propriétés essentielles à la conservation de l'existence active. En rattachant aux six chefs principaux que nous venons de signaler toutes les causes particulières de la mort accidentelle , ou simplifie beaucoup la théorie de leur action et la connaissance des moyens propres à les contrebalancer.

Sous le rapport que nous étudions l'existence présente , chez l'homme, douze époques vitales plus spécialement dangereuses : *1° Les premiers instans de l'état embryonaire;* par la délicatesse du nouvel être et par toutes les chances nuisibles qu'il trouve dans les réactions utérines , dans les imprudences de la mère etc. *2° La naissance;* par les accidens relatifs à l'accouchement, à l'influence inaccoutumée des agens extérieurs , à l'établissement de la respiration. *3° La première semaine;* par le travail nouveau de la digestion. *4° Le second mois;* par l'activité de l'accroissement. *5° Le cinquième;* par le travail alvéolaire des dents. *6° Le neuvième;* par la sortie des incisives. *7° Le quinzième;* par celle des lanières. 8° *La quatrième année;* par celle des molaires. 9° *La huitième;* par la seconde dentition. 10° *La quinzième année;* par la puberté. 11° *La quarante-cinquième;* par l'âge de retour. 12° *La soixantième;* par l'invasion de la vieillesse avec ses infirmités.

La cessation irrévocable des phénomènes vitaux peut être brusquement ou lentement effectuée. Dans le premier cas, on la désigne par le terme de *mort subite;* dans le second, par celui de *mort lente et graduée.* Nous devons étudier isolément ces deux modifications.

MORT SUBITE. — Quelle que soit sa cause déterminante, elle produit toujours, pour nous servir d'une expression figurée, la ruine de l'édifice organique et vital en brisant l'une ou l'autre des trois colonnes sur lesquelles il repose plus particulièrement; savoir: *l'innervation, la circulation, la respiration.* C'est en effet constamment par une action directe ou sympathique sur le *cerveau, le cœur, les poumons* que l'influence destructive signale positivement alors ses manifestations essentielles. Bichat, le premier, a bien fait sentir l'enchaînement des rapports sympathiques dans l'extension de la mort partielle de l'un de ces appareils à toute l'économie pour occasionner la mort générale.

A la cessation des phénomènes vitaux, *le cerveau, le cœur, les poumons* se modifient réciproquement pour la détermination de ce résultat. En suivant ici la marche de leurs phénomènes anormaux, nous arriverons à la connaissance précise des plus importantes vérités.

1° *Mort du cerveau.* — Nous comprendrons sous ce titre, pour simplifier davantage, l'appareil innervateur central dans son ensemble. On donne à la suspension des phénomènes de cet appareil les noms *d'apoplexie,* de *paralysie* d'après la nature et la manière d'agir des causes que nous rattachons à l'une de ces trois catégories : 1° *Physiques*, telles que les commotions, les contusions, les plaies, les compressions par le sang, la sérosité, le pus, les os du crâne, les corps étrangers etc.; 2° *vitales*, un ramollissement, une dégénération, une congestion inflammatoire; 3° *morales*, un chagrin profond, une tension cérébrale excessive etc. Dans ces différentes conditions, l'innervation cesse, les mouvemens circulatoires s'enrayent, les phénomènes vitaux et mécaniques de la respiration se trouvent suspendus, et l'anéantissement de ces trois fonctions produit bientôt l'extinction de la vitalité dans toute l'économie. Telles sont les influences de la mort *du cerveau* sur celle *du cœur*, *des poumons* et consécutivement de l'organisme. Cette modification est caractérisée par la suspension du sentiment, des facultés intellectuelles, du mouvement volontaire, par le gonflement du visage, les battemens des carotides, la respiration stertoreuse etc. L'autopsie présente soit une portion d'os, un corps étranger comprimant le cerveau, soit un épanchement séreux, sanguin ou purulent dans les cavités encéphaliques, avec dilatation des veines et des sinus par un sang très-noir.

2° *Mort du cœur.* — La suspension entière des mouvemens de cet organe prend le nom de *syncope*. Elle peut être occasionnée par des causes nombreuses que nous renfermons dans ces trois ordres : 1° *Physiques*, les compressions, les plaies cardiaques, l'accumulation du sang dans les oreillettes et les ventricules etc.; 2° *vitales*, une douleur intérieure, la sensation visuelle, olfactive etc. d'un objet antipathique, les hémorrhagies etc. ; 3° *morales*, une frayeur subite, une impression très-vive de peine ou même de plaisir etc. Dans toutes ces dispositions, la circulation est arrêtée; les phénomènes essentiels de la respiration, détruits; l'innervation, anéantie, avec extinction de la vitalité pour les divers tissus privés de leurs élémens d'excitation, de réparation substantielle et de calorification. Telles sont les influences de la mort du *cœur* sur celle des *poumons*, du *cerveau*, consécutivement de tout l'organisme. Cette modification est caractérisée par la suspension du pouls, la décoloration générale des origines muqueuses, de l'enveloppe dermoïde etc. L'autopsie présente les cavités du cœur, les droites surtout, remplies d'un sang très-noir et très-épais.

3° *Mort des poumons.* — La suspension des mouvemens de l'appareil d'hématose, dans l'une ou l'autre de ses parties indispensables à la respiration, reçoit le titre d'*asphyxie*. Les causes de son développement rentrent dans l'une ou l'autre de ces trois divisions : 1° *Physiques*, la compression des parois pectorales, des poumons, l'occlusion des voies aériennes, l'absence de l'oxygène, l'inspiration d'un gaz délétère, des acides carbonique, hydro-sulfurique etc. par exemple etc. ; 2° *vitales*, une congestion sanguine vers les poumons, l'impression d'une odeur suffocante, une douleur très-aiguë, surtout dans le nerf vague etc ; 3° *morales*, une terreur profonde, la tristesse, la joie fortement concentrées etc. Dans tous ces cas, le sang noir traverse les organes respiratoires sans avoir éprouvé la rénovation indispensable au maintien de la vie ; porté vers l'encéphale à cet état d'imperfection, il en produit l'engourdissement, la stupeur, en suspendant l'innervation, le sentiment, l'intelligence et le mouvement. Arrivé dans les cavités gauches du cœur, il pénètre le parenchyme de ce viscère et détermine son immobilité bientôt suivie de la mort générale, tous les systèmes ayant perdu leurs conditions nécessaires à l'existence active. Telles sont les influences de la mort des *poumons* sur celle du *cerveau*, du *cœur*, et consécutivement de tout l'organisme. Cette modification est

caractérisée par la suspension des phénomènes respiratoires , l'oppression, l'anxiété , l'orthopnée , la couleur
violacée de la peau , des origines muqueuses etc. L'autopsie présente les poumons engorgés de sang noir ; les
veines pulmonaires , les cavités droites du cœur, le plus
grand nombre des systèmes organiques remplis de ce
fluide alors beaucoup moins vital que stupéfiant et
léthifère.

Une loi, très-importante pour la pathologie raisonnée,
domine ces considérations relatives à *l'apoplexie*, *à la
syncope*, *à l'asphyxie* : *Le passage du sang noir dans
le tissu du cœur par les artères cardiaques est le signe
positif d'une mort irrévocable, et le dernier terme des
espérances que l'on peut alors concevoir, de ranimer
la vie.*

Ainsi, quelle que soit la manière d'envisager cette
mort subite, et peut être même pourrions-nous ajouter,
la mort dans toutes ses variétés, nous trouvons d'abord
l'une de ces trois fonctions plus ou moins directement
abolie par la cause morbifique, déterminant la cessation
des deux autres en raison de l'étroite sympathie qui les
unit, et consécutivement l'extinction des propriétés et
des fonctions vitales pour tout l'organisme, dernier phénomène qui nous reste à préciser dans le complément de
ces investigations physiologiques.

La mort ayant détruit sans retour les trois grandes
fonctions vitales, envahit par degrés toutes les fonctions
secondaires. Les muscles affranchis du pouvoir de la
volonté, se contractent pendant quelque tems encore.
C'est ainsi que l'on a vu, dans cette circonstance, l'utérus
expulser le produit de la conception ; la vessie, l'urine ; le
rectum, les matières fécales etc. La circulation capillaire,
l'obsorption et la nutrition, se manifestent par des signes
positifs. Ainsi la calorification s'entretient dans les cada-

vres, long-tems après la mort des grandes fonctions; et, comme nous l'avons démontré par des expériences décisives, le réfroidissement y survient avec beaucoup plus de lenteur que chez ceux dont la température se trouve artificiellement élevée au même degré.

Plus la mort subite frappe avec rapidité, plus est marquée la survivance des fonctions accessoires. Plus la vie paraît obscure dans les tissus, plus elle s'y conserve après l'anéantissement des fonctions centrales. Ainsi nous voyons la barbe, l'épiderme, les ongles croître encore pendant plusieurs jours ; de telle sorte que l'on peut établir comme générales ces deux lois physiologiques, dont la seconde est une conséquence de la première : 1° *L'adhérence de la vie aux organismes, aux tissus constituans de ces derniers, est en raison inverse des manifestations de l'existence active.* 2° *Les organismes, les tissus dont les propriétés vitales offrent le plus grand développement, sont précisément ceux qu'elles abandonnent avec le plus de promptitude et de facilité.*

Les expérimentateurs ont voulu connaître celui des viscères de l'économie, dans lequel cette existence active peut trouver son dernier refuge, nommant ce viscère, *ultimum moriens*, comme ils avaient appelé *primum vivens* le premier siége apparent de la vitalité. Pour les uns, ce dernier réceptacle de l'animation est le cœur ; pour d'autres, le diaphragme ; pour quelques-uns, les muscles volontaires ; pour le plus grand nombre, l'estomac et les intestins.

Il nous semble absolument impossible d'adopter aucune de ces opinions d'une manière exclusive, les expériences qui leur servent de base pouvant tout au plus s'appliquer aux organes, aux individus en particulier, mais restant à jamais incapables de fonder une loi commune à tous les organismes, à tous les appareils au milieu des modifications nombreuses que leur impriment nécessairement les dispositions primitives, acquises, les agens, les conditions mêmes de la mort.

Toutefois, au moyen d'une simple agression physique, mais surtout de l'électricité, du galvanisme, on peut obtenir des mouvemens réactionnels, du plus grand nombre des tissus contractiles, à des éloignemens assez marqués de la suspension irrévocable des grands phénomènes vitaux. Ainsi, *chez l'homme*, à quarante-cinq minutes, pour l'estomac ; à soixante, pour le cœur ; à deux heures, pour le diaphragme ; à huit, pour les muscles volontaires. *Chez les animaux*, dans certains poissons, à dix heures, pour les oreillettes du cœur ; dans les grenouilles, à vingt pour cet organe et pour les muscles soumis à la volonté.

Mort lente et graduée. — Toutes les fois qu'une cause destructive attaque l'organisme du centre à la circonférence, des fonctions essentielles aux fonctions accessoires, la mort se manifeste plus ou moins rapidement, avec les caractères particuliers que nous venons de signaler. Lorsqu'un agent funeste envahit au contraire l'économie de la circonférence au centre, des phénomènes secondaires aux phénomènes principaux, la mort survient lentement au milieu des dégradations progressives que nous allons actuellement énumérer.

Le plus grand nombre des maladies chroniques produisent, dans un tems assez limité, les ravages effectués par l'usure de l'organisme dans un tems beaucoup plus long. Pour le premier mode, relativement au second, les heures deviennent des jours, les jours, des mois et les mois des années, entraînant, avec une rapidité progressive, le développement de la décrépitude prématurée dans ses caractères et dans ses résultats. L'extinction des facultés ét des phénomènes s'opère avec assez de régularité. Le jugement disparaît d'abord, aussi le jeune homme redit ses amours, l'avare indique son trésor, le guerrier exalte ses exploits, le moribond fait des projets pour l'avenir. Alors se réveillent les délicieux souvenirs de la patrie chez l'infortuné qui périt sur la terre d'exil ! Bientôt la mémoire s'évanouit, le sujet ne reconnaît plus ceux qui l'environnent ; les sens disparaissent dans un ordre constant : le goût, l'odorat, la vue, le toucher, l'ouie. La survivance de ce moyen de communication nous explique le motif des grands cris poussés, chez les peuples anciens, au lit des mourans, comme pour entretenir avec eux le dernier rapport dont ils se trouvent alors susceptibles.

2° MORT NATURELLE.

Nous indiquons ainsi l'extinction des propriétés et des fonctions vitales sous l'influence de l'usure constitutionnelle, exclusivement occasionnée par le tems.

Buffon établissant un système erroné dans ses principes et dans ses conséquences, regarde la mort comme une suite nécessaire de l'envahissement des tissus par l'ossification. Il suffit pour détruire une opinion aussi fautive de faire observer que ce phénomène, dans ses développemens anormaux, n'offre jamais une disposition essentielle de la caducité, puisque nous en trouvons des exemples fréquens pour l'âge viril et même pour l'adolescence, chez des sujets qui vivent ensuite long-tems avec cette altération organique lorsqu'elle n'enraye pas l'action des appareils centraux ; tandis qu'un grand nombre de vieillards meurent dans la décrépitude sans en présenter aucune trace notable. Buffon n'objecterait pas sans doute que c'est précisément dans ces cas où l'ossification détruit les actes fondamentaux de la vie, qu'il entend placer la cause ordinaire et commune de la mort naturelle. En effet, il ne s'agirait plus alors d'une extinction normale par caducité, mais d'une fin pathologique susceptible de frapper toutes les époques de l'existence active. C'est ainsi que nous voyons des sujets, à peine arrivée au complément de l'organisation, succomber à l'influence des dépôts calcaires, effectués dans la crosse aortique, les valvules *sygmoïdes*, *bicuspides* etc.

N'est-il pas au contraire évident que la mort naturelle survient par une véritable usure des tissus, des organes et des appareils dont les forces vitales, s'abaissant progressivement, perdent chaque jour la prépondérance qu'elles doivent offrir sur les forces physiques pour l'entretien et l'accomplissement des actes conservateurs de l'économie vivante. Lorsque toutes les réactions physiologiques sont incapables de résister à la tendance matérielle vers ses dispositions communes, la mort devient inévitablement le dernier terme de cette lutte inégale, depuis l'invasion de la décrépitude. Aussi voyons-nous, dans ces conditions, la vie s'éteindre par degrés de la circonférence au centre, comme l'indiquent assez la gangrène sénile des mains, des pieds et des divers points de l'enveloppe dermoïde; l'extinction des sens, la paralysie des membres et toutes ces aliénations locales du domaine de l'économie particulière préludant à sa rentrée dans l'économie générale dont l'animation l'avait temporairement fait sortir. On pourrait, avec assez de justesse, comparer l'organisme, dans ces momens extrêmes, à la ville assiégée qui se dispose au choc décisif en resserrant les moyens de sa défense.

Ayant soigneusement examiné les dernières manifestations de la vitalité chez un grand nombre de mourans, après un épuisement lent et progressif, nous avons presque toujours observé dans les derniers instans : Mouvement circulatoire centripète, avec pâleur, insensibilité, froid dans toute la périférie du sujet, accumulation du sang dans le cœur et les veines ; réaction centrifuge, cet organe épuisant les forces qui lui restent pour se débarrasser d'une accumulation croissante ; excitation passagère de tous les appareils. La vie semble momentanément se ranimer d'un nouvel éclat, avec réveil des sens de l'intelligence ; le moribond reconnaît ses proches, ses amis, leur adresse quelquefois des discours marqués au coin de la sagesse, de l'élévation d'une âme supérieure qui se dégageant de ses entraves matérielles paraît exclusivement inspirée par la sublimité de sa première origine et de sa destination ultérieure ! Comme une lampe qui s'éteint, l'organisme paraît faire un dernier effort pour se rattacher à la vie ; cet effort, toujours infructueux, amène au contraire un épuisement définitif et présente le signal de la mort. Alors une expiration rapide et bruyante, une sorte de *hoquet convulsif* devient la dernière manifestation physiologique, terminant toute la série des phénomènes vitaux. Ajoutons cependant que les actes intimes de la nutrition, la circulation capillaire etc. s'entretiennent encore d'une manière latente pendant quelques heures, en nous expliquant plusieurs effets que nous avons déjà signalés, notamment la réplétion des canaux circulatoires, depuis les capillaires communs jusqu'au cœur ; la vacuité de ces mêmes canaux, du cœur, aux capillaires communs.

Cette survivance plus ou moins prolongée de certains appareils, doit inspirer une grande circonspection lorsqu'il s'agit de prononcer définitivement sur la réalité de la mort. Plusieurs dispositions anormales, telles que l'a catalepsie, la syncope, l'asphyxie etc. peuvent en imposer ici de la manière la plus fâcheuse. Combien d'exemples affligeans sont venus révéler à nos esprits épouvantés le danger des nécropsies, et des inhumations précipitées ! Quelques malheureux, encore vivans, ont été sacrifiés par le scalpel; d'autres, ensevelis sous le marbre des tombeaux ! Des exhumations faites à tems ont arraché le plus petit nombre ds ces victimes d'une imprévoyance coupable aux conséquences de cette horrible situation ; la plupart, trop tardives, nous ont offert l'effrayant témoignage des mutilations que ces infortunés avaient effectuées sur eux-mêmes, dans les violens accès du plus affreux désespoir !

Pour éviter des résultats aussi déplorables, nous devons établir sur une base positive, les règles d'après lesquelles oh peut constater définitivement la mort.

Signes de la mort.——Sans placer, au nombre des histoires authentiques, la fable d'Epiménides et le conte ridicule de cet Anglais endormi dans une grotte écartée, depuis au moins cinquante ans, rendu, par le bienfait du réveil, à sa force première, nous fixerons l'attention des médecins et des magistrats sur plusieurs faits bien démontrés de léthargies prolongées pendant six ou huit jours avec tous les symptômes apparens d'une mort véritable, et sur les dangers des autopsies, et des enterremens effectués sans un examen antérieur suffisamment approfondi.

Un gentilhomme espagnol, dont Vesale dirigeait la maladie compliquée, tombe dans un état si profondément illusoire, que cet anatomiste célèbre, y voyant une mort certaine, procède à la nécropsie. Mais à peine l'abdomen est-il ouvert, que ce prétendu cadavre laisse apercevoir plusieurs contractions musculaires, et le cœur encore palpitant. Vesale poursuivi par les parens, devant le tribunal de l'inquisition, comme sacrilége et meurtrier, est condamné. Sa peine est communée par le roi dans un pélerinage expiatoire à la terre sainte. Appelé par le sénat de Vénise pour remplacer Fallope, il est jeté dans l'île Zante, et, tourmenté par la faim, par le souvenir de son fatal empressement, périt misérablement vers 1564, alors dans sa cinquante-huitième année.

En 1820, nous donnions, au Mans, des soins à Melle Jupin, âgée de trois ans, pour une péritonite sur-aiguë. Au quatrième jour de l'invasion, obligé d'aller à Tours visiter un autre malade, nous revenons après quarante-huit heures; on nous annonce la mort de cet enfant. Un pressentiment heureux nous fait douter, en conséquence des symptômes que nous avions observés, de la réalité d'une marche aussi promptement funeste. Déjà les cris d'une mère au désespoir, le triste appareil du drap mortuaire et de la lampe sépulcrale annonçaient une prochaine inhumation. Nous écartons le voile funèbre, nous explorons le cadavre dans tous ses points. Une chaleur très-faible se fait encore sentir à l'épigastre, les membres sont froids, la pâleur générale. Nous frictionnons la région du cœur, avec de l'alcohol suffisamment chaud, nous appliquons sur les pieds et sur les genoux, alternativement, des linges trempés dans l'eau bouillante; après quarante minutes, ces moyens ayant été continués avec persévérance, nous observons un léger soupir, les mouvemens d'inspiration et d'expiration se manifestent graduellement avec plus d'étendue; la circulation centrale se rétablit, le pouls reparaît; la malade se ranime après quelques heures, nous donnons des boissons chaudes appropriées; la péritonite achève ses périodes; au quinzième jour, la convalescenee est entière. Aujourd'hui, 1832, cet enfant, considérée par les nombreux spectateurs de son retour à l'existence, comme jouissant du bienfait de la résurrection, présente une santé robuste. La vie aurait-elle pu se ranimer ici par les

séules forces de la nature? Sans doute on peut le supposer, mais l'hypothèse contraire est peut être encore
plus admissible.

Au mois de mars r744, M. Boutron prêtre, éprouve
un grand accablement vers la fin d'une pneumonie ; tous
les symptômes apparens de la mort se prolongent, on le
met sur la paillasse, froid dans toutes ses parties ; il reste,
plusieurs heures, couvert d'un drap. La garde malade
croit apercevoir quelques mouvemens, on remet le prétendu cadavre dans son lit, on le réchauffe, on fait revenir le médecin, M. Silva, qui cependnnt avait constaté
la mort, et répare cette erreur avec des soins tellement
efficaces dans leur application, que M. Boutron ne tarde
pas à recouvrer une santé parfaite.

L'épouse d'un libraire nommé Mathieu Harnich,
présente, après un accouchement laborieux, tous les
signes extérieurs de la mort. On la porte au cimetière,
et, suivant la coutume, on ouvre le cercueil près de la
fosse, pour donner aux assistans la faculté de juger, par
eux-mêmes, de la réalité du décès en examinant le cadavre.
Les fossoyeurs s'étant aperçus que cette femme portait
des bagues en or, viennent pendant la nuit procéder à
l'exhumation. Excitée par leurs efforts pour extraire
ces anneaux, la prétendue morte retire le bras ; nos
voleurs épouvantés s'enfuient rapidement, croyant
être poursuivis par l'esprit infernal. Mme Harnich se
lève seule, appelle vainement du secours ; enveloppée
dans son drap mortuaire elle se dirige vers sa demeure
au moyen de la lanterne apportée par les fossoyeurs ;
elle frappe à la porte ; les domestiques s'effraient d'a-
bord, son mari demeure comme anéanti de surprise ;
enfin cette malheureuse femme, transie d'un froid glacial,
est bientôt l'objet des soins les plus empressés, guérit et
devient mère deux fois depuis l'heureuse terminai-

son d'une aventure qui pouvait avoir des résultats si funestes.

D'après ces faits et tous ceux que nous lisons dans les auteurs , notamment dans Bruhier , sous le titre de *Réflexions sur l'Incertitude des Signes de la Mort*, il nous paraît indispensable de préciser tous les caractères de cette abolition vitale , d'apprécier chacun d'eux à sa juste valeur en indiquant ce qu'ils offrent de positif et de spécieux. On peut les diviser en trois catégories d'après le degré de confiance qu'ils sont en mesure d'inspirer : 1° *Illusoires.*—Immobilité, pâleur, froid, absence d'exhalation bronchique , lividité , fixité des yeux , dilatation des pupilles, mollesse des membres. 2° *Probables.* —Roideur cadavérique, opacité, ramollissement, affaissement des cornées , gangrène. 3° *Certain.* — Putréfaction.

1° *Immobilité.* — L'absence de tout mouvement appréciable dans les différens appareils de l'organisme laisse naturellement à notre esprit l'idée de la mort. Cette cause d'erreur doit surtout agir puissamment sur les gens du monde et sur le commun des médecins, qui, dans cette occasion plus spécialement encore , n'apprécient les choses qu'en raison de leurs phénomènes extérieurs. Pour le physiologiste , ce caractère , lorsqu'il existe seul ne présente aucune valeur. Nous avons constaté, dans un grand nombre de circonstances , que la vie peut se concilier, même pendant un tems assez long, avec l'immobilité la plus absolue, du moins en apparence , et dans les parties extérieures de l'économie. C'est donc seulement en s'unissant aux autres que ce même caractère peut acquérir une certaine importance.

2° *Paleur.* — La décoloration extérieure, effet inévitable de l'absence du sang dans le système capillaire général accompagne toujours la mort véritable. Si quelquefois on observe des plaques rouges ou violacées à la peau des cadavres ; elles sont toujours partielles et le résultat de l'une ou l'autre de ces trois causes : *Injection inflammatoire, ecchymose par contusion ou rupture, infiltration sanguine par déclivité des points altérés.* Dans ce dernier cas, la modification que nous indiquons présente un nouveau signe de l'extinction vitale, au moins pour la partie qu'elle affecte. D'un autre côté, cette pâleur n'est point un phénomène exclusivement relatif à la mort ; on l'observe également dans les violentes concentrations circulatoires, sous les influences de la frayeur, de l'effroi, de la syncope, d'une manière plus spéciale encore ; elle devient alors générale, augmente naturellement les craintes qui doivent se rattacher, surtout pour le vulgaire, aux manifestations d'un état si voisin de la cessation irrévocable des phénomènes vitaux. Il est donc essentiel de ne jamais envisager isolément la décoloration des origines muqueuses, de l'enveloppe dermoïde comme un signe positif de la mort, elle n'acquiert de valeur, sous ce point de vue, qu'en s'unissant aux autres caractères nécrologiques.

3e *Froid.* — Les physiologistes ont considéré le froid général comme un signe plus certain que ceux dont nous venons de parler, en conséquence d'un raisonnement dont le principe est vrai, dont les inductions nous semblent erronées. La nutrition, ont-ils dit, continue de s'effectuer encore après la mort des grandes fonctions, la calorification doit dès-lors présenter le dernier phénomène vital, et le refroidissement constitutionnel, un symptôme positif de la mort. Mais dans toutes les passions fortement dépressives, dans les lipothimies profondes etc., un froid glacial s'empare de l'organisme à la circonférence avant d'atteindre le centre ; déjà la peau n'offre plus aucune chaleur appréciable tandis que le cœur et les organes essentiels en conservent encore assez pour se rétablir dans leur première activité, soit par les seules ressources de la nature, soit par l'influence artificielle des moyens appropriés. On doit donc admettre le refroidissement extérieur seulement comme signe préventif et concourant à la solution du problême.

4° *Absence d'exhalation bronchique.* — La cessation des phénomènes mécaniques de la respiration, de l'expulsion de l'air et du produit de la perspiration pulmonaire à l'état de vapeur se trouve constamment dans la mort véritable, même avant qu'elle ait envahi l'organisme dans ses dernières limites. On s'assure de la réalité de ce double caractère en plaçant, au-devant de la bouche du mourant, une glace ou tout autre corps très-poli, qui conservent, dans ce cas, leur faculté réfléchissante. Mais combien de circonspection ne devons-nous pas encore apporter dans l'estimation d'un signe qui, caractérisant plus spécialement l'asphyxie révocable, s'observe encore assez fréquemment dans certaines léthargies prolongées.

5° *Lividité.* — La teinte plombée, rembrunie, violacée que l'on observe généralement sur l'enveloppe dermoïde et sur les origines muqueuses devient ordinairement le symptôme d'un défaut de rénovation du sang noir ; de son passage dans le système capillaire général, dans tous les tissus ; de l'engourdissement, de la stupeur et de la mort qu'il doit y produire par sa présence. Mais en réfléchissant à l'enchaînement ordinaire des phénomènes pathologiques dans cette occasion, nous sentirons que la mort n'est pas toujours alors irrévocable ; qu'il n'existe souvent qu'asphysie, laissant encore des chances de vitalité si l'on parvient à rétablir suffisamment la respiration avant le passage du sang noir dans les artères cardiaques, en proportions suffisantes pour anéantir complétement les propriétés physiologiques du cœur. La lividité n'est donc point encore un signe positif de la mort puisqu'on l'observe communément pendant la suspension des phénomènes d'hématose; vérité bien souvent démontrée dans l'asphyxie par l'acide carbonique plus spécialement, où l'on voit des sujets empreints de cette lividité générale facilement rendus à la vie par les moyens appropriés.

6° *Fixité des yeux.* — Lorsque les paupières se rétractent fortement, l'œil restant découvert, saillant, immobile, on doit craindre une mort véritable. Cependant il ne faut pas envisager ce caractère comme infaillible. En effet nous l'avons observé quelquefois, d'une manière soutenue, chez plusieurs sujets affectés de tétanos traumatique, guéris par les saignées abondantes que nous pratiquons alors presque toujours avec succès. Les immobilités extatiques, les catalepsies en fournissent également des exemples.

7° *Dilatation des pupilles.* — Ce caractère est beaucoup moins positif qu'on ne l'imaginait autrefois. D'abord, il n'existe pas toujours; l'observation offre, au contraire, un assez grand nombre de cadavres chez lesquels on voit l'engorgement de l'iris amener le resserrement pupillaire. D'unautre côté, la dilatation de cette ouverture, et même l'immobilité de la membrane qui la présente résultent naturellement d'un affaiblissement ou d'une paralysie de la rétine, du nerf optique, maladies qui peuvent exister sans aucun danger pour la vie. On conçoit dès-lors à quelle valeur se réduisent, comme signes de la mort, ces dispositions particulières de l'iris et de la pupille.

8° *Mollesse des membres.* — *Mors solvit spasmos,* dit Hippocrate. Nous ajouterons qu'elle détruit encore, dans le p remier moment, cette fermeté naturelle des organes, cette érection, cette contractilité qui distinguent leur existence active. Dès-lors, un état de mollesse générale, d'atonie musculaire avec impossibilité d'exciter les contractions, fait présumer l'extinction de la vitalité, mais n'en devient jamais seul une preuve assez positive. En effet, dans toutes les syncopes, nous voyons les organes moteurs perdre leur action, la tête s'incliner de tout son poids sur la poitrine, les membres se dérober sous le tronc comme s'ils étaient frappés de mort; l'ivresse, le narcotisme etc. nous offrent des résultats analogues. Ce caractère, si décisif aux yeux du vulgaire, n'a donc point encore une valeur absolue.

Tels sont les signes de la mort qu'il faut ranger dans la catégorie de ceux que nous avons nommés *illusoires*, et qui ne doivent point, surtout isolés, rallentir le zèle du médecin dans l'administration des moyens appropriés au rétablissement des facultés vitales; moyens qu'il vaudrait mieux appliquer inutilement à cent cadavres, que négliger pour un seul individu réclamant leur emploi.

9° *Roideur cadavérique.* — Les auteurs ont émis des opinions diamétralement apposées relativement à ce phénomène. Sans nous arrêter à discuter la valeur comparative de leurs idées, nous ajouterons que cette roideur isolément envisagée n'indique absolument rien de positif sous le point de vue qui nous occupe, tandis qu'elle peut acquérir une grande importance par son association aux autres, surtout en précisant avec soin la manière dont elle s'est développée. Nous observons en effet bien souvent des malades, encore doués de la vie, chez lesquels cette roideur paraît avec tous ses caractères extérieurs, sous l'influence d'un froid rigoureux, dans la catalepsie, les spasmes, le tétanos etc. par exemple; alors cette modification est illusoire et ne mérite pas une grande attention. Mais lorsqu'elle se dé-

veloppe seulement après quelques heures du ramollissement et du refroidissement effectués par la mort apparente, elle devient un signe beaucoup plus positif que
tous les précédens; elle indique le développement de la
tonicité à l'exclusion des facultés, essentiellement vitales;
aussi la voyons-nous disparaître après l'épuisement de
cette propriété de tissu dont les corps organisés offrent
encore toutes les manifestations indépendamment de la
vie. A la roideur succède bientôt le relâchement des
diverses parties, à moins que les conditions atmosphé-
riques et notamment, un grand abaissement de la température ne maintiennent désormais la première de ces
dispositions dans les systèmes qui d'abord l'avaient
contractée sous une autre influence.

10° *Affaissement, opacité, ramollissement des cornées.* — Ce caractère, beaucoup trop négligé par le
commun des médecins, présente cependant l'un des
signes de la mort les plus positifs et les plus faciles à
bien constater.En effet, lorsque ces altérations oculaires
ont été produites sans aucune maladie locale susceptible
d'en effectuer le développement, elles indiquent, avec
précision, l'absence des actes nutritifs et l'établissement
de la transsudation cadavérique. Aussi ne connaissons-
nous aucun fait capable d'infirmer la valeur de ce dernier
signe. Toutefois comme il n'est pas impossible qu'un
étiolement rapide amène, dans l'organe visuel, des effets
plus ou moins analogues, nous pensons qu'on ne doit
pas juger trop exclusivement d'après ce caractère en lui
donnant une importance abusive.

11° *Gangrène.* — Quelques physiologistes ont placé
la gangrène en première ligne parmi les signes certains
de la mort. Ce jugement nous offre confusion dans les
termes, absence de la distinction la plus nécessaire. Sans
doute, *gangrène* indique *cessation absolue des phéno-*

mènes vitaux dans la partie qu'elle affecte; en langage d'anatomie pathologique, les termes *gangrène* et *mort* sont absolument synonymes. Ce premier point ne peut fournir l'objet d'aucune discussion. Mais lorsque cette partie lésée n'est pas essentielle dans son action au maintien de la vie, nous pensons qu'il devient impossible d'envisager la gangrène comme indiquant précisément une mort générale. Ne voyons-nous pas au contraire chaque jour dans les inflammations suraiguës, dans la débilité sénile etc., ces mortifications locales des membres, de la peau du tissu cellulaire, des os etc. sans même aucune atteinte grave pour la vitalité constitutionnelle. Ainsi la gangrène, signe positif de la mort locale ne doit, par conséquent, jamais être envisagée comme un caractère certain de la mort générale, à moins qu'elle n'affecte l'un des organes indispensables à la vie; mais alors cet appareil, éloigné de nos moyens immédiats d'investigation, nous laisse dans l'impossibilité de préciser la nature des désordres qui suspendent maintenant ses phénomènes conservateurs.

Les caractères de cette catégorie, nommés *probables*, en se réunissant, forment un faisceau de preuves suffisantes; mais aucun d'eux, envisagé d'une manière isolée, ne mérite le titre de *signe certain de la mort*, exclusivement admissible pour celui que nous allons étudier comme pouvant seul appartenir à la troisième division indiquée par ce même titre.

12° *Putréfaction.* — La décomposition matérielle des tissus, en d'autres termes, l'exercice des forces physiques et chimiques, dans l'organisme, à l'exclusion des forces vitales, devient le seul caractère infaillible de la mort. Toutes les fois, en effet, que la putréfaction n'est pas le résultat local d'une maladie, que sans provocation extérieure elle se manifeste avec les autres symptômes, plutôt du centre à la circonférence, que de la circonférence au centre, on doit l'envisager comme entraînant la certitude mathématique de la mort générale. Mais il ne faut pas se laisser abuser par les manifestations qu'elle pourrait offrir dans les circonstances étrangères à celles que nous venons de signaler ; sa réalité, son importance ne sont point absolues, mais seulement relatives. C'est dire assez combien nous exigeons de profondeur et de circonspection lorsqu'il s'agit de prononcer définitivement sur la cessation de la vie, même d'après les caractères les plus certains de la mort.

En résumant les considérations relatives à tous les signes dont nous venons de présenter l'énumération, nous pouvons établir comme loi dans la solution de ce grand p roblème : *Que ces phénomènes réunis chez un même sujet, avec les conditions que nous avons précisées, ne peuvent laisser aucune incertitude relativement à la démonstration d'une mort certaine ; mais qu'aucun d'eux, excepté la putréfaction, avec les caractères indiqués, n'est susceptible de motiver isolément une pareille décision.*

C'est avec le doute qui doit environner tous les caractères particuliers de la mort, que nous éviterons constamment ces précipitations funestes, soit dans les nécropsies, soit dans les inhumations. C'est par des réglemens plus positifs, et surtout par une surveillance plus active encore dans leur exécution, que l'autorité préviendra les déplorables conséquences dont la possibilité se trouve malheureusement établie sur un trop grand nombre de faits.

Les périodes vitales ont achevé leur complète révolution ; l'homme n'est plus ! Les deux principes qui, naguère encore, le formaient par une admirable et mystérieuse combinaison, actuellement étrangers l'un à l'autre, sont dissociés pour toujours !

L'âme rentre incessamment dans cet abyme d'éternité qui seul peut constituer le domaine d'un être impérissable par sa nature.

Le corps, offrant dans sa composition des élémens que la force vitale avait seule maintenus en rapport, actuellement sous l'influence exclusive des lois physiques et chimiques, va perdre ses attributs particuliers, revêtir des formes, des dispositions nouvelles, jouer un rôle différent dans l'économie générale. Son existence active passée commençait à *l'animation du germe*, se terminait à la *mort;* son existence passive actuelle commence à la *mort*, finit à la *putréfaction*. C'est par l'examen de cette modification dernière que nous allons terminer l'histoire des êtres organisés en général, de l'homme en particulier.

CHAPITRE TROISIÈME.

DÉCOMPOSITION CHIMIQUE DE L'ORGANISME.

Les corps organisés, quelle que soit leur élévation dans la série générale, depuis le végétal obscur jusqu'à l'homme, une fois dépouillés des conditions physiologiques, doivent nécessairement éprouver une destruction plus ou moins rapidement effectuée sous le titre de *putréfaction*, σῆψις, des Grecs, *putredo*, des Latins; offrant pour l'existence passive du cadavre, ce que la mort a présenté pour l'existence active du corps vivant.

Les auteurs ont longuement discuté pour savoir si le corps privé de la vitalité se trouve complétement détruit ou s'il ne fait que changer de forme et de nature. N'est-ce pas encore ici méconnaître la valeur des termes dans la solution d'un problème que la distinction la plus simple met dans tout son jour. Si l'on parle du corps organisé, relativement à ses formes, à ses dispositions normales, il est évidemment détruit par la décomposition chimique, après laquelle on ne trouve plus aucun de ses caractères. Si l'on indique seulement la matière, les élémens simples et constituans de ce même corps, il ne sont point anéantis ; mais simplement dissociés et mis en usage pour d'autres combinaisons. Nous devons par conséquent définir la putréfaction ainsi considérée : *Destruction d'un corps organisé par la séparation spontanée de ses élémens employés à des combinaisons nouvelles, sous l'influence exclusive des forces physiques et chimiques.*

Cette modification destructive des corps organisés à l'état de cadavre ne les envahit pas tous avec la même promptitude et la même facilité. Des circonstances relatives, les unes au corps lui-même, les autres aux milieux ambians, peuvent retarder ou précipiter la putréfaction. Nous devons les étudier isolément.

1° *Relativement au corps.*—Nous établissons, comme loi générale, que la décomposition chimique, toutes choses égales d'ailleurs, est d'autant plus rapprochée de la mort, par son invasion, plus rapidement destructive, par sa marche, que le corps organisé s'est développé dans un tems moins considérable ; a joui d'une vie plus active ; offre maintenant une prédominance plus marquée des fluides sur les solides, une réunion d'élémens plus nombreux, plus diversifiés ; enfin que son principe fondamental est plus rapproché de l'état gazeux. C'est d'après les mêmes dispositions que certains végétaux succulens se putréfient immédiatement après la mort ; que les cadavres humains, dans lesquels nous trouvons à peu près toutes ces conditions réunies, se décomposent après quelques jours ; tandis que nous voyons, dans nos édifices, des pièces de construction, véritables cadavres appartenant au règne végétal, braver pendant des siècles, sans altération apparente, les mêmes influences destructives; et que nous trouvons des tissus animaux, tels que les cornes, les os, les cheveux, les ongles etc., même au sein de la terre, soumis à toutes les causes de putréfaction, conservant encore leur première intégrité, lorsque des systèmes naturellement d'une vitalité plus active, abreuvés d'une proportion d'humeurs plus considérable etc., sont déjà complétement détruits depuis long-tems. Il semble d'abord que les tissus en quelque sorte rapprochés des corps inorganiques par ces caractères, doivent offrir comme eux le privilége de l'inaltérabilité. C'est une erreur, toute substance organisée vivante est soumise à ces deux lois essentielles : 1° *Mourir ;* 2° *se décomposer.* L'existence active, dans la première, passive, dans la seconde, peuvent offrir des bornes plus ou moins reculées, mais elles ne sont jamais indéfinies. C'est d'après cette vérité que les poètes ont comparé le tems à la lime parfaite, qui, détruisant tous les corps avec une difficulté mésurée par leur dureté particulière, n'en rencontre jamais d'assez bien constitués pour supporter impunément la continuité de son action.

2° *Relativement aux milieux ambians.* — Plusieurs conditions très-importantes à noter, peuvent encore activer, retarder, ou même suspendre la putréfaction. Au nombre des agens qui favorisent la décomposition chimique de l'organisme, nous indiquerons spécialement : *L'humidité, la chaleur tempérée, l'oxygène ;* parmi ceux qui la retardent, nous signalerons surtout *le froid, la chaleur sèche, les milieux très-hydrogénés, les corps absorbans, les chlorures* etc.

Humidité.—La présence de l'eau paraît indispensable au développement de la putréfaction. M. Gay-Lussac a démontré, par l'expérience, que des viandes, suspendues au milieu d'un réceptacle dont l'humidité se trouvait incessamment absorbée par le chlorure de calcium, peuvent se conserver pendant plusieurs mois.

Chaleur tempérée. — La dilatation qu'elle occasionne dans la matière organisée facilite notablement les réactions chimiques, tendant alors à s'effectuer. C'est en associant son influence à celle de l'humidité qu'elle produit surtout des résultats bien remarquables. Nous savons avec quelle promptitude se manifeste, pendant les printems et les automnes humides, la putréfaction des légumes, des viandes et de toutes les autres matières animales ou végétales, comparativement à la décomposition que ces matières éprouvent, si tardivement et si lentement, sous l'action des chaleurs arides, pendant les froids secs des autres saisons.

Oxygène. — L'action de l'air n'est pas indispensable au développement de la putréfaction, puisqu'on la voit se manifester dans les corps enveloppés d'un milieu qui n'en contient pas. Le même principe ne peut s'appliquer aussi positivement à l'oxygène, et s'il n'est pas démontré qu'il soit nécessaire à l'établissement de la décomposition chimique des tissus, au moins devons-nous l'envisager comme très-propre à la favoriser. M. Mattucci, en plaçant des viandes sur une plaque de zing, les électrisant ainsi négativement, avec la faculté de repousser l'oxygène, a très-sensiblement retardé les progrès de leur putréfaction.

Froid. —Il suffit d'avoir fréquenté les amphithéâtres d'anatomie pour apprécier avec quelle facilité nous conservons les cadavres sons l'influence d'un froid sec. Tant que la matière organique est à l'état de congélation elle paraît entièrement affranchie du pouvoir de la décomposition chimique. On a plusieurs fois rencontré, sous les neiges, au milieu d'une avalanche, des cadavres d'hommes et d'animaux enfouis depuis quelques mois sans aucune altération notable.

Chaleur sèche.—Elle retarde et suspend également la putréfaction. On trouve souvent, dans les sables arides et brulans de l'Arabie, de l'Egypte, des caravanes entières dont les corps desséchés, sans autre altération, constituent ce que l'on peut appeler des *momies naturelles*, qu'il ne faut pas confondre avec celles que l'on obtient artificiellement au moyen des chlorures et des autres substances appropriées. Dans le premier cas, en effet, il existe simple desséchement ; dans le second, en outre, combinaison chimique du chlorure, avec la matière animale tellement durcie, qu'elle peut se conserver long-tems après avoir acquis un état en quelque sorte intermédiaire aux conditions de la substance inorganique et du corps organisé.

Milieux hydrogénés. — Si l'oxygène active la putréfaction, l'hydrogène semble au contraire la ralentir dans ses progrès. C'est ainsi que nous voyons les corps très-hydrogénés, conserver les autres en leur formant une enveloppe générale, une sorte d'atmosphère protectrice. Les muscles se putréfient lentement sous la graisse ; on conserve long-tems au moyen des huiles pures, les substances les plus disposées à la fermentation.

Corps absorbans.—Tous les minéraux susceptibles d'enlever incessamment l'humidité des matières animales et végétales peuvent également effectuer leur conservation; c'est ainsi qu'agissent les sels employés dans nos usages domestiques et surtout le chlorure de calcium, le carbonate de chaux, le nitrate de potasse etc.

Chlorures. —Les solutions saturées de ces réactifs, et

notamment du deuto-chlorure de mercure, employées en injections, en aspersions, immersions etc., méritent la préférence, pour la momification des animaux, sur tous les agens employés dans ce but. Il se forme alors un composé de proto-chlorure et de matière animale très-dure, imputrescible, inaltérable par l'action de l'air, et conservant, avec assez de perfection, les formes, le volume et les autres dispositions essentielles du sujet. M. Larray déposa, vers la fin de nos glorieuses campagnes, dans les cabinets de l'école de médecine de Paris, les cadavres du colonel Barbe-Nègre, tué à la bataille d'Jéna, le 14 octobre 1807 ; du général Morland, tué à celle d'Austerlitz, le 2 décembre 1806 ; l'un et l'autre conservés avec l'expression naturelle du visage.

Dans un ouvrage entièrement neuf, intitulé : *Traité des Exhumations Juridiques*, M. le professeur Orfila vient d'exposer, avec autant de précision que de sagacité, les modifications éprouvées par la putréfaction des corps organisés dans la terre, dans l'eau, dans les fosses d'aisance et dans le fumier ; ces considérations, d'un intérêt majeur pour la médecine légale, seront méditées, avec beaucoup de fruit, par ceux qui veulent acquérir une solide instruction sur cette matière importante.

Telles sont les conditions les plus susceptibles d'activer, de ralentir ou de suspendre temporairement la putréfaction dont nous devons actuellement étudier la marche ordinaire et commune.

Phénomènes de la décomposition chimique de l'organisme.—Pendant toute la durée de l'existence active, les principes constituans de l'organisme sont maintenus dans leurs combinaisons respectives par l'influence des forces vitales contrebalançant, d'une manière victorieuse, la tendance continuelle des forces physiques vers les modifications moléculaires d'un autre ordre. Aussi lorsque cette existence conserve l'ét at normal, jamais nous ne voyons s'effectuer, dans son économie particulière, aucune combinaison, aucune décomposition chimique; nous y remarquons seulement des décompositions et des combinaisons vitales, nutritives et susceptibles d'un grand nombre de modifications. Dans les maladies asthéniques, dans la vieillesse, les forces vitales diminuent d'activité, les forces physiques manifestent déjà, vers la périphérie de l'organisme, l'empire qu'elles vont bientôt exercer exclusivement sur toute cette économie défaillante. Enfin lorsque les divers appareils sont dépouillés de leurs attributs temporaires, cet organisme, désormais soumis aux lois de la matière, doit nécessairement éprouver toutes les modifications substantielles que les affinités chimiques, libres dans leur action, sont actuellement en mesure d'effectuer.

Ces vérités ne sont point des théories imaginaires comme le prétendent les partisans de *l'organicisme;* elles reposent directement sur les faits. Partout nous voyons l'influence vitale enchaîner l'influence physique; partout nous observons les combinaisons de la matière animée s'effectuant avec des caractères propres, essentiellement différens de ceux que peuvent offrir les combinaisons de la matière inerte. D'après les expériences de Priestley, dans une solution de substances animales et végétales se forment progressivement : la matière verte, les animalcules infusoires. Dès l'instant où ce fluide commence à présenter le domaine de la vitalité, l'empire exclusif des lois physiques et chimiques ne s'y manifeste plus, et la putréfaction s'arrête.

Plus les élémens primitifs de l'organisme, actuellement privé de le vie, sont compliqués, plus sont nombreuses les affinités qui tendent à les dissocier, plus sont diversifiés les résultats de ces nouvelles combinaisons.

Les substances végétales formées, pour le plus grand nombre, *de carbone, d'oxygène, d'hydrogène*, donnent, en dernière analyse, après la décomposition chimique, *de l'eau*, par la combinaison de l'hydrogène et d'une partie de l'oxygène ; *de l'acide carbonique*, par l'union de l'autre portion de l'oxygène et du carbone.

Les matières animales composées *d'azote, d'hydrogène, d'oxygène* et de *carbone* forment, comme les substances végétales, de *l'acide carbonique, de l'eau* ; mais en outre, de *l'ammoniaque*, par la combinaison de l'azote avec une partie de l'hydrogène.

Ces résultats de la décomposition organique, portée jusqu'à son dernier terme, jusqu'à l'isolement, à la manifestation des principes élémentaires, sont précédés, pendant le travail spontané de la putréfaction, d'un triage moins parfait des matériaux de la substance animale et végétale dont les produits se rattachent naturellement aux états : 1° *Gazeux*, 2° *liquide*, 3° *solide*. Leur différence de pesanteur spécifique offre déjà l'un des motifs puissans de la dissociation qui s'opère entre eux. Ainsi, *les gaz* s'élèvent dans l'atmosphère, *les liquides* surnagent ou s'infiltrent dans le sol, enfin *les solides* présentent le résidu fondamental.

1° *Les gaz* répandus au loin dans l'atmosphère constituent ces émanations putrides, qui, sous le nom de miasmes délétères, pestilentiels, corrompent sa pureté, sèment quelquefois, dans les pays les plus éloignés, ces épidemies d'autant plus désastreuses, que leur principe est souvent insaisissable, et par conséquent indestructible. Tels sont l'hydrogène sulfuré, carboné, le sous-carbonate d'ammoniaque, et beaucoup d'autres émanations méphytiques dont les chimistes n'ont point encore suffisamment apprécié la véritable nature.

2° *Les liquides* sont des huiles animales, des dissolutions mucilagineuses , adipocireuses, savonneuses etc. ; engraissent la terre, favorisent la végétation des plantes et des arbres , mais bien souvent aussi communiquent des caractères plus ou moins nuisibles aux sources d'eaux vives qui nous apportent, vers la surface du sol, au milieu des élémens de réparation, des germes de maladies souvent assez graves.

3° *Les solides* forment cette petite masse de terreau, derniers vestiges du corps organisé complétement détruit, et dans lesquels on retrouve les élémens insolubles , surtout les sels calcaires.

Exposé, dans l'atmosphère , à toutes les causes de putréfaction que nous avons indiquées , le cadavre de l'homme se ramollit , se gonfle , prend une teinte livide et bleuâtre, spécialement aux parois des cavités splanchniques, offre le siége d'une fermentation plus ou moins active , se convertit en putrilage , exhale une odenr infecte , perd insensiblement ses formes , son volume et se réduit à ses tissus les moins altérables , tels que les os , les ongles et les poils. Après un tems plus ou moins prolongé , suivant les circonstances extérieures , d'autres modifications peuvent encore s'effectuer.

Si le corps est placé dans l'eau , toutes les taches rouges ou violettes produites par des infiltrations, des contusions etc. , disparaissent après plusieurs jours; ensuite la peau reprend , dans quelques points, une teinte progressivement rosée, rougeâtre, bleue, verte; l'épiderme s'enlève ; un balonnement considérable survient ; après deux ou trois mois, le derme éprouve une transformation graisseuse dont nous allons parler.

Dans les fosses communes , surtout vers la couche inférieure, les matières animales passent à la momification particulière dans laquelle on voit à peu près tous les tissus prendre la nature d'une substance nommée *gras des cadavres adipocire* etc. , véritable saponification de ces matières diverses. Analysée par M. Chevreul , dans ces derniers tems, l'adipocire a présenté de *l'ammonia-que* , de *la potasse* et de *la chaux* , combinées à deux acides ; au *margarique* , à un autre offrant beaucoup d'analogie avec *l'oléique*. Cette modification exige la présence de la graisse et d'une matière animale azotée. La première fournit les acides oléique et margari-que ; la seconde , l'ammoniaque , d'où résultent *le margarate et l'oléate d'ammoniaque* , espèce de savon représentant cette matière adipocireuse dont les chimistes ont assez long-tems ignoré la véritable composition. Nous expliquons maintenant pourquoi la peau subit très-facilement cette momification ; pourquoi les cadavres féminins l'éprouvent d'une manière plus prompte et plus entière. Lorsque cette matière savonneuse offre une base en partie calcaire, on doit l'attribuer surtout à la présence du carbonate et du sulfate de chaux dans les eaux qui baignent la substance saponifiée. Thouret, d'après les fouilles du cimetière des Innocens à Paris , M. de Puymaurin, consécutivement à celles des jacobins et des cordeliers à Toulouse, nous ont trasmis, sous ces divers rapports, quelques résultats bien curieux. Au milieu des cadavres passés au gras, on a souvent trouvé des mo-mies séches, dont la peau ressemblait au vieux cuir ; dans lesquelles on pouvait encore suivre le trajet des ar-tères, des nerfs, et dont les viscères intérieurs prenaient feu comme l'amadou. Pour des os enterrés depuis six cents ans, l'analyse a présenté, sur 100, graisse 10 ; gélatine 27. Ils n'en fournissent que 30 à l'état frais. Après sept cents ans, d'autres ont été trouvés d'un rouge pourpre foncé, très-friables. Lorsqu'ils éprouvent la sa-ponification, c'est toujours de l'intérieur à l'extérieur. Les ongles et les poils semblent résister entièrement à cette même transformation commune aux autres tissus animaux. Enfin après un intervalle encore plus considérable, et dont il serait difficile d'assigner positivement les limites, ces dernières traces de l'organisme disparaissent, et sa matière formatrice ne conserve plus aucun des caractères propres qui l'avaient jusqu'alors distinguée de la matière inorganique.

Ainsi se termine l'existence passive du cadavre chez les végétaux, chez les animaux et chez l'homme, confondus par les caractères généraux de leurs dernières modifications chimiques.

Le corps est anéanti pour toujours, mais sa matière constituante survit à la destruction qu'il vient d'éprouver. Ses gaz, ses fluides, ses solides, rentrés dans l'économie générale, dans le règne inorganique, vont y séjourner plus ou moins long-tems. Assimilés graduellement aux corps vivans, en passant de nouveau par toutes les filières de l'organisation, ces élémens recouvreront ensuite les propriétés vitales qu'ils avaient perdues ; ils serviront encore de principes nutritifs aux végétaux ; ceux-ci, aux animaux ; ces derniers, à l'homme ; ils nous offriront la matière parcourant incessamment le cercle complet de toutes les modifications formales, et, sans jamais aliéner ses propriétés essentielles, revêtant et perdant tour à tour, dans leurs nuances, dans leurs spécialités, les forces physiques, chimiques et physiologiques ; ayant pour objet positif de rajeunir la substance organisée, de reconstituer sur d'autres bases les économies vivantes en maintenant l'unité, l'équilibre et l'harmonie dans le grand système de l'univers. Telle nous paraît être la véritable idée que l'on doit se former de la métempsycose ; d'après cette considération, elle offre une vérité physiologique ; dans l'hypothèse des anciens philosophes, elle devient une absurdité.

Là se termine l'histoire de toutes les modifications dont l'économie vivante est susceptible, depuis l'animation du germe fecondé jusqu'à sa décomposition chimique. Exposons actuellement quelques vues générales et complémentaires, sur les races diverses, considérées dans les êtres organisés en général et dans l'homme en particulier.

CHAPITRE QUATRIÈME.

THÉORIE NATURELLE DES RACES HUMAINES.

Embrassant actuellement, d'un même coup d'œil, l'ensemble des êtres dont nous venons d'étudier les fonctions et l'harmónie, sous le titre *d'économie vivante*, nous voyons aussitôt ces êtres différenciés par des caractères essentiels, concourent à les distinguer, à les grouper en familles, avec des types fondamentaux qui seront conservés jusqu'à la destruction absolue du monde vivant, dans l'hypothèse où celui-ci devra cesser de se perpétner par les moyens que la nature a mis en son pouvoir.

Ces grandes familles constituent les divisions principales que l'on désigne par le terme *d'espèces.* Nous trouvons ici, comme exemples de ces catégories : *Les chênes, les peupliers, les hêtres, les pins* etc. là, nous rencontrons *les chevaux, les lions, les chiens, les singes* etc. ; dans le point culminant de la série, *les hommes.*

La conservation des espèces, l'impossibilité de leur extension et de leurs mélanges sont garanties par un moyen simple, commun à tous les êtres organisés vivans : *le défaut absolu de fécondation entre ces espèces différentes ;*

la production d'un mulet stérile par le concours de celles qui sont moins essentiellement opposées ; comme on le voit pour les rapprochemens illicites de l'âne et du cheval, du chien et du renard etc. Les types fondamentaux se maintiennent, avec leurs caractères propres, au milieu des circonstances les plus variées. Dans les climats, dans les dispositions du sol, de l'air contraires à leur nature, on les voit se détruire plutôt que de changer. Les observations faites par MM. Roulin, Edwards, Peyroux-de-la-Coudrière, et les autres voyageurs, s'accordent sur la vérité de cette loi commune à tous les êtres organisés vivans, depuis l'espèce des mousses, des lichens, jusqu'à celle des hommes.

Quelques naturalistes faisant abus des termes ont cru pouvoir infirmer la réalité d'un principe aussi naturel que solide, en cherchant dans l'espèce humaine le motif de leurs suppositions illusoires.

« Il existe, ont-ils avancé, plusieurs espèces humaines ;
« donc ces espèces n'ont pas eu la même origine ; ou si
« l'on veut les rapporter aux mêmes parens, donc les types
« essentiels peuvent se diversifier nonobstant la résistance
« des moyens primordiaux sur lesquels on cherche vai-
« nement à fonder leur conservation. »

Ce raisonnement est spécieux, pressant dans ses conséquences, mais vicieux, erroné dans son principe. En effet, rapprochez les hommes, les plus opposés par leurs caractères physiques et moraux ; *le Hottentot, du Français ; le japonais, du Russe ; le chinois, de l'Espagnol ; le Malais de l'Italien* etc., ne voyez-vous pas toujours le même type commun, les mêmes caractères fondamentaux de l'espèce ? Ne rencontrez vous pas chez tous ces individus, une tête plus ou moins arrondie, prédominante par sa division crânienne ; quatre membres distingués en thoraciques et pelviens ; des pieds, des mains surtout d'une forme, d'une disposition spéciales ; un thorax, un abdomen dans les mêmes conditions absolues et relatives ; une station, une progression verticales et bipèdes ; une intelligence plus ou moins développée dans ses diverses facultés ; une conscience, une idée du moi, du juste, de l'injuste ; un langage articulé etc. ; confondrez-vous jamais cette espèce avec celle qui paraît d'abord s'en rapprocher davantage ; pour vous, le premier des singes viendra-t-il jamais s'identifier, par une transition insensible, avec le dernier des hommes ?

Sans doute les différens peuples offrent des nuances, des caractères particuliers qui les distinguent, mais ces caractères ne touchent point la base du type commun et fondamental ; modifications superficielles des individus, elles peuvent tout au plus donner naissance à des variétés d'une même espèce. La loi que nous établissons est également applicable à tous les genres animaux et végétaux. Aucun d'eux ne se trouve tellement uniforme dans ses dispositions générales, qu'il ne puisse admettre des nuances particulières, sans toutefois jamais se prêter au développement d'une famille nouvelle. Un homme, quelque modifié qu'on le suppose, ne cessera pas d'appartenir à l'espèce humaine tant qu'il en offrira la principale condition ; de même, un peuplier, un cyprès, un éléphant, un chameau ne deviendront jamais des types jusqu'alors inconnus.

Ces variétés des espèces fondamentales peuvent être un jeu de la nature, souvent encore on les voit se rattacher, pour l'ensemble des corps organisés vivans, à l'influence du climat, de la culture, des habitudes soutenues, de l'éducation, et du croisement des grandes particularités d'un même genre. Ainsi, dans nos jardins, prenant la rose pour exemple, nous voyons qu'en diversifiant les semis et les moyens dont l'application constitue l'art du fleuriste on obtient des variétés innombrables et si multipliées aujourd'hui qu'il devient très-difficile de les classer. Ici l'espèce n'a point disparu ; ses modifications superficielles n'exposeront jamais à la confondre avec l'iris, le jasmin, l'œillet etc.; toutes au contraire seront aisément rapportée à leur type essentiel.   .

Si nous interrogeons les expériences faites sur un grand nombre d'animaux, nous obtenons des résultats plus positifs encore. Ainsi le croisement des moutons indigènes et mérinos, produit des *métis* dont les caractères participent de l'une et l'autre variété ; le rapprochement des chevaux anglais et normands est suivi des mêmes effets ; enfin, pour l'espèce humaine, de la cohabitation d'un nègre et d'un blanc nait un *mulâtre*. Dans tous ces essais l'espèce des moutons, des chevaux et des hommes n'a point été changée, mais seulement diversifiée par l'augmentation des variétés qu'elle est capable d'offrir. Souvent même il devient impossible de modifier ces nuances l'une par l'autre, autant qu'on pourrait l'imaginer d'abord. Ainsi M. Coladon, pharmacien à Genève, ayant marié des souris blanches et grises n'obtint que des produits de l'une ou l'autre couleur sans aucune bigarrure. Une fois établis, ces types secondaires persistent quelque tems avec des caractères qui les spécifient, mais la tendance naturelle à se maintenir dans l'état primitif est tellement forte qu'ils reviennent aux genres fondamentaux après la douzième génération, comme l'a démontré M. Girou de Busaringues pour un grand nombre de mammifères.

Les naturalistes que nous avons indiqués ont évidemment confondu *la variété* avec *l'espèce*, en attribuant à la seconde un certain nombre de modifications, qui ne peuvent appartenir qu'à la première. En effet dire qu'un *Italien, un Malais, un Espagnol, un Chinois, un Russe un Japonais*, *un Français*, *un Hottentot* etc. sont des individus appartenant à des espèces différentes, est avancer une erreur palpable, tous font partie de l'espèce humaine, chacun d'eux en forme seulement une variété caractérisée par des modifications plus ou moins superficielles. Ainsi l'objection tombe naturellement et le principe que nous avons émis relativement à l'origine, à la conservation des types fondamentaux subsiste avec toute sa force et toute sa vérité. Nous devons actuellement envisager les causes, les dispositions particulières des principales variétés du genre qui nous est propre.

Comme tous les autres, portant des caractères essentiels et distinctifs, incapable, en se mésalliant de former des espèces nouvelles, il peut offrir des variétés que nous examinerons sous le titre *de races humaines.*

Les philosophes discuterons probablement toujours sur la double question de savoir : *S'il existe des races humaines ? et dans cette hypothèse, qu'elle peut en avoir été la première occasion ?* Comment en effet accorder toutes les opinions dans la solution d'un problême où l'on rencontre plutôt des présomptions morales que des certitudes physiques ?

Notre espèce offre assurément des variétés ; elles sont même beaucoup plus nombreuses qu'on ne le pense vulgairement. Nous en trouvons, en effet, non seulement dans les principales divisions du globe, mais encore dans les différens empires, chez les diverses nations, pour le même peuple, au milieu de la même famille. Comme il serait impossible d'apprécier toutes ces variétés, de réunir en principes généraux toutes leurs nuances fugitives, nous examinerons seulement les grandes modifications qui doivent être signalée dans l'espèce humaine.

Quelques auteurs ont voulu rattacher à ce type fondamental plusieurs animaux entièrement étrangers à ses véritables caractères , ou des êtres enfantés par leur imagination. D'autres ont multiplié ses variétés sans ordre et sans méthode. Nous devons établir positivement la question , après avoir dissipé les illusions et les erreurs dont elle est environnée.

Plusieurs naturalistes, frappés de certaines analogies, assurément bien imparfaites, entre le singe et l'homme, prétendent faire entrer dans notre espèce , comme première modification, sous le titre *d'Hommes des Bois* , les Boggos , les Orang-Outangs , les Pongos etc. ; ajoutant qu'ils marchent dans la situation bipède, connaissent l'usage du feu, raniment le foyer abandonné par les chasseurs au milieu d'une forêt ; vivent en société , manifestant leur aptitude à l'éducation etc. M. Peyroux va jusqu'à dire qu'il serait possible de leur donner comme aux sourds-muets, le moyen de classer leurs idées sur le papier ; les Chimpanzées , les Babouins , les Jockos , surtout , doués d'un esprit très-développé , jouissant probablement , dit cet auteur , d'un langage articulé pour se communiquer leurs pensées, apprendraient volontiers à lire, à écrire, les mathématiques , l'art de raisonner etc. , devenant ainsi capables de nous révéler un grand nombre de vérités inconnues relativemeent à leurs usages, à leur mœurs, et nous offrant des intermédiaires précieux pour connaître et civiliser toutes ces hordes sauvages de l'Afrique, dont ils partagent naturellement les relations à titre de concitoyens. Aujourd'hui , des idées semblables ne méritent pas une sérieuse réfutation et vont se placer d'elles-mêmes à côté des rêveries de M. Dupont de Némours sur la langue parlée des oiseaux.

Nous savons actuellement ce qu'il faut penser des Hottentotes à tablier, dont parle Kolbe , et des hommes à queue de l'île Borneo. Nous ne pouvons plus augmenter le nombre des races humaines d'après quelques dispositions offertes par certains sujets trouvés au milieu des animaux, avec toutes les apparences de la bestialité, sous les formes propres à notre espèce, l'expérience ayant démontré que la plupart de ces individus, susceptibles d'éducabilité, n'ont présenté qu'accidentellement ces dispositions et ce genre de vie dont nous rapporterons quelques exemples choisis parmi les plus remarquables.

Camérarius Philippe nous apprend qu'en 1544, on trouva dans La Hesse, un jeune homme vivant au milieu des loups. Ces animaux, dit l'auteur, l'avaient enlevé à trois ans, et prirent le plus grand soin de sa personne. Il marchait à quatre pieds, et ne s'habitua qu'avec peine à la station verticale. Introduit dans la société des hommes, soumis à leurs usages, à leurs lois, il regrettait vivement sa première existence et ses anciens compagnons.

Un autre, dit Camérarius, fut rencontré parmi des bœufs, près de Bambery, en Bavière. Alors âgé de douze ans, il se battait contre les chiens les plus forts, employant ses dents et ses ongles; Camérarius le vit courrir à quatre pieds avec une extrême agilité. Ces deux sauvages n'offrant aucun langage articulé naturel, exprimaient leurs idées et leurs sentimens par des cris gutturaux très-désagréables.

Une jeune fille, dont la Condamine rapporte l'histoire, et qui vécut à Paris, sous le nom de Mlle Leblanc, fut prise en Champagne, aux environs d'une habitation. Elle dérobait les volailles, en mangeait les chairs crues, buvait le sang des animaux; prenait des lièvres à la course, des poissons en plongeant dans les fleuves; poussait des cris de la gorge sans autre langage expressif.

L'éducation lui fit perdre sa force première et son extrême agilité. Elle conserva toujours le désir de sucer le sang des enfans, et ne se rappelait que d'une manière très-imparfaite les principales circonstances de sa vie sauvage.

Le jésuite Rzaczinsky nous a conservé quelques détails sur deux enfans aperçus en 1657, par des chasseurs, dans les forêts de la Lithuanie, au milieu des ours. L'un d'eux fut pris. Il paraissait âgé de neuf à dix ans; se défendait avec un courage opiniâtre, au moyen de ses dents et de ses ongles; ne présentait aucun langage naturel; mangeait la chair crue; tous les soins employés pour l'apprivoiser furent sans aucun résultat.

Tulpius, médecin hollandais, parle d'un jeune homme trouvé dans les déserts d'Irlande au milieu d'un troupeau de brebis; il frappait de la tête et bêlait comme ces animaux; son caractère était brusque et sauvage. On le conduisit à Amsterdam, âgé de dix-sept ans.

Boerhaave rapporte l'histoire d'un enfant égaré dans les forêts à l'âge de cinq ans. Il y vécut seize années dans un état absolument sauvage, se nourrissant de racines et de fruits. Pris à cette époque, il offrait un odorat assez fin pour distinguer, par ce dernier sens, la femme dont il recevait les soins habituels; en changeant de régime il perdit cette faculté remarquable.

Vers 1717, on trouva, dans les forêts de Hollande, une jeune fille de dix-neuf ans, conservant l'attitude bipède, vivant d'herbes et de racines, portant sur les parties s'exuelles un petit tablier en paille, ouvrage de son invention. On parvint à la civiliser, mais il fut impossible de lui communiquer les facultés du langage.

Un jeune Aveyronnais fut pris en 1798, au milieu des bois, dans le département du Tarn, et parvint plusieurs fois à s'échapper. Il n'offrait aucune pudeur, se livrait aux fonctions animales dans les rues et sur les places publiques les plus fréquentées ; restait , des heures entières , accroupi ; s'éveillait pour manger ; cessait de manger pour dormir ; ne savait point nager, lancer des pierres , se défendre autrement qu'avec ses ongles et ses dents. Instruit par l'abbé Sicard , il comprit plusieurs choses , mais ne se forma point à l'articulation des mots.

Ces faits , curieux par les notions qu'ils nous fournissent relativement aux dispositions naturelles de l'homme complétement abandonné , dès ses premières années , à l'influence de l'état sauvage , ne présentent point les conditions d'une grande variété susceptible de faire partie des races humaines.

Parlerons-nous de ces *hommes marins* indiqués dans les anciens naturalistes sous les noms *d'Ambirs* , *de Sirènes* , *de Tritons* , *de Néréides* ? Leur existence nous paraît exclusivement admissible pour la fable. Quelques hommes vivant au milieu des mers comme les amphibies et les poissons , en ont imposé dans une époque assez rapprochée de la nôtre. Mais il suffit d'examiner les principaux traits de leur histoire pour sentir que chacun d'eux, au lieu d'un Neptune aux crins d'Azur, nous offre simplement un sujet de notre espèce , étonnamment doué de la faculté de nager. Nous rapporterons également quelques exemples de cette particularité remarquable.

Un Sicilien appelé Nicolas , né à Catania , de parens pauvres, avait des dispositions, un goût tels pour vivre au milieu des eaux, qu'il ne pouvait , dans toutes les saisons , passer un seul jour sans plonger. Ses compatriotes le nommèrent, en conséquence, *Pesce Cola*, Poisson Colas. Il restait quelquefois une semaine entière dans la mer, se nourrissait alors de poissons crus qu'il prenait à la nage ; servait de courrier d'un port à l'autre ; allait du continent aux îles , et devenait ainsi très-utile, surtout pendant les orages et les tempêtes ; il sondait facilement les abymes les plus dangereux. Frédéric , roi de Naples , veut connaître le fameux gouffre du détroit de Sicile , nommé *Carybde* , par les anciens ; Nicolas refuse d'abord de s'y précipiter ; le roi fait jeter une coupe d'or au fond de ce gouffre et la lui abandonne ; aussitôt Nicolas plonge ; revient après trois quarts d'heure , possesseur du vase précieux ; plonge une seconde fois et ne reparaît plus.

François de la Véga , espagnol , vécut à l'âge de quinze ans , depuis 1674 jusqu'à 1679 , dans l'Océan occidental. Des pêcheurs le prirent au milieu des flots , à quelque distance de Cadix , et le rendirent à ses parens affligés , qui le croyaient noyé depuis cinq ans.

Enfin nous ne placerons pas davantage au nombre des variétés du genre humain , les Albinos , *les nègres-blancs* des montagnes de Loango etc. ; ces êtres dégradés, comme les cretins du Valais , nous offrent des dégénérations maladives, et non point des modifications physiologiques de notre espèce.

Avant de préciser le nombre et les caractères des grandes variétés positives et naturelles, nous indiquerons sommairement les divisions proposées par un assez grand nombre d'auteurs.

Kant admet quatre variétés dans l'espèce humaine, leur attribuant, pour cause principale , une influence particulière de la chaleur atmosphérique diversifiée dans les différens pays. 1° *Blonde.*— Europe septentrionale; froid humide. 2° *Rouge cuivre.* — Américaine ; froid sec. 3° *Noire.* — Sénégal; chaleur humide. 4° *Jaune olive.* —- Indes ; chaleur sèche.

Linnée , cinq variétés : 1° *Américaine ,* brune; 2° *européenne ,* blanche; 3° *asiatique,* jaune ; 4° *africaine ,* noire; 5° *monstrueuse.*

M. Peyroux-de-la-Coudrière indique sept espèces d'hommes en tombant dans le vice d'expression que nous avons signalé. *Nègres.* — 1° Bochismans, rapprochés de l'Orang-Outang ; 2° Hottentots, cynocéphales des anciens; 3° Congos. *Indiens.* — 4° Lapons, en Europe; Samoyèdes , en Asie ; 5° Quimos ou Bédiaguls. 6° Pêcherais , du détroit de Magellan. *Blancs ou Barbus.* — 7° Atlantes, dont les mœurs se trouvent décrits par Diodore , de Sicile. Cette race police toutes les autres; elle présente le foyer de la civilisation. Sa taille était autrefois de six à sept pieds ; on la trouve aujourd'hui dégénérée par ses alliances défavorables ; son premier type se voit encore assez bien conservé chez les Bérébères montagnards.

Buffon semble confondre tous les hommes dans une seule race dont les modifications s'enchaînent ainsi par des transitions peu sensibles. 1° *Lapons*, 2° *Tartares*, 3° *Chinois*, 4° *Malais*, 5° *Ethiopiens*, 6° *Hottentots*, 7° *Européens*, 8° *Américains*.

Blumenbach reconnaît une seule espèce, cinq variétés : 1° *Caucasienne*; 2° *Mongolique*; 3° *Ethiopique*; 4° *Américaine*; 5° *Malaise.*

Cuvier, trois variétés : 1° *Blanche*, ou Caucasique; 2° *jaune*, ou Mongolique ; 3° *nègre*, ou Ethiopienne.

M. Duméril, six races : 1° *Caucasique*, 2° *Hiperboréenne*, 3° *Mongole*, 4° *Américaine*, 5° *Malaie*, 6° *Ethiopique.*

M. Virey, deux espèces, d'après l'angle facial. 1° *Ouverture de 70 à 80 degrés.* — Présentant, d'après la couleur, trois variétés : 1° *Noire* : Cafres, Nègres ; 2° *noirâtre* : Hottentots, Papous; 3° *brune foncée* : Indiens, Malais. 2° *Ouverture de 80 à 90.* — Egalement trois variétés , d'après la même base. 1° *Cuivreuse* : Américains, Caraïbes; 2° *basanée* : Chinois, Kalmouks, Mongols , Ostiaques , Lapons ; 3° *blanche* : Caucasiens , Arabes , Celtes.

Malte-Brun , quatorze races : 1° *Polaire* , 2° *Finoise* , 3° *Sclavone* , 4° *Gothico-Germanique* , 5° *Occidentale-Européenne* , 6° *Grecque et Pélagique* , 7° *Arabe* , 8° *Tartare* et *Mongole* , 9° *Indienne* , 10° *Malaie* , 11° *Noire* de l'Océan pacifique , 12° *Bazanée* du grand Océan , 13° *Maure* , 14° *Nègre*.

M. Bory de Saint-Vincent , quinze : 1° *Japétique* , 2° *Arabique* , 3° *Hindoue* , 4° *Scythique* , 5° *Chinoise* , 6° *Hyperboréenne* , 7° *Neptunienne* , 8° *Australasienne* , 9° *Colombique* , 10° *Américaine* , 11° *Patagone* , 12° *Ethiopienne* , 13° *Cafre* , 14° *Malanienne* , 15° *Hottentote*.

Desmoulins , seize : 1° *Scythique* , 2° *Caucasienne* , 3° *Sémitique* , 4° *Atlantique* , 5° *Indoue* , 6° *Mongolique* , 7° *Kourilienne* , 8° *Ethiopienne* , 9° *Euro-Africaine* , 10° *Austro-Africaine* , 11° *Malaise* , 12° *Papone* , 13° *Nègre* , 14° *Océannienne* , 14° *Australasienne* , 15° *Colombienne* , 16° *Américaine*.

Il suffit de rapprocher ces divisions plus ou moins essentiellement différentes, pour sentir combien l'objet que nous examinons devient hypothétique , arbitraire. Sans vouloir faire la critique ou l'apologie de chacune d'elles, nous donnerons la préférence aux moins compliquées, et nous ajouterons que la meilleure base d'une classification de cette nature doit être puisée dans les dispositions fondamentales du moral , du physique, et plus spécialement , sous ce dernier rapport , dans les caractères de la tête ou se trouve le résumé de l'homme tout entier. D'après ces principes nous admettrons dans le genre humain , seulement quatre variétés fondamentales; et dans ces vérités , plusieurs modifications. Ainsi, en procédant par degrés de la moins avantageuse à la

plus parfaite , races : 1o *Noire* ; 2° *Hyperboréenne* ; 3°
Mongole ; 4o *Arabe;*

1o RACE NOIRE. — Elle comprend surtout *les Nègres*,
les Cafres, *les Hottentots*, *les Papous* etc. On la rencontre dans presque toute l'Afrique, dans les îles de l'Ar-
chipel asiatique , de l'Océanie , sur les bords de l'Australasie ; ses caractères fondamentaux sont les suivans :
Couleur foncée de la peau , variant du bistre au noir
d'ébène. Poils crépus , lanugineux , surtout au péricrâne,
où cette condition est tellement prononcée que leur ensemble figure moins la chevelure d'un homme , que la
toison d'un mouton noir d'Astracan. Crâne très-petit ,
proportionnellement au reste de la tête ; déjétemeut du
front en arrière , angle facial très-aigu , communément
de 70 à 75 degrés. Face très-avancée par l'allongement
du maxillaire supérieur ; nez épaté ; lèvres arrondies ,
proéminentes , renversées en dehors; menton déprimé ;
physionomie servant en quelque sorte d'intermédiaire à
l'espèce du singe et des variétés européennes. Taille de
cinq pieds deux ou trois pouces ; mollet court , élevé ,
talon saillant ; attitude nonchalante , fléxible; démarche
éreintée; caractère doux , facile à diriger; intelligence
bornée pour les sciences de raisonnement, assez remarquable dans les arts mécaniques d'imitation ; sensualité;
propension à la paresse, au repos , à l'oisiveté.

2° RACE HYPERBORÉENNE. — Elle renferme spécialement *les Lapons*, *les Samoyèdes*, *les Groenlandais* etc.
On la trouve particulièrement dans le nord de l'Asie ,
de l'Europe , en inclinant vers le pôle. Ses traits caractéristiques peuvent être ainsi précisés : taille ordinairement très-petite , s'élevant rarement au-delà de quatre
pieds six pouces ; angle facial de 75 à 80 degrés; visage
plat , nez peu saillant , oreilles grandes , écartées ; cheveux blonds , droits ; peau grasse , jaunâtre ; physio-

nomie stupide ; moral optus , passions farouches , hai-
neuses ; etc.

3° RACE MONGOLE.—Elle réunit *les Chinois*, *les Tartares*, *les Indiens*, *les Malais* etc. ; habite généralement
l'Asie centrale; on la reconnaît aux dispositions suivantes:
Teinte cuivreuse de la peau ; angle facial de 80 à 85
degrés; saillie des pommettes , élargissement, raccourcissement de la face qui devient ainsi triangulaire. Éloigne-
gnement des yeux, direction très-oblique des orbites ;
élévation sensible de l'angle externe des paupières, qui
semblent bridées et dont l'écartement est peu considérable; cette ascension de la ligne oculaire , par ses deux
extrémités, donne à la physionomie l'un de ses traits les
plus caractéristiques. Taille moyenne ; moral peu développé surtout relativement au génie, à l'imagination.
Esclaves de leurs coutumes, ces peuples, naturellement
superstitieux, sont capables du fanatisme le plus exalté.
Aussi nous offrent-ils souvent la barbarie, la grossièreté
des mœurs, l'inclination au meurtre, au pillage, la
cruauté sans motif; cette lâcheté qui les porte à massacrer
un sujet inoffensif, par cela seul qu'il ne partage pas leurs
préjugés et leurs croyances.

4° RACE ARABE.—Elle embrasse actuellement tous les
autres peuples de l'ancien et du nouveau continent. Son
pays est l'Asie, l'Europe; on la trouve encore sur les
côtes de l'Australasie, de l'Afrique ; dans l'Amérique, les
îles de l'Océanie, de la mer des Indes et dans les régions
les plus éloignées où ses migrations, son industrie, son
ambition , sa supériorité paraissent devenir progressivement la naturaliser. Offrant le premier , le plus beau type
du genre humain, elle est facile à distinguer par les caractères suivans : couleur blanche et laiteuse de la peau;
cheveux et poils blonds, roux, châtains ou noirs ordinairement plats ou gracieusement bouclés ; tête volumi-

neuse, prédominance du crâne sur les autres parties ;
angle facial de 85 à 90 degrés ; visage régulièrement
ovale, sourcils arqués, nez agréablement allongé ; joues,
lèvres barbues ; taille avantageuse, de cinq à six pieds ;
formes élégantes ; facultés intellectuelles dans ses plus
beaux développemens, imagination brillante, génie sublime et profond ; sociabilité capable de se prêter à tous
les raffinemens de la civilisation. C'est à peu près d'une
manière exclusive, dans les pays habités par cette variété
de l'espèce humaine, que l'on voit fleurir l'industrie, les
sciences et les arts ; aussi doit-elle être envisagée comme
le chef susceptible de gouverner, comme le flambeau qui
seul peut éclairer toutes les autres.

   D'après ces considérations, il nous semble démontré
que l'espèce humaine est unique et peut simplement offrir
des variétés, dont les traits principaux se trouvent ensuite nuancés d'une manière assez infinie pour ne jamais
offrir deux ressemblances parfaites.

   Si nous recherchons actuellement d'après quelles modifications ont pu s'établir ces variétés secondaires, émanations du type fondamental, nous trouvons encore les
auteurs en opposition dans leurs théories.

   Les écrivains sacrés font remonter la première division du genre humain aux trois fils de Noë : *Sem, Cham*
et *Japhet*, se séparant pour habiter les divers points du
globe, et constituer les souches des trois races principales, donnant ensuite naissance aux dispositions secondaires par leurs communications et leurs alliances.
D'après cette idée, *Sem* devint le père de la variété
blanche ; *Japhet*, de la variété olivâtre ; *Cham*, de la
variété noire, envisagée comme une race maudite.

   Sans discuter ici les objections et les preuves, toujours
fidèle à nos principes, nous examinerons la question en
physiologiste ennemi de toute hypothèse imaginaire.

Pour atteindre un but certain, nous réduirons le problème à sa plus simple expression : *Toutes les variétés humaines que nous connaissons aujourd'hui peuvent-elles émaner des mêmes parens ?* Les naturalistes ont diversement résolu cette question, les uns par la négative, les autres par l'affirmative. Les premiers ont soutenu qu'il est impossible d'expliquer la coloration du nègre chez un sujet issu de la race blanche, qui semble former la souche primitive de toutes nos variétés ; les seconds, en admettant cette coloration, l'ont attribuée, d'une manière exclusive, à l'influence de la lumière et de la chaleur solaires. Dans l'état actuel de la science, l'expérience et même le raisonnement prouvent que les uns et les autres ont avancé des erreurs palpables. Sans rien préjuger sur une discussion aussi grave, nous aborderons immédiatement les faits, en nous occupant surtout de la coloration qui devient le point essentiel et difficile de la question controversée.

Les variétés de la couleur, ses transformations infinies loin d'être particulières à l'homme, se rencontrent chez les animaux et chez les végétaux. Nous ignorions il y a quelques années, la possibilité d'obtenir des roses vertes, jaunes, bleues, purpurines, orangées, noires etc. ; aujourd'hui ces modifications artificielles ne sont plus révoquées en doute, et les variétés une fois déterminées par la graine, la culture et les autres influences extérieures se conservent, se transmettent par le moyen de la greffe et de l'écusson. Chez les animaux, les mêmes conséquences dérivent des mêmes lois. Pourquoi voudrait-on que l'homme seul fit exception à cette règle générale, surtout lorsque l'expérience et l'observation viennent également en consacrer les principes dans son espèce. Au milieu d'un grand nombre de faits que nous avons recueillis avec soin, relativement à cet objet, nous rapporterons

le suivant : M. G... originaire du grand Lucé , département
de la Sarthe, né de parens indigènes, blancs, offrant tous les caractères de la race arabe, présente absolument les cheveux lanugineux et crépus du nègre, le
teint, la physionomie, les formes du mulâtre , sans qu'il
soit même possible de soupçonner aucune mésalliance du
côté de la mère. Supposons actuellement l'union de ce
français avec une femme semblable , sous les influences
du ciel africain, en faudrait-il davantage pour donner naissance à la race nègre, dans l'hypothèse où cette race
n'existerait pas encore. Cette opinion nous paraît du moins
plus probable que celle de M. Prichard, soutenant que les
hommes étaient primitivement noirs et qu'ils ont graduellement perdu leur coloration native en partant de
l'équateur et se rapprochant des pôles. D'un autre côté, ne
voyons-nous pas l'union des races blanche et nègre produire la variété mulâtre, susceptible de propagation ultérieure. Ainsi, *des accidens générateurs* dont les effets
sont palpables, dont la cause restera toujours inconnue,
telle nous paraît être la principale occasion des variétés
relatives au type essentiel chez les êtres organisés en général et chez l'homme en particulier. Les influences de la
température, du sol, du genre de vie, de la culture etc. ,
agissent accessoirement dans ces modifications dont elles
confirment les résultats avec une participation qui , pour
être secondaire, n'en devient pas moins positive. Nous
savons en effet qu'une plante, un animal exotiques ne
perdent pas, sans doute, leurs caractères fondamentaux,
mais se trouvent diversifiés dans leurs conditions superficielles par un climat étranger à celui qui les vit naître.
En s'identifiant aux diverses régions qu'il habita pendant
long-tems, l'homme prend analogiquement le caractère,
le tempérament et les dispositions des animaux naturels
de ces contrées, les mêmes agens extérieurs leur impri-

mant un cachet spécial. Nous voyons, en conséquence de cette loi commune, le Lapon se rapprocher de la renne ; le Moscovite, de l'ours glouton ; le Nègre, du singe ; le Malais, du tigre ; l'Arabe, du chameau ; l'Indien, du bœuf ; le Maure, de l'hyène, le Chinois, du chat ; le Péruvien, de la vigogne ; le Canadien du kinkajou.

Ainsi, la création a déterminé le nombre des espèces, la génération les conserve et les perpétue; des accidens particuliers à l'animation du germe, les invasions, le croisement des races, les influences du sol, du climat etc. produisent les variétés fondamentales avec leurs modifications infinies.

Telles sont les considérations que nous avons cru pouvoir exposer dans la *Physiologie médicale et Philosophique*, relativement à *l'homme sain*. Nous devons actuellement étudier *l'homme dans l'état de maladie*. Tel sera l'objet de l'ouvrage que nous allons publier incessamment, sous le titre de *Pathologie Physiologique*, et dont celui-ci n'est à proprement parler que l'introduction.

FIN DU QUATRIÈME ET DERNIER VOLUME.